全国农业高等院校规划教材
农业部兽医局推荐精品教材

# 宠物病理

● 王振勇 李玉冰 主编

中国农业科学技术出版社

**图书在版编目（CIP）数据**

宠物病理/王振勇，李玉冰主编．—北京：中国农业科学技术出版社，2008.8
全国高等院校规划教材　农业部兽医局推荐精品教材
ISBN 978-7-80233-574-5

Ⅰ．宠…　Ⅱ．①王…②李…　Ⅲ．观赏动物—兽医学：病理学　Ⅳ．S852.3

中国版本图书馆 CIP 数据核字（2008）第 081270 号

**责任编辑**　孟　磊
**责任校对**　贾晓红　康苗苗

**出版发行**　中国农业科学技术出版社
北京市中关村南大街 12 号　邮编：100081
**电　　话**　（010）82106632（编辑室）
**传　　真**　（010）62121228
**网　　址**　http://www.castp.cn
**经　　销**　新华书店北京发行所
**印　　刷**　北京华忠兴业印刷有限责任公司
**开　　本**　185 mm×260 mm　1/16
**印　　张**　22.125
**字　　数**　536 千字
**版　　次**　2008 年 8 月第 1 版　2008 年 8 月第 1 次印刷
**定　　价**　35.00 元

# 《宠物病理》

## 编 委 会

**主　编**　王振勇　李玉冰

**副主编**　袁逢新　郭东华　焦凤超

**编写人员**（按姓氏笔画排列）

王振勇　山东农业大学
任　玲　黑龙江畜牧兽医职业学院
孙洪梅　黑龙江畜牧兽医职业学院
李玉冰　北京农业职业学院
张　磊　黑龙江生物科技职业学院
郭东华　黑龙江八一农垦大学
袁逢新　周口职业技术学院
焦凤超　信阳农业高等专科学校
傅业全　周口职业技术学院
蔡兰芬　山东畜牧兽医职业学院
蔡皓璠　黑龙江畜牧兽医职业学院

**主　审**　韩行敏　黑龙江畜牧兽医职业学院

## 内容简介

《宠物病理》共二十三章，第一章至十四章为基本病理部分（宠物病理生理学和病理解剖学两部分）；第十五章至二十一章是宠物临床病理各论部分；而第二十二章和二十三章为宠物尸体剖检技术和宠物病理标本的制作部分，不仅全面系统地阐述了宠物病理的基本病理过程和常见的系统病理内容，还新添了宠物细胞凋亡、遗传病理、免疫病理、宠物尸体剖检技术和宠物病理标本的制作五大方面知识，在文章结构和内容上具有宠物病理学的特色，填补了国内宠物病理书籍的空白。最后结合高职高专教学实训的特点，撰写了高职高专院校该专业学生应掌握的宠物病理学实训的基本技术与技能，并制定了考核方法和标准。

《宠物病理》叙述的内容比较全面，取材新颖，既有深入的系统理论知识，又有实用价值较高的病理学诊断技术，是一本理论与实践并重的专著。可供宠物医学专业、动物医学专业、畜牧兽医专业学生及从事与宠物专业有关的教学、科研、畜牧兽医工作者学习和参考。

# 序

中国是农业大国，同时又是畜牧业大国。改革开放以来，我国畜牧业取得了举世瞩目的成就，已连续20年以年均9.9%的速度增长，产值增长近5倍。特别是“十五”期间，我国畜牧业取得持续快速增长，畜产品质量逐步提升，畜牧业结构布局逐步优化，规模化水平显著提高。2005年，我国肉、蛋产量分别占世界总量的29.3%和44.5%，居世界第一位，奶产量占世界总量的4.6%，居世界第五位。肉、蛋、奶人均占有量分别达到59.2千克、22千克和21.9千克。畜牧业总产值突破1.3万亿元，占农业总产值的33.7%，其带动的饲料工业、畜产品加工、兽药等相关产业产值超过8 000亿元。畜牧业已成为农牧民增收的重要来源，建设现代农业的重要内容，农村经济发展的重要支柱，成为我国国民经济和社会发展的基础产业。

当前，我国正处于从传统畜牧业向现代畜牧业转变的过程中，面临着政府重视畜牧业发展、畜产品消费需求空间巨大和畜牧行业生产经营积极性不断提高等有利条件，为畜牧业发展提供了良好的内外部环境。但是，我国畜牧业发展也存在诸多不利因素。一是饲料原材料价格上涨和蛋白饲料短缺；二是畜牧业生产方式和生产水平落后；三是畜产品质量安全和卫生隐患严重；四是优良地方畜禽品种资源利用不合理；五是动物疫病防控形势严峻；六是环境与生态恶化对畜牧业发展的压力继续增加。

我国畜牧业发展要想改变以上不利条件，实现高产、优质、高效、生态、安全的可持续发展道路，必须全面落实科学发展观，加快畜牧业增长方式转变，优化结构，改善品质，提高效益，构建现代畜牧业产业体系，提高畜牧业综合生产能力，努力保障畜产品质量安全、公共卫生安全和生态环境安全。这不仅需要全国人民特别是广大畜牧科教工作者长期努力，不断加强科学研究与科技创新，不断提供强大的畜牧兽医理论与科技支撑，而且还需要培养一大批掌握新理论与新技术并不断将其推广应用的专业人才。

培养畜牧兽医专业人才需要一系列高质量的教材。作为高等教育学科建设的一项重要基础工作——教材的编写和出版，一直是教改的重点和热点之一。为了支持创新型国家建设，培养符合畜牧产业发展各个方面、各个层次所需的复合型人才，中国农业科学技术出版社积极组织全国范围内有较高学术水平和多年教学理论与实践经验的教师精心编写出版面向21世纪全国高等农林院校，反映现代畜牧兽医科技成就的畜牧兽医专业精品教材，并进行有益的探索和研究，其教材内容注重与时俱进，注重实际，注重创新，注重拾遗补缺，注重对学生能力、特别是农业职业技能的综合开发和培养，以满足其对知识学习和实践能力的迫切需要，以提高我国畜牧业从业人员的整体素质，切实改变畜牧业新技术难以顺利推广的现状。我衷心祝贺这些教材的出版发行，相信这些教材的出版，一定能够得到有关教育部门、农业院校领导、老师的肯定和学生的喜欢。也必将为提高我国畜牧业的自主创新能力和增强我国畜产品的国际竞争力作出积极有益的贡献。

国家首席兽医官
农业部兽医局局长

二〇〇七年六月八日

# 前　言

改革开放以来，随着我国人民生活水平提高，饲养宠物的人越来越多。由于大多数饲养宠物者对宠物的生活习性和营养需求了解不够，加之饲养管理不当，致使宠物疾病的发病率增多，而国内目前还没有一套完整的宠物疾病系列书籍。有鉴于此，按照国家制定的《高职高专院校宠物医疗专业系列教材编写计划及要求》，由全国多所院校联合编写而成的。本书荟萃了宠物病理学方面的基本知识和新知识，为宠物医疗专业学生、广大的兽医临床工作者及读者提供宠物病理学知识参考之用。

宠物病理学是具有临床性质的基础医学，它既可作为基础理论科学为临床科学奠定坚实的基础，又可作为应用科学直接参与疾病的诊断和防治，因而宠物病理学被形象地比喻为基础学科与临床学科之间的“桥梁医学”。

本书共二十三章，第一章至十四章为基本病理部分（宠物病理生理学和病理解剖学两部分）；第十五章至二十一章是宠物临床病理各论；而第二十二章和二十三章为宠物尸体剖检技术和宠物病理标本的制作部分，不仅全面系统地阐述了宠物病理的基本病理过程和常见的系统病理内容，还新添加了宠物细胞凋亡、遗传病理、免疫病理、宠物尸体剖检技术和宠物病理标本的制作五大方面知识，在结构和内容上具有宠物病理学的特色，填补了国内宠物病理书籍的空白。

本书在涵盖了宠物病理学的基本病理的理论知识的基础上，结合高职高专教学的特点和临床实际的需要，注重病理学知识的内涵和外延，以及对内容的整体把握和局部调整，注意到知识的深浅适度，语言通俗易懂，体现了宠物病理学的广博性和实用性，是一本理论与实践并重的专著，可供从事与宠物有关的教学、科研、畜牧兽医工作者及宠物临床诊治人员学习参考。

本教材是高职院校宠物医学专业的重要专业课之一，对培养宠物医疗专业的高级技能性、应用性人材，以及对从业人员的学习都具有重要作用。本教材在体现高职教学特点的同时，也注重了知识的连续性和完整性。

本教材撰写分工如下：绪论、第一章、第四章由王振勇撰写；第二章、第三章由蔡皓璠撰写；第五章、第六章由任玲撰写；第七章、第八章由蔡兰芬撰写；第九章、第十二章由李玉冰撰写；第十章、第十一章、第十五章由袁逢新撰写；第十三章由焦凤超撰写；第十四章、第十六章、第十八章由郭东华撰写；第十七章、第十九章由张磊撰写；第二十章至第二十三章由孙红梅撰写；实验一、二、三分别由李玉冰、袁逢新、焦风超撰写，实验四、五、六由郭东华撰写。

在本书的编定过程中，得到了有关高等院校领导和教师的大力支持，并参阅了国内兽医同仁的有关书籍和资料，在此一并致以衷心的感谢。

《宠物病理》的作者们虽尽心竭力，但由于时间和水平所限，书中缺点错误之处在所难免，诚请广大读者批评指正，不吝赐教，以便今后改正。

编　者

2008 年 7 月 18 日

# 目　　录

# 绪　论

## 一、宠物病理学内容和任务

宠物病理学（Pet pathology）是通过观察和分析患病宠物机体的形态、代谢和机能的变化，来研究宠物疾病的原因、发生及发展规律，从而阐明其疾病本质的一门病理学分支学科。其根本任务是探讨宠物疾病的发生机理和本质，为预防、诊断和治疗宠物疾病提供理论依据和技术支持。

病理学包括病理生理学（Pathophysiology）和病理解剖学（Pathoanatomy）两部分。病理生理学着重研究疾病发展过程中机体所发生的机能和代谢方面的变化，病理解剖学着重研究疾病过程中形态结构方面的变化。二者是研究同一对象（患病动物）的两方面，是相辅相成、不可分割的。例如，当动物机体生理机能发生障碍时，必然要引起它的器官、组织、细胞的形态结构的变化，随之可能导致整个机体正常生命活动的障碍而发生疾病。

疾病是一个极其复杂的过程。在病原因子和机体反应功能的相互作用下，患病机体有关部分的形态结构、代谢和功能都会发生种种改变，这是研究和认识疾病的重要依据。病理学的任务就是运用各种方法研究疾病的原因、在病因作用下疾病发生发展的过程，以及该机体在疾病过程中的功能、代谢和形态结构的改变，阐明其本质，从而为认识和掌握疾病发生发展的规律，为防治疾病，提供必要的理论基础。

## 二、宠物病理学在医学中的地位

病理学是具有临床性质的基础医学，因为它既可作为基础理论科学为临床科学奠定坚实的基础，又可作为应用科学直接参与疾病的诊断和防治。因而宠物病理学被形象地比喻为基础学科与临床学科之间的“桥梁医学”。

随着自然科学的发展，医学科学逐渐形成了许多分支学科，它们的共同目的和任务就是从不同角度、用不同方法去研究正常和患病机体的生命活动，为防治疾病，保障人和动物健康服务。病理学除侧重从形态学角度研究疾病外，也研究疾病的病因学、发病学以及形态改变与功能变化及临床表现的关系。因此，病理学与基础医学中的解剖学、组织学、胚胎学、生理学、生物化学、寄生虫学、微生物学等均有密切的联系，也是学习临床医学的重要基础。

病理学与临床医学之间的密切联系，明显地表现在其对疾病的研究和诊断上。临床医学除运用各种临床诊察、检验、治疗等方法对疾病进行诊治外，还必须借助于病理学的研究方法如活体组织检查、尸体剖检以及动物实验等来对疾病进行观察研究，提高临床工作的水平和诊断结果的准确性。病理学则除进行实验研究（实验病理学）外，也必须密切联系临床，直接从患病机体去研究疾病，否则也不利于病理学本身的发展。

## 三、宠物病理学的研究材料及方法

### （一）宠物病理学研究的材料主要来自以下几个方面

（1）患病动物及尸体　运用病理学手段和方法来检查患病动物或其尸体的病理变化，来研究疾病的发生发展规律。

（2）实验动物　在实验动物上人为地复制疾病，以全面地对代谢、机能和形态结构的变化进行系统深入的观察研究。

（3）活体组织　运用切除、穿刺或刮取等方法从患病机体采取病变组织进行病理学观察。

（4）临床观察　直接观察患病动物的临床病症并收集实验室诊断的各种指标，可获得患病动物的机能、代谢等方面的病理变化。另外，组织培养、细胞培养等也常用于病理学研究。

### （二）宠物病理学的研究方法

1. 尸体剖检

对死亡动物的尸体进行病理剖检（尸检）是病理学的基本研究方法之一。尸体剖检不仅可以直接观察疾病的病理改变，从而明确对疾病的诊断，查明死亡原因，帮助临床探讨、验证诊断和治疗是否正确、恰当，以总结经验，提高临床工作的质量，而且还能及时发现和确诊某些传染病、地方病、流行病、为防治措施提供依据，同时还可通过大量尸检积累常见病、多发病以及其他疾病的病理材料，为研究这些疾病的病理和防治措施，为发展病理学作贡献。显然，尸检是研究疾病的极其重要的方法和手段，死亡宠物病理材料则是研究疾病的最为宝贵的材料。

2. 活体组织检查

用局部切除、钳取、穿刺针穿刺以及搔刮、摘除等手术方法，由患病宠物活体采取病变组织进行病理检查，以确定诊断，称为活体组织检查，简称活检。这是被广泛采用的检查诊断方法。这种方法的优点在于组织新鲜，能基本保持病变的真相，有利于进行组织学、组织化学、细胞化学及超微结构和组织培养等研究。对临床工作而言，这种检查方法有助于及时准确地对疾病作出诊断和进行疗效判断。特别是对于诸如性质不明的肿瘤等疾患，准确而及时的诊断，对治疗和预后都具有十分重要的意义。

3. 动物实验

运用动物实验的方法，可以在适宜动物身上复制某些宠物疾病的模型，以便研究者可以根据需要，对之进行任何方式的观察研究，例如可以分阶段地进行连续取材检查，以了解该疾病或某一病理过程的发生发展经过等。此外，还可利用动物实验研究某些疾病的病因、发病机制以及药物或其他因素对疾病的疗效和影响等。

4. 组织培养与细胞培养

将某种组织或单细胞用适宜的培养基在体外加以培养，以观察细胞、组织病变的发生发展、如肿瘤的生长、细胞的癌变、病毒的复制、染色体的变异等等。此外，也可以对其施加诸如射线、药物等外来因子，以观察其对细胞、组织的影响等。这种方法的优点是，可以较方便地在体外观察研究各种疾病或病变过程，研究加以影响的方法，而且周期短、见效快，可以节省研究时间；是很好的研究方法之一。但缺点是孤立的体外环境毕竟与各部分间互相联系、互相影响的体内的整体环境不同，故不能将研究结果与体内过程等同看待。

5. 病理学的观察方法

近年来，随着学科的发展，病理学的研究手段已远远超越了传统的经典的形态观察，而采用了许多新方法、新技术，从而使研究工作得到了进一步的深化，但形态学方法（包括改进了的形态学方法）仍不失为基本的研究方法。现将常用的方法简述如下：

（1）大体观察　主要运用肉眼或辅之以放大镜、量尺、各种衡器等辅助工具，对检材及其病变性状（大小、形态、色泽、重量、表面及切面状态、病灶特征及坚硬度等）进行细致的观察和检测。这种方法简便易行，大体观察可以看到病变的整体形态和许多重要性状，它具有微观观察不能取代的优势，因此不能片面地只注重组织学观察及其他高技术检查，它们各有长处，一定要配合使用。

（2）组织学观察　将病变组织制成厚约数微米的切片，经不同方法染色后用显微镜观察其细微病变，从而千百倍地提高了肉眼观察的分辨能力，加深了对疾病和病变的认识，是最常用的观察、研究疾病的手段之一。同时，由于各种疾病和病变往往本身具有一定程度的组织形态特征，故常可借助组织学观察来诊断疾病。

## 四、如何学好宠物病理学

宠物病理学实践性很强的形态病理学和实验病理学，学习时必须以辩证唯物主义的观点和方法为指导，去观察和分析疾病过程中的病理变化，才有可能正确认识疾病的本质，判断其发展和预后。在学习中应注意以下几点：

### （一）重视实践第一的观点

病理学的一切理论知识都来自对病畜的观察和试验材料的积累。病理学的理论知识和基本技能必须在实践中加以理解和掌握，要有实践、认识、再实践、再认识的观点。

### （二）局部和整体辩证统一的观点

动物体是一个完整的统一体，它通过神经与体液的调节，使全身各部分保持密切联系。疾病过程中局部发生了病变，势必影响其他部分甚至全身；而全身状态也会影响局部的病理过程。因此，机体出现的任何病理变化都应视为机体的整体反应，脱离整体的局部病变是不存在的。

（三）运动发展的观点

我们所看到的病理标本，只是复杂病理过程的某一时刻的病理变化，并非它的全貌。因此，在观察病理变化时，都必须以发展的观点去分析和理解病变，既要看清它的现状，也要想到它的过去与发展趋势，这样才能比较全面地认识疾病的本质。

（四）纵横联系，归纳比较

按教材章节内容顺序纵向联系，如总论与各论的知识点是密切相关的。总论概括了疾病发生时的共同病理变化、基本病理过程等发生发展规律，各论则是在总论的基础上分系统地讲述各种特定疾病的特殊规律。因此，要掌握好总论，深入理解各论。

病理学的概念、病变和疾病之间有很多相似或相关，学生往往会感觉到“剪不断，理还乱”，应学会进行横向联系，即把性质相近或有密切联系的内容汇集起来，进行归纳对比。

（五）着重理解，形象记忆

病理学理论性强，内容多而抽象，初学者极易混淆有关知识。往往这些概念和基本理论又是重点和难点，需要花大力气去理解和掌握。所以学生要先弄清这些概念本身的含义，然后还要注意与相关概念和理论的联系和区别。同时，病理学很多理论知识点是可以借助图形来理解和加以区别的。

（六）学会总结，综合分析

要使所学知识不断巩固和深化，总结和复习是必不可缺的环节。以上所讲“纵横联系，归纳比较”，本身就是对知识进行科学总结、综合的过程。学生要学好病理学，必须经过认真深入思考、综合科学分析这一过程。学习过程中，重视病例讨论这一教学环节，对教师给出的病例要充分准备。自己先列出讨论提纲，或用图示标出疾病发生、发展过程；多进行病例分析，不但能很好地总结、巩固理论知识，更有助于尽快提高病理与临床思维的能力。

# 第一篇

# 宠物病理生理学

# 第一章　疾病概论

## 第一节　疾病的概念

### 一、健康

健康（health）即机体在生命活动过程中，通过神经-体液调节，各器官的机能、代谢和形态结构维持着正常的协调关系而机体与变化着的外界环境也保持着相对平衡，即内外平衡。

健康不等于没有疾病。从健康到疾病是量变到质变的过程，二者之间存在中间状态，即既不健康，也无疾病。例如对于有些宠物来说，长期饲喂单一的饲料，缺乏锻炼，以至于身体弱不禁风，体力和适应环境的能力很差，这种动物虽没有疾病，但不算健康的。

### 二、疾病

疾病（disease）是由致病因素引起的机体的稳态破坏和代谢、机能、结构的损伤，是机体通过抗损伤反应与致病因子及损伤作斗争的过程。其表现既有机体与致病因素作斗争的全身性反应，也有各器官或组织形态结构、机能活动和物质代谢等方面的损伤性变化。

概括起来疾病具有以下特点：

（1）疾病是由于在一定条件下病因作用于机体的结果。任何疾病都有它的原因，没有原因的疾病是不存在的。尽管现在还有一些疾病的原因没有弄清楚，但随着科学的进展和人们认识水平的不断提高，这些疾病的原因是最终会被揭示的。

（2）机体与外界环境的统一和体内各器官系统的协调活动，是动物健康的标志。疾病的发生意味着这种协调活动被破坏。

（3）疾病是一种矛盾斗争的过程。在致病因素的作用下，机体内发生了机能、代谢和形态结构上的障碍或损伤；与此同时，也必然出现抗损伤的生理性反应，借以抵抗和消除致病因素及其所造成的损伤。损伤与抗损伤现象贯穿于疾病的始终，构成一种矛盾斗争。

（4）生产能力降低是动物患病的标志之一。患病时由于机体的适应能力降低，机体内部的机能、代谢和形态结构发生障碍或破坏，必然导致动物生产能力的下降，如繁殖力下降。

## 三、衰老

### （一）衰老的概念

衰老（senescence）是指生物体随着年龄的增长而发生的退行性变化的总和，表现为机体机能活动的进行性下降，机体维持内环境衡定和对环境的适应能力逐渐降低。生物的个体发育均经生长、发育、衰老和死亡，因此，衰老是生命的一种表现形式，是生命发展的必然。

在机体成熟后，机体各器官系统会随着年龄的增长而逐渐退变，如神经元、心肌和骨骼肌细胞在性成熟后死一个少一个，意味着衰老的开始；而分裂细胞，如肠上皮、皮肤和肝细胞则以细胞增殖周期延长为老化指标。因此，退变可以发生在生命的早期或晚期，一般统称为老化，而将在生命晚期出现的退变称为衰老。两者的含义虽有区别，但常被混用。

按衰老的发生机制可将衰老分为生理性衰老和病理性衰老。单纯的衰老应属于生理性衰老范畴，但比较罕见，而较常见的是病理性衰老。衰老过程中易患老年性疾病，老年性疾病又加速衰老过程，所以病理性衰老往往提前，表现为早衰。犬易发生的老年性疾病有膀胱结石，母犬易发生子宫和乳腺肿瘤。

### （二）动物的寿命

动物的寿命动物的寿命一般以平均预期寿命表示。动物的平均寿限由以下方式来推算。

（1）根据个体的大小　一般来说，个体越大，代谢约低，寿命越长，如犬 18 年、猫 15 年、大鼠 3 年、虎皮鹦鹉 7 年、龟 100 年以上。

（2）根据脑的重量　脑重同体重的比例同寿命有一定的关系，大脑相对重者寿命较长，因为脑重者内环境的调节机制较好。

（3）根据心跳快慢　心跳越快寿命越短。一生中总心跳次数是恒定的，在 5 亿～10 亿次之间。如小鼠的寿命为 1.5 年，每分钟心跳 1 000 次，一生心跳 5 亿多次；大象寿命 70 年，每分钟心跳 20 次，一生心跳 7 亿多次。

（4）根据性成熟期　灵长类寿限为性成熟期的 6 倍，啮齿类为 30～50 倍。

（5）根据生长期　一般哺乳动物的寿命约为生长期的 5～7 倍，人类生长期为20～25 年，平均寿限应为 100～175 岁（也可用来生长期与生命期的比推算，人类的生长期与生命期之比为1：7～1：8，人的寿命可活到 140～160 岁）。

（6）根据细胞分裂代数和时间　平均寿限为细胞分裂代数和分裂间隔时间的乘积。寿命长的动物细胞分裂代数较寿命短的动物多。龟寿为 175 年，其细胞分裂代数为90～125 次，人胚肺成纤维细胞分裂代数为 50 次，每次分裂间隔为 2.4 年，人寿应为 120 岁左右。

寿命的长短和一生中各阶段的划分，均需以年龄表示。由于同龄个体衰老程度有很大差异，因而又提出一种生理年龄，也称生物学年龄，表示实际的老化情况。

如上所述，不同物种的寿命差别悬殊，即使同一种动物中不同个体的寿命也有很大差别。一般来说，雄性动物的寿命比雌性动物短。自然寿命主要有遗传因素决定的，不过后天因素，特别是不良环境与疾病，常可促使机体衰老，寿命缩短。

## 第二节　疾病发生的原因

### 一、病因学概念

任何疾病都有其原因，不存在没有原因的疾病。研究病因的目的，是为了正确理解疾病的本质及其发生的规律，以制定有效的防治措施。

病因学（etiology）是研究导致疾病发生的所有因素包括原因和条件的科学分支，是研究疾病发生的原因与条件及其作用规律的科学。即探讨疾病是因何发生的，是指作用于机体的众多因素中，能引起疾病并赋予该病特征的因素。

### 二、疾病发生的原因

疾病的原因可分为外因（环境因素）和内因（机体因素）两大类。

（一）疾病发生的外因

引起疾病发生的外界致病因素很多，通常把它区分为机械性的、物理性的、化学性的、生物性的和营养性的五大类。

1. 机械性致病因素

指具有一定动能的机械力因素作用于机体而引起的疾病而言。如锐器及钝器的打击，爆炸的冲击波，机体的震荡等，都可以引起机体的各种损伤和障碍。机体内部的机械性因素有肿瘤、寄生虫、结石等造成的压迫、堵塞。

机械力的致病作用特点：（1）对组织不具有选择性；（2）无潜伏期及前驱期，或很短；(3) 只能引起疾病的发生，不参加疾病的进一步发展；(4) 机械力的强度、性质、作用部位及范围决定着引起损伤的性质和程度，很少受机体影响；(5) 转归的方式常为病理状态。

2. 物理性致病因素

属于物理性致病因素有高温（烧伤、灼伤）、温热（日灼病、热射病）、低温（冻伤）、电流（雷击伤、交流电损伤）、电离辐射（放射线灼伤）等，这些因素达到一定强度或作用的时间较长时，都可以使机体发生物理性损伤。

3. 化学性致病因素

存在于外界的对机体有致病作用的化学因素种类很多，比较重要的有强酸、强碱、重金属盐类、农药、化学毒剂、毒草等。化学性致病因素也可来自体内，如各种病理性代谢有毒产物。

化学性毒素的来源主要是各种化学有毒污物；高密度集约化饲养，舍内产生的氨气和其他有毒气体；饲料调制不当，保管不当，引起霉败变质，产生有毒物质；体内腐败发酵分解产物的吸收。

化学性致病因素的特点：(1) 有短暂的潜伏期；(2) 对机体的毒害作用有一定的选择性；(3) 作用的结果不仅取决于其性质、结构、剂量、溶解性，并取决于作用部位和机体状态；(4) 能损伤机体，也能被机体中和、解毒和排除，在排泄过程中有可能使排泄器官受损。

4. 生物性致病因素

生物性致病因素指致病的微生物和寄生虫等。侵入机体的微生物，主要通过产生有害的毒性物质，如外毒素、内毒素、溶血素、杀白细胞素、溶纤维蛋白素和蛋白分解酶等而造成病理性损伤，同时也可对机体产生机械性损伤；寄生虫则通过机械性堵塞，产生毒素、破坏组织、掠夺营养以及引起过敏反应而危害机体。

生物性致病因素作用的主要特点：(1) 其致病作用常有一定的选择性，表现在具有比较严格的传染径路、侵入门户和作用部位；(2) 致病作用不仅决定于其产生的内外毒素和各种特殊的毒性物质，而且也决定于机体的抵抗力及感受性；(3) 引起的疾病有一定的特异性，如相对恒定的潜伏期、比较规律的病程、特殊的病理变化和临床症状，以及特异性的免疫现象等；(4) 生物性致病因素侵入机体后，作用于整个疾病过程，并且其数量和毒力不断发生变化。有些病原体并随排泄物、分泌物、渗出物排出体外，因而具有传染性。

生物性致病因素是传染病与寄生虫病等群发病的主要原因，是当前影响宠物养殖业的主要问题之一。

5. 营养性致病因素

除上述各项致病因素外，当家畜饲养管理不当，特别是饲料中各种营养因素供应不平衡（过剩或不足），动物的营养需要不能得到合理的补充和调剂时，也常可引起动物疾病的发生。

(1) 营养供给过剩　宠物对于构成机体的主要物质如蛋白质、脂肪、糖、盐、水和维生素等长期缺乏和不足时均可招致疾病的发生。但是，如果这些营养因素摄取过多或过剩时，也会带来极为不良的后果。如蛋白质摄入过剩时，部分可在体内蓄积致使血液酸度升高，而引起酸中毒，尿液酸度也增高，可继发肾脏机能障碍或者骨软征。脂肪摄取过多，可引起脂肪沉着征，脂肪沉着的脏器其机能可发生障碍；胆固醇过剩蓄积可造成细胞物质代谢障碍，生活力减退，也是动脉硬化的原因。

(2) 营养供给不足　宠物饲料中营养物质缺乏，可造成动物饥饿。饥饿分为两种，一种是营养物质供给完全断绝称为绝对饥饿，一种是营养供给减少称为部分饥饿。绝对饥饿可是组织成分中的糖原消耗、脂肪萎缩、蛋白质分解加强、肌肉消瘦，最后常因动物营养极度衰竭而死亡。部分饥饿可发生在饲料摄入量减少，细胞生活力减退，低蛋白血症，可引起贫血、组织渗透压降低、体腔和全身水肿等。

### （二）疾病发生的内因

宠物疾病的发生除外因外，其内因也极为重要。所谓内因就是机体本身的生理状态，大致可包括两个方面：一方面是机体受到致病因素作用引起损伤的敏感性，即机体的感受性；另一方面机体也具有防御致病作用的能力，即所谓抵抗力。疾病发生的根本原因，就在于机体对致病因素具有感受性和机体抵抗力。

机体对致病因素的易感性和防御能力既与机体各器官的结构机能和代谢特点以及防御

机构的机能状态有关，也与机体一般特性即宠物的动物的种属、品种和个体反应性有关。

（三）内因和外因的辩证关系

任何疾病的发生，都不是单一原因所引起，而是外因和内因相互作用的结果。在疾病的发生发展过程中，外因是疾病发生的重要条件，内因是疾病发生的根本依据。没有外因的作用，动物体决不会发病。但是，疾病是发生在动物体上的，如果仅有疾病的外因，而畜体的抗损伤能力足以抗御外因的损伤作用，那么动物则不发病或仅轻微发病。

因此，外因是条件，外因必须通过内因而起作用。在疾病过程中，内因起决定性作用。外界致病因素必须冲破动物体的防御屏障，超过动物的抗损伤能力，才可以使机体发病。所以，疾病能否发生，取决于动物体的状况。即使发生了疾病，疾病的性质、轻重、发展和结局也随内因的不同而有差异。

## 第三节 疾病的发病学

### 一、病因在发病上的意义

发病学（pathogenesis）是关于疾病过程如何发生、发展和转归的理论学说，是研究疾病发生、发展过程为主的一般规律和共同机理。研究疾病的发生、发展规律，首先必须阐明致病因素如何作用于机体。在这个问题上一直存在一些不正确的看法，即过分强调病因的作用，而忽视动物机体在致病因素作用下与之积极斗争的过程。

事实上致病因素与疾病经过的关系是很复杂的，最常见的形式有以下几种：

（1）致病因素在疾病作用过程中始终起作用，属于这类形式的疾病，如果病因消除，机体就会恢复健康，但这类疾病并不太多。例如，无合并症的疥癣病等。

（2）致病因素只对疾病发生起发动作用，引起机体损害后即消失，但疾病仍继续发展，甚至往往引起严重后果。属于这类疾病的有各种机械性外伤、冻伤、烧伤、骨折等。对于这类病采取病因学预防和发病学治疗有效。

（3）致病因素侵入机体后，最初并不损害机体，但随着本身的数量和质量上的变化，以及机体抵抗力的下降，则可使之发病。当该病进行到一定阶段，原始病因的作用可以逐渐减弱，甚至完全消失，但疾病不一定告愈。大多数传染病都属于此类。

（4）致病因素对机体作用后，削弱了机体的抵抗力，或者改变了机体的反应性，因而为新的病因的侵害作用创造了有利的条件，从而引起新的疾病伴发或继发，例如，机体感冒后发生的肺炎。

### 二、病因在机体内的扩散途径

致病刺激物在突破机体外部屏障与内部的阻挡后通常可以经以下三种途径进行扩散：

（1）组织扩散　致病刺激物从侵入部位沿组织逐渐扩散。例如，喉气管炎沿气管、支气管扩散引起支气管炎或支气管肺炎。

（2）体液扩散　致病刺激物随血液或淋巴液由一处扩散至它处，甚至散布至全身各器官，此种情况，前者称为血源性扩散，后者称为淋巴源性扩散。此类扩散一般速度快，例如，败血症等多为体液扩散。

（3）神经扩散　可分为刺激扩散和刺激物扩散两种。刺激物沿神经干内的淋巴间隙扩散，如狂犬病病毒和破伤风毒素即属于刺激物扩散方式；有时刺激物作用于神经，引起冲动，传至相应中枢，使中枢机能改变，因而引起相应器官机能的改变，此种通过反射途径扩散的方式称为刺激扩散。

必须指出，上述三种方式在疾病发生上往往是交互进行或同时进行的。

## 三、病因对机体的作用方式

外界致病因素沿着一定的途径在体内扩散，并以一定的方式作用于机体，引起疾病的发生和发展。外界致病因素作用于机体的方式有三种：

（1）直接作用　致病因素直接作用于组织，引起组织发生损伤。例如，高温、低温、强酸、强大的机械力等作用于机体后，可引起局部发生形态结构和生理机能的改变，使组织出现变性和坏死等。

（2）通过体液作用　致病因素通过体液而起作用，引起机体发生病理变化和机能障碍。例如，有毒物质亚硝酸盐进入机体后，使血液中的血红蛋白氧化成为变性血红蛋白（高铁血红蛋白）后失去了结合氧的能力，使机体由于缺氧而呼吸困难甚至死亡。

（3）通过神经反射作用　致病因素可以作用于神经系统或神经反射弧的各个环节，使神经反射活动障碍，引起疾病，如腰椎挫伤。

以上三种作用方式，在疾病发生过程中都不是孤立的，而是相互关联的，其中通过神经反射的作用，是疾病发生的最基本最重要的方式，因为，致病因素对组织的直接作用或通过体液作用，都必须同时通过神经反射而产生致病。

## 四、疾病转归的一般规律

疾病的转归可分为完全康复、不完全康复和死亡三种情况。

1. 完全康复

这种转归通常称为痊愈，是指患病机体的机能和代谢障碍消除，形态结构的损伤得到修复，机体内部各器官系统之间及机体与体外环境之间的协调关系得到完全恢复，动物的生产力也恢复正常。

2. 不完全康复

不完全康复是指疾病的主要症状已经消失，致病因素对机体的损害作用已经停止，但是机体的机能、代谢障碍和形态结构的损伤未完全康复，往往遗留下某些持久性的、不在变化的损伤残迹，这种情况称为病理状态。此时机体是借助于代偿作用来维持正常生命活动的，例如，心内膜炎后所形成的心瓣膜闭锁不全。不完全康复的机体，其机能负荷不适当的增加或机体状态发生改变时，可因代偿失调而致疾病“再发”。

3. 死亡

死亡是生命活动的终止，完整机体的解体。由于近年对生命本质认识的深化，已经提出了新的死亡概念和死亡标准，死亡已成为一门内容丰富的新兴学科，对宠物而言，尤其如此。

生命的本质是机体内同化和异化不断运动演化过程，死亡则是这一运动过程的终止。死亡既是生命活动由量变到质变的突变，又是生命活动发展的必然结局。“生”包含着“死”，无生则无死。

死亡分为生理性和病理性两种。生理性死亡是由于机体各器官的自然老化所致，又称为老死（衰老死亡）。但实际上生理性死亡是很少见的，绝大多数属于病理性死亡，病理性死亡的原因归纳起来有以下3类。

（1）由于电击、中毒、创伤、窒息等各种意外所引起的急性死亡 这类死亡由于死前各种器官多无严重的器质性损害和机体的过度消耗，如及时抢救，有可能复苏。

（2）重要器官如脑、心、肝等不可恢复性损害。

（3）慢性消耗性疾病如恶性肿瘤、结核病、营养不良等引起的机体极度衰竭 死亡前由于各种重要器官的生理机能，尤其是免疫防御机能已遭到严重的破坏，故复苏比较困难。

多数情况下，死亡的发生是机体从健康的“活”状态过渡到“死”状态的渐进性过程，传统上把这个过程分为濒死期、临床死亡期及生物学死亡期3个阶段。

①濒死期：此期机体各系统的机能发生严重障碍，脑干以上的中枢神经系统处于深度的抑制状态，表现为反射迟钝、感觉消失、心跳微弱、呼吸时断时续或出现周期性呼吸、括约肌松弛、粪尿失禁。

②临床死亡期：此期的主要标志为心跳和呼吸的完全停止、反射消失、延髓处于深度的抑制状态，但各种组织仍然进行着微弱的代谢过程。

因重要器官的代谢过程在濒死期及临床死亡期尚未停止，此时若采取急救措施，机体有可能复活，称为死亡的可逆时期。一般可持续5～6min。此期是复苏的关键阶段。

③生物学死亡期：此时从大脑皮层开始到整个神经系统及其他各个器官系统的新陈代谢相继停止，并出现不可逆的变化，整个机体已不可能复活。

现代医学提出脑死亡（brain death）的概念，脑死亡是指全脑功能（包括大脑皮层和脑干）的永久性丧失。脑死亡是整体死亡的判定标志，是整体功能的永久性停止。

脑死亡的判定标准有：①不可逆昏迷和大脑无反应性；②呼吸停止，进行15min人工呼吸后仍无自主呼吸；③瞳孔散大或固定；④脑神经反射消失，如瞳孔反射、角膜反射等消失；⑤脑电波消失；⑥脑血液循环完全停止。

脑死亡的意义有：①有利于判定死亡时间，对可能涉及的一些法律问题提供依据；②确定终止复苏抢救的判定标准的界线，停止不必要的无效抢救，减少经济和人力的消耗；③为器官移植创造了良好的和合法的依据。

# 第二章　水盐代谢及酸碱平衡紊乱

生命起源于海洋，据资料证明动物机体的细胞内液接近于远古时期海水的特点，而细胞外液则与近古时期海水近似。可见，虽然经过亿万年的变迁，许多生命形式已由原始低级状态进化成了高级复杂的机体，而且有不少已离开了海洋，进入陆地生活。但生命的基本单位细胞，却仍浸浴在机体携带的小海洋（细胞外液）中，足见生命仍然必须依赖于海洋含有的一定量电解质的水溶液。因此，水和电解质是生命赖以存在的基本物质条件。

在动物体内，水和电解质是体液的主要成分，其在细胞内、外的容量和化学组成，直接影响着细胞的代谢和生理功能，细胞从细胞外液中获取氧和营养物质，并接受其中活性物质的影响，而其代谢产物或分泌的活性物质，又通过细胞外液来运送和排出，因此，细胞外液已成为沟通组织细胞之间和机体与外界环境之间的介质，亦是细胞生存的内环境，机体通过神经内分泌系统及组织器官的调节功能，使体内水和电解质保持动态平衡，体液的容量、分布、组成及理化特性如电解质浓度，渗透压和 pH 值等维持在一定范围内，这对机体正常地进行各种生命活动具有至关重要的意义，一旦这种平衡破坏，就可能导致疾病发生。反之，在许多疾病过程中，又常常引起水、电解质平衡的紊乱。所以，了解动物水、电解质平衡紊乱的机理，掌握维持动物体水、电解质平衡的措施，在防治动物疾病中已普遍受到重视（图 2－1）。

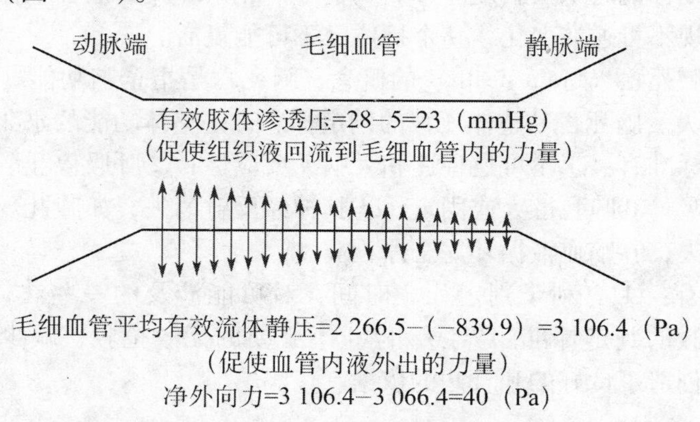


**图 2－1　正常血管内外液体交换示意图**

# 第一节 水肿

水是组成机体重要成分之一，是维持动物生命活动的重要物质。它广泛分布在细胞内外，构成体液，体液约占动物体重的60%～70%。其中50%的水存在于细胞内，与蛋白质、多糖及磷脂结合成胶体状态，形成结合水，称细胞内液，其余20%的水存在于细胞外，以游离状态存在，称自由水，构成细胞外液（组织间液约占15%，血浆占5%）。消化液、尿液、汗液、脑脊液等也属于细胞外液，由于它们量少，并具有其他特殊性，所以在讨论细胞外液变化时，一般不涉及它们。

细胞内液与细胞外液之间不断进行交换，保持着体液的相对平衡。水除构成细胞内液和细胞外液外，还具有运送营养物质、电解质与代谢产物的作用，维持机体内环境的平衡状态；参与物质代谢、体温调节和润滑组织的重要作用，所以水是动物生命活动的重要物质基础。在疾病过程中，水代谢发生障碍时，机体内的水不是过少，就是过多，造成机体组织脱水或水肿，则是水代谢障碍具体表现形式。

如果体液在组织间隙和浆膜腔内蓄积过多，称为水肿。水肿发生部位不同，则有不同叫法，如浆膜腔内的水肿，称积水或积液；皮下水肿称浮肿；细胞内液体增多时，称细胞水肿或叫水中毒。

## 一、水肿的发生原因与机理

在生理状况下，毛细血管动脉端滤出压大于回流压，而静脉端的滤出压却小于回流压，所以血浆中的水分、小分子化合物及无机盐离子等通过动脉端滤出，生成组织间液。而组织间液和细胞代谢产物又不断地通过静脉端和毛细淋巴管回流到血管内，从而使组织间液的生成与回流维持在正常状态。

在致病因素的作用下，血管内外液体交换障碍就会导致水肿的发生。

### （一）组织液生成量大于回流量

其发生机理主要是组织液生成与回流之间平衡失调，使组织液生成增多和回流减少。影响其平衡因素，有以下几种：

#### 1. 毛细血管壁通透性增高

正常时毛细血管只能允许血浆和微量蛋白滤出，其他微血管对蛋白则不能滤出。由于细菌毒素、缺氧和维生素等物质的缺乏，使微血管扩张或结构被破坏，其通透性增高，血浆蛋白及液体成分大量渗出，导致血浆胶体渗透压降低，组织液胶体渗透压增高，进一步使体液滤出量增多，回流量减少。因此，微血管壁通透性增高在水肿的发生中具有重要作用。微血管通透性增高在渗出性炎症过程中最为典型。另外在烫伤、烧伤、冻伤时亦可因微血管壁通透性增高而出现明显的水肿，甚至形成水疱。这种水疱液中含有大量蛋白质。因此，一般把这种水肿液称为渗出液，其所含蛋白浓度可达3%～6%。

微血管壁通透性增高的机制尚不十分清楚，目前认为与多种化学介质炎症介质的作用有关，如缓激肽、血管活性胺（如组胺、5-HT），前列腺素等。据电镜观察，组胺可引起微血管内皮细胞间的裂隙扩大，这可能由于内皮细胞胞浆内收缩性蛋白（微丝）缩短所致。微血管内皮细胞胞浆中运输性囊泡增多或其他运输通道增加都可能引起微血管通透性增强。

2. 血浆胶体渗透压降低

血浆胶体渗透压是组织液回流的重要力量，取决于血浆中蛋白质的含量，尤其是白蛋白的含量。因此，血浆白蛋白浓度降低则造成血浆胶体渗透压降低，由此而引起的水肿称为低蛋白血症性水肿，但目前还很难确定导致水肿发生的血浆蛋白临界浓度。因为有人发现在一些情况下，即使血浆蛋白浓度降至很低的水平时，机体也不一定出现水肿。引起血浆蛋白浓度下降的原因主要有以下几点：

（1）蛋白质丢失过多　尿中丢失（蛋白尿），如肾病综合征、肾炎等。肠道丢失，如慢性肠炎、牛副结核病等。

（2）血浆蛋白合成障碍　如营养不良（引起饥饿性水肿），或肝功能严重损害（如肝硬变），可因蛋白质合成原料缺乏，或合成功能丧失而导致血浆蛋白合成不足。

（3）大量钠、水在体内潴留时使血浆蛋白稀释　由于严重的水、钠潴留，或经血管输入大量非胶体溶液，血浆总蛋白量可能不变，但其浓度降低。

3. 组织间液渗透压增高

指组织间液中的蛋白质和晶体浓度增高。正常时，组织间液中蛋白质含量极微，而且经淋巴回流形成淋巴液，不会在组织间积聚。当微血管通透性增高或淋巴管阻塞，血浆蛋白滤出增多，超过了淋巴回流的速度；或虽然从微血管中滤出的蛋白量并不增多，但因淋巴管阻塞，蛋白质不能回流，而水分仍可经静脉回流时，可导致蛋白质在组织间隙积聚，并浓度逐渐升高，以上两种情况都可使组织间隙胶体渗透压升高。此外，在局部炎症过程中，一方面由于局部微血管通透性增高，血浆蛋白滤出增多，另一方面，炎症部位组织细胞损伤崩解，组织蛋白释放，则更加重了局部组织间隙蛋白质浓度的升高，因此炎症常引起局部组织明显水肿。

4. 毛细血管内流体静压升高

即静脉压升高，从而使毛细血管动脉端滤出增加，而回流减少，组织间液蓄积。静脉压上升到一定水平后，血浆成分的滤出速度与静脉压升高的速度成正比。

造成局部或全身性静脉压升高的因素很多，例如静脉性血栓、肿瘤压迫、妊娠后增大的子宫压迫髂静脉、绷带包扎不合理等，都可能造成局部组织的静脉回流受阻，而致静脉压升高。又如右心衰竭时，腔静脉回流障碍，加之水、钠潴留，使静脉压升高，升高的静脉压可传递到微静脉，尤其是毛细血管静脉端，从而使毛细血管有效流体静压升高，引起全身性水肿。此外，左心衰竭时，由于左心排出减少，导致静脉回流受阻，致肺静脉压增高而发生肺水肿；肝硬变时，则可因肝静脉回流受阻和门静脉高压而形成腹水等。

5. 淋巴回流受阻

正常情况下，淋巴管畅通无阻，不仅能把略多的组织间液和少量蛋白质等输送回血液循环之中，而且在组织间液生成增多时，还能代偿性地加强回流作用，把增多的组织间液排出去，因此，这种淋巴回流代偿增加，亦成为抗水肿因素。但当发生淋巴管炎、癌细胞转移，肿瘤或淤血和各种机械性压迫等情况下，使淋巴管回流受阻，则常常引起明显的水肿。特别是长期反复的慢性淋巴管炎，由于皮下组织液及蛋白质蓄积，引起结缔组织增生，使皮肤呈橡皮状增厚而称为橡皮病。

### （二）水、钠潴留

动物不断从饲料和饮水中摄取水和钠盐，并通过呼吸、出汗和大便、小便将其排出。它们的摄入量和排出量在正常的成年动物通常保持着平衡，这种平衡的维持是通过神经体液的调节得以实现的，其中肾脏的作用尤为重要。肾脏通过肾小球的滤过（钠和水）和肾小管的重吸收作用而维持动物体内水、钠的平衡。（称肾小球－肾小管平衡或球管平衡：通常肾小球滤过的水和钠与肾小管重吸收的水、钠呈一定比例关系，因此，当滤过增多时，重吸收也相应增多，反之亦然，从而保证了肾小球滤过发生变化时不致引起水、钠排出发生很大的变化。）如果肾小球滤过减少或肾小管对水、钠的重吸收增强或不变，则常可导致钠、水在体内的潴留（肾小球－肾小管失平衡）。水、钠潴留是水肿（特别是全身性水肿）发生的物质基础（细胞外液增多）。

1. 肾小球滤过机能降低

肾小球滤过减少如不伴有肾小管重吸收的相应减少，就会导致钠、水在体内潴留。引起肾小球滤过减少的病因如下：

（1）广泛的肾小球病变可严重影响肾小球的滤过　如急性肾小球肾炎由于炎性渗出物和内皮肿胀增生（肾小球完全或部分阻塞），阻碍了肾小球的滤过。在慢性肾小球肾炎的病例，则由于肾小球严重纤维化而影响过滤。

（2）有效循环血量下降（如出血、休克、充血性心力衰竭）　可引起肾血流量减少而导致肾小球滤过降低。此外，有效循环血量下降还可反射性地引起交感－肾上腺髓质系统的兴奋，使肾入球小动脉广泛地收缩，导致肾血流量更加减少。一方面引起肾小球滤过减少，同时也引起肾素的释放。它们的作用都能使钠、水在体内潴留。

2. 肾小管重吸收机能增强

肾小管重吸收增多是取决于体内钠、水潴留的主要方面。引起肾小管重吸收钠、水增多的因素有如下几方面：

（1）激素　当心输出量减少或循环血液量不足时，使垂体后叶抗利尿素和肾上腺皮质球状带醛固酮（ALD）分泌释放量增多，而使肾小管对水、钠重吸收机能增强；肝脏疾病可降低对抗利尿素、醛固酮的灭活作用，亦能增强肾小管对水、钠的重吸收作用，引起水、钠潴留；另外近年研究证明，动物体内还存在利钠因子，即从动物心房组织中提取一种利钠素（心房肽），其利尿作用比速尿大500～1 000倍，当心房肽缺乏时，也失去对抗利尿素和醛固酮分泌、释放的抑制。

（2）肾血流重分布　动物的肾单位有皮质肾单位和髓旁肾单位两种。皮质肾单位接近肾脏表面，它们的髓袢较短，因此重吸收纳、水的作用较弱。髓旁肾单位靠近肾髓质，它们的髓袢长，重吸收纳、水的作用也比皮质肾单位强得多。正常时，肾血流大部分通过皮质肾单位，只有小部分通过髓旁肾单位。但在某些病理情况下（如心力衰竭、休克），可出现肾血流的重新分配，这时肾血流大部分分配到髓旁肾单位，使较多的钠、水被重吸收，这可能是钠、水潴留的一个因素。

（3）肾小球滤过和肾小管重吸收失平衡　任何使肾小球滤过减少而肾小管重吸收没有相应减少，或肾小球滤过没有明显变化而肾小管重吸收却明显增多，或肾小球滤过减少和肾小管重吸收增多同时出现的原因，都会发生肾小球－肾小管失平衡，从而引起钠、水在体内潴留。

以上所述各种因素都与水肿的发生有关，但水肿的发生可能有多种因子的共同参与。在每一特定水肿的发生中，上述各因素所起的作用大小也各不相同。下部分内容将叙述临床上几种常见的水肿类型及其发生机理。

## 二、水肿类型及病理变化

### （一）水肿类型

根据水肿发生原因和器官功能变化，分为以下几种。

1. 心性水肿

由于心肌收缩力减弱，心力衰竭所致的水肿称为心性水肿。左心衰竭主要引起肺水肿，右心衰竭则导致全身水肿。临床上患病动物的前胸、腹下和四肢部位发生明显水肿。

右心衰竭引起全身水肿的机制如下：

（1）水、钠潴留　心衰引起水、钠潴留是肾小球滤过率降低和肾小管重吸收增加共同作用的结果。心衰所致心输出量减少，一方面直接引起肾小球毛细血管灌注不足，另一方面通过加压反射，交感神经活动加强，肾素－血管紧张素Ⅱ产生增多，促进了肾小球血管的收缩，从而使肾小球滤过率降低，与此同时，肾素－血管紧张素系统使肾上腺皮质分泌醛固酮增加，以及垂体后叶释放抗利尿激素（ADH）增多，加之肝淤血对醛固酮和ADH灭活障碍，从而加强肾小管对水、钠的重吸收。由于肾小球滤过率降低，而肾小管重吸收加强，引起水、钠在体内蓄积。

（2）体静脉压和毛细血管流体静压增高　心肌收缩力减弱，心腔排空受限，从而导致静脉回流受阻，加之由于颈动脉窦和主动脉弓反射引起的加压过程，使机体外周动、静脉收缩，从而使静脉压明显升高，毛细血管流体静压亦随之上升。再由于水、钠潴留，血容量增加，则更加重了静脉压和毛细血管流体静压的增高，结果导致组织液的滤出增多而回流受阻。

（3）淋巴回流受阻　体静脉压升高，阻碍了淋巴液排入静脉，影响了淋巴回流的代偿作用，从而促进水肿的发生。

2. 肾性水肿

指原发性肾功能障碍引起的全身性水肿，称为肾性水肿。其特点在机体疏松部位出现明显的水肿，如眼睑、阴囊和腹部皮下。肾性水肿可分为肾病性水肿和肾炎性水肿。

肾病性水肿发病机制的中心环节是大量的血浆蛋白随尿丢失，造成低蛋白血症和血浆胶体渗透压下降，以及水、钠潴留。

当动物发生膜性肾小球肾炎，或肾淀粉样变，或汞中毒等情况下，肾小球毛细血管通透性显著增高，大量血浆蛋白经肾脏排出，导致低蛋白血症和血浆胶体渗透压下降，全身毛细血管的液体滤出就增加，结果使血浆容量和有效循环血量减少。后者又可引起机体肾素－血管紧张素－醛固酮系统的激活，以及下丘脑－垂体后叶ADH释放增加，从而使肾小管对水、钠重吸收加强，以补充血容量。但由于此时血浆胶体渗透压下降，重吸收的水、钠又滤出到组织间隙，结果使水肿加重。

肾炎性水肿主要见于急性肾小球肾炎等过程中，临床常见血尿、蛋白尿、红细胞管型尿及少尿，并有全身性水肿，急性期后水肿消退。水肿发生机制主要是球－管失衡，即肾小球滤过率明显下降，但肾小管重吸收仍然正常。慢性肾小球肾炎引起水肿的主要机制是肾性高血压及低蛋白血症。

3. 肝性水肿

由肝脏原发性疾病引起的体液异常积聚，称为肝性水肿。常以形成腹水为特征，多见于肝硬变。

肝硬变引起腹水蓄积的主要机制是：

（1）肝静脉回流受阻　由于肝内结缔组织增生和收缩，以及肝细胞结节状再生，压迫肝静脉分支和肝窦状隙，致使肝静脉及肝淋巴回流均受阻，肝内组织液大量蓄积，液体经肝被膜渗出滴入腹腔形成腹水。

（2）门静脉高压　肝硬变时肝门静脉受挤压，门静脉血入肝受阻，造成门脉压升高，使肠系膜静脉及淋巴入肝障碍，结果引起肠管壁水肿，水肿液滴漏入腹腔成为腹水。

（3）水、钠潴留　由于大量的血浆液体成分变成了腹水，从而导致血浆容量下降，于是醛固酮和 ADH 释放增多，促进肾小管对水、钠重吸收。加之肝功能障碍，对醛固酮及 ADH 的灭活能力降低，白蛋白的合成减少，则更加重了水肿的形成。

4. 营养不良性水肿

亦称恶病质性水肿，常发生在慢性传染病、严重寄生虫病、恶性肿瘤、慢性胃肠疾病及饲料里长期缺乏蛋白性营养物质等。其发生机理是由于营养不良，导致血浆中蛋白质含量降低，导致低蛋白血症，血液维持水分的能力降低。

5. 淤血性水肿

淤血性水肿主要是由于静脉回流受阻导致毛细血管流体静压升高所引起。此外，淤血导致缺氧、代谢产物堆积、酸中毒，可进一步引起毛细血管通透性升高和细胞间液渗透压升高，也促进水肿的发生。水肿范围与淤血范围相一致。

6. 炎性水肿

指各种渗出性炎症，引起局部组织发生水肿。炎性水肿液叫渗出液，非炎性水肿液叫漏出液。这对临床上鉴别水肿的原因及治疗水肿性疾病有重要意义（表 2－1）。

**表 2－1　渗出液与漏出液的区别**

| | 渗出液 | 漏出液 |
|---|---|---|
| 蛋白量 | 蛋白含量高，超过 4% | 蛋白含量低于 3% |
| 密度 | 密度大，在 1.018kg/m$^3$ 以上 | 密度小，在 1.015kg/m$^3$ 以下 |
| 细胞量 | 含有多量嗜中性粒细胞和红细胞 | 不含或仅含有少量嗜中性粒细胞，不含红细胞 |
| 透明度 | 混浊，浓厚，含有组织碎片 | 透明，稀薄，不含组织碎片 |
| 颜色 | 黄色、白色或红黄色 | 呈淡黄色 |
| 凝固度 | 在体外或尸体内凝固 | 不凝固 |
| 与炎症关系 | 与炎症有关 | 与炎症无关 |

## （二）水肿病理变化

因水肿发生的器官和组织结构不同，其病理变化亦不同。

（1）皮肤及皮下组织水肿　皮肤水肿的初期或水肿程度轻微时，水肿液与皮下疏松结缔组织中的凝胶网状物（胶原纤维和透明质酸构成的凝胶基质等）结合而呈阴性水肿。随病情的发展，当细胞间液超过凝胶网状物结合能力时，可产生自由液体，扩散于组织细胞间，指压留有压痕，称为凹陷性水肿。外观皮肤肿胀呈苍白色，弹性降低，质如面团、有指压痕，切开有液体流出，皮下组织呈胶冻样。

镜检皮下组织间隙有大量淡红色液体，组织疏松而间隙增宽。胶原纤维肿胀或崩解，排列无序。结缔组织细胞、肌细胞、腺上皮细胞肿大，胞浆内出现水泡，甚至坏死。腺上皮细胞往往与基底膜分离，淋巴管扩张。苏木素－伊红染色标本中水肿液可因蛋白质含量多少而呈深红色、淡红色或不着色（仅见于组织疏松或出现空隙）。

（2）黏膜水肿　黏膜肿胀增厚呈半透明胶冻样，触之有波动感。如仔猪水肿病时胃黏膜水肿。局限性黏膜水肿，常见于烫伤、烧伤、口蹄疫、猪水泡病等。

（3）浆膜腔水肿（积水）　当浆膜腔发生积水时，水肿液一般为淡黄色透明液体。浆膜小血管和毛细血管扩张充血，浆膜面湿润有光泽。如由于炎症所引起，则水肿液内含有较多的蛋白质，并混有渗出的炎性细胞、纤维蛋白和脱落的间皮细胞而呈混浊状态。此时可见浆膜肿胀，充血或出血，表面被覆薄层或厚层灰白色网状的纤维蛋白。

（4）肺水肿　当肺脏发生水肿时，肉眼可见肺体积肿大，重量增加，质地变实，被膜湿润光亮，肺表面因高度淤血而呈暗红色。肺小叶间质增宽、膈叶下缘约有3～5cm厚，切面呈紫红色，从支气管和细支气管流出大量白色泡沫样液体。

镜检可见非炎性水肿，肺泡壁增宽，毛细血管高度扩张，肺泡腔内有多量淡红的浆液，其中有少量脱落上皮细胞。肺间质因水肿液蓄积而增宽，结缔组织疏松呈网状，淋巴管扩张，在炎性水肿时，除见上述病变外，可见肺泡壁结缔组织增生，有时病变肺组织发生纤维化。

（5）实质器官水肿　肝脏、心脏、肾脏等实质性器官发生水肿时，器官的肿胀比较轻微，只有进行镜检才能发现。肝脏水肿时，水肿液主要蓄积于狄氏间隙内，使肝细胞索与窦状隙发生分离。心脏水肿时，水肿液出现在心肌纤维之间，心肌纤维彼此分离，受到挤压的心肌纤维可发生变性。肾脏水肿时，水肿液蓄积在肾小管之间，使间隙扩大，有时导致肾小管上皮细胞变性并与其基底膜分离（图2－2至图2－5）。

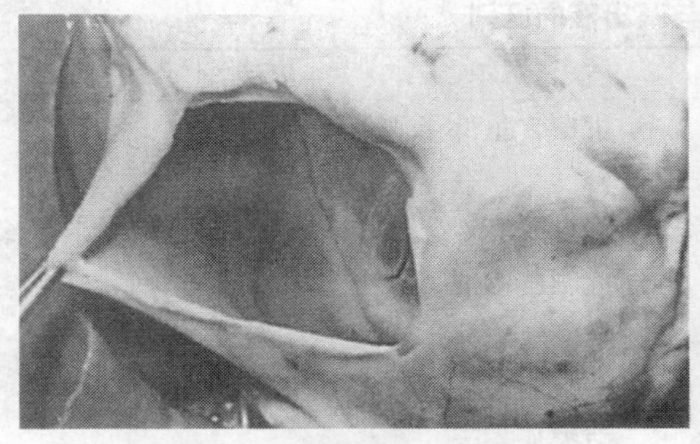

**图2－2　牛心包腔积水**

心包腔显著扩张，心包膜明显增厚，心包腔内贮积大量黄褐色透明液体。同时可见心脏变圆，心肌柔软，扩张、色淡（引自张旭静等）。

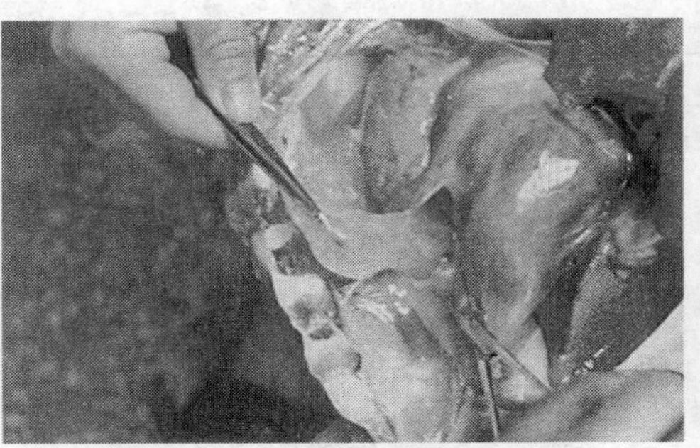

**图2－3　犬纤维素性心包炎**

心包膜轻度增厚，心包液增量，凝固成透明胶冻样（引自张旭静等）。

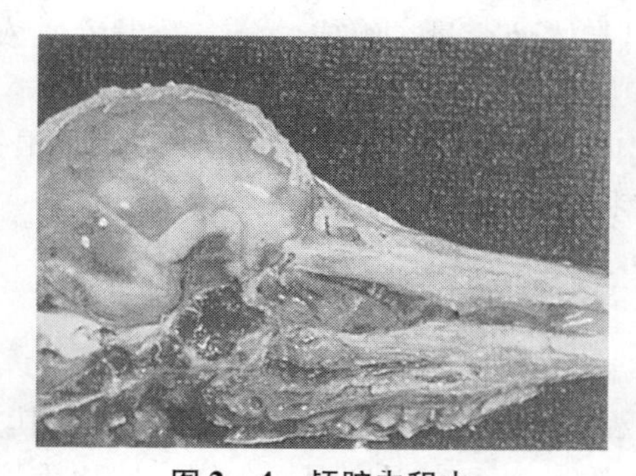

**图 2－4　颅腔内积水**

头颅纵切面：颅腔高度扩张，头盖骨明显菲薄。头盖骨与脑之间有一个大空腔，生前腔内贮满脑脊液（引自张旭静等）。

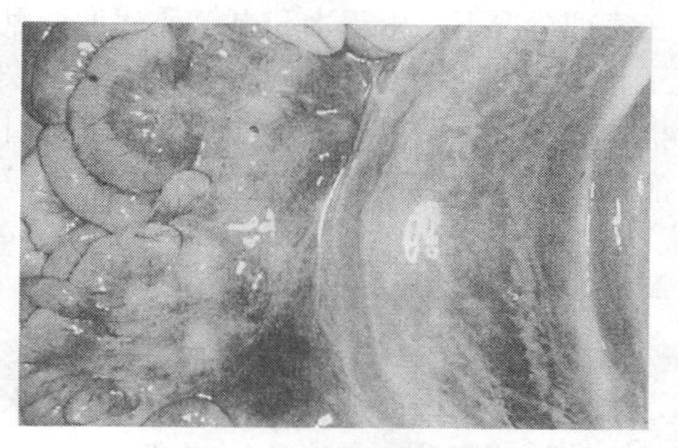

**图 2－5　肠系膜水肿**

小肠、结肠及肠系膜：肠壁及肠系膜显著水肿。发生于右心扩张，全身淤血、水肿时，同时出现大量腹水（引自张旭静等）。

## 三、水肿对机体的影响

影响程度取决于水肿性质、发生部位、水肿程度和持续的时间长短。如脑水肿、肺水肿、喉头水肿，胸腔和腹腔积水等，常引起严重后果。一般部位轻度水肿，对机体影响不大。水肿对机体产生以下影响：

（1）水肿器官发生机能障碍　由于水肿液对细胞、组织的压迫，导致器官机能发生障碍，如肺水肿时，呼吸机能发生障碍，引起机体缺氧；心包腔和胸腔积液，直接压迫心脏或肺脏，使心脏舒缩和肺呼吸运动发生障碍；脑水肿使颅内压升高，引起神经机能障碍，动物出现精神沉郁、昏迷，甚至死亡。

（2）水肿使细胞、组织的代谢障碍　因组织间液增多，使细胞与毛细血管间物质交换弥散距离增大，同时水肿液压迫细胞和毛细血管，使其物质代谢障碍，导致器官营养不良，严重时可引起细胞组织发生萎缩，变性、坏死。长期水肿可刺激结缔组织增生，使器官发生硬化。如淤血性水肿引起肺硬化和肝硬化。

此外，炎性水肿对机体也有比较明显的有利影响。如炎性水肿的水肿液对毒素或其他有害物质有稀释作用；输送抗体到炎症部位；蛋白质能吸附有害物质，阻碍其吸收入血；纤维蛋白凝固可限制微生物在局部扩散等。肾脏发生疾病时，水肿的形成对减轻血液循环的负担起着丢卒保车的作用；心力衰竭时水肿液的形成起着降低静脉压、改善心肌收缩功能的作用。

# 第二节　脱水

水和电解质，是动物生命活动所必需的重要物质，它们广泛分布于细胞内、外。细胞内外的阳离子主要是钾离子和钠离子；阴离子则以有机磷酸根、蛋白质及 $Cl^-$、$HCO_3^-$ 为主。细胞内、外液电解质分布的差异与细胞膜的结构与功能有关。电解质的分布与含量，对细胞内外环境稳定，起重要作用。

在病理情况下，由于水和电解质代谢紊乱引起体液容量、组成、分布及电解质浓度、渗透压和 pH 值发生改变，影响机体的各种生理功能。

机体由于水、钠摄入不足或丧失过多，引起体液总量明显减少的现象称脱水。根据机体水的丧失程度与血钠及血浆渗透压改变情况，将脱水分为三种类型。

## 一、高渗性脱水

是以水丧失为主而钠丧失较少的一种脱水，故又称缺水性脱水或单纯性脱水。其主要特征是血清钠浓度及血浆渗透压均超过正常值上限，患畜表现口渴、少尿、尿比重增高、细胞脱水、皮肤皱缩等。

### （一）原因

主要是饮水不足或低渗性体液丧失过多。前者可见于沙漠行军、水源断绝，或动物咽部水肿、食道阻塞、破伤风引起的牙关紧闭等引起饮水不足的情况下，动物得不到正常的水分补充，而又不断经呼吸、皮肤及肾脏丧失水，致使失水多于失盐。而低渗性液体丢失过多，常见于幼龄动物腹泻（水样腹泻时，粪钠浓度极低，而以失水为主），或不适当地过量使用速尿、甘露醇、高渗葡萄糖等利尿剂，使肾脏排水过多。此外，动物发生代谢性酸中毒、脑炎等过程中，呼吸加快，或各种原因引起的大出汗（汗液为低钠性的），则可使低渗性液体由肺或皮肤大量丧失。

### （二）发展过程、机理和影响

高渗性脱水时，因血浆水分减少，钠离子浓度升高，使血浆渗透压升高，继而组织间液中的水分被吸收入血液，以降低血浆渗透压，这使组织间液中的水分也相对减少，又引起组织间液渗透压升高，于是细胞内液向细胞外液转移，从而使组织外液的容量得到一定程度的恢复。在血浆渗透压增高同时，刺激丘脑下部的视上核及渗透压感觉器，一方面反射性引起动物口渴，饮水多；另一方面使垂体后叶分泌抗利尿素增多，加强肾小管对水的重吸收，机体进行保水代偿性调节。血浆钠离子浓度增高，引起肾上腺皮质醛固酮分泌减少，起到排钠作用。动物轻度脱水或脱水初期，机体通过保水、排钠进行代偿性调节，以缓解脱水过程，在脱水发展严重时，虽经代偿性调节，细胞外液高渗状态仍未得到纠正，使高渗性脱水继续发展可导致一系列脱水病理现象发生，患病动物表现口渴、少尿、尿比重高，细胞脱水，皮肤弹性降低，发热、酸中毒、昏迷等（图 2－6）。

## 二、低渗性脱水

是以钠丧失为主而水丧失较少的一种脱水，又称缺盐性脱水。其主要特征是血清钠浓度和血浆渗透压降低，血浆容量不能维持，患畜无口渴感，早期出现多尿及低渗尿，容易发生低血容量性休克。

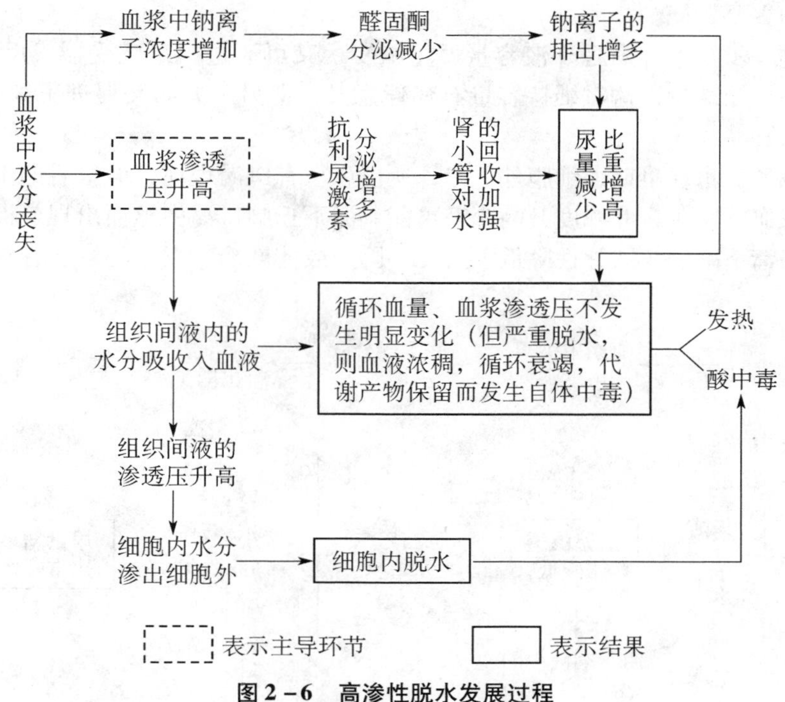


**图 2－6　高渗性脱水发展过程**

（一）原因

低渗性脱水多半发生于体液大量丧失之后，由于补液不当所致。例如腹泻、大出汗造成水和一定量的钠盐丢失，如果此时只给饮入淡水或输注葡萄糖溶液，就可造成细胞外液钠离子浓度被冲淡；再如大面积烧伤、大量细胞外液丢失，只给补充输入葡萄糖液，同样会引起血浆低渗和钠离子浓度下降。此外，在急性肾功能不全多尿期或连续性使用排钠性利尿剂（如：氯噻嗪类，速尿及利尿酸等）时，肾小管对水、钠的重吸收均减少，尤其在肾上腺皮质功能低下，醛固酮分泌不足的病例，肾性失钠就更为明显，在以上情况下，如果忽略给患畜补盐，也可能引起低渗性脱水。

可见，低渗性脱水主要与补液不当有关，但应指出，在动物饲养管理中，如果忘却给盐则可直接引起缺盐性脱水。此外，大量体液丢失本身也可引起低渗性脱水，因为体液容量降低通过容量感受器反射引起 ADH 分泌增加，结果肾回收水增多，而使细胞外液低渗。

（二）发展过程、机理与影响

早期由于细胞外液低渗，但细胞外液容量尚未显著减少，故 ADH 分泌不多，而使肾脏排水量增加，从而出现多尿和低渗尿。与此同时，由于血钠浓度降低，肾致密斑的钠负荷减轻，或因血液循环血量减少，使肾脏入球动脉压力降低，牵张感受器兴奋，两者都可使肾素－血管紧张素－醛固酮系统活性加强，醛固酮分泌增多，肾小管重吸收钠增多则更促使尿液低渗。这些过程对维持血浆渗透压具有代偿意义。但如果细胞外液低渗现象得不到改善，这时细胞外液就会向相对高渗的细胞内转移，从而导致细胞水肿，由于水分大量从尿排出以及进入细胞内，细胞外液容量即发生严重降低，极易诱发低血容量型休克，这是本型脱水的重要特征。

当脱水进一步发展，细胞外液容量严重减少，又可通过容量感受器，反射引起 ADH 分泌增加，使排尿减少，这对维持容量有代偿意义，但另一方面又促进了细胞外液低渗，并加重细胞水肿。

此外，该型脱水在早期因细胞外低渗，所以患畜有口渴表现，但至后期由于组织灌流压降低和血浆血管紧张素Ⅱ浓度升高，都可能刺激下丘脑口渴中枢而出现口渴表现。患畜还可表现为眼窝下陷、皮肤弹性降低、血压下降、肢体厥冷、发生心衰、昏迷和低血容量性休克（图 2－7）。

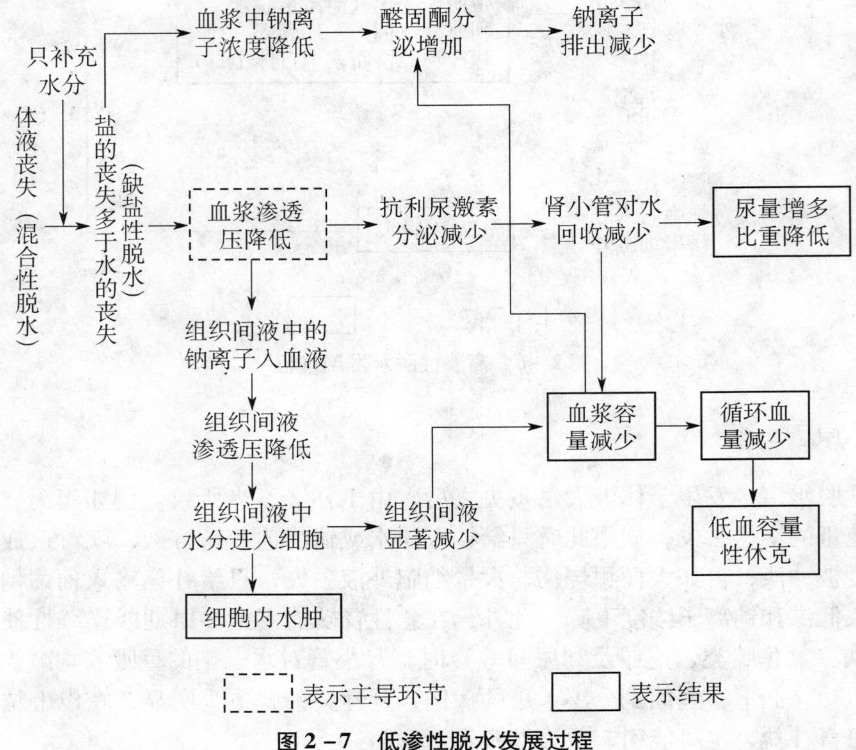


**图 2－7　低渗性脱水发展过程**

## 三、等渗性脱水

是水和钠相等比例丢失的一种脱水，血浆渗透压不变，又称混合性脱水。

### （一）原因

等渗性脱水主要鉴于大量等渗体液丢失的初期。例如急性肠炎引起腹泻，大面积烧伤，大出汗和肠变位，肠梗阻时发生剧烈持续性腹痛情况下，使机体等渗溶液大量丢失而引起等渗性脱水。

### （二）发展过程、机理及影响

等渗性脱水初期，血浆渗透压不变，但血浆容量及组织间液均减少，血液黏稠，机体通过容量反射及肾素－血管紧张素－醛固酮系统活动增强，血浆抗利尿激素和醛固酮含量升高，肾脏重吸收水、钠增多，以补偿血浆容量，故临床表现少尿及尿钠减少。

如果不及时处理，动物可因体表蒸发及呼吸道的水汽呼出而使水分不断丢失，从而转为失水多于失盐的高渗性脱水，逐渐出现血浆胶体渗透压升高所致的口渴反应，排钠保水反应以及细胞脱水等一系列变化，但如果处理不当，只给补水而不补充钠盐，则可使等渗性脱水转变为低渗性脱水。

总之，等渗性脱水时，由于血浆中实际 $Na^+$ 浓度降低，所以从组织间液及细胞内液调节入血的水分，以及通过口渴饮入的水分，都不能在血浆内维持，故最终还是导致血容量降低，血流变慢，以致发生低血容量性休克。

由此可见，等渗性脱水在临床上既有高渗性脱水的特点，又有低渗性脱水的特征，但其与高渗性脱水的区别，在于等渗性脱水时体内实际 $Na^+$ 含量减少，所以机体的代偿及单纯补水都无法保持原有的水分量。而与低渗性脱水相比，等渗性脱水的水分丧失有较多一些，出现细胞外液高渗，细胞内液丧失等变化。

## 四、补液原则

临床中，为了正确合理补液，以提高疗效，应掌握以下几点：

### （一）查明病因，确定脱水的类型

只有查明病因，确定患畜丢失的物质，才能诊断出是哪种类型的脱水。

### （二）根据脱水程度，确定补液量

临床上可把脱水分为三种，而每种脱水丢失的水、盐量又不同，通过估算患病动物的体重并与失水量相乘，就能比较准确计算出补液量。

（1）轻度脱水　动物症状不明显，可视黏膜干燥，皮肤弹性降低，有渴感。其失水量为体重的2%～4%。

（2）中度脱水　动物有明显口渴，皮肤干燥，缺乏弹性，口干舌燥，少尿，精神沉郁，视力障碍等。其失水量为体重的4%～6%。

（3）重度脱水　动物少尿或无尿，眼球下陷，角膜无光，结膜发绀，精神高度沉郁或发生昏迷，有严重中毒现象。其失水量为体重的6%～8%。

### （三）确定补液量的水盐比例

在脱水补液时，无论哪种类型的脱水和发生程度如何，都有水和盐的丢失，只不过多少而已。一般可参考以下水盐比例。高渗性脱水水盐比例为2∶1，低渗性脱水其水盐比例为1∶2，等渗性脱水则为1∶1。补液的水是5%葡萄糖，而盐则为生理盐水。

# 第三节　酸碱中毒

## 一、概述

机体内环境酸、碱度相对恒定是组织细胞正常代谢和机能活动的必要条件。血浆酸碱度取决于其中的$H^+$浓度，由于$H^+$浓度很低，通常用其负对数，即pH值来表示，各种动物血浆pH值虽略有不同，但动物血液pH值一般保持在7.3～7.5之间，其平均值为7.4（指动脉血），静脉血的pH值稍低（约比动脉血的pH值低0.02～0.10），组织间液的pH值近似血浆，而细胞内液则更低。动物机体在生命活动过程中，不断生成酸性或碱性代谢产物，同时也有各类酸性或碱性物质随食物进入体内，但正常机体内的pH值总是相对稳定，这是依靠体内各种缓冲系统（存在于细胞内、外）以及肺和肾脏的调节功能来实现的。机体维持内环境pH值恒定的过程，称为酸、碱平衡。许多致病因素可以引起酸碱平衡失调称为“酸碱平衡紊乱（或障碍）”。它可以发生于某些疾病过程中，也可因酸、碱平衡紊乱的发生而加重疾病的发生和发展，从而使病情变得更加复杂和严重，甚至可以威胁动物生命。因此，掌握酸、碱平衡紊乱的基本理论，已是宠物医学临床的一个重要课题。

### （一）体内酸的来源

酸、碱平衡紊乱实质上就是氢离子（$H^+$）代谢障碍，体内$H^+$的来源有二，即呼吸性$H^+$和代谢性$H^+$。由碳酸释出的氢称呼吸性$H^+$，它由糖、蛋白质、脂肪氧化产生$CO_2$和$H_2O$，并结合成碳酸，经解离而形成$H^+$。由于$CO_2$可通过肺排出，故称呼吸性$H^+$，而碳酸则称挥发酸。

代谢性$H^+$主要来自含硫氨基酸中硫原子的氧化，形成硫酸（一个硫原子氧化产生一个$SO_4^{2-}$和两个$H^+$）；还来自含磷的有机化合物（如核苷酸、磷蛋白、磷脂等）经分解而产生磷酸。以上的酸性物质是在代谢中产生，故称“代谢性$H^+$”（其实碳酸亦是代谢产生，故代谢性$H^+$应称非呼吸性$H^+$为妥），也称“非挥发性酸”或“固定酸”，可通过肾脏排出。

草食动物的饲料经代谢后多产生呼吸性$H^+$（可通过肺排出）而产生的代谢性$H^+$则要比肉食动物少得多。因此，草食动物的尿为碱性而肉食动物的尿为酸性。畜牧业中所谓的酸性饲料和碱性饲料，实际上也是以此来划分的。

### （二）体内碱的来源

机体内碱性物质可由代谢产生，例如氨基酸脱氨基过程中产生碱性物质$NH_3$；$H_2CO_3$解离后产生的$HCO_3^-$，与Na结合形成碱性物质$NaHCO_3$。此外，体内碱性物质亦可直接来自饲料，以及医源性输入、口服或静脉输注$NaHCO_3$。

（三）机体对酸、碱平衡的调节

尽管机体内不断地产生和摄取酸、碱性物质，但血浆 pH 值仍可以保持不变，这是由于机体一系列调节机制的作用所致。

1. 血液中缓冲系统的调节作用

所谓缓冲系统是指由弱酸和弱酸盐组成的，且有缓冲酸碱能力的一种混合液。血液中缓冲系统有血浆缓冲系统：

$NaHCO_3/H_2CO_3$、$Na_2HPO_4/NaH_2PO_4$、Na－Pr/H－Pr（Pr＝血浆蛋白）

红细胞中的缓冲系统：

$KHCO_3/H_2CO_3$、$K_2HPO_4/KH_2PO_4$、K－Hb/H－Hb、K－$HbO_2$/H－$HbO_2$

（1）血浆碳酸氢盐缓冲系统的作用　根据汉－哈氏（Handerson－Hasselbalch）方程式：pH＝pKa＋log［$HCO_3^-$］／［$H_2CO_3$］其中 pKa 为碳酸的电离常数的负对数值，在38℃条件下等于6.1。而 $HCO_3^-/H_2CO_3$ 比值正常时为20/1，因此体液的 pH＝6.1＋1.3＝7.4。由此可见血浆 pH 值，主要取决于 $HCO_3^-/H_2CO_3$ 比值。

一般情况下，机体内过剩的酸和碱，约有一半经此系统进行缓冲，例如一种强酸进入该缓冲系统时，$H^+$ 即与 $HCO_3^-$ 形成 $H_2CO_3$，而 $H_2CO_3$ 又可分解生成 $CO_2$ 和水，$CO_2$ 可由肺呼出，使体液 pH 值趋于稳定，而强碱进入该系统，则 $OH^-$ 可以同 $H_2CO_3$ 的 $H^+$ 作用产生水，以及碳酸盐（弱酸盐），从而维持 pH 值。

（2）红细胞的缓冲作用　静脉血和红细胞含脱氧血红蛋白（HHb），携带 $CO_2$ 到肺脏释放，并摄取 $O_2$ 变成 $HHbO_2$。$HHbO_2$ 的酸性较 HHb 强，从而代偿了因释放 $CO_2$ 后 pH 值升高。红细胞在组织内时，$CO_2$ 向红细胞内弥散，在红细胞的碳酸酐酶作用下，生成 $NaHCO_3$，使红细胞内 pH 值下降，但这时，$HHbO_2$ 释放 $O_2$，形成酸性比较弱的 HHb 从而又起到了缓冲作用。

此外，在红细胞内 $H_2CO_3$ 与 KHb 作用，生成 HHb 和 $KHCO_3$，后者的 $HCO_3^-$ 弥散到细胞外，与 $Na^+$ 形成 $NaHCO_3$，补充了血浆碱储，而细胞外 $Cl^-$ 进红细胞（称为氯转移）补充细胞内阴离子。据研究，体内产生的 $CO_2$，92% 是由血红蛋白通过以上方式进行携带和缓冲的，因此，血红蛋白缓冲系统在缓冲挥发性酸方面起着重要作用。

（3）磷酸盐缓冲系统的作用　即 $Na_2HPO_4/NaH_2PO_4$ 系统，其缓冲作用主要在细胞内。例如，遇强碱 $Na_2HPO_4$ 和水：$NaOH + NaH_2PO_4 \rightarrow Na_2HPO_4 + H_2O$，而遇强酸时，则形成弱酸性 $NaH_2PO_4$ 和中性盐：$HCl + Na_2HPO_4 \rightarrow NaH_2PO_4 + NaCl$，从而强酸、强碱得到缓冲。

而要使酸、碱含量相对稳定，还有赖于肺和肾的调节。

2. 肺脏在酸碱平衡中的调节作用

肺脏可以通过呼吸运动的频率和幅度来调节血浆 $H_2CO_3$ 的浓度。

例如，当动脉血二氧化碳分压升高或氧分压降低，或血浆 pH 值下降时，都可以刺激延髓的中枢化学感受器主动脉体和颈动脉体化学感受器，反射引起呼吸中枢兴奋；出现呼吸加深加快，从而使 $CO_2$ 排出增多。但如果二氧化碳分压过高，例如达到 10kPa 以上时，就会产生呼吸中枢抑制。而当二氧化碳分压降低或血浆 pH 值升高时，呼吸运动就变慢、变浅，减少 $CO_2$ 的排出。可见，呼吸中枢通过对呼吸运动的控制来调节血中的 $H_2CO_3$ 的浓度维持血浆 $NaHCO_3/H_2CO_3$ 的比值，使血浆 pH 值相对恒定。

3. 肾脏在酸碱平衡中的调节作用

肾脏主要通过排出过多的酸或碱来调节血浆中的 $NaHCO_3$ 含量，维持血液的 pH 值。通常情况下，草食动物尿液 pH 值较高，而肉食动物或杂食动物尿液 pH 值稍低。但根据体内酸碱平衡的状态，尿液 pH 值可出现较大幅度的变化。

肾脏主要通过三方面机制调节机体酸碱平衡：

（1）$H^+$ 分泌和碳酸氢钠重吸收　肾功能正常的情况下，由肾小球滤出的 $NaHCO_3$ 80%～90%在近曲小管被重吸收，其余部分在远曲小管和集合管重吸收，尿中几乎无 $NaHCO_3$。近曲小管对 $NaHCO_3$ 的回收是伴随着肾小管排 $H^+$ 及回收 $Na^+$ 同时进行的，其过程是：$NaHCO_3$ 在近曲小管内解离成 $Na^+$ 和 $HCO_3^-$，而肾小管上皮细胞内的 $CO_2$ 在碳酸酐酶催化下与 $H_2O$ 形成 $H_2CO_3$，后者解离成 $H^+$ 和 $HCO_3^-$，$H^+$ 主动分泌至肾小管管腔与 $Na^+$ 交换，$Na^+$ 进入肾小管上皮细胞内，与 $HCO_3^-$ 结合成 $NaHCO_3$ 回至血液循环。肾小管上皮细胞分泌的 $H^+$ 则与管腔内的 $HCO_3^-$ 结合成 $H_2CO_3$，后者解离成 $H_2O$ 和 $CO_2$，$H_2O$ 随尿排出，$CO_2$ 扩散入肾小管上皮细胞内参加上述循环，从而完成 $H^+$ 重吸收 $NaHCO_3$ 的过程（图2－8）。而在远曲肾小管内，大部分的 $Na^+$ 以与 $Cl^-$ 结合的形式直接被重吸收，还有一部分与管腔内 $K^+$、$H^+$ 交换。

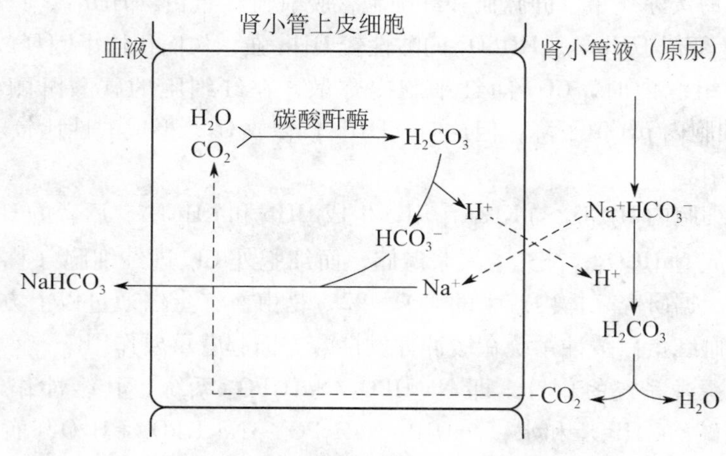


**图2－8　近曲小管排 $H^+$ 保碱过程**

（2）肾小管管腔内缓冲盐的酸化　当肾脏重吸收 $NaHCO_3$ 仍不足以恢复血浆 pH 值时，就由磷酸盐缓冲系统参与调节，结果使酸性的 $Na_2HPO_4$ 在缓冲系统中增加，即缓冲磷酸化。具体过程是：肾小管上皮细胞分泌的 $H^+$ 与管腔内 $Na_2HPO_4$ 中的 $Na^+$ 交换，$Na^+$ 进入细胞与 $HCO_3^-$ 生成 $NaHCO_3$，而管腔内则生成酸性较强的 $NaH_2PO_4$，排出的 $H^+$ 越多，$NaH_2PO_4$ 的生成也越多，使这一缓冲盐系统的酸性盐成分大大超过正常比例。管腔内 $H^+$ 浓度也明显增高，这是肾脏排 $H^+$ 的一个重要方式（图2－9）。

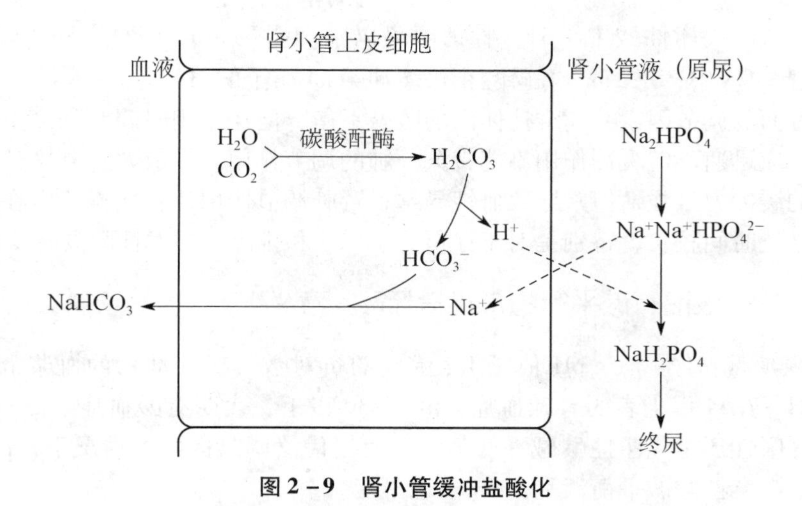


**图2-9 肾小管缓冲盐酸化**

（3）氨（$NH_3$）的分泌和胺离子（$NH_4^+$）的形成 肾小管上皮细胞内的 $NH_3$ 主要有谷氨酰胺酶水解谷氨酰胺而产生，少部分来自丙氨酸、谷氨酸的氧化脱氮过程。氨不带电荷，脂溶性，因此很容易通过上皮细胞进入肾小管腔，与上皮细胞分泌的 $H^+$ 结合成 $NH_4^+$，而 $NH_4^+$ 不易重返细胞内，因此也是肾脏排 $H^+$ 的一种重要形式（图2-10）。

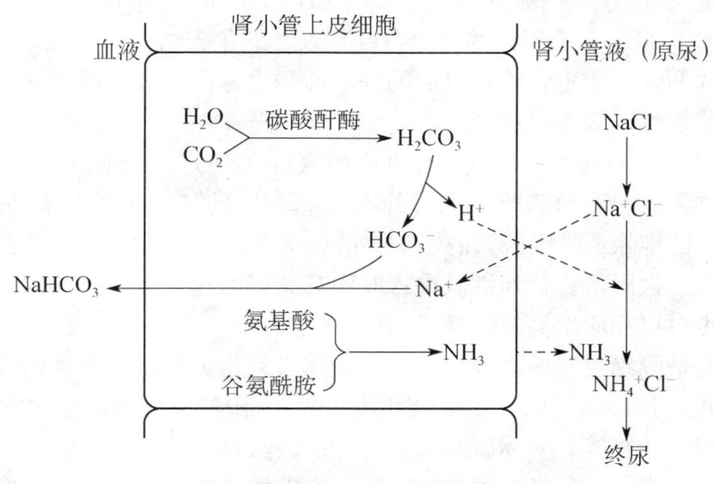


**图2-10 $NH_3$ 的分泌与 $NH_4^+$ 形成**

4. 组织细胞对酸碱平衡的调节作用

组织细胞对体液酸碱平衡的调节主要是通过离子交换作用进行的。红细胞、肌细胞和骨组织细胞都能发挥此作用。例如细胞外液 $H^+$ 浓度升高时，$H^+$ 弥散入细胞内，而细胞内的 $Na^+$ 和 $K^+$ 则移出至细胞外，从而维持电中性。而当细胞外液 $H^+$ 浓度降低时，则出现反方向离子交换，即 $H^+$ 出细胞，而 $Na^+$ 和 $K^+$ 进入细胞。可见，在此过程中，同时引起血清钾浓度的改变。而在血清钾浓度先于酸碱度改变时，也可影响血浆 pH 值的变化，即当高血钾症时，细胞外 $K^+$ 进入细胞，细胞内 $H^+$、$Na^+$ 则出细胞，从而引起血浆 $H^+$ 浓度升高。反之，在低血钾症时，则细胞内 $K^+$ 出细胞，细胞内 $H^+$、$Na^+$ 则进入细胞，从而引起血浆 $H^+$ 浓度降低。

在持续较久的代谢性酸中毒时，骨钙解离以中和 $H^+$：$Ca_3(PO_4)_2 + 4H^+ \rightarrow 3Ca^{2+} + 2H_2PO_4^-$，在此反应中，每 1mol/L 磷酸钙可缓冲 4mol 离子的 $H^+$。

上述四方面的调节因素共同维持体内的酸碱平衡，但在作用时间和强度上有差别。血液缓冲系统反应迅速，但缓冲作用不能持久；肺的调节作用效能最大，但仅对 $CO_2$ 有调节作用；细胞的缓冲力虽强，但常导致血钾异常；肾脏调节作用比较缓慢，常在数小时之后起作用，但维持时间较长，特别是对于保留 $NaHCO_3$ 和排出非挥发性酸具有重要意义。

### （四）反映体液酸、碱平衡的常用指标及其意义

（1）酸碱度（pH 值） pH 值是 $H^+$ 浓度的负对数，哺乳动物的血浆 pH 值平均在 7.4 左右，pH > 7.44 以上表明有碱血症，pH 7.30 以下，表明有酸血症。但只凭 pH 值还不能区别是呼吸性还是代谢性酸碱平衡紊乱，而当代偿调节良好的情况下，pH 值可以不变，还有一些混合性酸碱平衡紊乱，pH 值也不变。

（2）二氧化碳分压 二氧化碳分压（$PCO_2$）是指血浆中呈物理溶解状态的 $CO_2$ 分子所产生的压力。哺乳动物血浆二氧化碳分压略有差异，二氧化碳分压大于正常最大值，表示有肺通气障碍性 $CO_2$ 潴留；二氧化碳分压小于正常最小值表示有通气过渡性碱中毒，或代偿后的代谢性酸中毒。

（3）二氧化碳结合力 二氧化碳结合力（$CO_2CP$）是指血浆 $HCO_3^-$ 中的 $CO_2$ 含量，亦即结合状态的 $CO_2$ 量，一般所谓的碱储备就是以二氧化碳结合力来表示的。二氧化碳结合力增高可能是代谢性碱中毒，或代偿后的呼吸性酸中毒；二氧化碳结合力降低可能是代谢性酸中毒，或代偿性呼吸性碱中毒。

（4）标准碳酸氢盐和实际碳酸氢 标准碳酸氢盐（SB）是全血在标准条件下（38℃、血红蛋白氧饱和度为 100% 和二氧化碳分压为 5.32kPa 的气体平衡后）测得的血浆中的 $HCO_3^-$ 浓度。因为已排除了呼吸因素的影响，故作为判断代谢性因素影响的指标。代谢性酸中毒时标准碳酸氢盐降低，代谢性碱中毒时则升高。但在呼吸性酸或碱中毒时，由于肾脏的代偿作用，也可以相应增高或降低。

实际碳酸氢盐是隔绝空气的血液标本，在实际二氧化碳分压和血氧饱和度条件下测得的血浆 $HCO_3^-$ 浓度。实际碳酸氢盐受呼吸和代谢两方面因素的影响。正常情况下实际碳酸氢盐应与标准碳酸氢盐相等，实际碳酸氢盐与标准碳酸氢盐的差值反映了呼吸因素对酸碱平衡的影响。例如，实际碳酸氢盐增加，大于标准碳酸氢盐，表明有 $CO_2$ 滞留，可见于急性呼吸性酸中毒，而实际碳酸氢盐小于标准碳酸氢盐，则表明 $CO_2$ 排出过多，证明有急性呼吸性碱中毒。两值均降低表明有代谢性酸中毒或代偿后的呼吸性碱中毒。两值均升高表明有代谢性碱中毒或代偿后的呼吸性酸中毒。

（5）缓冲碱 缓冲碱（BB）是指血液中一切有缓冲作用负离子的总和，其中包括 $HCO_3^-$、$HPO_4^{2-}$、$Hb^-$、$Pr^-$ 等，通常以氧饱和的全血测定缓冲碱是反映代谢性因素的指标。代谢性酸中毒时，缓冲碱的值减少，代谢性碱中毒时，缓冲碱的值增加。

（6）碱剩余和碱缺失 碱剩余（BE）是指在 38℃、二氧化碳分压和血氧饱和度为 100% 的情况下，1L 全血或血浆滴定到 pH 值 7.40 时所用的酸或碱的量（mmol/L 表示）。如果需要酸滴定，表示血样缓冲碱增多，说明碱剩余，用正值（+BE）表示，见于代谢性碱中毒。如果需要碱滴定，表示血样缓冲碱减少，说明碱缺失，用负值（-BE）表示，

见于代谢性酸中毒。但在呼吸性酸中毒或碱中毒时，由于肾脏的代偿作用，BE 也可以分别增加或减少。

（7）阴离子间隙　阴离子间隙（AG）是指血清中未测定的阴离子量减去未测定的阳离子量的差值；即 AG = UA - UC。正常动物血清中总阳离子和阴离子值相等，维持电荷平衡。其中主要阳离子为 $Na^+$，占全部阳离子的90%，称为可测定阳离子，而未测定阳离子（UC）主要包括 $K^+$、$Ca^{2+}$、$Mg^{2+}$。血清主要阴离子为 $HCO_3^-$ 和 $Cl^-$，占全部阴离子的85%，称为可测定阴离子，而未测定阴离子（UA），包括 $Pr^-$、$HPO_4^{2-}$、$SO_4^{2-}$ 和有机酸。根据血清阴、阳离子必须相等的原理可列出下式：

$[Na^+] + UC = [HCO_3^-] + [Cl^-] + UA$　移项后为下式：

$[Na^+] - ([HCO_3^-] + [Cl^-]) = UA - UC = AG$

因此，AG 的真正含义是残余的未测定的阴离子。AG 是近年提出的评价酸碱平衡的重要指标。AG 的测定对区分不同类型的代谢性酸中毒和诊断某些混合型酸碱平衡紊乱有重要意义。

### （五）酸碱平衡紊乱的分型

血浆中碳酸氢盐缓冲对（$[HCO_3^-]$ / $[H_2CO_3]$）在维持血液酸碱平衡中起重要作用，其值的改变在临床上作为判定酸碱平衡紊乱的客观指标。如果血液 pH 值的变动是由血浆碳酸原发性的增多或减少引起，则前者称呼吸性酸中毒，而后者称呼吸性碱中毒。如果血液 pH 值的变化起源于碳酸氢盐原发性的增加或减少，则前者称代谢性碱中毒，而后者称代谢性酸中毒。把酸碱平衡紊乱分为呼吸性和代谢性是很不妥当的，因为产生碳酸的 $CO_2$ 本身也是代谢的产物，而所谓代谢性酸中毒时，有的酸也不一定是代谢产生的，可能是吃进去的，如水杨酸。因此有人建议把“代谢性酸中毒”和“代谢性碱中毒”两个术语改为“非呼吸性酸中毒”和“非呼吸性碱中毒”。由于历史原因，照顾到习惯，本文仍采用旧名。

1. 代谢性酸中毒

血浆内 $HCO_3^-$ 原发性降低，可继发引起 $H_2CO_3$ 和/或 pH 值的改变。

2. 代谢性碱中毒

血浆内 $HCO_3^-$ 原发性增高，可继发引起 $H_2CO_3$ 和/或 pH 值的改变。

3. 呼吸性酸中毒

血浆二氧化碳分压原发性增高可继发 $HCO_3^-$ 和/或 pH 值的改变。

4. 呼吸性碱中毒

血浆二氧化碳分压原发性减低可继发 $HCO_3^-$ 和/或 pH 值的改变。

根据机体的代偿程度，以上每一型又可分为三种情况：

（1）未经代偿的　指代偿性成分还没有发生改变。如代谢性酸中毒时血浆 $HCO_3^-$ 原发性降低，而二氧化碳分压（代偿性成分）仍在正常范围（即还没有来得及继发性降低）。如为呼吸性酸中毒时，则 $HCO_3^-$ 为其代偿性成分，其值仍在正常范围。由于未经代偿，血液 pH 值异常。

（2）部分代偿的　代偿性成分相继发生改变，但不足以保持 $[HCO_3^-]$ / $[H_2CO_3]$

的比值维持正常，即20/1。血液pH值异常。如在代谢性酸中毒时，虽然血液二氧化碳分压和pH值降低，但下降的幅度低于$HCO_3^-$，故比值小于20/1，血液pH值低于正常，称为“部分代偿的代谢性酸中毒”。

（3）代偿的　代偿性成分发生改变，[$HCO_3^-$]／[$H_2CO_3$]比值和pH值都在正常范围，即比值基本接近20/1，pH值在正常范围（7.3～7.5），如酸中毒时pH值为它的下限，碱中毒为它的上限。

## 二、酸碱平衡紊乱

上文已经提到，体内环境pH值主要受$HCO_3^-/H_2CO_3$比值的影响。许多因素可以导致血浆$HCO_3^-$或$H_2CO_3$含量的改变，而使机体发生酸碱平衡紊乱。通常情况下，集体通过各种代偿机制可以维持$HCO_3^-/H_2CO_3$比值不变，但当机体失代偿时，该比值则可出现改变。从而发生相应的酸碱平衡紊乱。

### （一）代谢性酸中毒

代谢性酸中毒是指体内固定酸增多或碱性物质丧失过多，而呈现的以血浆[$HCO_3^-$]原发性减少为特征的病理过程。是临床上最常见的一型酸碱平衡紊乱。检验指标显示：血浆SB、BB和二氧化碳结合力均降低，BE负值增大，失代偿时pH值下降，二氧化碳分压代偿性降低。

1. 原因

（1）酸性产物产生过多　剧烈的肌肉活动，各种原因引起的缺氧（如休克、肺部疾病、血液循环障碍、病原体或病毒作用等），由于葡萄糖有氧氧化不全，糖酵解加强，使乳酸在体内蓄积过多产生乳酸酸中毒。此外动物长期饥饿、过劳、持续高热和糖尿病等由于体内糖的贮备耗尽、大量体脂被动员作为能源，产生过多的酮体（如乙酰乙酸和β-羟丁酸均为酸性物质），可引起酮症酸中毒（酮体产生过多，超过了肝外组织利用能力）。

（2）肾脏排酸功能障碍　在急性或慢性肾小球肾炎时，肾小球滤过率降低，当降低至正常的20%以下时，血浆中未测定阴离子$HPO_4^{2-}$、$SO_4^{2-}$有机酸增多而使AG增大；当肾小管上皮细胞发生变性，或使用某些碳酸酐酶抑制剂时，由于肾小管上皮细胞碳酸酐酶活性受抑制，细胞内$CO_2$和$H_2O$不能形成$H_2CO_3$使产生$H^+$障碍，或上皮细胞排$H^+$排$NH_4^+$受限，都可使酸性产物不能排出而蓄积于体内。

（3）摄入过多酸性物质　如输入过量氯化铵，它在肝脏内可形成氨和HCl，或治疗灌服稀盐酸过量，都可引起高氯性代谢性酸中毒。过量输入氯化钙，其钙离子进入肠腔，与其中$H_2PO_4^-$结合成不吸收的$Ca_3(PO_4)_2$和$H^+$，$H^+$和$Cl^-$进入血液而引起高氯性酸中毒。再如，当大量输入生理盐水时，体内$HCO_3^-$可被稀释，而$Cl^-$在体内增多，造成能够稀释性高氯血症性代谢性酸中毒。

此外，当反刍动物前胃阻塞时，胃内容物发酵酸解，加之胃壁细胞损伤，大量裂解产生的短链脂肪酸可以直接通过胃壁血管弥散入血，从而导致代谢性酸中毒。

（4）碱性物质丧失过多　急性肠炎、严重腹泻、肠阻塞等情况下，由于含$HCO_3^-$较多的肠液分泌加强，以及含有大量 $HCO_3^-$ 的胰液和胆汁随肠液排出体外，或在肠腔内蓄积，使血液内碱性物质丧失过多。

（5）其他　当肾小管上皮细胞形成 $H^+$ 和 $NH_4^+$ 的能力降低，但肾小球的滤过功能正常，这样就使 $NaHCO_3$ 和 $Na_2HPO_4$ 等碱性物质中的 $Na^+$ 不能与 $H^+$ 进行交换，从而使 $HCO_3^-$ 随 $Na^+$ 一起由尿排出，引起血浆 $HCO_3^-$ 原发性减少。

2. 机体的代偿调节

（1）血液的缓冲作用　代谢性酸中毒时，细胞外液增多的固定酸，可立即由血浆中碳酸氢钠进行中和缓冲，产生中性盐和碳酸。因此，$HCO_3^-$ 不断消耗，血浆二氧化碳结合力下降，而 $H_2CO_3$ 随即产生 $CO_2$ 由肺呼出，从而维持体内环境 pH 值恒定。

（2）肺的代偿调节　代谢性酸中毒时，反射性引起呼吸加深加快使上述血液缓冲产生的 $CO_2$ 和 $H_2O$ 经肺排出增多，血浆［$H_2CO_3$］随之降低，从而维持了 $HCO_3^-/H_2CO_3$ 比值接近于 20/1。一般说来，血浆 $HCO_3^-$ 每降低 1mmol/L，肺的代偿可使二氧化碳分压下降 0.15kPa（1.1mmHg）。

（3）肾脏的代偿调节　代偿一般发生在酸中毒后 2～4 小时，要到数日后才发挥充分效应。其代偿方式如下：

①促进碳酸氢钠的重吸收：由于在酸中毒时肾小管上皮细胞内碳酸酐酶和谷氨酰胺酶活性增强，促使 $CO_2$ 和 $H_2O$ 结合形成 $H_2CO_3$，后者再解离为 $H^+$ 和 $HCO_3^-$。形成的 $H^+$ 通过细胞膜向肾小管腔内排泌，换回管腔液中的 $Na^+$。在肾小管上皮细胞内 $Na^+$ 和 $HCO_3^-$ 结合，使重吸收增加。

②使肾小管强中的磷酸盐酸化：通过 $H^+ \rightarrow Na^+$ 交换使管腔中的 $Na_2HPO_4$ 转变为 $NaH_2PO_4$，通过尿排出，而重新生成的 $NaHCO_3$ 也增多。

③肾小管上皮细胞排氨增加：排出的氨与腔内的 $H^+$ 结合形成 $NH_4^+$，并以铵盐形式随尿排出，尿呈酸性，此过程也重新生成 $NaHCO_3$。肾排 $NH_3$ 的量很大（是酸中毒时最重要的排酸保碱功能），但这一代偿作用药酸中毒后 5～7 天才达到高峰。

（4）细胞内外离子交换　酸中毒时，细胞外过多的 $H^+$ 透过细胞膜进入细胞内（首先进入红细胞，细胞内的缓冲物质如蛋白质、无机磷酸以及血红蛋白等迅速与 $H^+$ 起反应：$H^+ + Pr \rightarrow H-Pr$；$H^+ + HPO_4^{2-} \rightarrow H_2PO_4^-$；$H^+ + Hb \rightarrow HHb$，约有 60% 的 $H^+$ 在细胞内被缓冲），同时细胞内 $K^+$ 外移从而维持电荷平衡，血清 $K^+$ 浓度升高。

（5）骨骼缓冲作用　如果代谢性酸中毒的持续时间较久，而且较为严重，经过较为严重，经过以上各中代偿调节后血中 $H^+$ 浓度仍然很高，则骨骼也参与调节作用，沉积于骨骼的磷酸盐和碳酸盐可释放至细胞外液，对 $H^+$ 进行缓冲。

通过上述代偿，如使［$NaHCO_3$］/［$H_2CO_3$］比值维持在 20/1 则血浆 pH 值不变。

### （二）呼吸性酸中毒

呼吸性酸中毒是指由于肺泡通气不足，$CO_2$ 排出困难，或因 $CO_2$ 吸入过多，最终导致血浆 $H_2CO_3$ 浓度原发性增高的病理过程。其血液检测指标的特征是：二氧化碳分压超过正常，实际碳酸氢盐（AB）、二氧化碳结合力升高，AB > SB。肾脏代偿调节后，SB、BB 也可增高，BE 值增大。

1. 原因

（1）二氧化碳排出障碍

①呼吸中枢受抑制：脑炎、脑膜脑炎、传染性脑脊髓炎等中枢功能损害性疾病，致中枢功能高度抑制时；或使用呼吸中枢抑制药（巴比妥类），全身麻醉药用量过大等情况下，都可能抑制呼吸中枢导致通气不足或呼吸停止，使 $CO_2$ 在体内滞留，引起急性呼吸性酸中毒。

②呼吸肌麻痹：见于有机磷农药中毒、重度低血钾症、重症肌无力以及脊髓高位损伤等情况下，由于呼吸运动失去动力，以致 $CO_2$ 排出困难。

③肺和胸廓疾病：牛传染性胸膜肺炎、猪肺疫、马胸疫等疾病过程中，肺组织损伤、肺泡填塞、间质水肿以及胸腔积液，纤维蛋白填塞或纤维性粘连，均严重地影响肺的通气、换气以及肺和胸廓的呼吸运动，从而使 $CO_2$ 排出受阻，在体内蓄积。

④呼吸道阻塞：喉头水肿、异物堵塞气管或食道由较大块食物阻塞而压迫气管，都可导致急性窒息，$CO_2$ 不能排出。

⑤血液循环障碍：心功能不全时，由于全身淤血，$CO_2$ 的运输和排出缓慢，致使 $CO_2$ 在体内蓄积。

（2）$CO_2$ 吸入过多　如厩舍过小，通风不良，饲养密度过大时，可因空气中 $CO_2$ 过多而致机体吸入 $CO_2$ 增多，引起血浆 $H_2CO_3$ 含量增加。

2. 机体的代偿调节

由于呼吸性酸中毒的共同发病环节是呼吸功能障碍，因此肺的代偿调节作用减弱或无代偿作用。血浆中 $Na^-Pr$ 和 $Na_2HPO_4$ 的含量较低，因此对 $H_2CO_3$ 的缓冲力也很有限。所以，呼吸性酸中毒时，起主要代偿调节作用的是：

（1）细胞内外离子交换和细胞内缓冲作用　由于细胞外 $H^+$ 浓度升高，向细胞内渗透，而细胞内 $K^+$ 出细胞，与此同时红细胞也参与代谢（图 2－11）。

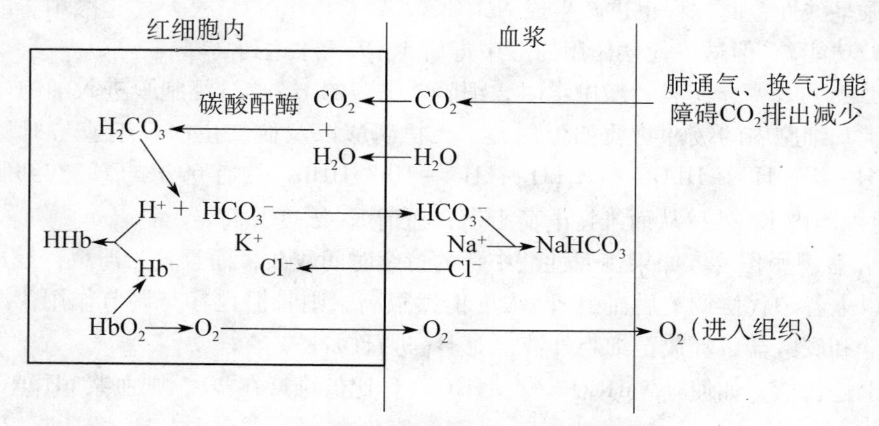


**图 2－11　呼吸性酸中毒时红细胞的代偿功能**

长期呼吸性酸中毒时，由于糖酵解的限速酶－磷酸果糖激酶受到抑制，因此可减小细胞内乳酸的产生，这也是一种代偿机制。

（2）肾脏的代偿调节作用　与代谢性酸中毒相同。通过以上代偿，如果使血浆 $[HCO_3^-]/[H_2CO_3]$ 比值维持在正常范围内，则血浆 pH 值不变。如果在短期内迅速发生的呼吸性酸中毒（如窒息），血浆二氧化碳分压急剧增高。

（三）酸中毒对机体的影响

1. 中枢神经系统功能改变

由于酸中毒时，神经细胞内氧化酶活性受抑制，氧化磷酸化过程减弱，致使 ATP 产生减少，脑组织能量供应不足；同时在 pH 值降低的环境中，神经细胞内谷氨酸脱羧酶活性增强，使 γ-氨基丁酸增多（图 2-12），而后者对中枢神经系统具有抑制作用。因此，发生酸中毒动物常表现：精神沉郁、感觉迟钝，甚至昏迷。

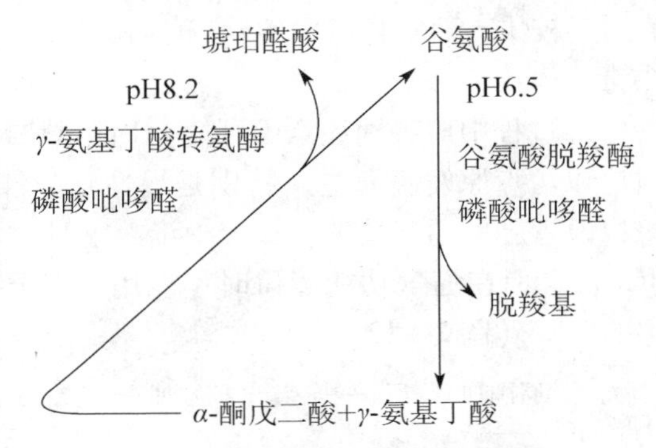


**图 2-12 γ-氨基丁酸生成过程**

严重失代偿性急性呼吸性酸中毒时，高浓度的 $CO_2$ 能直接引起脑血管扩张，使颅内压升高，患畜表现由不安、振颤、挣扎至沉郁、昏迷，严重时可因呼吸、心跳中枢麻痹而死亡，即所谓的“$CO_2$ 麻醉”。应指出 $CO_2$ 为脂溶性的，能迅速通过血脑屏障，而 $HCO_3^-$ 是水溶性的，通过屏障极缓慢，因而脑脊液中 pH 值的降低一般细胞外液则难以纠正，这可能是呼吸性酸中毒时，中枢神经系统功能紊乱比代谢性酸中毒时严重的原因。肺性脑病是指呼吸功能严重衰竭引起的中枢神经系统功能紊乱为主要表现的综合症，其发病机制主要是高碳酸血症。

2. 心血管系统功能的变化

（1）血液 $H^+$ 浓度升高，可使毛细血管前括约肌对儿茶酚胺的反应性降低，血管壁松弛，血液大量地进入毛细血管床。但小静脉仍保持对儿茶酚胺的反应性（酸性环境对静脉系统是适应性环境），故毛细血管血容量不断扩大，而回心血量不断降低，严重时可导致休克。

（2）血液 $H^+$ 浓度升高，可竞争性地抑制 $Ca^{2+}$ 与肌钙蛋白结合亚单位的结合，并影响 $Ca^{2+}$ 内流和心肌细胞从肌浆网释放 $Ca^{2+}$，而抑制心肌细胞的兴奋-收缩偶联，使心肌收缩力降低。酸中毒早期，这种抑制心收缩力的作用常被肾上腺髓质儿茶酚胺释放增多所抵消，只有在血浆 $H^+$ 浓度达到相当高度，pH 值出现显著下降时才发生上述变化，以致由于全身循环障碍而发生缺氧，从而进一步加重酸中毒。

3. 骨骼系统的变化

慢性肾功能衰竭引起的长期酸中毒，由于骨骼不断释放钙盐以缓冲 $H^+$，故不仅影响骨骼的发育、延缓幼畜的生长，而且还可引起纤维性骨炎和佝偻病，在成龄动物则可导致骨软化症。

## （四）酸中毒治疗原则

治疗代谢性酸中毒时，除治疗原发病外，主要补充碱性物质（pH 值在 7.30 以下时），如碳酸氢钠和乳酸钠等。在纠正酸中毒过程中应注意以下各点：

（1）可能出现低钾血症，酸中毒时常伴有高血钾症，故在纠正酸中毒过程中会出现低钾血症。

（2）在纠正酸中毒过程中由于血浆游离钙浓度降低和 pH 值升高，会引起神经和肌肉兴奋性升高。故可在应用碱性溶液的同时补充葡萄糖酸钙以避免发生抽搐。

（3）细胞外液 pH 值纠正较快，而脑脊液中的 pH 值仍偏低（纠正较慢），有可能因通气过度而发生呼吸性碱中毒。

由此可见，在纠正酸中毒过程中应特别注意不可使 pH 值过快地恢复正常。

治疗呼吸性酸中毒时应以治疗原发病为主（特别是慢性呼吸性酸中毒），如排除通气障碍原因，治疗肺部疾患以改善肺的通气功能。如酸中毒严重时，可应用碱性药（如三羟甲基氨基甲烷或 5% $NaHCO_3$），但在通气功能障碍时不能用，因 $HCO_3^-$ 和 $H^+$ 结合后生成 $CO_2$ 有加重呼吸性酸中毒的危险（图 2－13）。

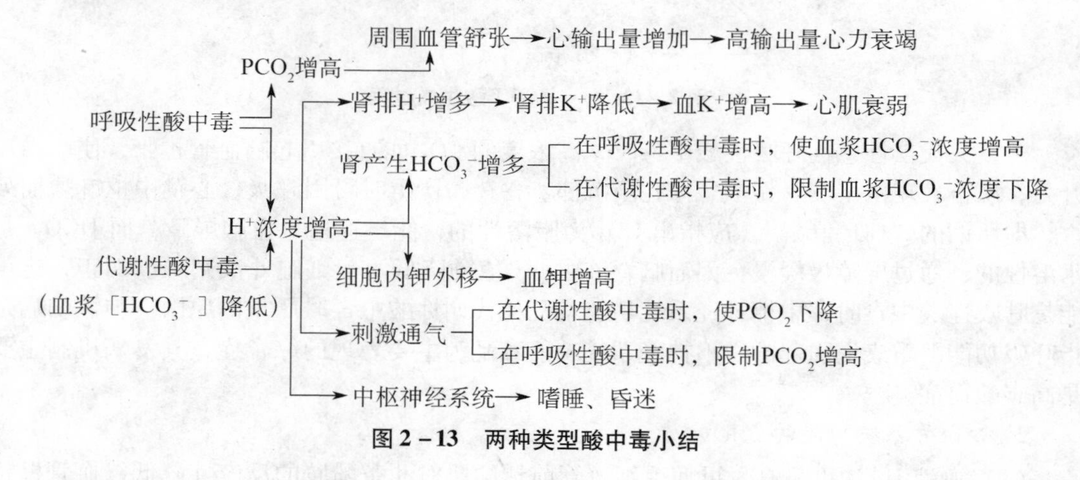


**图 2－13　两种类型酸中毒小结**

## （五）代谢性碱中毒

代谢性碱中毒是指由于体内酸性物质丧失过多，或碱性物质摄入过量等因素引起的血浆 $NaHCO_3$ 含量原发性升高为特征的病理过程。其血液检验指标显示血浆 SB、AB、BB 和二氧化碳结合力均增高，二氧化碳分压发生代偿性升高，BE 正值增大。

1. 原因

（1）酸性物质丧失过多　体内酸性物质常通过肾及胃肠道丢失。例如犬等动物在发生急性胃炎或幽门梗塞等情况下，引起严重呕吐时，由于胃酸大量丢失而导致碱中毒。正常情况下，胃壁腺细胞内含碳酸酐酶、催化 $CO_2$ 和 $H_2O$ 生成 $H_2CO_3$，后者解离产生 $H^+$ 和 $HCO_3^-$，$H^+$ 与来自血浆的 $Cl^-$ 结合成 HCl，然后分泌入胃腔内，而 $HCO_3^-$ 被吸收入血。

HCl 进入十二指肠可刺激胰腺向肠腔分泌等量的 $HCO_3^-$。因此，如果胃液因严重呕吐而大量丢失，一方面可使胃壁腺细胞产生的 $HCO_3^-$ 入血增多，又可使血液经胰腺向肠腔内

分泌 $HCO_3^-$ 减少，结果导致血液中 $HCO_3^-$ 滞留而发生代谢性碱中毒。

大量胃液丢失引起代谢性碱中毒还与以下因素有关：①由于 HCl 大量丢失，不仅使血浆 $H^+$ 浓度下降，而且造成低氯血症，结果导致所谓低氯性代谢性碱中毒。②胃液大量丢失，还可因血浆容量降低，反射引起醛固酮（ALD）分泌增多，结果肾小管排钾保钠作用加强，最终导致低钾血症。血钾降低一方面引起细胞内 $K^+$ 向细胞外转移，而细胞外 $H^+$ 进入细胞；另一方面肾小管上皮以排 $H^+$ 和重吸收 $HCO_3^-$ 增加来替代排钾，所以最终使血浆 $H^+$ 减少而 $HCO_3^-$ 增多。据测定，无论是因胃液丢失所致的血浆容量减少，还是其他原因引起的细胞外液容量降低，都可通过醛固酮增加的途径而使肾小管排泌 $H^+$ 或 $K^+$ 增多，而导致代谢性碱中毒。细胞外液每丢失 1L，血浆［$HCO_3^-$］约增加 1.4mmol/L。

肾脏排 $H^+$ 增加除与上述低血钾和各种原因引起的醛固酮分泌增加有关外，还与肾小管 NaCl 重吸收抑制有关。当大量使用速尿、利尿酸等利尿剂时，使肾小管髓袢升支主动重吸收 $Cl^-$ 受抑制，从而 $Na^+$ 的被动重吸收也减少，结果使远曲肾小管内 $Na^+$ 浓度增高，于是出现 $H^+-Na^+$、$K^+-Na^+$ 交换加强，即 $Cl^-$ 则以 $NH_4^+Cl^-$ 形式从尿中排出。肾小管 $H^+-Na^+$ 交换加强的同时，对 $HCO_3^-$ 的重吸收也相应增加，故血浆 $HCO_3^-$ 度升高，导致低氯性碱中毒。

（2）碱性物质输入过多　主要见于治疗过程中由静脉输注，或口服 $NaHCO_3$ 过量，直接引起血浆 $NaHCO_3$ 浓度升高。

（3）浓缩性碱中毒　即各种原因引起的多尿，使机体发生脱水时，一方面尿中排 $H^+$ 增多，而同时细胞外液浓缩，这时血浆 $HCO_3^-$ 浓度增高，成为浓缩性碱中毒。

2. 机体的代偿调节

（1）血液的缓冲作用　血液缓冲对碱中毒的缓冲作用极小，因为该系统中碱性成分远远多于酸性成分（［$NaHCO_3$］/［$H_2CO_3$］比值为20/1），因此对碱的缓冲力有限：

$OH^- + H_2CO_3 \rightarrow HCO_3^- + H_2O$；$OH^- + HPr \rightarrow Pr^- + H_2O$

（2）肺的代偿调节　由于细胞外液 $H^-$ 浓度降低，因此对呼吸中枢产生抑制作用，这时呼吸运动变浅变慢，肺泡通气量减少，$CO_2$ 排出也相对减少，从而使二氧化碳分压和血浆 $H_2CO_3$ 浓度增加，以使血浆［$NaHCO_3$］/［$H_2CO_3$］比值维持正常范围。但是肺的这种代偿调节是有一定限度的，当二氧化碳分压升高、氧分压降低时，又可反射性地引起呼吸加深加快。

（3）细胞内外离子交换　碱中毒时，细胞外液 $H^+$ 浓度降低，这时细胞内 $H^+$ 逸出，而细胞外 $K^+$ 进入细胞，结果导致血钾降低。

（4）肾脏的代偿调节　由于血浆 pH 值升高，肾小管上皮细胞内的碳酸酐酶和谷氨酰胺酶的活性降低，故肾小管上皮细胞分泌 $H^+$ 和 $NH_3$ 减少，$H^+-Na^+$ 交换量及对 $NaHCO_3$ 的重吸收量也随之降低，从而使血浆 $HCO_3^-$ 浓度有所降低，以缩小［$NaHCO_3$］/［$H_2CO_3$］比值的变动范围。但 $NaHCO_3$ 和 $Na_2HPO_4$ 等碱性物质随尿排出增多，所以尿呈碱性。不过，在低钾血症引起的碱中毒时，由于肾小管上皮细胞排 $H^+$ 代替排 $K^+$，所以，细胞外液为碱性，从而尿液呈酸性（反常性酸性尿）。反之，在非低钾血症引起的碱中毒时，由于肾小管上皮细胞排 $H^+$ 减少而以排 $K^+$ 代替排 $H^+$，所以碱中毒通过肾脏的代偿调节，又可以导致低钾血症。

通过上述一系列代偿调节，[$NaHCO_3$] / [$H_2CO_3$] 比值维持于20/1，则血浆pH值仍在正常范围内（正常值上限），否则，血浆pH值可能高于正常值。但无论是代偿性的或失代偿性碱中毒，血浆$NaHCO_3$绝对含量都是增高的。

（六）呼吸性碱中毒

呼吸性碱中毒是指由于肺脏通气过度，体内$CO_2$排出过多，血浆$H_2CO_3$含量原发性降低为特征的病理过程。其血液检验指标显示血浆$H_2CO_3$浓度下降。二氧化碳分压降低，$AB < SB$，经肾脏代偿调节后，AB、SB、BB和二氧化碳结合力均减低，BE负值增大。

1. 原因

（1）中枢神经系统疾患　例如在脑炎、脑膜炎初期，中枢神经系统充血，兴奋性增高，同时可使呼吸中枢兴奋，而致肺通气过度，$CO_2$排出增多。

（2）低气压或气温过高　例如当动物进入高原，因空气稀薄，或在运输途中因拥挤闷热吸入气减少，可经外周化学感受器反射性引起呼吸加快，使$CO_2$呼出增多。

外界气温过高或机体发热，可因机体物质代谢亢进，产酸增多，而通过对中枢或外周化学感受器的刺激，反射性地引起呼吸加深加快。

（3）某些药物或气体的作用　例如水杨酸氨等制剂，可直接兴奋呼吸中枢，导致肺通气加强，造成$CO_2$大量呼出。

2. 机体的代偿调节

（1）细胞内外离子交换和细胞内缓冲作用　呼吸性碱中毒时，血浆$HCO_3^-$迅速减少，$H_2CO_3$相对增高。此时，细胞内$H^+$逸出至细胞外，而细胞外液中的$Na^+$、$K^+$进入细胞内。

出细胞的$H^+$与细胞外$HCO_3^+$结合形成$H_2CO_3$，以使血浆$H_2CO_3$得到补充。进入血浆的$H^+$来自细胞内缓冲物（如HHb、$HHbO_2$细胞内蛋白质和磷酸盐等），也可来自细胞代谢产生的乳酸。碱中毒可能影响血红蛋白释放氧，从而造成组织缺氧和糖无氧酵解，乳酸生成增多。

此外，与呼吸性酸中毒相反，当二氧化碳分压降低时，血浆$HCO_3^-$进入红细胞，而红细胞内$Cl^-$转移至血浆，引起血$Cl^-$升高（图2－14）。

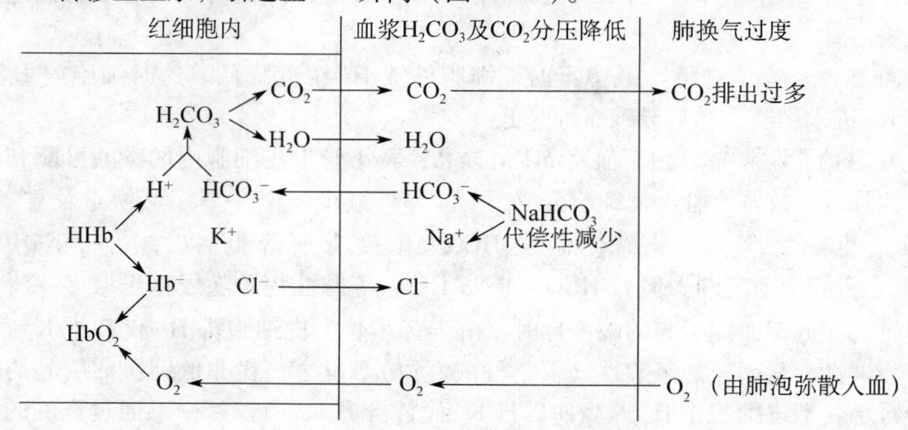


图2－14　呼吸性碱中毒时红细胞的代偿功能

由于细胞外液中的 $K^+$ 进入细胞，故可发生低钾血症。

（2）肾脏代偿调节　急速发生的通气过度，可因时间短促而肾脏不能发挥代偿作用。在持久的慢性呼吸性碱中毒时，二氧化碳分压降低使肾小管上皮细胞 $H^+$ 排泌和 $NH_3$ 产生减少，$HCO_3^-$ 的重吸收降低，而随尿排出增多，尿呈碱性，血浆中 $HCO_3^-$ 代偿性降低。

（3）肺的代偿调节　呼吸性碱中毒的起因是呼吸加深加快，呼出 $CO_2$ 增多，使血浆 $H_2CO_3$ 浓度和二氧化碳分压降低。而当发生 $H^+$ 浓度下降，pH 值升高时，又可抑制呼吸中枢的兴奋性，使呼吸运动变慢变浅，从而减少 $CO_2$ 的排出，以使血浆 $H_2CO_3$ 浓度有所回升。但在呼吸性碱中毒时肺的这种代偿调节往往是很微弱的。

### （七）碱中毒对机体的影响

#### 1. 中枢神经系统功能的改变

血浆 pH 值升高，使 γ－氨基丁酸转氨酶活性增高，而谷氨酸脱羧酶的活性降低，故 γ－氨基丁酸分解加强，生成减少（图 2－15）。因此，对中枢神经系统的抑制作用减弱。动物出现兴奋不安症状。严重碱中毒时，由于脑血管收缩及氧合血红蛋白不易释放氧，故组织仍可发生缺氧，脑组织对缺氧特别敏感，患畜则有兴奋转变为精神沉郁，甚至昏迷。急性呼吸性碱中毒，由于低碳酸血症引起脑血管收缩和脑血流减少，因此患畜脑组织缺氧症状更为明显。

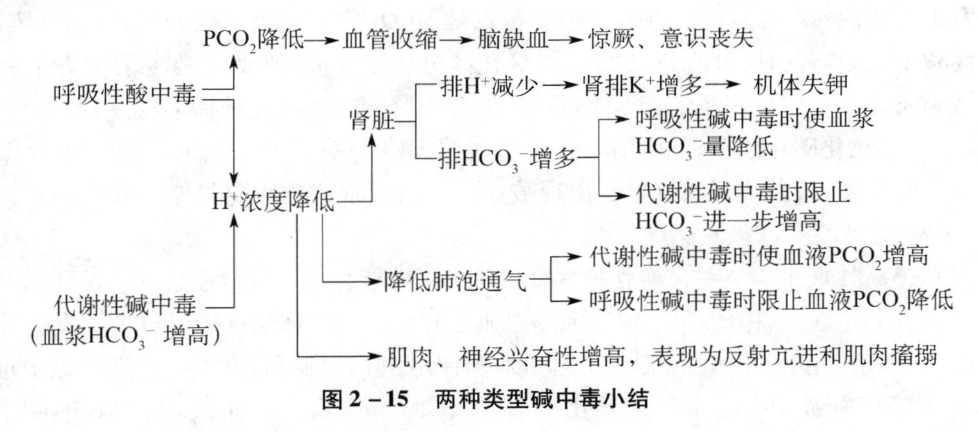


**图 2－15　两种类型碱中毒小结**

#### 2. 对神经肌肉的影响

严重的急性碱中毒时，神经肌肉的应激性升高，患畜出现肢体肌肉不协调的抽搐，反射活动亢进，甚至发生痉挛。以上症状的发生可能与以下因素有关：

（1）pH 值升高引起血浆游离钙浓度降低，而致神经肌肉应激性增高。

（2）碱中毒时脑组织中 γ－氨基丁酸减少，神经系统兴奋性加强。

此外，如果碱中毒伴有明显的低钾血症时，可能发生肌肉无力或麻痹，这时动物则不发生痉挛抽搐症状。另外，代谢性碱中毒的发生较为缓慢。因此常不出现上述症状。

#### 3. 低钾血症

如前所述，碱中毒时，由于细胞外 $K^+$ 与细胞外 $H^+$ 交换，以及肾小管上皮 $H^+－Na^+$ 交换降低，而 $K^+－Na^+$ 交换加强，使肾小管排 $K^+$ 增多，最终导致低钾血症。低钾血症一方面可使碱中毒进一步加重，另一方面又可导致神经肌肉麻痹，严重时引起心率失常。

### （八）碱中毒治疗原则

治疗代谢性碱中毒时，通常只要消除病因即可恢复。如代谢性碱中毒伴有脱水，则输注生理盐水就可以纠正碱中毒，补充钠以恢复细胞外液量，补充氯以代替排出的 $HCO_3^-$。如碱中毒伴有严重缺钾时则需补钾，最好用氯化钾。严重碱中毒的病例可用氯化铵，它在体内科解离出氢离子，而氨则在肝内合成尿素（肝功能不良的病畜禁用）。

治疗呼吸性碱中毒时，在纠正呼吸过度的原因或将动物的头套在密闭的囊内呼吸，以提高吸入气中的 $CO_2$ 浓度，有助于低碳酸血症的纠正。发生抽搐时可注射钙剂。

### （九）混合型酸、碱平衡紊乱

混合型酸碱平衡紊乱是指在疾病过程中同一动物体内存在两种或两种以上的酸碱平衡紊乱过程。可分为酸碱一致型、酸碱混合型两大类：

1. 酸碱一致型

此型是指酸碱两类的平衡紊乱不交叉发生，故共有两种类型：

（1）呼吸性酸中毒合并代谢性酸中毒　见于窒息、肺通气障碍型呼吸衰竭、严重肺水肿等，一方面可因 $CO_2$ 排出障碍而发生呼吸性酸中毒，同时也由于缺氧、酸性代谢产物堆积而发生代谢性酸中毒。呼吸性酸中毒的特点是 $HCO_3^-$ ↑、二氧化碳分压↑↑、pH 值↓；代谢性酸中毒的特点是：$HCO_3^-$ ↓↓、二氧化碳分压↓、pH 值↓（两个箭头表示原发性升高或降低，一个箭头表示经代偿后的升高或降低），因此，两者合并后的特点是 $HCO_3^-$ ↓、二氧化碳分压↑、pH 值↓↓。即血浆 $HCO_3^-$ 有所减少，而二氧化碳分压则有所上升，但血浆 pH 值则显著降低，出现酸血症，后者常造成心肌收缩力降低，血管舒缩失常，甚至导致心室纤颤及循环衰竭。

（2）呼吸性碱中毒合并代谢性碱中毒　见于肝功能衰竭、败血症、创伤及高热等病理过程中，由于受氨、细菌毒素、疼痛或高温血的刺激，出现肺泡壁通气过度，发生呼吸性碱中毒。如果因治疗中过量用利尿剂或因动物伴发呕吐，则可合并发生代谢性碱中毒。呼吸性碱中毒时血浆 $HCO_3^-$ ↓、二氧化碳分压↓↓、pH 值↑，而代谢性碱中毒时血浆 $HCO_3^-$ ↑↑、二氧化碳分压↑、pH 值↑。因此，两者合并的结果是血浆 $HCO_3^-$ ↑、二氧化碳分压↓、pH 值↑↑，出现碱血症。碱血症时，神经肌肉应激性增高，患畜呈现肌肉痉挛抽搐；血管收缩及血红蛋白释放氧减少（氧离曲线左移），结果使组织缺血缺氧，尤其是脑组织缺氧，造成脑组织器质性损害和临床出现神经症状。

2. 酸碱混合型

（1）呼吸性酸中毒合并代谢性碱中毒　见于肺气肿或心衰引起的肺淤血时，由于大量使用利尿剂而发生本型紊乱，呼吸性酸中毒时 $HCO_3^-$ ↑、二氧化碳分压↑↑、pH 值↓，而代谢性碱中毒时血浆 $HCO_3^-$ ↑↑、二氧化碳分压↑、pH 值↑。两者合并的结果是 pH 值基本不变，但 $HCO_3^-$ 和二氧化碳分压都出现明显的升高（↑↑↑）。

（2）代谢性酸中毒合并呼吸性碱中毒　见于尿毒症、休克伴有高热、水杨酸中毒等病理过程中，机体既有呼吸兴奋，通气过度的症状，又有物质代谢亢进的病理变化，因此易发生此型紊乱。呼吸性碱中毒时血浆 $HCO_3^-$ ↓、二氧化碳分压↓↓、pH 值↑，而代谢性酸中毒时 $HCO_3^-$ ↓↓、二氧化碳分压↓、pH 值↓。两者合并的结果是，pH 值接近正常，但二氧化碳分压和 $HCO_3^-$ 却表现为显著下降（↓↓↓）。

（3）代谢性酸中毒合并代谢性碱中毒　见于犬肾炎尿毒症伴发呕吐，或某些动物腹泻办法呕吐等情况下，酸、碱物质都有明显的丧失。此型紊乱，血浆 $HCO_3^-$、二氧化碳分压及 pH 值均无明显变化，但阴离子隙（AG）增高，可为诊断此型紊乱提供线索。

还要指出的是，任何一型酸、碱平衡紊乱，都不是固定不变的，随着疾病的发展，以及医疗措施的影响，还有的类型可能被纠正，而新的一型酸碱平衡紊乱可能又出现，或出现合并型紊乱。因此，在临床实践中应密切地窥视病情发展，定期做血浆 $HCO_3^-$、pH 值、二氧化碳分压等指标的检测，以使患畜得到及时和有效的医疗。

# 第三章　缺氧

氧是动物机体生命活动的必需物质。机体组织细胞由于氧的供给不足，氧的运输障碍或组织对氧的利用机能降低，使机体的代谢、机能和形态结构发生一系列病理变化，称为缺氧。

临床上除高山病是由空气乏氧引起的缺氧症外，许多疾病过程中都可呈现缺氧。因此，缺氧使临床上最常见的病理过程之一。由于动物体内储氧量极少，所以一旦发生缺氧，很容易引起机体死亡，缺氧亦是多种疾病过程中导致机体死亡的一个重要因素。呼吸功能不全、心脏功能障碍、低气压等情况下，可引起全身性缺氧；而组织器官淤血或血栓形成等时，主要导致局部组织缺氧；突然窒息或进入空气稀薄的高原地区，可发生急性缺氧；慢性心功能不全、慢性贫血等可导致慢性缺氧。

机体组织细胞获取和利用氧的过程，包括外呼吸、氧运送及内呼吸。

组织的供氧量 = 动脉血氧含量血流量；

组织的耗氧量 = （动脉血氧含量 - 静脉血氧含量）血流量。

故血氧是反映组织的供氧与耗氧的重要指标。

常用的血氧指标有：

氧分压（$PO_2$）：为溶解于血液的氧所产生的张力。正常情况下动脉血氧分（$PaO_2$）压约为 13.3kPa（97～100mmHg），其取决于吸入气的氧分压和肺的呼吸功能；静脉血氧分压（$PvO_2$）约为 5.33kPa（40mmHg），其反映细胞利用氧的情况。

氧容量（$CO_{2\,MAX}$）：为 100ml 血液中血红蛋白与氧充分地饱和时的最大带氧量，等于 1.34（mlg）Hg（g%），其中 1.34 是指正常情况下每克血红蛋白能结合 1.34ml 氧，因此氧容量取决于血液中血红蛋白的质（与氧结合的能力）和量。正常血氧容量约为 20ml%。

氧含量（$CO_2$）：为 100ml 血液在体内的实际带氧量，其主要是血红蛋白实际结合的氧，极小量为溶解于血浆的氧。正常时动脉血氧含量约为 19ml%，静脉血氧含量约为 14ml%。

各种动物的血红蛋白量不同，其氧容量和氧含量有所差别，以上值为平均值。

血氧饱和度（$SO_2$）是指血红蛋白的氧饱和度：

$SO_2$ = （血氧含量 - 溶解的氧量）/氧容量 100%，$SO_2$ 主要取决于氧分压，和氧合血红蛋白解离曲线与氧分压的关系。红细胞内 2，3 - 二磷酸苷油酸增多、酸中毒、二氧化碳增多及血温升高，可使血红蛋白与氧的亲和力降低，以致在相同氧分压下，血氧饱和度降低，氧解离曲线右移。反之则左移。正常时动脉血氧饱和度约为70%（图3－1）。

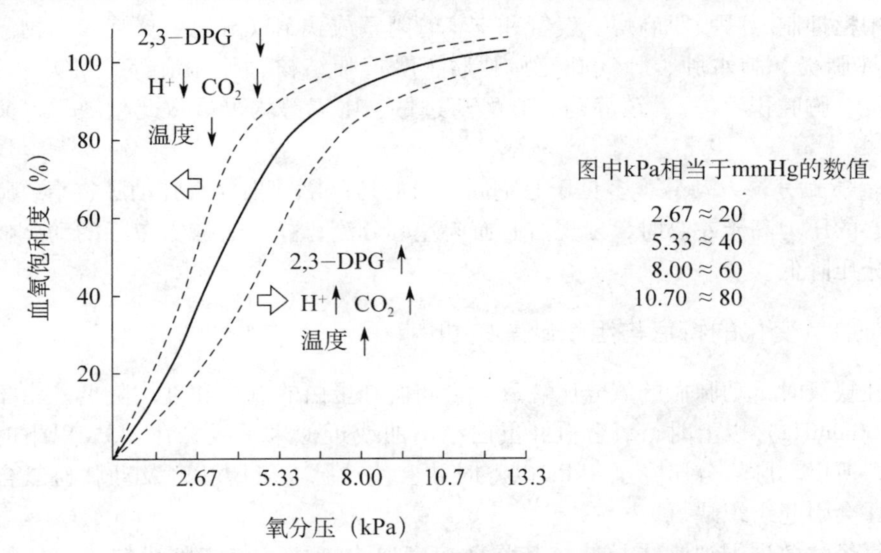


**图3－1　氧合血红蛋白解离曲线及其影响因素**

缺氧与窒息不同。缺氧指机体内含氧量不足；窒息除缺氧外尚伴有机体内二氧化碳的增多。

由外界吸入的氧气，通过血液运送到各组织器官，供给组织细胞利用。因此，在氧的吸入、运输的利用各个环节上出现机能障碍均可引起缺氧。

## 第一节　缺氧类型及原因

外界氧吸入肺泡，弥散入血液，再与血红蛋白结合，有血液循环输送到全身，最后由组织细胞摄取利用。其中任何一个环节发生障碍都可能引起缺氧。根据缺氧的原因和血氧变化，一般将缺氧分为四个类型。

### 一、低张性缺氧

低张性缺氧又称为呼吸性缺氧，是指动脉血流中血氧分压和血氧含量均低于正常。

（一）原因

（1）周围环境氧分压过低使吸入的空气中氧的含量不足　氧在空气中约占20.9%。在海平面的大气压为101.1kPa（760mmHg），氧分压约为21.3kPa（159mmHg）。随着海拔的升高，大气压力不断的下降，大气中氧分压也相应地降低。海拔高度每升高1 000m，大气中氧分压约平均降低1.88kPa（14.2mmHg）。家畜从平原地区初到高原地带或空运动物初进入高空、畜舍拥挤等，由于空气中氧分压过低而引起吸入氧不足，使动脉血氧含量低于正常。由于此因引起的缺氧又称大气性缺氧。

（2）外呼吸机能障碍　由肺的通气和换气障碍所致，见于中枢和周围神经系统疾患。由于呼吸中枢抑制、呼吸肌麻痹、气管和支气管阻塞或狭窄（异物、炎症渗出物、肿瘤）、肺脏疾患（肺炎、肺水肿、肺气肿、肺肿瘤、严重肺结核、肺坏疽等）、胸腔疾患（气胸、胸膜炎、胸腔积液等）、镇静药、麻醉药过量、中毒等均可导致此型缺氧，又称呼吸性缺氧。

（3）静脉血分流入动脉　多见于心室间隔或心房间隔缺损伴有肺动脉狭窄或肺动脉高压，使右心的压力高于左心时，出现右心血向左心分流，静脉血掺入左心的动脉血中，导致动脉氧分压降低。

### （二）血氧变化的特点与组织缺氧的机制

低张性缺氧时，动脉血的氧分压、氧含量和血红蛋白的氧饱和度均降低。由于氧分压在8kPa（60mmHg）以上时，氧合血红蛋白结离曲线近似水平线，在8kPa以下时，曲线斜率较大，所以动脉氧分压降至8kPa以下时才会使动脉血氧饱和度及动脉血氧含量显著减少，也才会引起组织缺氧。

血液氧经弥散进入细胞线粒体，其弥散速度取决于血液与细胞线粒体部位的氧分压差。细胞内氧分压通常为0.8～5.33kPa（6～40mmHg），若动脉血氧饱和度与动脉血氧含量过低，使氧弥散速度减慢，可引起细胞缺氧。通常100ml血液流经组织时约有5ml氧被利用，即动－静脉氧含量差约为5ml，低张性缺氧时，由同量血液弥散给组织利用的氧量减少，故动－静脉氧含量差一般是减少的。如慢性缺氧使组织利用氧的能力代偿性增强，则动－静脉氧含量差也可能变化不显著。

通常毛细血管中脱氧血红蛋白的平均浓度约为2.6g%。低张性缺氧时，动脉血与静脉血的氧合血红蛋白浓度均降低，而脱氧血红蛋白浓度则增加，如果毛细血管中脱氧血红蛋白平均浓度增加至5g%以上，家畜可视黏膜呈现青紫色，称为发绀。

## 二、血液性缺氧

血液性缺氧是由于血红蛋白含量减少或性质改变，以致血氧含量降低或血红蛋白结合的氧不易释出所引起的组织缺氧。由于其动脉血氧含量降低而氧分压正常，故又称为等张性低氧血症。

### （一）原因

（1）贫血　各种原因引起的单位容积血液中红细胞数或血红蛋白减少时，血液携氧量因而降低，造成对组织细胞的供氧不足，所以也称为贫血性缺氧。

（2）一氧化碳中毒　血红蛋白与一氧化碳结合形成碳氧血红蛋白，从而失去运氧功能。一氧化碳与血红蛋白结合的速率虽仅为氧与血红蛋白结合速率的1/10，但碳氧血红蛋白的解离速度却仅为氧合血红蛋白解离速度的1/2 100，因此，一氧化碳与血红蛋白的亲和力比氧大210倍。当吸入气中有0.1%的一氧化碳时，血液中的血红蛋白可能有50%的碳氧血红蛋白。另外一氧化碳还能抑制红细胞内糖酵解，使其2，3－二磷酸苷油酸生成减少，氧离曲线左移，氧合血红蛋白中的氧不易释出，从而加重组织缺氧。

由于碳氧血红蛋白呈樱桃红色，因此一氧化碳中毒动物皮肤及可视黏膜呈鲜艳的樱桃红色。

（3）高铁血红蛋白症 某些氧化剂进入血液后，能使血红蛋白氧化为高铁血红蛋白而失去携氧能力。如亚硝酸盐、苯胺、磺胺类药物中毒；铁氰化物、氯酸盐、大剂量的甲烯兰和过氧化氢进入体内，把血红蛋白氧化为高铁血红蛋白。在正常时，红细胞内也有某些氧化剂把血红蛋白氧化为高铁血红蛋白，但红细胞有通过酶促或非酶促途径将高铁血红蛋白缓缓地还原为血红蛋白的能力，所以正常血中只有少量的高铁血红蛋白。当上述多量氧化剂进入体内后，则使产生高铁血红蛋白的速度超过红细胞本身还原它的速度。据有资料表明：当高铁血红蛋白占血中总血红蛋白10%～20%时，即可引起中度发绀；占20%～60%时，会出现一系列轻重不同的“症状”；占60%以上时机体可因缺氧致死。

在家畜的青饲料中，萝卜、白菜、甜菜等的叶子含有较多量的硝酸盐，当保存不当或加工不善，微生物在其中生长繁殖并将硝酸盐还原成亚硝酸盐，家畜吃了大量此种饲料，可引起中毒。中毒症状通常在饲喂后半小时左右开始出现，患畜呈现痛苦的呼吸困难症状，靠在墙角或卧地挣扎，口舌黏膜呈黑紫色，刺尾尖或耳尖血呈酱油色，病情在畜群中迅速蔓延，严重的可引起动物死亡。用美蓝或甲苯胺兰等还原剂溶液静脉注射，可使$Fe^{3+}$还原为$Fe^{2+}$而恢复其携氧能力。

此外，当大量输入碱性碱性液体时，血浆pH值升高，可使血红蛋白与氧的亲和力增强，血液经毛细血管时氧的释放量减少，亦可引起组织细胞的供氧不足。

### （二）血氧变化的特点与组织缺氧的机制

血液性缺氧时，由于外呼吸功能正常，但因血红蛋白减少或性质改变，所以血氧容量和血氧含量降低。

一氧化碳中毒时，空气中氧分压可能较正常时低，因此机体吸入后，动脉血氧分压也可能降低，体内血因碳氧血红蛋白取代了氧合血红蛋白，所以氧含量减少，但将血液取出体外，与大气充分接触后测得的血氧容量是正常的，因为碳氧血红蛋白在正常大气的氧分压下可恢复氧合血红蛋白。

血液缺氧时，组织缺氧的机制，在一氧化碳中毒和高铁血红蛋白症时，是血氧含量降低，不能向组织释放足够的氧，而贫血时是由于血流经组织时血氧迅速降低，因此使毛细血管中平均血氧分压低于正常，所以使其与组织细胞的氧分压差缩小，氧向细胞的弥散就减少。

## 三、循环性缺氧

由于组织血流量减少，使组织供氧不足所引起的缺氧称为循环性缺氧，或称低动力性缺氧或低血流性缺氧。

循环性缺氧又分为缺血性缺氧和淤血性缺氧。前者是动脉压降低，或毛细血管前阻力增加，使毛细血管血流减少。后者是指毛细血管后阻力增加，毛细血管血液回流受阻，血液在血管床中淤滞。两者都使毛细血管内的血液含氧量减少而致组织缺氧。

（一）原因

（1）全身性循环性缺氧　见于休克和心力衰竭。休克时全身微循环障碍严重而且持久，造成全身各组织器官的严重缺氧和器官功能衰竭。

（2）局部性循环性缺氧　见于血栓形成，栓塞、血管炎、局部血管受压迫等。如果血液循环障碍发生于心、脑组织，即有危及生命的可能。

（二）血氧变化的特点与组织缺氧的机制

单纯性循环性缺氧时，动脉血氧分压、氧饱和度和氧含量正常。但在淤血性缺氧时，由于毛细血管内血液流动缓慢或不流，所以从单位容积血液向组织弥散的氧量增多，使静脉血氧含量低于正常，此时动－静脉氧含量差大于正常。但不论是缺血性缺氧还是淤血性缺氧，其单位时间内流过毛细血管的血量都减少，故向组织弥散的氧量减少，导致组织缺氧。由于静脉血的氧含量和氧分压较低，毛细血管中平均脱氧血红蛋白可超过5g%，因而可引起发绀症状。

如果全身性循环障碍引起肺淤血、水肿，则可并发呼吸性缺氧，使动脉氧分压和氧含量亦降低。

## 四、组织性缺氧

由于组织细胞利用氧障碍所引起的缺氧称为组织性缺氧，亦称耗氧障碍性缺氧。

（一）原因

（1）组织中毒　氰化物、硫化氢、磷等化学物质中毒都可引起组织中毒性缺氧。最典型的是氰化物中毒，各种氰化物，如氢氰酸、氰化钾、氰化钠、氰化氨等可由消化道、呼吸道或皮肤进入体内，迅速与氧化型细胞色素氧化酶的三价铁结合为氰化高铁细胞色素氧化酶，使其不能还原成还原型细胞色素氧化酶，以致呼吸链中断，组织不能利用氧。0.1%的氰化钾0.1～0.2ml即可使30g的小鼠死亡。硫化氢、砷化物等中毒也主要是抑制细胞色素氧化酶的活性而影响细胞利用氧。细菌毒素、放射线等也可能损伤线粒体呼吸功能而引起氧的利用障碍。

（2）组织水肿　组织间液和细胞内液增多，使气体弥散距离增大，引起内呼吸障碍。

（3）某些维生素的缺乏　某些维生素是生物氧化酶的组成成分（维生素 $B_1$ 是羧化酶的成分、维生素 $B_2$ 是黄酶组成成分、维生素PP是脱氢酶中辅酶的成分），当有关维生素缺乏时酶的生成减少或活性抑制，生物氧化过程及发生障碍。

（二）血氧变化的特点

组织性缺氧时，动脉氧分压、氧饱和度和氧含量一般均正常。由于内呼吸障碍，组织不能利用氧，故静脉血氧含量和氧分压较高，动－静脉血氧含量差小于正常。但是，有组织需氧过多引起缺氧时，组织耗氧量增加，静脉血氧含量与氧分压降低，使动－静脉血氧含量差增大。各种类型缺氧的特点表3－1和图3－2。

**表3-1　各型缺氧的血氧变化**

| 缺氧类型 | 动脉血 $PaO_2$ | $SO_2$ | $CO_{2\,MAX}$ | 静脉血 $PaO_2$ | 动-静脉氧差 |
|---|---|---|---|---|---|
| 低张性缺氧 | 降低 | 降低 | 正常 | 降低 | 降低或正常 |
| 血液性缺氧 | 正常 | 正常 | 降低或正常 | 降低 | 升高 |
| 循环性缺氧 | 正常 | 正常 | 正常 | 降低 | 升高 |
| 组织性缺氧 | 正常 | 正常 | 正常 | 升高或降低 | 降低或升高 |

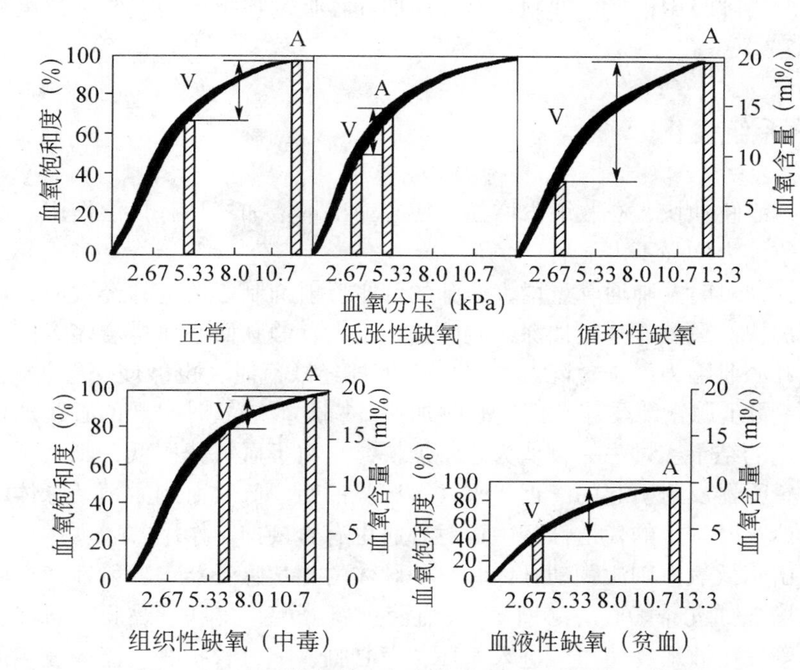


**图3-2　各型缺氧的血氧变化特点 A：动脉 V：静脉**

上述几种类型缺氧，有时单独发生，有时两种或几种类型时存在，共同构成缺氧。如心功能不全时，既有循环障碍造成的运输性缺氧，又有构成缺氧。如心功能不全时，既有循环障碍造成的运输性缺氧，又有因淤血导致肺水肿面造成的呼吸性缺氧。因此，对不同疾病发生缺氧时要做具体分析。

## 第二节　缺氧时机体的机能与代谢的变化

缺氧时，机体首先产生代偿适应反应，以增强氧的供给或提高组织对氧的利用能力，当严重缺氧时，如果代偿不足以克服缺氧，将导致机体的机能和代谢改变及组织细胞损伤，甚至死亡。

### 一、呼吸系统变化

机体发生缺氧时，首先呼吸机能发生代偿。在血氧分压降低，二氧化碳含量升高时，刺激颈动脉体和主动脉体的化学感觉器，反射性兴奋呼吸中枢，使呼吸机能增强（呼吸加深加快），肺的通气量增加，以利于摄取更多的氧，提高动脉血氧分压，呼出多量二氧化碳。同时，胸腔活动增大使胸腔负压增加，回心血量增多，提高了心输出量和增加肺血流量，氧在肺内的弥散及体内的运输，使缺氧得到代偿。

必须指出，有些原因引起的缺氧，血氧分压保持不变（如贫血、失血等），将不出现呼吸机能增强变化。

严重缺氧时，呼吸中枢发生抑制，出现周期性呼吸及呼吸运动减弱，甚至呼吸中枢麻痹而死亡。

## 二、循环系统变化

缺氧初期，心跳加快，心收缩力增强，使心输出量增加，具有代偿作用。心跳加快作用显著，而心收缩力增强不太显著。

发生机理：缺氧时，肺通气量增大，肺的膨胀反射抑制心迷走神经效应，使心交感效应增强，心跳加快。另外，呼吸加深，胸腔负压增大，静脉回心血量增多，使心脏发生代偿性心跳加快和心收缩力增强，除此之外，中枢神经缺氧时，也能使交感神经活动增强，兴奋心肌的β－肾上腺素能受体，而使心跳加快。因此，缺氧时出现的心跳加快，是由多种因素综合作用的结果。过去一直认为心跳加快，是由于血氧分压低，刺激颈动脉体和主动脉体的化学感受器反射引起的。近年来许多试验证明，低氧血刺激颈动脉体时，引起心动徐缓；缺氧严重时发生的代偿性酸中毒对心肌也有直接抑制作用。

缺氧时，由于低氧血刺激颈动脉体和主动脉体的化学感受器，反射性使交感神经和肾上腺髓质机能增强（儿茶酚胺分泌增多），血液重新分配，皮肤、黏膜、肌肉、肝、脾及胃肠等器官血管发生收缩，使血液进入循环，而心脏、脑血管扩张，流入较多的血液，保证氧的供给。

缺氧严重时，由于高能磷酸化合物生成不足，心肌能量供给减少，或由于氧化不全的酸性代谢产物蓄积，使心肌发生变性，导致心力衰弱，呈现血压下降，心律不齐，发绀等现象。

## 三、血液变化

缺氧时红细胞增多。是由于交感－肾上腺素系统兴奋，使皮肤、脾脏和肝脏等贮血器官的血管收缩，大量红细胞进入循环，使红细胞数量增多，携氧能力增强。

慢性缺氧时，肾脏释放促红细胞生成酶，使肝脏中的促红细胞生成素原转变为促红细胞生成素，引起骨髓造血机能增强，使外周血液中红细胞数量增多，提高血氧含量，起到一定代偿作用。

在缺氧过程中，红细胞内的2，3－二磷酸甘油酸、二氧化碳等酸性代谢产物含量增加，引起氧合血红蛋白解离过程加强，有利于对组织细胞供给较多的氧。

缺氧时，由于还原血红蛋白增加，使可视黏膜和皮肤呈现蓝紫色（发绀）。但贫血引起的缺氧不出现发绀。

## 四、中枢神经系统的变化

中枢神经系统是耗能和耗氧量最大的器官，脑血流量占心输出量的15%，耗氧量约占全身耗氧量的20%以上。因此，脑组织对缺氧最为敏感。缺氧时，脑血管扩张，血流量增多，具有一定代偿意义。

经过代偿仍不能保证氧的供给时，大脑皮质兴奋过程加强，患畜表现不安；重度缺氧时，大脑皮质发生抑制，对皮层下中枢的控制和调节机能紊乱，患畜表现运动失调、痉挛甚至出现感觉丧失和昏迷，严重时可因呼吸中枢和心血管运动中枢麻痹而死亡。

## 五、组织和代谢方面的变化

缺氧时，由于无氧分解产生的腺苷等代谢产物，能使组织器官内毛细血管开放增多。有利于氧向组织细胞弥散。

慢性缺氧时，细胞内线粒体数量增多，氧化还原酶活性增强，有利于组织细胞对氧的利用；同时肌肉中肌红蛋白含量增多，能贮存较多的氧，以补充组织中含氧量的不足。

严重缺氧时，组织内氧化酶发生抑制，无氧分解加强，糖、脂肪、蛋白质酵解过程加强，出现乳酸血症和酮血症。血中氨基酸和非蛋白氮增多。

在酸碱平衡方面，缺氧初期由于呼吸加深加快，二氧化碳排出增多，血中二氧化碳相对减少，碱贮相对增加，能引起呼吸性碱中毒。在缺氧后期，由于氧化不全的酸性产物蓄积，可发生代谢性酸中毒。

# 第三节　影响机体对缺氧耐受力的因素

## 一、缺氧的程度及持续时间

一般轻度的一时性缺氧，动物容易耐受，而且在去除致病因素后即可恢复正常；缺氧程度稍严重，但病程发展缓慢，持续时间较久的情况下，动物可借助一系列的代偿功能而得以耐受。但在急速发生严重缺氧的情况下，或在严重缺氧后期，由于机体来不及发挥代偿功能，或因机体代偿功能耗竭，都可使机体对缺氧耐受力降低而导致严重损伤。如当呼吸道完全堵塞或心跳骤停时，常常在数分钟内就可因组织器官严重缺氧而致机体死亡。

## 二、机体状况

### （一）中枢神经系统的技能状态

中枢神经系统处于兴奋状态的动物，一般由于各组织器官的基础代谢率增高，耗氧量加大，而对缺氧耐受性降低。但在机体机能状态良好情况下，适量使用咖啡因，可以增强缺氧时呼吸、循环的代偿适应力。不过在通常情况下，抑制中枢神经系统的活动，如用溴剂、人工低温或深度麻醉，都可能增加对缺氧的耐受力。

（二）动物的种属及年龄

一般说，动物的进化程度愈高，其中枢神经系统愈发达，则对缺氧敏感性愈高，此外，新生动物比成龄动物对缺氧的耐受力高，这可能是由于新生动物中枢神经发育不全，代谢率低，耗氧量相对减少，而且脑内无氧酵解能力较成龄动物强。另外，新生动物心肌糖原含量相对比成年动物高，这对提高新生动物对缺氧的耐受力具有重要意义。

（三）动物的营养状态及基础代谢情况

动物营养状态不良，各器官的代谢能力降低，特别在伴有营养不良性贫血的情况下，对缺氧的耐受性降低。此外，当动物基础代谢率增高（如甲状腺机能亢进）时，由于耗氧量增加，所以对缺氧反应敏感。

### 三、环境条件

通常当外界环境温度较高（如37℃以上）时，机体代谢率增高，使单位体重载单位时间内的耗氧量增加，因此对缺氧耐受性降低。相反，在0℃左右，机体对缺氧耐受性可能提高，但环境温度过低，机体需消耗大量能量来维持体温，在此情况下，其对缺氧耐受性就可能降低。

## 第四节　氧疗与氧中毒

### 一、氧疗

给缺氧动物吸入氧分压较高的空气或纯氧，用于对各种类型缺氧的治疗或急救，称为氧疗。氧疗的效果因缺氧类型不同而异，其中对低张性低氧血症的疗效较好，可明显提高动脉血氧分压及氧含量，对于其他类型的缺氧，亦可通过提高血氧分压而达到一定的治疗作用。

一般情况下用吸入40%氧量的气体作氧疗比较合适。在严重缺氧或休克急救过程中，可用高压氧（即3～4个大气压）。高压氧首先可以提高肺泡的氧分压，从而提高血氧含量及分压，使血浆中溶解氧量增加，改善组织的供氧，同时还可增加氧向血液和组织细胞内弥散的力量，使细胞更容易或取氧。

### 二、氧中毒

氧虽然是生命的必需物，但氧压过高却对任何细胞都有毒性作用，可引起机体氧中毒。

氧中毒主要与高压氧进入细胞后产生多量的氧自由基有关，氧自由基对组织细胞有较强的损害作用。首先氧自由基具有抑制许多氧化酶活性作用，如抑制含巯基的酶（脱氢酶、辅酶）活性，使细胞内生物氧化过程障碍。另外，吸入过多的高压氧还可损害中枢神经系统功能，并使呼吸抑制。高压氧对肺组织还有直接损害作用，引起肺水肿，肺泡壁增厚，肺泡上皮Ⅱ型细胞分泌表面活性物质减少，导致肺不张，透明质膜形成，使肺的通气、换气障碍；还可并发支气管炎、血性水胸等病变，这一切都可能加重机体缺氧，导致恶性循环。

氧中毒动物常表现兴奋不安、惊厥，后期因肺水肿而呈现高度的呼吸困难。

# 第四章 发热

## 第一节 发热的概念

发热是临床常见的疾病症状之一，也是许多疾病所共有的病理过程。临床上常把体温上升超过正常值的0.5℃，称为发热，但这种概念不够精确。许多情况可使体温超出正常0.5℃，但其本质并非发热。根据体温调节调定点的理论，发热是在致热原的作用下使体温调节中枢的调定点升高而引起的一种高水平的体温调节活动，多数病理性体温升高（如动物传染性或炎症性发热）均属这样。但少数病理性体温升高是因体温调节中枢调节障碍而产生，其本质不同于发热，称之为过热。如动物先天性汗腺缺陷，因散热障碍，夏季可出现体温升高；当动物甲状腺机能亢进造成异常产热也可致使体温升高；另外，夏季环境高温（中暑）引起的体温升高，也属此类。此外，当动物剧烈运动时或剧烈运动后、母畜的发情期或妊娠期等情况，动物的体温也可上升甚至高于0.5℃，但它们属于生理性体温升高，不宜称为发热。

发热通常不是独立疾病，而是发热性疾病的重要病理过程和临床表现。许多疾病常是由于早期出现发热而被察觉的，因而它是疾病的重要信号，甚至是潜在恶性病灶（肿瘤）的信号。在整个病程中，体温曲线变化往往反映病情变化，对判断病情、评价疗效和估计预后。均有重要参考价值。

## 第二节 发热的原因

### 一、致热原和激活物

传统上把能引起动物发热的刺激物，称为致热原。根据来源又把致热原划分为外源性致热原和内生致热原，用以表示来自体外或体内。近年来不少学者认为，许多外源性致热原（传染原或致炎刺激物）可能主要是激活内生致热原细胞，使后者产生和释放内生致热原，再通过某种途径引起发热，因此，外源性致热原是体内产生内生致热原细胞的激活物，或称为发热激活物，此概念并不排除一些外源性致热原与机体的相互作用。在体内某些产物也可引起激活物的产生，因此也可成为内生致热原细胞的激活物。当然也不排除有些激活物或其成分，以一定方式作用于体温调节中枢，而发挥双重作用（即既可促使内生致热原的产生，又可作用于机体中枢），或还可能通过内生致热原以外的中介物从外周进入脑内，参与发热的机制。

## 二、发热激活物的主要种类和性质

有许多物质（包括外源性致热原和体内某些产物）能够激活产生内生致热原细胞而使其产生和释放白细胞致热原。现将常见的重要激活物介绍如下。

### （一）微生物

（1）革兰氏阴性细菌感染　革兰氏阴性细菌的菌壁含有内毒素，而内毒素是一种有代表性的细菌致热原，它的活性成分是脂多糖，它有三个组成部分，即 O－特异侧链、核心多糖和脂质 A，其中脂质 A 是决定致热性的主要成分。试验显示，给家兔静脉内微量或更微量脑内（视前区－前下丘脑）注射内毒素，均可引起明显发热。

（2）革兰氏阳性细菌感染　如肺炎球菌、白色葡萄球菌、溶血性链球菌等感染也能引起发热。给家兔静脉内注射活的或加热杀死的葡萄球菌，均能引起发热。加热杀死的葡萄球菌在体外与白细胞一起进行培育，能激活产内生致热原细胞，使其产生释放白细胞致热原。

从革兰氏阳性细菌体内能分离出有致热性的外毒素、例如从葡萄球菌分离出的肠毒素，和从 A 型溶血性链球菌分离出的红疹毒素，都是强的发热激活物，给动物静脉内微量注射即可引起发热。体外试验证明，红疹毒素与家兔白细胞培养，能使家兔白细胞产生并释放白细胞致热原。

（3）病毒感染　例如把流感病毒、麻疹病毒注入家兔静脉内，都可引起动物发热。在发热的同时，血清中出现白细胞致热原。试验证明，病毒也可通过激活内生致热原细胞而产生释放白细胞致热原而引起发热，其激活作用可能与血细胞凝集素有关。在体外用副流感病毒与家兔血白细胞培育，则能激活家兔白细胞释放白细胞致热原。

此外，螺旋体及真菌引入动物体内也可引起发热。

### （二）致炎物质

有些致炎物质如硅酸结晶，尿酸结晶等，在体内不但可引起炎症反应，其本身还具有激活产生内生致热原细胞的作用。现已证明，尿酸结晶或硅酸结晶的激活作用，不取决于细胞对它们的吞噬，因为用细胞松弛素 B 或秋水仙素制止吞噬，不影响白细胞致热原的产生和释放。

### （三）抗原－抗体复合物

抗原－抗体复合物对产生内生致热原细胞也有激活作用，例如用人体血清蛋白给家兔致敏后，再用人体血清蛋白攻击，约五分钟后就可在循环血中出现抗原－抗体复合物，并引起家兔发热。

### （四）淋巴因子

淋巴细胞不产生和释放内生致热原，但抗原或外凝集素能刺激淋巴细胞产生淋巴因子，且淋巴因子对产生内生致热原细胞有激活作用。试验证明，用卡介苗（BCG）给家兔致敏，然后用结核菌素攻击可引起发热，这是因为致敏淋巴细胞－抗原混合物所形成的淋巴因子起作用，它可能主要来自T淋巴细胞。

### （五）类固醇

体内某些类固醇的产物对动物机体也有明显的致热性，睾丸酮的中间代谢产物本胆烷醇酮是其典型代表。试验证明，本胆烷醇酮具有很强的种系特异性，只有和本胆烷醇酮同种来源的同类家畜进行肌肉注射，才能引起家畜发热，具明显发热效应。体外实验证明，家兔血白细胞与本胆烷醇酮共同培育，经几小时就能激活并释放白细胞致热原。已证明，本胆烷醇酮的致热性取决于类固醇的5－$\beta$－H构型，因为5－$\alpha$－本胆烷醇酮不具致热性。同样，它在体外对白细胞的激活作用，也取决于5－$\beta$－H构型。

## 三、内生致热原

### （一）白细胞致热原

（1）细胞来源　1984年Beeson等首先发现家兔腹腔无菌性渗出白细胞，培育于无菌生理盐液中，能产生释放致热原，并称之为白细胞致热原，为表示其来自体内，又称之为内生致热原。现在已经证明，白细胞中的单核细胞是产生白细胞致热原的主要细胞。此外，组织巨噬细胞（肝星状细胞、肺泡巨噬细胞、腹腔巨噬细胞和脾巨噬细胞等）和某些肿瘤细胞，均可产生并释放白细胞致热原。

近年来对白细胞致热原的系统研究中，发现它除引起发热外，还引起许多疾病的急性期反应，表明其生物活性与白细胞介素－1（IL－1）一致。由于从不同侧面研究白细胞介素－1或白细胞致热原，现已对它的细胞来源有了更加深入的研究和了解。

（2）产生和释放　关于产白细胞致热原细胞产生和释放白细胞致热原的过程，目前研究的仍然不够明确，但是一般将其分为三个阶段，即激活、产生和释放。

激活过程可能从激活物的有效成分与产白细胞致热原细胞膜的特异受体结合开始，然后发生吞噬（以及消化细菌）作用。此时细胞产生一系列的代谢反应，包括耗氧量增多、糖酵解增强，以及各种水解酶的释放等。一般在激活后1～2小时，可能是白细胞致热原生成的初期。在此期间，事先加入到培养基中的同位素标记氨基酸能掺入到新生成的白细胞致热原中；若加入蛋白质和核糖核酸的合成抑制物，则可抑制白细胞致热原的生成，表明此期需要有新合成的核糖核酸（mRNA）和蛋白质来保证，现已证明白细胞致热原合成是需能过程。

过了此期，即在激活2小时之后，似乎不再需要蛋白质的新合成了，因为在此之后加入蛋白质合成抑制物，已不再影响白细胞致热原的生成和释放。

白细胞合成的白细胞致热原，在3～16小时内释放。在此期白细胞致热原可能由白细胞致热源前体经酶的作用，转化为活化型。在耗能方面，释放过程与产生过程不同，释放白细胞致热原是不需能量的过程。试验表明，阻断细胞呼吸不干扰白细胞致热原的释放，只有细胞死亡或发生细胞破裂才中止释放白细胞致热原，因此白细胞致热原可能是通过细胞膜而释出的。

(3) 化学性质　据目前所知，白细胞致热原大致是一种分子较小的蛋白质，耐热性低，加热70℃20min即可破坏其致热活性。另外，蛋白酶如胃蛋白酶、胰蛋白酶或链霉蛋白酶，都能破坏其致热性。白细胞致热原的等电点有两型，即p17和p15，这两型都有相同的致热性和其他生物活性。

(4) 致热性交叉反应　虽然白细胞致热原有高度抗原特异性，但其致热性则在某些种系动物中可呈交叉反应。这种交叉致热性表明，不同种系动物产生的白细胞致热原，必然有共同的有效部分，能为其靶细胞的特异受体所接受。

(5) 生物学效应　白细胞致热原对各种动物均有明显的致热性。

### (二) 新发现的三种内生性致热源

(1) 干扰素　它是细胞对病毒感染的反应产物，这种糖蛋白物质去糖后仍具有活性。1984年Dinarello等证明，给家兔静脉内注射干扰素，能引起单相热。给猫脑室内注射干扰素照样引起发热，表明它本身具有致热性。

(2) 肿瘤坏死因子　肿瘤坏死因子（TNF）是巨噬细胞分泌的一种蛋白质，内毒素能诱生之。试验显示，重组TNF（rTNF）已用于临床治疗肿瘤，有非特异杀伤肿瘤细胞的作用，给人注射能引起发热反应。Dinarello等（1986）用家兔试验验证其致热性：静脉内注射TNF1μg/kg迅速引起单相热，若注射TNF10μg/kg则引起双相热，在第二热相血浆中出现循环白细胞致热原。体外试验证明，rTNF能激活单核细胞产生白细胞致热原。

(3) 巨噬细胞炎症蛋白-1　试验发现一种单核细胞因子，是一种肝素-结合蛋白质，对动物机体多形核白细胞有化学促活作用，在体外能引起中性粒细胞产生过氧化氢，皮下注射此因子能引起炎症反应，故称之为巨噬细胞炎症蛋白-1。在1989年，Davatelis等学者进一步研究发现，给家兔静脉内注射该因子时，引起家兔机体发热，热型呈单相。

关于干扰素、肿瘤坏死因子和巨噬细胞炎症蛋白-1的研究，也是目前免疫学研究的热点。

## 第三节　发热的发生机制

犬、猫等动物的体温相对恒定，这主要是依赖体温调节中枢调控产热和散热的平衡来维持的。视前区-下丘脑是体温调节中枢的高级部分，次级部分是延脑、桥脑、中脑和脊髓等。当视前区-下丘脑进行正常活动时，次级中枢退居次要或备用地位。而当视前区-下丘脑失去活动（如被病灶或外伤破坏）时，次级中枢可能取代之而发挥积极作用。

至于致热原（包括内毒素或白细胞致热原）的作用部位，迄今尚难确定。许多实验证明，在脑内存在对内毒素或白细胞致热原起反应的敏感区，一般认为敏感区集中于下丘脑体温调节中枢，其他中枢部位的敏感性较低或不敏感。因此，只要有小量内毒素或白细胞致热原通过血脑屏障进入脑内，就有可能作用于下丘脑体温调节中枢而引起机体发热。到目前为止，还没有直接证据可以表明内毒素或白细胞致热原能作用于外周温度感受器或其他外周调温组织或器官而引起发热效应。

关于内生致热源通过什么方式使中枢体温调定点上移而引起发热，至今尚无定论。许多学者推测，有某种或某些中枢介质参与发热的中枢机制。在目前的研究中，最受学者们重视的是前列腺素 E、环磷酸腺苷（cAMP）和 $Na^+/Ca^{2+}$ 比值。

（1）前列腺素 E　目前认为前列腺素 E 是内生致热原引起发热的主要介质，其最重要依据是：①脑内（下丘脑）或脑室内注射前列腺素 E 引起发热；②白细胞致热原静脉内注射或脑室内注射引起发热时，脑脊液中前列腺素 E2 明显增多；③下丘脑组织分别与白细胞致热原、干扰素或肿瘤坏死因子在体外培育时，均使前列腺素 E2 合成增多；④阻断前列腺素 E 合成的药物，对白细胞致热原、干扰素或肿瘤坏死因子性发热均可进行解热。

但是目前关于前列腺 E 是否为发热介质，仍有许多争论，许多资料不支持前列腺素 E 作为发热介质，其依据是：①前列腺素 E 的特异拮抗物能抑止前列腺素 E 性发热，但不能抑制白细胞致热原性发热；②小剂量阿司匹林在抑制白细胞致热原引起的脑脊液中前列腺素 E 增多的同时，不能抑制体温上升；③家兔两侧视前区－下丘脑摘除或损伤后，向该处或脑室内注入前列腺素 E 均不引起发热，但脑室内注入白细胞致热原仍能引起发热，表明该发热不需前列腺素 E 参与；④白细胞致热原注入家兔视前区－下丘脑内，使热敏神经元的敏感性受到抑制，冷敏神经元的敏感性得到提高，但前列腺素 E 注入视前区－前下脑，大部分热敏神经元不受影响，约一半的冷敏神经元也不受影响；⑤巨噬细胞炎症蛋白－1 的致热性与前列腺素 E 无关。因此，目前还很难确定前列腺素 E 是内生致热原性发热的主要介质。

（2）环磷酸腺苷　脑内有较高环磷酸腺苷，也有丰富的环磷酸腺苷合成降解酶系。它又是脑内多种介质的信使和突触传递的重要介质，故当前列腺素 E 作为发热介质有争议的同时，环磷酸腺苷能否作为发热介质参与中枢机制，备受重视。目前国内外许多学者支持环磷酸腺苷参与发热中枢机制，主要是：①把二丁酰环磷酸腺苷给兔、大鼠脑内注射，可迅速引起发热。②家兔静脉内注射白细胞致热原引起发热时，脑脊液中环磷酸腺苷浓度明显增高，而环境高温引起的体温升高，不伴有脑脊液中环磷酸腺苷增多。③注射茶碱（磷酸二酯酶抑制物）在增高脑内环磷酸腺苷浓度的同时，可增强白细胞致热原性发热；而注射尼克酸（磷酸二酯酶激活物）则在降低环磷酸腺苷浓度的同时，使白细胞致热原性发热减弱。至于白细胞致热原如何引起脑内环磷酸腺苷增多，最新研究资料表明，白细胞致热原可能通过先提高 $Na^+/Ca^{2+}$ 比值，再引起脑内环磷酸腺苷增多。

（3）$Na^+/Ca^{2+}$ 比值　试验表明，用生理盐水替换人工脑脊液给家兔进行脑室灌注时，可引起家兔的体温明显上升，而加入氯化钙时则可防止体温上升。当用等渗蔗糖溶液灌注下丘脑，家兔体温无变化；若加入 $Na^+$，就引起家兔体温明显上升；若再加入 $Ca^{2+}$，则可引起家兔体温下降。因而提出体温调定点受 $Na^+/Ca^{2+}$ 比值所调控，强调 $Ca^{2+}$ 浓度是调定点的生理学基础，$Na^+/Ca^{2+}$ 比值上升可导致体温调定点上移，并确定其敏感区位于下丘脑。在应用放射性同位素钠和钙的试验中发现，发热时下丘脑组织内 $Na^+/Ca^{2+}$ 比值明显上升。但关于白细胞致热原如何引起 $Na^+/Ca^{2+}$ 比值上升，$Na^+/Ca^{2+}$ 比值上升又如何引起调定点上移，目前尚缺乏深入研究。

发热的发生机制比较复杂，学说很多，仍有不少细节未查明，但主要的或基本的环节已比较清楚。概括起来，多数发热第一环节是激活物的作用；第二环节，即内生致热原可以先后作用于视前区－下丘脑，或作用于外周靶细胞，再通过发热介质参与作用；第三环节是中枢机制，无论内生致热原是否直接进入脑内，可通过下丘脑引起中枢介质体温调定点上移，另外，发热激活物的降解产物或外周介质到达下丘脑参与作用同样也可引起体温调定点升高；第四环节是调定点上移后引起调温效应器的反应，此时由于中心温度低于体温调定点的新水平，从体温调节中枢发出调温信号抵达产热器官和散热器官，一方面通过运动神经引起骨骼肌的紧张度增高或寒战，使产热增多；另一方面经交感神经系统引起皮肤血管收缩，使散热减少；由于产热大于散热，体温相应上升直至与调定点新高度相适应。

## 第四节　发热的经过及热型

### 一、发热的经过

多数发热尤其是动物急性传染病和急性炎症的发热，其临床经过大致可分三个时期。

（1）体温上升期　发热的第一时期是中心体温开始迅速或逐渐上升，快者约几小时或一昼夜就达高峰；慢者需几天才达高峰，称为体温上升期。此期动物大多表现发冷或恶寒，并可出现寒战、皮肤苍白等现象。皮肤苍白是皮肤血管收缩使血流减少所致。由于浅层血液减少，皮温下降并刺激冷感受器，信息传入中枢时动物表现发冷，严重时出现恶寒，临床上动物表现扎堆、畏冷。寒战则是骨骼肌的不随意周期性收缩，是下丘脑发出的冲动，经脊髓侧系的网状脊髓束和红核脊髓束，通过运动神经传递至运动终板而引起的。此期是因体温调定点上移，中心温度低于调定点唤起的调温反应，故热代谢的特点是散热减少和产热增多，产热大于散热，于是体温上升。

（2）高温持续期　当体温上升到与新的调定点水平相适应的高度后，就波动于较高的水平上，称为高温持续期。此期动物的皮肤颜色潮红、酷热和皮肤干燥，其中心体温已达到或略高于体温调定点的新水平，故下丘脑不再发出引起“冷反应”的冲动。除动物的寒战现象消失外，皮肤血管由收缩转为舒张；浅层血管的舒张使动物皮肤血流增多，因而出现动物皮肤潮红，散热增加的现象。高热使动物皮肤水分蒸发较多，因而出现动物皮肤和口唇比较干燥。高温持续期持续时间不一，从几小时（如疟疾）、几天（如大叶性肺炎）至一周以上（如伤寒）。本期的热代谢特点是中心体温与上升的调定点水平相适应，产热与散热在较高水平上保持相对平衡，波动也较大。

（3）体温下降期　体温下降期中因发热激活物在体内被控制或消失，内生致热原及增多的发热介质也被机体清除，上升的体温调定点回降至正常水平。由于调定点水平低于中心体温，故从下丘脑发出降温指令，不仅引起皮肤血管舒张，还可引起大量出汗，皮肤比较潮湿。出汗是一种速效的散热反应，但大量出汗可造成动物脱水，甚至循环衰竭，应注意实时监护发病动物，并及时补充水分和电解质。本期的热代谢特点是散热多于产热，故体温下降，直至与已回降的调定点相适应。热的消退可快可慢，快者几小时或24小时内降至正常体温，称为热的骤退（crisis），慢者需几天才降至正常体温，称热的渐退（lysis）。

另外，在动物临床中，常见的另一种情况是动物体温低下，即动物机体散热过多，或产热不足，导致体温降至常温以下，称为体温低下。正常时老龄动物会出现体温低下。病理情况下，体温低下多见于休克、心力衰竭、中枢神经系统抑制、高度营养不良、衰竭和动物的濒死期。

## 二、常见热型

在许多疾病过程中，发热过程持续时间与体温升高水平是不完全相同的。将动物的体温按一定时间记录，绘制成曲线图即热型。了解这些热型，有助于对动物疾病的诊断，现分述如下。

### （一）依据发热病程的长短分为四种

（1）急性热　发热持续1～2周，常见动物于急性传染病。

（2）亚急性热　发热持续3～6周，常见于动物亚急性病。

（3）慢性热　发热持续数月甚至一年以上，常见于动物的慢性传染病。

（4）一过性热　又称暂时热，发热仅为1～2天，常见于动物预防注射疫苗后的轻度体温反应。

### （二）依据发热程度，在临床上常分为四种

（1）微热　体温升高超过动物正常体温0.5～1℃，见于局部炎症、一般消化障碍等。

（2）中热　体温升高1～2℃，见于一般炎症过程、亚急性和慢性传染病等。

（3）高热　体温升高2～3℃，见于急性传染病和机体广泛性炎症。

（4）过高热　体温升高3℃以上，常见于急剧的急性传染病。

### （三）依据体温反应的曲线波形分类，在临床上常分为五种

（1）稽留热　高热持续3天以上，每昼夜的温差在1℃以内，常见于大叶性肺炎等。

（2）弛张热　体温的昼夜波动范围在1℃以上，但是不降至常温，多见于化脓性疾病、败血症等。

（3）间歇热　在疾病过程中，发热期和无热期交替出现，有热期较长，无热期较短。多见于血孢子虫病。

（4）回归热　在疾病过程中，发热期和无热期交替出现，有热期较短，无热期较长。多见于亚急性和慢性马传染性贫血等。

（5）不定型热　体温曲线无规律的变化，发热的持续时间长短不一，每日温差变化不等。多见于非典型经过的疾病。

# 第五节 发热时机体机能和代谢的变化

## 一、生理机能改变

（1）心血管机能改变 一般情况下，动物机体的体温每上升1℃，心率每分钟平均增加18次。这是血液温度升高刺激窦房结及交感神经－肾上腺髓质系统活动增强所致。心率加快一般使心输出量增多，但对心肌劳损或心肌有潜在病灶的动物，则加重了心肌负担，可诱发心力衰竭。在体温上升期动脉血压可轻度上升，是外周血管收缩和心率加快的结果；在高温持续期由于外周血管舒张，动脉血压轻度下降。在临床上要注意的是动物体温骤退，特别是用解热药引起体温骤退时，可因大量出汗而导致休克。

（2）呼吸机能改变 发热时呼吸加快，是上升的血液温度刺激呼吸中枢以及提高呼吸中枢对二氧化碳的敏感性所致。临床上把此看作一种加强散热的反应。

（3）消化机能改变 发热时动物出现食欲不振和唾液分泌减少。前者使饮食减退，后者使口腔黏膜干燥，当然后者与水分蒸发过多也有关。

有些发热动物还有胃液和胃酸分泌减少，胃肠道蠕动减弱的症状，这些变化只是部分与发热有关。试验证明，注射内生致热源可在引起动物发热的同时，还可导致胃肠蠕动减弱和胃液分泌减少等症状。

（4）中枢神经系统机能改变 高热时对中枢神经系统的影响较大，突出表现是动物精神高度沉郁、嗜眠，但是具体机制尚不清楚。

## 二、代谢改变

发热机体的代谢改变包含两个方面，一方面是在致热原作用后，体温调节中枢对产热进行调节，提高骨骼肌的物质代谢，使调节性产热增多；另一方面是体温升高本身的作用，一般认为，体温升高1℃，基础代谢率提高13%，例如伤寒动物体温上升并保持于39～40℃，其基础代谢率约增高30%～40%，因此持久发热使物质消耗明显增多。如果营养物质摄入不足，就会消耗动物体内自身物质，并易出现维生素C和维生素B族的缺乏，故在动物日粮中必须保证有足够的能量供应，包括补充足量维生素。

（1）蛋白质代谢 高热性传染病使动物的蛋白分解加强，尿氮比正常同类动物增加2～3倍，可出现负氮平衡，即日粮摄入不能补足机体消耗。机体蛋白质分解加强除与体温升高有关外，与白细胞致热原的作用关系重大。已经证明白细胞致热原通过前列腺素E合成增多而使骨骼肌蛋白质大量分解，这样除保证机体正常能量需求之外，还要保证提供给肝脏大量氨基酸，以用于急性期反应蛋白的合成和组织修复等的需要。

（2）糖和脂肪代谢 发热时糖代谢加强，肝糖原和肌糖原分解增多，动物血糖因而增多、糖原储备减少。由于葡萄糖的无氧酵解增强，组织内乳酸因而迅速增加。另外，发热时脂肪分解也显著加强，由于糖代谢加强使糖原储备不足，摄入相对减少，于是机体动员储备的脂肪，后者大量消耗而使动物迅速消瘦。由于脂肪分解加强和氧化不全，在临床上可出现酮血症或酮尿。

（3）水盐代谢　发热时机体水盐代谢发生明显的变化。在发热高峰期，尿量常明显减少，出现少尿和尿色加深，氯化钠随排出而减少，钠离子和氯离子滞留于体内；而在退热期，随着尿量增多和大量排汗，钠盐的排出也相应增多。

在高温持续期，高热使动物皮肤和呼吸道水分蒸发增多，加上出汗和饮水不足，可引起机体脱水。因此在临床上，要注意在高温持续期和体温下降期的水分补充。

## 第六节　发热的生物学意义

发热是动物进化过程中获得的保护性反应，它是疾病的重要信号，对判断病情、评价疗效和估计预后，均有重要参考价值。

发热对机体是有利的，但也存在不利的影响。一般来说，一定程度的发热，使网状内皮系统功能加强，嗜中性白细胞吞噬功能增强，抗体生成增加，促进淋巴细胞转化，提高粒细胞的趋化性及增强肝脏的解毒功能。

但过高的发热或长期发热对动物机体是不利的，会引起动物机体脱水、惊厥、心肺负荷增加，营养物质缺乏等症状。

# 第五章　休克

休克是机体受某些有害因素作用所发生的血液循环障碍，主要是微循环血液灌流不足，导致各重要器官机能代谢紊乱和结构损伤的一种全身性病理过程。其主要临床表现是血压下降、脉搏频弱、皮肤湿冷、可视黏膜苍白或发绀、尿量减少、反应迟钝，甚至昏迷。

## 第一节　休克原因及分类

### 一、休克原因

休克是强烈的致病因子作用于机体引起的全身危重病理过程，常见的病因如下述。

（一）失血与失液

外伤导致的大出血、消化道出血、肝或脾破裂、妇科疾病等引起的出血等，如果失血量较大而又不能得到及时补充，均可发生失血性休克。一般快速失血超过总血量的40%左右即可引起休克；超过总血量的60%则往往可能导致死亡。另外剧烈呕吐、腹泻、大量的出汗等导致大量体液丧失时也可引起失液性休克。

（二）创伤

多见于较严重的外伤如骨折、挤压伤、战伤、外科手术创伤等，创伤较重或面积较大时往往伴发休克的发生，尤其是同时伴有大量失血或伤及重要生命器官时更易发生创伤性休克。

（三）烧伤

机体遭到大面积烧伤时，体液大量外渗、血浆大量丧失常可并发休克发生，晚期可继发感染性休克。

（四）感染

细菌、病毒、立克次氏体等感染时均可引起感染性休克。其中以革兰氏阴性细菌引起的较多，常见于细菌性痢疾、流行性脑脊髓膜炎、泌尿道和胆道感染引起的败血症，故又称败血症性休克。发生此种休克时，细菌内毒素起着重要作用，故又称内毒素性休克或中毒性休克。革兰氏阳性细菌感染引起的休克常见于肺炎链球菌引起的肺炎等。

（五）心脏疾病

大面积急性心肌梗死、急性心肌炎及严重的心律紊乱（房颤与室颤）等引起心脏排出量明显减少，均可导致机体有效循环血量减少、组织血液灌流量减少引起心源性休克的发生。

（六）过敏

这种休克属于I型变态反应，常见于青霉素、血清制剂或疫苗等引起的过敏，如果给过敏体质的动物注射上述药物时，可引起过敏性休克。

（七）强烈的神经刺激

剧烈疼痛、高位脊髓麻醉或损伤均可引起神经源性休克。

## 二、休克分类

临床上主要是按发病原因、发生的起始环节及休克时血液动力学特点来进行分类的。

（一）按病因分类

（1）失血性休克　各种原因引起大量失血所致的休克。

（2）烧伤性休克　大面积烧伤伴有大量血浆丧失所致的休克。

（3）创伤性休克　严重创伤特别是伴有一定量出血所致的休克。

（4）感染性休克　严重感染引起的休克，如败血症性休克和内毒素性休克。

（5）过敏性休克　某些药物或血清制剂等引起变态反应所致的休克。

（6）心源性休克　心功能不全引起的休克，如心肌炎、心肌坏死时心输出量急剧减少所致的休克。

（7）神经源性休克　神经系统遭受强烈刺激或损伤所致的休克。

（二）按发生休克的起始环节分类

尽管休克发生的原始病因不同，但有效灌流量减少是多数休克发生的共同基础。而实现有效灌流的基础是：①需要足够的血量。②需要正常的心泵功能。③需要正常的血管舒缩功能，机体正常时大部分毛细血管处于收缩状态。如果机体毛细血管全部舒张，血管床容积加大，全身血量就会相对不足，组织灌流量将会明显减少，从而引起组织有效灌流量不足而导致休克的发生。各种休克的发病原因一般都是通过以上三种环节而影响组织有效灌流量而致休克发生的。

（1）低血容量性休克　机体因全血量急剧减少引起的休克称为低血容量性休克，它是快速大量失血、大面积烧伤所致的大量血浆丧失及大量出汗、严重腹泻或呕吐等所引起的大量体液丧失而使血容量急剧减少所导致的休克。由于血量减少导致静脉回流不足，心输出量减少，血压下降；同时又由于减压反射受抑制，交感神经兴奋，外周血管收缩，组织灌流量进一步减少，导致休克的进一步发展。

（2）血管源性休克　由于外周血管扩张、血管容量扩大带来血液分布的异常，大量血液淤滞在扩张的小血管内，使有效循环血量减少而引起的休克称为血管源性休克，也称为分布异常性休克。机体内的血管如果全部舒张，完全充满所能容纳的血量（也叫血管容量）要比机体内的全部血量都大得多。正常时微循环中的毛细血管是交替开放的，平时大约有80%的毛细血管处于闭合状态，使血量和血管容量之间的矛盾不至于激化。血管源性休克时，各种不同的病因通过内源性或外源性的血管活性介质的作用，使小血管特别是腹腔内脏的小血管扩张，血液淤滞在内脏小血管内，使机体组织有效循环血量减少，导致休克发生。它多见于全身性炎症反应综合征导致的感染性和非感染性休克以及过敏性和部分创伤性休克。过敏性休克时，组胺、激肽、补体和慢反应物质等作用使后微动脉扩张、微静脉收缩、微循环淤血、通透性增加。

（3）心源性休克　心源性休克是由于急性心泵功能衰竭或严重的心律紊乱而使心排出量急剧减少、有效循环血量和微循环灌流量下降而引起的休克。心源性休克的发生可以因心脏内部即心肌源性的原因所致，如大面积急性心肌梗死（梗死范围超过左心室面积的40%）、急性心肌炎、严重的心律失常、瓣膜性心脏病及其他严重心脏病的晚期；也可以因为非心肌源性即外部原因引起，它包括压力性或阻塞性原因使心脏舒张期充盈减少，如急性心脏压塞或心脏射血受阻如肺血管栓塞，肺动脉高压等，它们最终导致心排出量下降，减少的心排出量不能维持正常的组织血液灌流；心排出量减少带来的周围血管阻力失调也起一定的作用。

心源性休克发病的中心环节是心输出量迅速降低、血压显著下降。多数动物为外周阻力增高（即属低排高阻型），这是因为血压降低使主动脉弓和颈动脉窦的压力感受器的冲动减少，反射性的引起交感神经兴奋和外周小动脉收缩，可使血压下降有一定程度的代偿，从而使血压下降有一定程度的缓冲。

（4）神经源性休克　神经源性休克时血管张力的变化与血管源性休克相似，但其发生机制有明显的区别。神经源性休克是由于严重的脑部或脊髓损伤、麻醉等抑制了交感缩血管功能，不能维持动静脉血管张力，引起一过性的血管扩张，静脉血管容量增加和血压下降，机体组织灌流量不足，导致休克的发生。

### （三）按休克时血流动力学的特点分类

休克按其血流动力学的特点分为低排高阻型休克和高排低阻型休克。

（1）低排高阻型休克　又称低动力型休克，其血流动力学特点是心脏排血量降低，而总外围血管阻力升高。由于皮肤血管收缩，血流量减少，皮肤温度降低，所以又称为“冷性休克”，多见于失血或失液性休克，心源性休克和大部分感染性休克多属于此型。

（2）高排低阻型休克　又称高动力型休克，其血流动力学特点是总外周阻力降低，心脏排血量升高。由于皮肤血管扩张，血流量增多，皮肤温度升高，所以又称“温性休克”，部分感染性休克属于此类型。

## 第二节　休克分期和特点

在休克发生、发展过程中，微循环障碍大致可分为三个阶段，休克也可相应地分为三期。

（1）微循环缺血期　此期为休克发生的早期，特点是微血管痉挛，引起微循环缺血，其发生机理是交感－肾上腺髓质系统兴奋。不同类型休克的早期都可能出现交感－肾上腺髓质系统的兴奋。例如，创伤性休克的疼痛、心源性休克时心输出量减少和动脉血压降低、内毒素性休克时内毒素的刺激均可通过反射或直接作用引起交感－肾上腺髓质系统兴奋，从而释放大量儿茶酚胺，儿茶酚胺能兴奋血管平滑肌的α受体，故α受体占优势的皮肤、腹腔脏器的小动脉、微动脉、毛细血管前括约肌、微静脉和小静脉都发生收缩，结果使毛细血管前、后阻力增加，尤其是前阻力明显升高，以致微循环灌流量急剧减少，使微循环缺血。而脑血管中交感缩血管纤维分布最少，α受体密度也低，故此时血管的口径无明显的改变；心脏冠状动脉虽然有交感神经支配，也有α受体和β受体，但其血流量主要是由心肌本身的代谢水平来调节的，交感神经兴奋和儿茶酚胺增多时，由于心脏活动加强，代谢水平提高以致扩血管代谢产物特别是腺苷的增多可使冠状动脉扩张。此时全身血液重新分布，由于微动脉收缩，外周阻力增加，可以维持血压和保证脑、心的血液供应。同时，微静脉和小静脉收缩及动－静脉短路开放，可使回心血量增加。又因毛细血管前阻力明显升高，毛细血管平均血压显著降低，组织液进入毛细血管内增多，也可增加回心血量。此外，交感神经兴奋时，由于肾小球动脉痉挛，刺激肾小球旁器，使肾素－血管紧张素－醛固酮系统激活，可促进钠、水滞留；血容量减少引起的抗利尿激素分泌增多，又可使肾重吸收增多，也有利于血容量的恢复。上述一系列变化均具有代偿意义，故这一期又称休克代偿期。此期的主要临床表现是烦躁不安，皮肤湿冷，可视黏膜苍白，心率加快，脉搏细速，尿量减少，血压稍降或无变化。

（2）微循环淤血期　此期为休克的中期，特点是微循环血液流出减少而发生淤血。由于微循环持续缺血，组织细胞缺氧而无氧代谢增强，使酸性代谢产物蓄积，引起酸中毒。微动脉和毛细血管前括约肌有酸中毒时首先丧失对儿茶酚胺的反应而发生舒张，使微循环灌注量增多。但微静脉和小静脉对酸中毒的耐受性较强，在儿茶酚胺的作用下仍继续收缩，于是血液回流障碍。此时微循环血液的灌注量多于流出量，毛细血管网开放，大量血液淤积在毛细血管中。组织缺氧还可使微血管周围的肥大细胞释放组织胺，后者可通过 $H_2$ 受体使微血管扩张，微静脉收缩，这就招致毛细血管前阻力明显降低而毛细血管后阻力不降低或增高，大量血液淤积在毛细血管内。组织胺还能增高毛细血管壁的通透性。组织缺氧时三磷酸腺苷分解产物腺苷及细胞释放的 $K^+$ 增多，这些物质在机体局部蓄积，也具有扩张血管的作用。微血管淤血、毛细血管内流体静压增高和毛细血管通透性增高，可使血浆大量外渗，导致血液浓缩和黏滞性增大，血流变慢。在微循环淤血的发生、发展中血液流变学的改变也起重要作用，血细胞比容升高、红细胞聚集、白细胞附壁和嵌塞、血小板粘附和聚集等，都可使微循环血流变慢甚至停止。此外，胰腺缺血、缺氧或酸中毒时胰腺细胞的溶酶体释放组织蛋白酶，使组织蛋白分解而生成心肌抑制因子，可引起心肌收缩力减弱，心输出量减少，加剧微循环灌流障碍。休克时脑组织和血液中内啡肽含量显著增多，内啡肽可能通过抑制心血管中枢、交感神经节前纤维的介质释放，使心肌收缩力减弱、心率减慢、血管扩张和血压下降，从而加重微循环淤血。总之，微循环淤血期由于大量血液淤积于微血管中，回心血量明显减少，有效循环血量急剧降低，脑、心血流量也降低并出现微循环灌流不足，全身组织缺氧、器官功能障碍，休克进入失代偿期。动物主要临床表现是精神沉郁或昏迷，皮温下降，可视黏膜发绀，心跳快而弱，脉搏细而频，大静脉萎陷，血压下降，少尿或无尿。

（3）微循环衰竭期　此期为休克的晚期，特点是微血管麻痹、扩张。由于休克过程中缺氧和酸中毒进一步加重，微血管麻痹、扩张，血流进一步减慢，血液浓缩，血液流变学改变更加显著，并可引起弥散性血管内凝血（DIC），缺氧、酸中毒或内毒素都可使血管内皮损伤和内皮下胶原暴露，激活内源性凝血系统；烧伤性休克或创伤性休克时伴有大量组织破坏，组织因子释放入血可激活外源性凝血系统，从而加速凝血过程，促进 DIC 形成。休克时由于血流减慢、血管内皮损伤，血小板大量粘附和聚集，同时血小板释放血栓素 $A_2$ 增多而血管内皮细胞因受损而生成前列原素 $I_2$ 却减少，二者平衡失调，促使血小板聚集和 DIC 发生。此时由于凝血因子消耗和继发纤维性溶血还可引起出血。由于 DIC 的发生，可使微循环血流停滞，组织细胞处于严重缺氧和酸中毒状态，此时体内许多酶体系的活性降低或丧失，细胞溶酶体破裂和释放溶酶体酶类，致使细胞发生严重损伤和器官机能障碍，尤其是脑、心的功能障碍，使血压进一步下降，休克进入不可逆阶段，即休克不可逆期。

此期动物的主要临床表现是昏迷，呼吸不规则，脉搏快而弱或不能触及，血压进一步下降，全身皮肤有出血点或出血斑，无尿等。

## 第三节　休克发生的机制

休克发生的原因很多，其发病机理也不尽相同，但微循环血液灌流不足是各型休克发生、发展的共同发病环节。微循环血液灌流不足是由于微循环灌流压降低、微循环血流阻力增加和微循环血液流变学改变所致。

### 一、微循环灌流压降低

微循环灌流压取决于有效循环血量和外周血管阻力，而前者又与血液总量和心泵功能有关。因此血液总量减少、心泵功能障碍和血管容量增大均可导致微循环灌流压降低。

（1）血液总量减少　大量失血或失液都可引起全身血容量或血浆容量降低，从而使有效循环血量减少，微循环灌流压降低，微循环血液灌流不足。这是失血性休克、烧伤性休克等低血容量性休克发生的主要机理。

（2）心泵功能障碍　心泵功能不全时由于心肌收缩障碍，心输出量急剧下降，有效循环血量减少，致使微循环灌流压降低。这是心源性休克发生的主要机理。

（3）血管容量增大　主要是指腹腔脏器和皮肤的小血管扩张所致的血管容量增大。在过敏性休克或某些感染性休克时由于组织胺、缓激肽等扩血管活性物质生成和释放增多，或在神经源性休克时由于神经系统损伤影响交感神经缩血管功能降低，都可引起外周小血管扩张，血管容量增大，血液淤积在这些部位的小血管内，致使有效循环血量减少，微循环灌流压降低。

## 二、微循环血流阻力增加

微循环阻力直接影响微循环血液灌流量，血流阻力越大，通过微循环的血量越少。微循环阻力主包括毛细血管前阻力和毛细血管后阻力。

（1）毛细血管前阻力增加　毛细血管前阻力是由小动脉、微动脉、后微动脉和毛细血管前括约肌的紧张性构成的。当血液总量减少和心泵功能障碍时，不仅使微循环灌流压降低，而且可引起交感－肾上腺髓质系统兴奋，释放大量儿茶酚胺。由于皮肤和腹腔器官的血管具有丰富的交感缩血管纤维支配和α受体占优势，因而在交感神经兴奋、儿茶酚胺增多时，其小动脉、微动脉、毛细血管前括约肌、微静脉和小静脉都发生收缩，其中尤以微动脉（交感缩血管纤维分布最密）和毛细血管前括约肌（对儿茶酚胺的反应性最强）的收缩最强烈，致使毛细血管前阻力增加，微循环灌流量减少。交感神经兴奋还可激活肾素－血管紧张素系统，儿茶酚胺增多能刺激血小板产生血栓素 $A_2$，而血管紧张素Ⅱ和血栓素 $A_2$ 都有强烈的缩血管作用。此外，内毒素具有拟交感作用，能使交感神经和肾上腺髓质释放儿茶酚胺，且能提高微血管对儿茶酚胺的敏感性，使毛细血管前阻力血管收缩，微循环血液灌流量减少。这是内毒素性休克的发病环节之一。

（2）毛细血管后阻力增加　毛细血管后阻力是由微静脉和小静脉的紧张性构成的。交感神经兴奋和肾上腺髓质释放儿茶酚胺增多，也可使微静脉和小静脉收缩，血液阻力增加，导致微循环有效灌流量减少。

## 三、微循环血液流变学改变

血液流变学是研究血液成分在血管中流动和变形规律的科学。休克时微循环灌流量不足和血液流变学改变密切相关，其主要表现以下几个方面。

（1）血细胞比容升高　见于微循环淤血时，由于微血管内流体静压升高和毛细血管壁通透性升高，液体外渗进入组织间隙增多，致使血液浓缩，血细胞比容升高，血细胞比容越高血液黏度就越大，因而血流阻力也增大，血流速度缓慢，血流量减少。

（2）红细胞变形能力降低和聚集　红细胞的变形能力是保证红细胞顺利通过微循环毛细血管的必要条件。休克时红细胞的变形能力降低，而不能顺利通过微循环毛细血管，导致血流阻力增高。这是由于休克时缺氧、酸中毒和三磷酸腺苷缺乏，使红细胞膜的流动性和可塑性降低，红细胞不能维持正常的功能和结构。红细胞聚集表现为几个红细胞聚集在一起，多时可达20～30个红细胞聚集成长链或团块。休克时血流减慢，血细胞的比容升高，红细胞表面负电荷减少和纤维蛋白原浓度升高并覆盖于红细胞表面，均可促进和导致红细胞的聚集，增加血流阻力。

（3）白细胞附壁和嵌塞　休克时可见白细胞附壁，黏着于微静脉壁和嵌塞于血管内皮细胞核的隆起处或毛细血管分支处。这不仅将增加血流阻力和加重微循环障碍，而且这些白细胞还可释放自由基和溶酶体酶，使细胞损伤。白细胞附壁可能与血流缓慢、白细胞和管壁之间吸引力增大有关。白细胞嵌塞主要是由于白细胞在休克时肿大变圆，细胞膜微细皱褶消失，可用于变形的细胞膜面积减少，变形能力降低所致。休克时血压下降，驱动压降低也是白细胞嵌塞的促进因素。

（4）血小板粘附、聚集和微血栓形成　休克时血流减慢，血管内皮细胞损伤，内皮下胶原暴露，为血小板粘附于血管壁提供了基础。粘附的血小板释放 ADP（二磷酸腺苷）又可促使更多的血小板聚集。血小板聚集初期（第一时相）是可逆的，当发展到第二时相则是不可逆聚集。聚集的血小板不但阻塞微血管，还可释放 5－羟色胺、ADP、血栓素 $A_2$ 和血小板活化因子，使局部血管壁通透性增高，加重血小板第二时相聚集，加速凝血过程，形成微血栓。

## 第四节　休克过程中细胞代谢和器官功能的变化

休克时机体内各器官的功能和结构都可发生改变，现将主要器官的变化分述如下：

### 一、脑

休克早期由于血液重新分布和脑血流量保持在正常范围，故脑的功能没有明显障碍。随着休克的发展，有效循环血量不断减少和血压持续降低，脑组织因血液灌注量减少而引起缺氧，呈现抑制。此时患畜反应迟钝，反射活动减弱或消失，甚至昏迷。脑严重缺血、缺氧，尤其是脑微循环内 DIC 形成，则更加重脑功能障碍。当大脑皮层的抑制逐渐扩散到下丘脑、中脑、脑桥和延髓的心血管中枢和呼吸中枢时，则将不断加重休克，直到引起心跳和呼吸停止而致死亡。

休克时脑组织血液灌流不足可引起缺氧性脑损伤，主要发生于对缺血特别敏感的部位，如脑动脉灌注的边缘区、海马、基底神经节和小脑。镜检海马神经原、小脑浦金野氏细胞和大脑皮质小、大锥体细胞层的神经原时，缺氧早期的变化是神经原胞浆内出现空泡，接着胞浆和细胞核皱缩，随后胞浆变成暗淡、均质，胞核固缩。这些变化通常在缺氧后 2～8 小时可以见到。最后，坏死的神经原消失，而神经胶质细胞反应在缺氧后 24 小时即出现并在几天内变得更加明显。当缺血严重时不仅引起神经原坏死，而且可导致脑梗死形成。这种贫血性梗死的眼观变化通常要在 18～24 小时后才能看得出来，皮质的梗死区一般波及几个脑回，但也可能深及白质。镜检梗死区除神经原和神经胶质细胞坏死外，还可见出血和小血管内微血栓。休克时脑缺血、缺氧和毛细血管壁通透性增高，还可发生脑水肿。

### 二、心脏

心源性休克的始动环节是心功能不全，其他类型休克过程中也都可引起心功能改变；

一般休克早期可出现代偿性心功能加强，以后心脏功能逐渐出现障碍，至晚期则发生心功能不全，表现为心收缩力减弱、心输出量减少、心律加快或失常等。休克引起心功能不全的主要原因是冠状动脉血流减少和心肌耗氧量增加所导致的心肌缺血和缺氧；心肌代谢障碍、酸性代谢产物增多引起酸中毒对心肌的损伤；胰腺缺血、缺氧产生的心肌抑制因子和感染性休克时内毒素对心肌的直接抑制作用等。剖检死于休克的动物，心脏病理变化常见的是心外膜出血、心内膜出血（尤其是左心室）和心肌纤维坏死。当坏死范围较大且时间较长时，眼观检查才能见到；多数只是在显微镜下检查时才可发现心肌坏死，其形式包括心肌细胞溶解、凝固性坏死和收缩带状坏死。

## 三、肺脏

休克早期由于呼吸中枢兴奋而呼吸加快加深。休克中、晚期，肺功能不全的发生首先是由于肺微循环障碍，此时随着肺微循环血液灌流不足的加剧，肺组织缺血、缺氧加重，酸性产物大量蓄积，肺毛细血管扩张、淤血和血管壁通透性增高，大量血浆成分渗入肺泡和肺间质，引起肺水肿和肺泡内透明膜形成，致使肺泡的通气和换气发生障碍，动脉血氧分压降低和二氧化碳分压升高。一旦 DIC 发生，不仅肺内微血栓形成，而且其他部位的栓子还可随血流进入肺脏引起微血管栓塞。这将使有通气功能的肺泡毛细血管血流减少，形成死腔样通气；同时肺的动－静脉短路开放，大量肺动脉血未经气体交换直接进入肺静脉，更促进动脉血氧分压降低。肺功能不全的发生还与肺泡表面活性物质减少有关。休克时肺组织缺氧，肺泡壁Ⅱ型细胞分泌表面活性物质减少，结果使肺泡表面张力增加，顺应性下降，引起肺萎陷；大面积肺萎陷可致通气量与血流量比例失调，动脉血氧分压降低。休克时肺脏出现的上述功能和结构变化称为休克肺。

休克肺眼观检查见体积增大，重量增加，呈暗红色，富有光泽，质度稍实变，肺胸膜下常见出血点，肺脏充气不足，有时见局灶性肺萎陷，切面流出多量血染液体。镜检组织学病变为肺淤血，肺泡内和间质水肿、出血，肺泡壁上皮细胞脱落，透明膜和微血栓形成。肺泡内透明膜被伊红深染，均质，附着于上皮已脱落的肺泡壁；电镜下见透明膜是由坏死的Ⅰ型细胞的碎屑与纤维素以及其他蛋白质性物质混合组成的。

## 四、肾脏

休克早期就可发生急性肾功能不全，主要临床表现为少尿或无尿。其发生机理首先是休克动因引起交感－肾上腺髓质系统兴奋，肾小球入球动脉收缩，肾小球血流量减少，滤过率降低；由于肾小球入球动脉压力下降、血流量减少可引起肾素释放增加，使肾素－血管紧张素增多，致使肾血管进一步收缩，肾血流量更加减少，肾小球滤过率更低。

其次，休克时血容量降低和血管紧张素增多，还可促进抗利尿激素和醛固酮分泌增多，使肾小管对钠、水的重吸收加强，结果尿液形成更少。休克中、晚期，由于血压不断下降，肾小球滤过压也进一步降低；随着缺血、缺氧进一步加剧和内毒素等因素的作用，肾小管上皮细胞发生变性、坏死，血管内膜损伤，常可招致 DIC。肾脏的这些变化将使急性肾功能不全进一步恶化，出现氮质血症、高血钾症和酸中毒等。剖检死于休克的动物，眼观检查见肾脏肿大，质度变软，切面上皮质增宽、色淡，髓质淤血呈暗红色。镜检，肾小球无明显改变，仅见肾小囊囊腔扩张；肾小管上皮细胞坏死、脱落是突出的病变，主要发生在远曲小管；肾小管内见透明管型或颗粒管型。少数病例可见皮质坏死，通常是两侧性，坏死可累及部分皮质或全层，其范围小的仅包括几个肾小球及相关的肾小管，大的则眼观可见几乎皮质全层都坏死；镜检可见坏死累及肾小球、肾小和血管，并在肾小球毛细血管内可见由血小板和纤维蛋白组成的微血栓。

## 五、肝脏

肝脏功能障碍在休克早期就能出现，这是由于肝动脉血液灌流量减少和腹腔脏器血管收缩所致门脉血流量急剧减少，从而引起肝细胞缺血、缺氧性损伤。至休克中、晚期，肝内微循环淤血和 DIC 形成更加剧肝细胞的缺血和缺氧。此时肠道内有毒物质经门脉进入肝脏可直接损害肝细胞。肝功能障碍主要表现为解毒功能减弱、乳酸转化能力下降、对糖的利用障碍、蛋白质和凝血因子合成障碍等，这将加重酸中毒和自体中毒，使休克恶化。肝脏的病变在光镜检查时可见窦状隙扩张、淤血和肝细胞坏死，通常肝细胞坏死发生于小叶的中央区，有时也可扩大至中间区。

## 六、胃肠

休克早期，胃肠道功能就有改变，这是因为胃肠小血管强烈收缩而发生缺血所致。至休克中、晚期，胃肠淤血、甚至血液停滞，因而发生水肿、出血和黏膜糜烂，这将加剧胃肠的分泌和运动机能障碍，减弱或破坏屏障功能，致使肠道有毒物质被吸收入血，引起机体中毒。

# 第六章　免疫病理

## 第一节　变态反应

变态反应也叫超敏反应或过敏反应，是指机体对某些抗原初次应答后，再次接受相同抗原刺激时，发生的一种以机体生理功能紊乱或组织细胞损伤为主的特异性免疫应答。

变态反应的发生需要具备两个主要条件：一是容易发生变态反应的特应性体质，这是先天遗传决定的，并可传给下代，其几率遵循遗传法则；二是与抗原的接触，有特应性体质的动物与抗原首次接触时即可被致敏，但不产生临床反应，被致敏的机体再次接触同一抗原时，就可发生反应，其时间不定，快者可在再次接触后数秒钟内发生，慢者需数天甚至数月的时间。

### 一、变态反应的类型

根据变态反应的机制可将变态反应分为四型：Ⅰ型变态反应即反应素型或速发型，Ⅱ型变态反应即细胞毒型，Ⅲ型变态反应即免疫复合物型，Ⅳ型变态反应即迟发型。

#### （一）速发型（Ⅰ型变态反应）

过敏原进入机体后，诱导 B 细胞产生 IgE 抗体。IgE 与靶细胞有高度的亲和力，牢固地吸附在肥大细胞、嗜碱粒细胞表面。当相同的抗原再次进入致敏的机体，与 IgE 抗体结合，就会引发细胞膜的一系列生物化学反应，启动两个平行发生的过程：脱颗粒与合成新的介质。①肥大细胞与嗜碱粒细胞产生脱颗粒变化，从颗粒中释放出许多活性介质，如组胺、蛋白水解酶、肝素、趋化因子等；②同时细胞膜磷脂降解，释放出花生四烯酸。它以两条途径代谢，分别合成前列腺素、血栓素 $A_2$ 和白细胞三烯（LTs）、血小板活化因子（PAF）。各种介质随血流散布至全身，作用于皮肤、黏膜、呼吸道等效应器官，引起小血管及毛细血管扩张，毛细血管通透性增加，平滑肌收缩，腺体分泌增加，嗜酸粒细胞增多、浸润，可引起皮肤黏膜过敏症（荨麻疹、湿疹、血管神经性水肿）、呼吸道过敏反应（过敏性鼻炎、支气管哮喘、喉头水肿），消化道过敏症（食物过敏性胃肠炎）、全身过敏症（过敏性休克）。由于 IgE 多由粘膜分泌，所以Ⅰ型变态反应多引起黏膜反应，也是最常见的变态反应。

### （二）细胞毒型（Ⅱ型变态反应）

自身抗原或与体内组织相结合的半抗原刺激所产生的抗体（多属IgG、少数为IgM、IgA）同细胞本身抗原成分或吸附于膜表面的抗原成分相结合，然后通过四种不同的途径杀伤靶细胞。

（1）抗体和补体介导的细胞溶解　IgG/IgM类抗体同靶细胞上的抗原特异性结合后，经过经典途径激活补体系统，最后形成膜攻击单位，引起膜损伤，从而靶细胞溶解死亡。

（2）炎症细胞的募集和活化　补体活化产生的过敏毒素C3a、C5a对中性粒细胞和单核细胞具有趋化作用。这两类细胞的表面有IgGFc受体，故IgG与之结合并激活它们，活化的中性粒细胞和单核细胞产生水解酶和细胞因子等从而引起细胞或组织损伤。

（3）免疫调理作用　与靶细胞表面抗原结合的IgG抗体Fc片段同巨噬细胞表面的Fc受体结合，促进巨噬细胞对靶细胞的吞噬作用。

（4）抗体依赖细胞介导的细胞毒作用　靶细胞表面所结合的抗体的Fc段与NK细胞、中性粒细胞、单核—巨噬细胞上的Fc受体结合，使它们活化，发挥细胞外非吞噬杀伤作用，使靶细胞破坏。

输血反应、新生幼畜溶血病等均属于Ⅱ型变态反应。

### （三）免疫复合物型（Ⅲ型变态反应）

在免疫应答过程中，抗原抗体复合物的形成是一种常见现象，但大多数可被机体的免疫系统清除。如果因为某些因素造成大量复合物沉积在组织中，则引起组织损伤和出现相关的免疫复合物病。

免疫复合物沉积的影响因素有如下几个：

（1）循环免疫复合物的大小　这是一个主要因素，一般来讲分子量为约1 000kD沉降系数为8.5～19s的中等大小的可溶性免疫复合物易沉积在组织中。

（2）机体清除免疫复合物的能力　它同免疫复合物在组织中的沉积程度成反比。

（3）抗原和抗体的理化性质　复合物中的抗原如带正电荷，那么这种复合物就很容易与肾小球基底膜上带负电荷的成分相结合，因而沉积在基底膜上。

（4）解剖和血流动力学因素　对于决定复合物的沉积位置是重要的。肾小球和滑膜中的毛细血管是在高流体静压下通过毛细血管壁而超过滤的，因此它们成为复合物最常沉积的部位之一。

（5）炎症介质的作用　活性介质使血管通透性增加，增加了复合物在血管壁的沉积。

（6）抗原抗体的相对比例　抗体过剩或轻度抗原过剩的复合物迅速沉积在抗原进入的局部。

常见的Ⅲ型变态反应疾病有：Arthus反应、血清病、链球菌感染后肾小球肾炎等。

### （四）迟发型（Ⅳ型变态反应）

与上述由特异性抗体介导的三型变态反应不同，Ⅳ型是由特异性致敏效应T细胞介导的。此型反应局部炎症变化出现缓慢，接触抗原24～48h后才出现高峰反应，故称迟发型变态反应。机体初次接触抗原后，T细胞转化为致敏淋巴细胞，使机体处于过敏状态。当相同抗原再次进入时，致敏T细胞识别抗原，出现分化、增殖，并释放出许多淋巴因子，吸引、聚集并形成以单核细胞浸润为主的炎症反应，甚至引起组织坏死。常见Ⅳ型变态反应有：接触性皮炎、移植排斥反应、多种细菌、病毒（如麻疹病毒）感染过程中出现的Ⅳ型变态反应等。

## 二、常见变态反应病的症状

### （一）急性过敏反应

急性过敏反应的症状可在接触变应原后立即或2小时内出现。患者感觉不适、烦躁、心悸、颤抖、皮肤潮红发痒、耳鸣、咳嗽、打喷嚏、荨麻疹、水肿或因哮喘及气管阻塞引起呼吸困难，严重时可在不出现呼吸系统症状的情况下发生心血管系统衰竭、休克甚至死亡。为Ⅰ型变态反应。

### （二）变应性鼻炎

变应性鼻炎是常见的一种变态反应类型，它是对空气中某些微粒过敏所致如花粉和草的微粒，以及霉菌、灰尘和动物皮屑等，表现为打喷嚏、鼻痒、流涕、鼻塞、瘙痒和眼部激惹等症状。变应性鼻炎可以是季节性的，也可以是非季节性的（常年性）。为Ⅰ型变态反应。

### （三）变应性结膜炎

变应性结膜炎是眼结膜的变态反应性炎症。结膜是覆盖在眼睑内侧和眼球表面的一层精细薄膜。

### （四）荨麻疹

瘙痒常是荨麻疹最初出现的症状，紧接着在皮肤上出现表面光滑，比周围皮肤微凸、发红或苍白的风团，通常较小（<12mm直径）。当风团长大（大到20cm）时，在它中心区皮疹可能消退形成环状。荨麻疹风团可突然出现和突然消退，在某一处出现几小时后消退，然后可能又在别的地方出现。有血管性水肿时，水肿的范围更大并可深达皮下组织，有时可累及手、足、眼睑、嘴唇或生殖器，甚至口腔、喉头黏膜和气道，引起呼吸困难。

## 三、寄生虫感染与变态反应

### （一）寄生虫感染与Ⅰ型变态反应

Ⅰ型变态反应多见于蠕虫感染，属于Ⅰ型变态反应的寄生虫病尚有幼虫移行症时引起的哮喘、荨麻疹；虫螯性过敏，寄生虫从皮肤侵入引起的荨麻疹，以及肠线虫感染所致的哮喘样反应、荨麻疹等等。在寄生虫病中，过敏反应以荨麻疹为最常见。

### （二）寄生虫感染与Ⅱ型变态反应

与Ⅱ型变态反应有关的寄生虫疾病常见于：黑热病、疟疾等。寄生虫抗原吸附于红细胞表面，特异性抗体（IgG/IgM）与之结合，激活补体，导致红细胞溶解，出现贫血。这是黑热病或疟疾贫血的原因之一。而且在黑热病人的红细胞上，已证明有补体存在。在发热期血清中补体 C3b 和 C4 滴度上升，锥虫病、血吸虫病等贫血机制也都与此型变态反应有关。

### （三）寄生虫感染与Ⅲ型变态反应

某些寄生虫感染可引起肾小球肾炎。如疟疾时抗原抗体复合物沉积在肾小球基底膜和肾小球血管系膜区，引起血红蛋白尿、肾功能失常。在疟疾患者肾基底膜损伤的情况下已查到 IgM，急性疟疾出现的蛋白尿在经抗疟治疗后便可消失，但慢性疟疾可出现严重的肾小球肾炎和肾病综合征。血吸虫患者也常出现肾小球肾炎，是由于免疫复合物在肾小球内沉积所致。

### （四）寄生虫感染与Ⅳ型变态反应

某些寄生虫感染还可引起Ⅳ型变态反应，如利什曼原虫引起的皮肤结节，有明显的细胞反应和肉芽肿形成。血吸虫排出的虫卵可随血液流入肝脏，毛蚴成熟分泌可溶性抗原，经卵壳微孔释出，使淋巴细胞致敏，当再接触抗原时，致敏的 T 淋巴细胞放出淋巴毒素（LT），巨噬细胞移动抑制因子（MIF），嗜酸粒细胞趋化因子（ECF－A），因此在虫卵周围出现以淋巴细胞、巨噬细胞、嗜酸性粒细胞浸润为主的肉芽肿。

## 四、变态反应病的诊断

变态反应病的诊断要达到两个目的，一是明确病的性质，二是明确致敏物质。Ⅰ型变态反应的致敏物可通过皮肤试验来探索，也可进行激发试验。这些试验的意义都要结合病史和临床表现综合判断。必要时也可通过体外试验检测 IgE。其他型变态反应的致敏物确定比较困难，主要靠病史、病的性质、临床表现等判断。接触性皮炎的致敏物可通过接触试验证实。

## 五、变态反应病的治疗

变态反应的治疗应遵循以下原则：

（1）避免致敏物。这是最有效的办法，但只限于致敏物明确，且能避免的场合。

（2）Ⅰ型变态反应致敏物难以避免的（如尘土、螨、霉菌、昆虫等）可行脱敏治疗。

（3）Ⅰ型变态反应还可应用药物（如色甘酸钠）以保护肥大细胞，阻止其释放介质。

（4）应用对症药物来对抗介质或减轻介质引起的组织反应。例如用抗组胺药来拮抗组胺的作用，用支气管扩张药来拮抗支气管痉挛，用升压药来提高血压，对抗过敏性休克，用肾上腺糖皮质急速来对抗Ⅱ、Ⅲ、Ⅳ型变态反应引起的炎症反应。

（5）用免疫抑制剂来抑制过度活跃的免疫反应。

（6）防止各种刺激物的刺激，如尘土、烟雾、化学物、冷空气、妨碍呼吸的鼻息肉、扁桃体、偏曲的鼻中隔等。

（7）清除病灶。

## 第二节　自身免疫疾病

自身免疫疾病（autoimmune disease）指机体所产生的自身抗体或致敏淋巴细胞能侵袭、破坏、损伤自身的组织和细胞成分，导致组织损害和器官功能障碍的疾病。免疫耐受性的终止或破坏是自身免疫性疾病发生的基本机制。自身免疫疾病常与下述因素有关。

（1）自身抗原形成　如隐蔽抗原的释放、自身抗原性质的改变，可发生自身免疫反应，损伤组织引起疾病。

（2）免疫调节机制紊乱　机体内存在的免疫调节网络是维持正常免疫功能的重要自我稳定机制，任何原因导致的免疫调节紊乱，引起免疫反应的异常，均能破坏免疫耐受。

（3）细胞凋亡的抑制　自身反应性T细胞和B细胞通过细胞凋亡进行克隆排除，免疫系统得以维持对自身抗原的耐受。细胞凋亡的抑制，导致B细胞和T细胞等免疫细胞自我耐受破坏和自身抗体的大量产生，从而对机体产生损伤。

（4）遗传因素　机体的免疫反应由主要组织相容性复合物（MHC）遗传基因所控制，具有自身免疫反应增强遗传易感性的个体，一旦受到某些外因的刺激，则能诱发自身免疫病。

常见的自身免疫性疾病：

（1）系统性红斑狼疮（Systemic Lupus Erythematosus，SLE）　系统性红斑狼疮是一种多系统非化脓炎症性自身免疫疾病，血清中存在以抗核抗体为主的多种自身抗体。本病多发于犬，猫少见。SLE病因仍未明了，人类发病与多种因素有关。①病毒感染，主要与副黏病毒感染有关。②化学因素如服用某些药物（普鲁卡因酰胺、苯妥英钠）。③物理因素如日晒和紫外线照射，可使DNA转化为胸腺嘧啶二聚体使机体产生抗体。④遗传因素，SLE的发生有明显的家族性倾向。

SLE患病动物血清中存在有多种自身抗体，有针对细胞浆成分的抗体（如线粒体、核糖体和溶酶体），抗细胞表面抗体（如红细胞、血小板），而以抗核抗体最为常见（如DNA、RNA、核蛋白）。通常有发热；皮肤的对称性脱毛、丘疹、大包红斑性损伤；溶血性贫血、水肿、淋巴腺肿大；多发性关节炎引起四肢僵硬和跛行、关节肿胀、四肢肌肉进行性萎缩；肾小球肾炎等症状。

SLE血液学变化有：贫血、血小板减少、白细胞总数减少、球蛋白增多、胆红素增高。

（2）自身免疫性溶血性贫血　自身免疫性溶血性贫血（Autoimmune Hemolytic Anemia，AIHA）是一种与自身红细胞抗体有关的溶血性贫血。溶血可发生在血管内，也可在血管外（单核巨噬细胞系统内）。本病按抗体的类型有温抗体性和冷抗体性两大类，大多是获得性溶血性贫血。药物、疫苗接种或感染可引发。

引起抗红细胞自身抗体形成的主要原因有：淋巴系统增生性疾病；药物，如青霉素、头孢菌素、磺胺类药物、硫代二苯胺等；感染，如猫白血病病毒感染，血巴尔通体病等。AIHA 的自身抗体，根据其作用于红细胞时所需温度，可分为温性和冷性抗体。温性抗体一般在 37℃左右作用最活跃，冷性抗体在 20℃以下作用活跃。抗体主要是 IgG 和 IgM，这些自身抗体和位于红细胞膜上相应抗原结合，使红细胞在通过单核巨噬细胞系统时被吞噬细胞识别、吞噬而破坏（血管外溶血），或是在补体作用下直接使红细胞破坏（血管内溶血）。

一般认为，抗红细胞自身抗体的产生，主要是：①感染或药物改变红细胞膜抗原性；②淋巴组织疾患及免疫缺陷等，使机体失去免疫监视功能，无法识别自身成分；③免疫调节功能紊乱，使 B 淋巴细胞反应过强。

AIHA 通常可见黏膜苍白、虚弱，呼吸急促、心搏过速。急性病例，红细胞压积急剧下降，伴有高胆红素血症和黄疸，有时出现血红蛋白尿，有的病例肝和脾肿大，由于骨髓增生，红细胞计数常升高。偶见患病动物在寒冷气候下出现远端部位皮肤发钳，包括耳、鼻、尾尖、趾、阴囊等，甚至坏死，此为冷凝集素病。

(3) 寻常天疱疮和落叶状天疱疮　寻常天疱疮（pemphigus vulgaris）及其变型落叶状天疱疮是针对基底细胞层细胞内胞质成分的抗体介导的自身免疫性皮肤粘膜疾病，最终导致皮肤棘层细胞与表层分离。犬比猫常见。寻常天疱疮的发病特征是沿口、肛门、包皮、外阴及口腔内的黏膜皮肤交界处出现大疱损害，其他部位皮肤仅出现轻微损害。当疱破裂后，常形成糜烂，如继发感染常使损伤加重。爪角质部分可由于严重的瓜沟炎而脱落。落叶状天疱疮的临床症状是黏膜皮肤交界处出现糜烂、溃疡和厚结痂，口腔常无病，皮肤有广泛的厚而硬的病变，这有别于寻常天疱疮。

(4) 重症肌无力　重症肌无力（myasthenia gravis）是神经肌肉传递功能异常，表现为病变肌组织容易疲劳的疾病。本病累及功能活跃的骨骼肌，严重者，全身肌肉均可波及。本病的病因尚不清楚。患病动物血清中存在抗乙酰胆碱受体的自身抗体和对乙酰胆碱受体致敏的淋巴细胞。多发于犬，且有遗传倾向。

全身性肌无力是常见的重症肌无力，稍加活动病情加重，患犬常有食管扩张。晚期表现为肌肉萎缩及结缔组织替代性增生。

抗乙酰胆碱受体的自身抗体和对乙酰胆碱受体致敏的淋巴细胞的产生是本病的特征。抗体能与骨骼肌运动终板突触后膜的烟碱型乙酰胆碱受体结合，形成免疫复合物，激活补体，引起突触后膜的溶解性破坏。由于突触后膜上受体数目的显著减少，使乙酰胆碱与受体结合的几率变小，大部分乙酰胆碱分子在突触间隙中被胆碱酯酶水解，削弱了由神经到肌肉冲动的传递，以致当肌肉反复受刺激时，产生的动作电位在阈值之下，从而影响肌肉收缩，表现为肌组织的疲劳和无力。

## 第三节　免疫缺陷病

免疫缺陷病（immunodeficiency disease）或称免疫缺陷综合征（immunodeficiency syndrome）是机体对各种抗原刺激的免疫应答不足或缺乏而引起的一系列病症。其原因可为

B细胞系统缺陷、T细胞系统缺陷，或两系统的联合缺陷；可为先天性，也可为后天获得性。各型免疫缺陷综合征的共同特征是抗感染能力匮乏，或表现为抗细菌感染能力障碍（B细胞系统缺陷），或主要表现为抗病毒和抗真菌感染能力的不足（T细胞系统缺陷）或两者均不足（联合免疫缺陷）。

引起小动物免疫缺陷的原因主要有两大类：一类为先天性，小动物先天性免疫缺陷少见，主要有犬粒细胞病综合征、联合免疫缺陷、先天性低γ-球蛋白血症等；另一类为获得性免疫缺陷，发生在某些病毒、细菌、寄生虫感染以及某些药物对免疫系统的损伤。

## 一、先天性免疫缺陷病

先天性免疫缺陷病因缺陷发生部位不同导致免疫功能低下程度各有所异。根据所累及的免疫细胞和组分的不同，可分为特异性免疫缺陷和非特异性免疫缺陷。

1. 特异性免疫缺陷

（1）B细胞缺陷性疾病　占先天性免疫缺陷病的50%～70%。缺陷发生在B淋巴细胞祖细胞阶段，B淋巴细胞不能成熟，于是就不能生成抗体。所以该病的主要特征为免疫球蛋白水平的降低或缺失，这种免疫球蛋白的缺陷可以是各类免疫球蛋白均减少，也可以是某一类或亚类的免疫球蛋白减少。性连锁丙种球蛋白血症（Bruton综合症）、选择性IgA、IgM和IgG亚类缺陷病等均属此类。

（2）T细胞缺陷性疾病　占先天性免疫缺陷病的5%～10%。主要因先天性胸腺发育不全致使T细胞数目减少，也可因某些酶或膜糖蛋白等分子缺乏而导致T细胞功能障碍。Digeorge综合症（先天性胸腺发育不良）是该类疾病的代表。

（3）T和B细胞联合缺陷性疾病　联合免疫缺陷病的病因和严重程度是不定的。如缺陷发生在淋巴干细胞阶段，造成T淋巴细胞和B淋巴细胞严重缺失，就会发生严重联合免疫缺陷病，动物表现为易于感染各种微生物。

2. 非特特异性免疫缺陷

（1）吞噬细胞缺陷病　吞噬细胞包括组织中的吞噬细胞、单核细胞和血液中的中性粒细胞。先天性的吞噬细胞缺陷病主要指吞噬细胞的功能障碍引起的疾病，其相对发病率为1%～2%，最多见的为慢性肉芽肿病。

（2）补体系统缺陷病　该病是由于机体内补体成分的组分或它的调控蛋白发生遗传性缺陷所致。

## 二、后天继发性免疫缺陷病

继发性免疫缺陷病是指发生在其他疾病基础上（如慢性感染）、放射线照射、免疫抑制剂长期地使用及营养障碍所引起的免疫系统暂时或持久的损害，所导致的免疫功能低下。继发性免疫缺陷病可以是细胞免疫缺陷，也可以是体液免疫缺陷，或两者同时发生。根据发病的原因不同可将继发性免疫缺陷分为两大类：继发于某些疾病的免疫缺陷和医源性的免疫缺陷。

1. 继发于某些疾病的免疫缺陷

（1）感染　许多病毒、细菌、真菌及原虫感染常可引起机体免疫功能低下。如麻疹病毒、风疹病毒、巨细胞病毒、严重的结核杆菌或麻风杆菌感染均可引起患者T细胞功能下降。尤以HIV引发的AIDS最为严重。

（2）恶性肿瘤　患恶性肿瘤特别是淋巴组织的恶性肿瘤常可进行性地抑制动物的免疫功能。在广泛转移的癌症病例中常出现明显的细胞免疫与体液免疫功能低下。

（3）蛋白质丧失、消耗过量或合成不足　患慢性肾小球肾炎、肾病综合症、急性及慢性消化道疾病及大面积烧伤或烫伤时，蛋白质包括免疫球蛋白大量丧失；患慢性消耗性疾病时蛋白质消耗增加；消化道吸收不良和营养不足时，蛋白质合成不足，上述各种原因均可使免疫球蛋白减少，体液免疫功能减弱。

2. 医源性的免疫缺陷

（1）长期使用免疫抑制剂、细胞毒药物和某些抗生素　大剂量肾上腺皮质激素可导致免疫功能全面抑制。抗肿瘤药物（叶酸拮抗剂和烷化剂）可同时抑制T细胞和B细胞的分化成熟，从而抑制免疫功能。某些抗生素如氯霉素能抑制抗体生成和T细胞、B细胞对有丝分裂原的增殖反应。

（2）放射线损伤　放射线治疗是恶性肿瘤及抑制同种组织器官移植排斥的有效手段。而大多数淋巴细胞对γ射线十分敏感。大剂量的放射性损伤可造成永久性的免疫缺陷。

抗感染能力低下是小动物免疫缺陷病的共同临床特征，但不同原因引起的免疫缺陷病，其症状也不完全相同。

## 三、常见免疫缺陷病

（1）粒细胞病综合症　主要见于爱尔兰塞特猎犬，表现为白细胞表面糖蛋白表达缺陷。临床上以反复、严重的细菌感染，形成化脓性皮炎、脐炎、指甲（趾）部真皮炎、骨髓炎，伤口愈合迟缓为特征。感染动物常表现为严重发热、厌食和体重减轻，抗生素治疗效果不佳。出现大量的、持续性的白细胞增多（25 000～540 000/μl），而且大多是嗜中性粒细胞，核左移，且高度分叶。绝大多数动物在几个月内死亡。

（2）先天性重症联合免疫缺陷病　患病动物在发病后头几个月内可无症状，但随着母源抗体的降低而对微生物变得易感。患病小动物表现低球蛋白血症（IgM正常，IgG和IgA低，甚至缺乏），且淋巴细胞（主要是T细胞）减少，常在16周龄左右死于反复的细菌感染，甚至用活病毒犬瘟疫苗进行常规免疫时，也会引起犬瘟热病。这种动物IL－2受体γ链基因缺乏。

（3）先天性低γ－球蛋白血症　患病犬IgA的阳性细胞数量正常，但IgA分泌缺陷，易患湿疹、慢性呼吸道感染和胃肠道过敏反应。

（4）获得性免疫缺陷病　这是一组异源性继发性免疫缺陷病的总称，也是小动物常见的免疫缺陷病。本组疾病可发生在任何年龄的动物。获得性免疫缺陷病可分为体液免疫系统缺陷和细胞免疫系统缺陷。获得性体液免疫缺陷可出现在下列情况：①蛋白质摄入障碍，如长期饥饿、营养缺乏、肿瘤恶病质等；②蛋白质丧失，如渗出性肠病、肾病等；③B细胞肿瘤伴随免疫球蛋白合成异常。获得性细胞免疫缺陷则见于：①增生障碍，如免疫抑制，应用细胞抑制药及 T 细胞肿瘤药等；②T 细胞功能异常，如病毒感染（犬瘟热病毒、细小病毒、猫白血病病毒、猫免疫缺陷病毒）、慢性感染等。

由于体液免疫或细胞免疫障碍，导致机体对细菌性、病毒性、真菌性感染的抵抗力下降，故极易发生各种伴发及继发感染，且治疗效果不佳。

小动物免疫缺陷病表现多样，有人提出如有下列情况时，可考虑存在免疫缺陷：①慢性或反复感染，药物治疗效果不佳，易复发；②常发生机会性感染，一些不常致病的病原菌，甚至是弱毒疫苗的免疫注射，也可以引发严重的疾病；③实验室检查体液免疫和细胞免疫指标，长时间呈不同程度的低下；④每胎新生动物都有相似的早期死亡率。

# 第七章 应激反应

## 第一节 应激概述

所谓应激（stress）或称为应激反应（stress response），是指机体对各种内、外界刺激因素所作出的全身性、非特异性、适应性反应的过程，应激的最直接表现即精神紧张。任何刺激，只要达到一定的程度，除了可以引起与刺激因素直接相关的特异性变化（如冷引起的寒战、冻伤，中毒时引起的特殊毒性作用等）外，还会出现以交感－肾上腺髓质和下丘脑－垂体－肾上腺皮质轴兴奋为主的神经内分泌反应及一系列有机体机能的变化（如心跳加快、血压升高、肌肉紧张、分解代谢加快、血浆中某些蛋白的浓度升高等）。应激的主要意义是抗损伤，是机体的非特异性适应性保护机制。应激是机体维持正常生命活动的必不可少的生理反应，其本质是防御反应，但反应过强或持续过久，会对机体造成伤害，甚至引起应激性疾病或成为许多疾病的诱因。

机体受突然因素刺激而发生的应激称为“急性应激”，长期持续性的紧张状态则被称为“慢性应激”；按应激的结果可分为生理性应激和病理性应激，机体能够适应外界刺激，并能够维持生理平衡的，称为“生理性应激”，而导致机体发生一系列代谢紊乱和结构损伤，甚至发生疾病的称为“病理性应激”。

引发应激的因素即为应激原（stressor），是指能引起全身性适应综合症或局限性适应综合症的各种因素的总称。任何刺激只要达到一定的强度，都可成为应激原。在宠物养殖过程中应激原随处可见，如惊吓、捕捉、运输、寒冷、温热、拥挤、混群、缺氧、感染、营养缺乏、缺水、断料、饲养管理的突然改变、环境变化、过劳、饲养人员变化、创伤、疼痛、中毒等。

当前存在着许多有关应激的生物学理论，主要的有两个：一个是汉斯·薛利的适应综合症理论（general adaptation syndrome，GAS），另一个是遗传发生论。

1. 适应综合症理论

加拿大生理学家薛利（Selye）将应激称为“全身适应综合症（general adaptation syndrome，GAS）”，认为应激过程可分为三期：①警觉期或称动员期（the alarm stage）：第一次出现应激时，在一个很短的时间内，生物体会产生一个低于正常水平的抗拒，此时，一方面动物由于应激原的刺激会出现损伤现象，如神经系统抑制、肌肉松弛、毛细血管壁通透性升高、血压和体温下降等，另一方面机体在进行抗损伤的动员，如肾上腺活动增强、皮质肥大、血压升高、中性粒细胞增多等，如果防御性反应有效，警觉就会消退，生物体恢复到正常活动。大多数短期的应激都会在这个阶段得到解决，并很快过渡到第二期，这种短时应激也可以被称为急性应激反应。②抵抗期（the resistance stage）：如果有机体不能控制外界因素的作用，或者第一阶段的反应没能排除危机，应激仍然持续，那么有机体需要全身性的动员。这时有机体对应激原已获得最大适应能力，损伤现象减轻或消失，如果机体的适应能力良好，则代谢开始加强并开始恢复，否则，会进入第三期。③衰竭期（the exhaustion stage）：由于应激原过强或持续时间过长，机体的抵抗力和适应能力逐渐消失，机体内环境逐渐失衡，器官机能逐渐衰退甚至休克、死亡。在一般的情况下，应激只引起第一、第二期的变化，只有严重应激反应才进入第三期。

该理论的主要内容可以归纳为以下几点：

（1）所有生物有机体都有一个先天的驱动力，以保持体内的平衡状态。这种保持内部平衡的过程就是稳态。一旦有了稳态，那么维持体内平衡就成为一个毕生的任务。

（2）应激原如果是病菌或过度的工作要求，会破坏内部的平衡状态，无论应激原是愉快的，还是不愉快的，生物体都会用非特异性生理唤醒来对应激原作出反应，这种反应是防御性的和自我保护性的。

（3）对应激的适应是按阶段发生的，各阶段的时间进程和进度依赖于抗拒的成功程度，而这种成功程度则与应激原的强度和持续时间有关。

（4）有机体贮存着有限的适应能量，一旦能量用尽，有机体则缺乏应付持续应激的能力，接下去的就是死亡。

2. 遗传发生论

该理论认为，抵抗应激的能力依赖于面临危机时所使用的应对策略，除此之外，还有一些与个体遗传有关的因素也会影响抗拒，我们称之为生理倾向因素，也可被比作阈限因素。这些因素通过先天器官的优劣，决定疾病的危险性、反应的兴奋性，并以此影响了有机体的抗拒能力。遗传发生理论的研究，试图在基因型与表现型之间建立一种联系，基因型会影响自主神经系统、紧急反应系统的平衡。抗拒应激最重要的器官是肾脏、心血管系统、消化系统以及神经系统。

## 第二节 应激时机体的神经与内分泌反应

应激发生时，机体的神经系统和内分泌系统相互作用，共同发生一系列的反应。

### 一、蓝斑－去甲肾上腺素能神经元（LC－NE）

1. 应激时 LC－NE 的中枢整合和调控作用

LC－NE 的主要作用是引起与应激相关的情绪反应，其中枢整合部位主要位于脑桥蓝斑，蓝斑是应激时最敏感的脑区，NE 能神经元具有广泛的上、下行纤维联系。其上行纤维投射到新皮质、边缘系统和杏仁核，与应激时的情绪反应有关；下行纤维投射到脊髓侧角，引起交感－肾上腺髓质反应和儿茶酚胺的分泌；另外，LC－NE 部分上行纤维投射到下丘脑室旁核，引起促肾上腺皮质激素释放激素（CRH）和肾上腺皮质激素释放激素（ACTH）的释放，从而可使动物发生一系列的如血压和血糖升高、血凝加速、呼吸加深加快等机能代谢变化。

2. 应激的基本效应

（1）中枢效应　应激时 LC－NE 的中枢效应主要是引起兴奋、警觉及紧张、焦虑等情绪反应。这些与上述脑区中去甲肾上腺素的释放有关。

（2）交感－肾上腺髓质系统的外周效应　应激时 LC－NE 的外周效应主要表现为血浆肾上腺素、去甲肾上腺素和多巴胺浓度迅速增高，介导一系列的代谢和心血管变化，如心功能增强、血液重分布、血糖升高。增加的激素浓度什么时候恢复正常，要根据不同应激时情况的不同而异。

3. 机体的代谢、功能改变　交感－肾上腺髓质系统的强烈兴奋主要参与调控机体对应激的急性反应，从而有利于其动员全身使之投入到对应激原的反应中。

## 二、下丘脑－垂体－肾上腺皮质系统（HPA）

1. HPA 的基本单元组成

HPA 轴是由下丘脑的室旁核（PVN）、腺垂体和肾上腺皮质组成。PVN 为中枢位点，上行至杏仁核、边缘系统、海马结构，下行主要通过激素调控腺垂体和肾上腺皮质的功能。

2. 应激时 HPA 轴的基本效应

（1）中枢效应　应激时，HPA 轴兴奋，释放促肾上腺皮质激素释放因子（CRF），CRF 刺激 ACTH 的分泌增加，进而使血浆糖皮质激素（GC）浓度升高，GC 浓度增加是 HPA 轴激活的关键环节，上述过程也是应激时最核心的神经内分泌反应。

适量 CRF 增加可促进机体对应激的适应，使机体产生兴奋或愉快感；但过量 CRF 增加会造成适应障碍，出现焦虑、抑郁和食欲不振等，这也是重症慢性发病动物都会出现的共同表现。

CRF 能促进内啡肽的释放。

CRF 促进 LC－NE 神经元的活性，与 LC－NE 轴形成交互影响。

GC 的分泌反过来又抑制 CRF 和 ACTH 的释放，即负反馈调节机制。另外，下丘脑在释放 CRF 的同时，还释放 AVP，AVP 可以加强 CRF 的作用。

（2）外周效应（应激时糖皮质激素分泌增多的生理意义）

①GC 促进蛋白质分解和糖异生：糖皮质激素有促进蛋白质分解和糖异生的作用，从而可以补充肝糖原的储备；GC 还能抑制外周组织对葡萄糖的利用，从而提高血糖水平，保证重要器官的葡萄糖供应。

②GC 可提高心血管对儿茶酚胺的敏感性：GC 提高心血管对儿茶酚胺的敏感性表现为对血压的维持起允许作用。所谓“允许作用”，是指某些激素本身并不能产生某种生理作用，但它的存在可使另一种激素的作用明显增强，即对另一激素的作用起调节、支持作用。

③GC 能抑制多种炎性介质和细胞因子的生成、释放和激活。

④GC 还能稳定溶酶体膜和减轻有害因素对细胞的损伤作用。

### 三、其他激素反应

（1）分泌增加的激素　胰高血糖素：这与交感神经兴奋、血液中儿茶酚胺浓度升高有关。胰高血糖素可以促进糖原异生和肝糖原的分解，形成应激性高血糖，以适应应激反应的需要。

抗利尿激素：可以促进肾小管对水分的重吸收，减少尿量，维持内环境的稳定，还能促进小血管的收缩。

另外，分泌增加的激素还有 β－内啡肽、醛固酮等。

（2）分泌减少的激素　胰岛素（应激时，激活胰岛 B 细胞 α 受体，使胰岛素分泌减少）、促甲状腺素释放激素、促甲状腺素、生长激素（GH）等。

急性应激时生长激素（GH）分泌增多。GH 的作用是：促进脂肪的分解和动员；抑制组织对葡萄糖的利用，升高血糖；促进氨基酸合成蛋白质，在这一点上它可以对抗皮质醇促进蛋白质分解的作用，因而对组织有保护作用。但慢性应激，尤其是慢性心理应激时 GH 分泌减少，且可导致靶组织对 IGF－1 产生抵抗，在幼龄动物可引起生长发育迟缓，并常伴有行为异常，如精神沉郁、异食癖等，解除应激状态后，血浆中 GH 浓度会很快回升，生长发育也随之加速。

## 第三节　应激时机体机能代谢的变化

### 一、应激时机体的物质代谢变化

应激时机体物质代谢发生相应变化，总的特点是代谢率升高、分解增加、合成减少。具体表现在以下几方面：

（1）高代谢率（超高代谢）　严重应激时，由于 GC 分泌增加，机体脂肪动员明显加强，外周肌肉组织分解旺盛，使代谢率升高十分显著。当机体处于分解代谢状态时，造成物质代谢的负平衡。所以，患者会出现消瘦、衰弱、抵抗力下降等一些症状。

（2）糖代谢的变化　应激时，由于胰岛素的相对不足和机体对葡萄糖的利用减少，以及儿茶酚胺、胰高血糖素、生长激素、肾上腺糖皮质激素等会促进糖原分解和糖原异生，易出现血糖升高，有时还会出现糖尿和高乳酸血症等。

（3）脂肪代谢的变化　应激时由于肾上腺素、去甲肾上腺素、胰高血糖素等脂解激素增多，脂肪的动员和分解加强，因而血中游离脂肪酸和酮体有不同程度的增加，同时组织对脂肪酸的利用增加。严重创伤后，机体所消耗的能量有 75%～95% 来自脂肪的氧化。

（4）蛋白质代谢的变化　应激时，蛋白质分解代谢加强，合成减弱，尿氮排出增加，时间久时会出现负氮平衡和体重减轻。

（5）电解质和酸碱平衡紊乱　由于发生应激时抗利尿激素和醛固酮的分泌增加，增加了机体钠和水的重吸收，机体会发生水、钠潴留，尿量由此减少。由于少尿且不能充分排出，又可产生代谢性酸中毒。

上述这些代谢变化的防御意义在于为机体应付“紧急情况”提供足够的能量，但如果应激持续的时间很长，则动物可因消耗过多而变得消瘦和体重减轻，负氮平衡还可使动物发生贫血、创面愈合迟缓和抵抗力降低等不良后果。

## 二、应激时心血管系统的变化

应激时，主要出现交感－肾上腺髓质系统兴奋所引起的心率加快、心收缩力加强、外周总阻力增高以及血液的重分布等变化，有利于提高心输出量、升高血压、保证心、脑和骨骼肌的血液供应，因而有十分重要的防御代偿意义。但同时，也有使皮肤、腹腔内脏和肾缺血、缺氧，引起酸中毒；心肌耗氧量增多引发心室纤颤等心率失常；持续血管收缩诱发高血压等不利影响。

## 三、应激时消化系统的变化

应激时，消化系统功能障碍者较为常见。较常见、明显的变化是由应激引起的消化道溃疡、食欲不振、胃肠黏膜急性出血、糜烂等。原因可能是由于肾上腺皮质激素分泌过多，加强了迷走神经对胃酸分泌的促进作用，减少了黏液的分泌，使黏膜表面的上皮细胞脱落加速，减少了蛋白质的合成，降低了上皮细胞的更新率，黏膜再生能力下降，从而变薄、易损伤。严重应激时，微循环缺血，胃肠黏膜上皮细胞变性、坏死，易受胃酸和蛋白酶的消化而出血、糜烂或溃疡。

## 四、应激时免疫功能的变化

应激时免疫功能的改变，主要表现为细胞免疫功能降低，单核巨噬细胞系统的吞噬能力降低，炎症反应减弱，这些变化主要与糖皮质激素分泌增加有关。

## 五、应激时血液系统的变化

急性应激时，血液凝固性和纤溶活性暂时增强，全血和血浆黏度增高，红细胞沉降率增快。由于儿茶酚胺释放增多可直接引起血小板的第一相聚集，同时，还能促进 ADP 的释放，引起第二相聚集。有时，在大手术后、外伤、过激的肌肉运动、情绪激动等情况下，由于儿茶酚胺的释放增多作用于血管内皮细胞，使其释放出纤维蛋白溶酶原致活物，从而导致纤溶活性升高。应激的上述改变，既有抗感染、抗损伤出血的有利方面；也有促进血栓、DIC 发生的不利因素。

## 六、中枢神经系统（CNS）的病变

首先，要明确CNS是应激反应的调控中枢，同时，CNS也明显受到应激反应的影响。机体对各种应激原的反应常包括生理反应和心理反应两种成分。心理反应主要通过大脑边缘系统调控。

HPA轴的适度兴奋有助于维持良好的情绪，HPA轴的过度兴奋或不足都可以引起CNS的功能障碍，出现抑郁、厌食等临床症状。

应激时CNS的多巴胺能神经元，5－HT能神经元、γ－氨基丁酸能神经元以及脑内阿片肽能神经元等都有相应的变化，并参与应激时的神经精神反应的发生，其过度反应会导致精神、行为障碍的发生。

## 七、应激时的细胞反应

细胞对多种应激原，特别是对非心理性应激原，可表现出细胞内信号传导、相关基因激活和蛋白表达等生物学反应。

### （一）急性期反应蛋白

急性期反应是指许多疾病，尤其是发生传染性疾病、外伤性疾病、炎症和免疫性疾病时，于短时间内（数小时至数天），机体发生的以防御反应为主的非特异性反应。

急性期反应蛋白（Acute Phase Protein，APP）是指炎症、感染、组织损伤时血浆中某些浓度迅速升高的蛋白质。另外，有少数蛋白在急性期反应时会减少，称为负急性期反应蛋白，如白蛋白、前白蛋白、运铁蛋白等。

1. APP的来源

APP主要在肝脏内合成，单核细胞、内皮细胞和成纤维细胞也可以少量合成。最早发现的APP是C－反应蛋白，因它能与肺炎双球菌的荚膜成分C－多糖体起反应而得名。

2. APP的分类

（1）蛋白酶抑制蛋白　如α1－抗胰蛋白酶等。创伤、感染时，体内蛋白水解酶增多，引起组织损伤。

（2）凝血与纤溶相关蛋白　如凝血酶原、纤溶酶原、纤维蛋白原、凝血因子Ⅷ等都增多。

（3）补体成分　如$C_1$、$C_2$、$C_3$、$C_4$、$C_5$等因子减少。

（4）转运蛋白　如血浆铜蓝蛋白、血红素结合蛋白、结合珠蛋白等增多。血浆铜蓝蛋白可活化SOD，有利于清除自由基和减少组织损伤。

（5）其他蛋白质　C－反应蛋白（C－reactive protein，CRP）、血清淀粉样A蛋白、纤维连接蛋白（FN）、α1－酸性糖蛋白等，在应激发生时都会增加。

3. APP的生物学功能

（1）应激时APP中的蛋白酶抑制蛋白生成和释放都增多，可减少组织的损伤。

（2）纤维蛋白原形成的纤维蛋白在炎症区组织间隙有利于阻止病原体及其毒性产物的

扩散。

（3）C－反应蛋白（CRP）与细菌细胞壁结合后，起抗体样调理作用，可激活补体经典途径，促进吞噬细胞的功能。

（4）可抑制血小板磷脂酶，减少炎症介质的生成和释放，具有清除异物和坏死组织的作用。

（5）血清淀粉样A蛋白可促使损伤细胞修复。

### （二）热休克蛋白（Heat Shock Protein，HSP）

热休克蛋白是指细胞在应激原特别是环境高温诱导下所生成的一组蛋白质。它的主要功能在于稳定细胞结构，修复被损伤的前核糖体，提高细胞对应激原的耐受性。HSP在细胞内含量很高，约为细胞总蛋白质的5%。

HSP是一个大家族，根据HSP相对分子量的大小，主要有HSP110、HSP90、HSP70、HSP60和小分子HSP等，其中大多数HSP是细胞的结构蛋白。

1. HSP的分类与基本功能

（1）结构性HSP　正常时存在细胞内，是细胞的结构蛋白。其基本功能是帮助新生的蛋白质进行正确的折叠、移位、维持以及降解，因此被称为“分子伴娘（molecular chaperone）”。

（2）诱生性HSP　在应激时可以诱导生成或合成增加。其基本功能与应激时受损蛋白质的修复或移除有关，保护细胞免受严重损伤，加速修复。

2. HSP的基本结构与功能的关系

HSP的N端为一具有ATP酶活性的高度保守序列，C端为一相对可变的基质识别序列。C端基质的识别序列可以与受损蛋白质的疏水结构区结合（未受损蛋白质疏水结构区不暴露）。因为，在热应激或其他应激原作用下，会使细胞的蛋白质变性或新生蛋白质折叠出现错误，暴露出其疏水区。这样HSP与受损蛋白质的疏水区结合的同时，消耗ATP和促进受损蛋白质恢复正确折叠。

在应激时HSP的生成会增多，修复被损伤的蛋白，使细胞维持正常的生理功能，从而提高细胞对应激原的耐受性。

# 第八章 遗传病理

## 第一节 遗传性疾病概述

20 世纪 50 年代以前，病理学所涉及的遗传性疾病，主要是笼统地描述了先天性畸形。此后，随着染色体显示技术的进步，染色体主要化学物质核糖核酸分子结构的揭晓以及关于越来越多的基因定位和功能的阐明，使遗传性疾病的研究进入了细胞遗传学和分子遗传学新领域，对于遗传性疾病的病因和本质的了解，达到了新的水平。遗传病也越来越为人们所重视。

### 一、概念

遗传（inheritance）是指亲代所具有的形态、代谢及机能等性状一代一代地传给其子代的能力。

遗传性疾病（inherited disease）简称遗传病，是指由于生殖细胞或受精卵的遗传基因（染色体和基因）发生突变（或畸变）所引起的疾病，由于传染病正得到逐步控制，遗传病的相对发病率正在增加。

先天性疾病（congenital disease）是与后天性疾病相对而言，即指一出生时就已形成形态和机能的异常。但出生时所患的疾病不一定都是遗传病，它的原因可以由于遗传所决定，即为遗传性疾病；也可以是胎儿发育过程中，由于环境和母体条件的改变，如病毒、药物以及母畜注射疫苗等而引起。先天性疾病比遗传性疾病范围广泛得多。

遗传易感性（genetic susceptibility）由于遗传物质突变，其后代在外界环境因素的作用下，有易患某些疾病的倾向性。这种易患某种疾病的倾向性，称为遗传易感性。有遗传易感性的个体，虽然其体内遗传物质有一定程度的改变，但并不影响其正常的生命活动。只是在环境因素发生某些变化时，有遗传易感性的动物容易发生疾病。

遗传病理学是指研究遗传因素在疾病发生发展中的作用及其所引起疾病的一个病理学分支。遗传性疾病按涉及的遗传物质的不同可分为三大类：由染色体数目或结构异常而引起的染色体病；病理性状由两对以上不同突变基因所决定（每对基因之间无显性和隐性之分）的多基因遗传病；由某一个（对）基因异常而引起的单基因遗传病。

## 二、遗传性疾病的分类

遗传性疾病的分类见图 8－1。

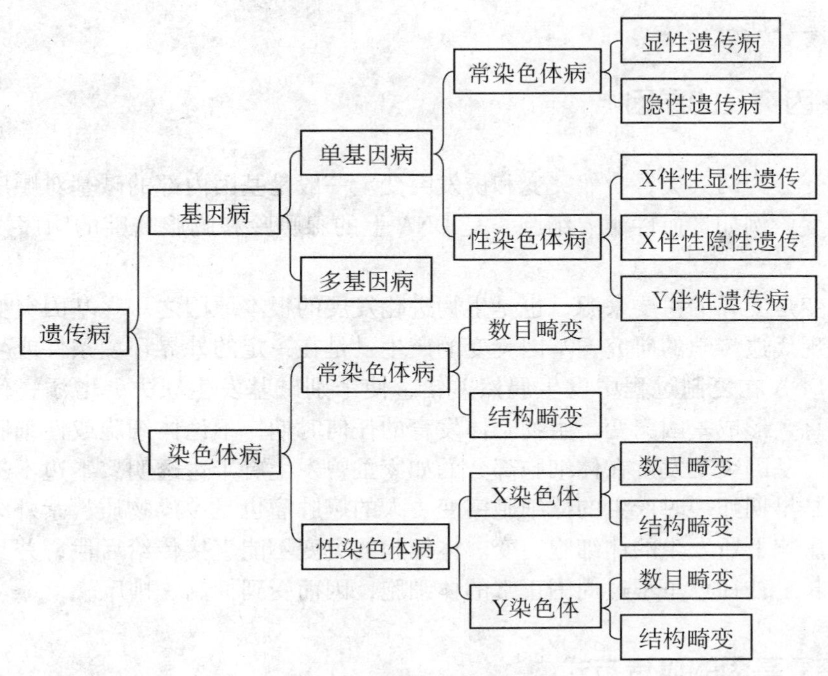


**图 8－1　遗传病的分类**

# 第二节　基因突变

## 一、基因突变的概念

一个基因内部可以遗传的结构的改变即基因的核苷酸排列顺序和组成的改变称为基因突变。又称为点突变，通常可引起一定的表型变化。广义的突变包括染色体畸变，狭义的突变专指点突变。实际上畸变和点突变的界限并不明确，特别是微细的畸变更是如此。野生型基因通过突变成为突变型基因。突变型一词既指突变基因，也指具有这一突变基因的个体。

基因突变是自然界普遍存在的事件，不论是真核生物还是原核生物的突变，也不论是什么类型的突变，都具有随机性、稀有性和可逆性等共同的特性。

（1）随机性　指基因突变的发生在时间上、在发生这一突变的个体上、在发生突变的基因上，都是随机的。在高等植物中所发现的无数突变都说明基因突变的随机性。

（2）稀有性　突变是极为稀有的，野生型基因以极低的突变率发生突变。

（3）可逆性　突变基因又可以通过突变而成为野生型基因，这一过程称为恢复突变。正向突变率总是高于回复突变率，一个突变基因内部只有一个位置上的结构改变才有可能恢复原状。

（4）少利多害性　一般基因突变会产生不利的影响，被淘汰或是死亡，但有极少数会使物种增强适应性。

## 二、基因突变的原因

基因突变分为两大类，自然突变和诱发突变。一般是基因内部的碱基对顺序由于其他原因发生改变，例如贫血性镰刀细胞，是 DNA 上的腺嘌呤和胸腺嘧啶的顺序发生改变而造成的。

基因突变是变异的主要来源，也是生物进化发展的根本原因之一。基因突变的原因很复杂，根据现代遗传学的研究，基因突变的产生，是在一定的外界环境条件或生物内部因素作用下，DNA 在复制过程中发生偶然差错，使个别碱基发生缺失、增添、代换，因而改变遗传信息，形成基因突变。生物个体发育的任何时期，不论体细胞或性细胞都可能发生基因突变。基因突变发生在体细胞部分的如家蚕曾发生有半边透明、半边不透明皮肤的嵌合体，这是早期卵裂时产生的体细胞突变。人的癌肿瘤也是致癌物质、紫外线、电离辐射、病毒等影响下所发生的体细胞突变。体细胞的突变不能直接传给后代，并且突变后的体细胞在生长上往往竞争不过周围正常的体细胞，因而受到抑制、排斥。

## 三、突变基因的遗传方式

基因突变的遗传信息按一定方式传至下一代，经过表达，就成为遗传病的性状。异常性状的遗传大致分为单基因遗传和多基因遗传两种方式。

### （一）单基因遗传（monogenic inheritance）

由单个基因决定的单基因遗传性疾病，是由一对等位基因所控制的遗传。因遗传方式按孟德尔规律支配，又成为孟德尔遗传。单基因遗传根据表型和异常性状基因所在的部位可分为以下几种。

1. 常染色体显性遗传（autosomal dominant inheritance，AD）

在常染色体中任何一个染色单体有病理基因就会发病。一对染色体对应位置上的基因，称等位基因，等位基因分显性和隐性。对应位置上的基因相同的称纯合子；基因不同的称杂合子。杂合子中显性基因作用强于隐性基因，故表型应为显性性状。由于许多基因可影响杂合子显性的表现，因而，常染色体显性遗传又分为：

（1）完全显性杂合子表现出显性纯合子的性状，如夜盲症等。

（2）不完全显性杂合子的显性和隐性基因在一定程度上都能表现，故表型介于显性纯合子与隐性纯合子之间，即显性纯合子表现为重症，杂合子表现为轻症，隐性纯合子表现为正常，有别于完全显性，如软骨发育不全等。

2. 常染色体隐性遗传（autosomal recessive inheritance，AR）

这种遗传病在常染色体有病理基因，只有在纯合的基因型，即两个等位基因都有病理基因时才会表现出症状来。在杂和基因中如 Mm，由于有正常的显性基因 M 存在，使病理基因 m 的作用不能表现出来，因此不发病，表面正常，但能将病理基因遗传给后代，这种杂合子叫做携带者。当正常动物和发病动物交配时，其子代都为携带者；正常和携带者交配，其子代为正常的频率为 50%，其子代为携带者的频率为 50%。

3. 性连锁遗传（sex－linked inheritance）

指异常性状或遗传病的基因位于性染色体上的遗传。病理基因位于 X 染色体上的遗传叫做 X 性连锁遗传，而位于 Y 染色体上的遗传叫做 Y 性连锁遗传。各自还可分为显性和隐性遗传。Y 性连锁遗传在动物上极为罕见。

（1）X 性连锁显性遗传　只要 X 染色体上有病理基因即可出现病理症状。其特征为：A. 连续几代出现遗传病；B. 发病率雌性高于雄性。这是因为雄性动物和正常雌性动物交配，子代中仅雌性动物发病，而雌性动物和正常雄性动物交配，则子代雌雄患病率均为 50%。

（2）X 性连锁隐性遗传　这种遗传的病理基因是隐性的，存在于 X 染色体上。X 性连锁隐性遗传病的特征如下：①在患病动物的系谱调查中，这种遗传缺陷是不连续的。②发病频率因性别而不同，在群体中雄性比雌性患病频率高。③往往呈交叉遗传，即雄性发病动物的病理基因来自母性，而且只能随着 X 染色体将病理基因传给雌性子代，不能传给雄性子代。

### （二）多基因遗传

单基因遗传是一个基因或一对等位基因有缺陷，病理性状表现或有或无，部分为显性或隐性，是不连续的遗传。这种遗传是质的中断，不是量的区别。多基因遗传是两个非等位基因或两个以上等位基因有缺陷，病理性状表现为程度不同或大小不同的数量差异。每个等位基因彼此之间没有显性和隐性的关系，而且作用都比较微小，但各对基因的作用有积累效应。

多基因遗传的性状与单基因是不同的，在群体检查时，单基因遗传性状变异的分布是不连续的，一般有两个众数，分布曲线有两个峰，一个代表显性遗传性状，一个代表隐性遗传性状；多基因遗传性状变异的分布是连续的，只有一个众数，分布呈常态曲线状。

每种多基因遗传的疾病受到遗传因素和环境因素作用的大小是个不同的。如果某一种疾病没有家族倾向，完全受环境因素的影响，遗传度就是 0；如果完全决定于遗传因素，而环境因素不起作用，那么遗传度就是 100%。遗传度愈高，说明多基因遗传病受环境因素作用愈小；反之，遗传度愈低，环境因素作用就愈大。

多基因遗传病具有如下特点：

（1）有家族史，遗传度较高（一般在 70%～80%）。在患者第一级亲属中发病率接近于群体中发病率（P）的平方根。

（2）子代中连续产生两个以上患病动物，表明亲代携带较多的易患性基因，发病率增高。

（3）遗传缺陷的性状表现越严重，发病率也越低。

# 第三节 染色体畸变

## 一、染色体畸变的概念和原因

染色体在数量或结构上的改变称染色体畸变，染色体畸变所引起的疾病称染色体病。基因突变是基因 DNA 分子内部的变化，染色体畸变则是染色体或染色体节段上成群基因的增减或位置转移，使基因作用之间的平衡发生障碍。

自发的染色体畸变称自发突变，原因尚不清楚，可能与体内某些代谢产物有关。诱发突变由多种诱变因素的作用引起，主要有物理（如电离辐射）、化学（如某些化学药物、毒物、抗代谢药物等）、生物（如某些病毒）、遗传等因素。染色体病可以是遗传性的，也可以是后天性的。

## 二、染色体病

### （一）常染色体病

常染色体病是指除性染色体以外的所有染色体之数目和结构异常而引起的疾病。

1. 常染色体数目畸变

指两倍染色体组整组或整条数量上的增减。

（1）多倍体及其发生机制　体细胞中染色体数目增加一套以上的称多倍体。染色体数增加一套，称三倍体；增加两套，称四倍体；以此类推。多倍体患病动物大多在胚胎期即死亡，极少数在出生后早期死亡。但在肿瘤细胞中经常可检出多倍体细胞。

多倍体的可能发生机制为：

①双雄受精：两个精子同时进入一个卵子，形成了两套来自父方和一套来自母方染色体的三倍体合子。

②双雌受精：在减数分裂时，卵细胞未形成极体或第二极体与卵核再结合，受精后形成卵子中的二套和精子中的一套染色体的三倍体合子。

③嵌合体：卵细胞分裂时，产生出一个较大的极体和一个较小的极体，前者与两个精子受精，后者与一个精子受精，分别发育成三倍体和二倍体细胞系，两个细胞系联合成一个胚胎，即成为 3n/2n 的嵌合体。或已形成的三倍体合子，在有丝分裂过程中，三极纺锤体上染色体分配不规则，形成了 3n、2n 和 n 三种细胞体系，单倍体在发育过程中消亡，留下并形成 3n/2n 嵌合体。

④胚胎细胞在有丝分裂中形成了三极以上的纺锤体：染色体多少不等地分散在三个以上的赤道板上，使分裂后期和子细胞中染色体的不规则分配，导致多倍体的发生。

⑤细胞在有丝分裂时发生了核分裂而未接着发生细胞分裂：不对称畸变干扰姊妹染色单体分开；染色体互锁和形成染色体桥，阻碍染色体分向细胞两极。上述情况都可使细胞

在没有完全分裂就进入间期，下一次分裂就形成多倍体细胞。

⑥核内复制：主要见于肿瘤细胞，是由核膜不分裂与染色体复制不平衡造成的。染色体已复制而核膜却未分裂，因而在一完整的核包膜内形成了多倍体现象。

(2) 非整倍体及其发生机制　染色体数少于或多于两倍体细胞的染色体称非整倍体。接近两倍体数，但少一条或数条染色体的称亚二倍体；多一条或数条染色体的称超二倍体；与两倍体数相等，但各对同源染色体多少不一，称假两倍体，多见于肿瘤细胞。

非整倍体的发生机制如下。

①染色体不分离：所谓染色体不分离，是指两个姐妹染色体单体不能像正常那样各自分离到子细胞核中，这种不分离的现象，其后果是产生一对不一样的子细胞核，一个具有比二倍体数多一个染色体加另一个则少一个染色体。

②分裂后期迟滞：在子细胞形成核膜时，姐妹染色体中的一个因为行动迟缓，未进入子细胞的核内，而被丢失在胞浆内并在该处分裂。结果，两个子细胞核中，一个为二倍体数，另一个却少一个。

最常见的是三体。牛的三体症表现为下腭发育不全，或短下颌。下腭缩短，头部积水，关节弯曲，腹水，心脏畸形。染色体总数为61，核型出现三体。

2. 常染色体的结构改变

染色体结构异常的直接原因是由于某种原因引起了染色体断裂。断裂发生后，如果在断裂处能够愈合，就不会使染色体结构发生异常；如果断裂后发生重组，就会使结构改变形成染色体畸变。

染色体结构改变在临床病理上表现为裂隙、缺失、易位、倒位等臂染色体、环染色体和双着丝点染色体等。

(1) 裂隙或间隙　断裂有两种。一种断裂处断段完全分离；另一种断段分离距离很小，这种距离小于染色体单体的直径，又称裂隙。

(2) 缺失　染色体断裂后，丢失一部分，如位于末端的丢失叫末端缺失，断片无着丝点。也可能在同一染色臂内发生两次断裂，中间的一段丢失叫中间缺失；断片成为成对的染色质球，叫做微小体。

(3) 易位　2条染色体同时发生断裂，一条染色体断裂下来的断片与另一条非同源染色体的断端相连，结果形成易位。

(4) 倒位　染色体中间的断片，倒转180°，再嵌入染色体内。如发生在臂内就叫臂内倒位；倒转的断片中包括着丝点区域的称臂间倒位。

(5) 重复　染色体中一个单体有断裂，断片复制，粘附在另一个单体上，使其增加一倍。

(6) 等臂染色体　正常细胞分裂时，染色体的着丝点纵裂，因而产生两个形状相同的染色体。如果着丝点分裂错误，发生横裂，就形成两个形状不同的染色体，一个具有2条短臂；另一个具有2条长臂，都叫等臂染色体。

(7) 环形染色体　染色体两上臂的末端发生断裂，丢失2个断片后，2个残余末端相连接而形成环形染色体。

(8) 双着丝点染色体　染色体断裂的2个部分复制，姐妹部分的断端融合，形成一个有2个着丝点的染色体和另一个没有着丝点的染色体。前者称双着丝点染色体；后者称无着丝点碎片。

（二）性染色体病

亲代生殖细胞在减数分裂过程中，性染色体由于缺失、易位或不分离等畸变，使后代发病，这种疾病称性染色体病。

性染色体的检查可用来鉴别雌雄，也有助于性染色体病诊断。一般认为X染色质是两个X染色体中的一个，在间期时发生异固缩而形成。鉴定X染色质和染色体分析表明，不管是雄性还是雌性，通常X染色质是X染色体数目减一。检查X染色质数即可判断一个个体的细胞有几条X染色体。如X染色质数为1，就表明细胞中有2条X染色体；X染色质数为2，就表明细胞中有3条X染色体。

当受精卵在分裂繁殖过程中发生不分离或丢失现象时，就会使同一个体内形成2个以上不同染色体核型的细胞系，如X、XXX。如果胚胎能继续发育生存下去，这种由2种以上不同染色体核型细胞构成的个体就称镶嵌体。这种镶嵌体的一种细胞类型是从子宫内双胎获得的，又叫做嵌合体。

（三）肿瘤与染色体畸形

目前在恶性肿瘤的研究中越来越广泛地应用染色体的核型分析。良性肿瘤和一般炎症细胞染色体核型都正常，而恶性肿瘤的核型表现异常。临床上用胸水、腹水或心包积液等染色体的检查以辨别是良性肿瘤或恶性肿瘤，有助于临床的鉴别诊断。

# 第二篇

# 宠物病理解剖学

# 第九章　局部血液循环障碍

血液循环是维持动物生命活动的重要保证，是血液在心血管系统中周而复始流动的过程。机体通过血液循环向各器官组织输送氧气、营养物质、激素和抗体等，从组织中运走二氧化碳和各种代谢产物，从而保证机体物质代谢的正常进行。当心血管系统本身及其调节过程发生损伤或障碍，或是血液、呼吸系统出现病理过程，均可造成血液循环障碍，引起器官组织的代谢紊乱、功能失调，甚至形态结构改变。

血液循环障碍有全身性和局部性两种类型。全身性血液循环障碍是由于心血管系统的机能紊乱（如心机能不全、休克等）或血液性状改变（如弥漫性血管内凝血）等而波及全身各器官、组织的血液循环障碍；局部性血液循环障碍是机体个别器官或局部组织发生的血液循环障碍，可表现为局部血量异常（如充血、贫血）、血管内容物的改变（如血栓形成和栓塞）以及血管壁通透性或完整性的改变（如水肿、出血）等。局部血液循环障碍和全身血液循环障碍是辩证统一的，两者既有联系又有区别。全身血液循环障碍时，必然会出现局部血液循环障碍，如心力衰竭时，可使肺、肝及下肢发生淤血和水肿；但局部血液循环障碍在某些特定情况下，也能引起全身性血液循环障碍。例如心肌梗死是局部血液循环障碍的结果，严重时可引起心力衰竭，导致全身血液循环障碍。

## 第一节　动脉性充血

动脉性充血（arterial hyperemia）又称主动性充血（active hyperemia），简称充血。是由于小动脉扩张而流入局部组织或器官中的血量增多的现象（图 9－1）。

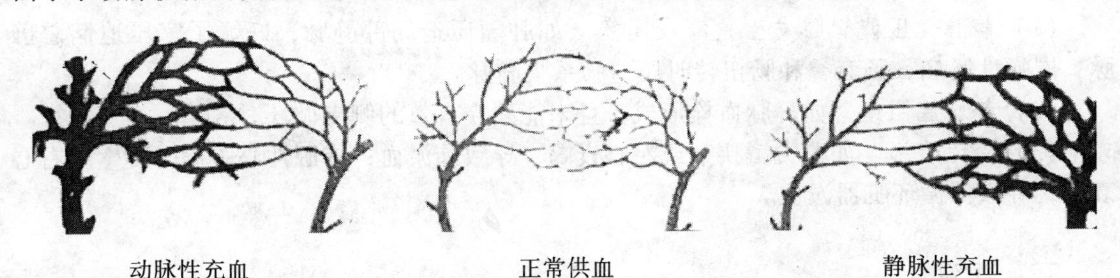


**图 9－1　正常供血与动脉性充血、静脉性充血图示**

## 一、病因

血管舒张神经兴奋性增高或血管收缩神经兴奋性降低、舒血管活性物质释放增加等，引起细动脉扩张、血流加快，使动脉血输入微循环的灌注量增多。常见的有：

（1）生理性充血　如进食后的胃肠道黏膜、运动时的骨骼肌和妊娠时的子宫充血等。

（2）病理性充血　在致病因素作用下导致的血管扩张：①炎症性充血：见于局部炎症反应的早期，由于致炎因子的作用引起的轴索反射使血管舒张神经兴奋，以及组织胺、缓激肽等血管活性物质作用，使细动脉扩张充血。②减压后充血：如局部器官或组织长期受压，见于绷带包扎的肢体或大量腹水压迫腹腔内器官后，组织内的血管张力降低，若突然解除压力，受压组织内的细动脉发生反射性扩张，导致局部充血。③侧枝性充血：由于病因导致血管阻塞时，其侧枝扩张充血。

## 二、病变及后果

动脉性充血的器官和组织，由于微循环内血液灌注量增多，使体积轻度增大。充血若发生于体表时，由于局部微循环内氧合血红蛋白增多，局部组织颜色鲜红，因代谢增强局部温度增高可有搏动感，镜下见局部细动脉及毛细血管扩张充血。

动脉性充血是短暂的血管反应，原因消除后，局部血量恢复正常，通常对机体无不良后果。

# 第二节　静脉性充血

静脉性充血（venous hyperemia）又称被动性充血（passive hyperemia），简称淤血（congestion）。指器官或局部组织由于静脉回流受阻使血液淤积于小静脉和毛细血管内而发生的淤血。

## 一、病因

（1）静脉受压使管腔发生狭窄或闭塞　如肿瘤压迫局部静脉；妊娠子宫压迫髂总静脉；嵌顿性肠疝、肠套叠和肠扭转时压迫肠系膜静脉。

（2）静脉腔阻塞　如静脉血栓形成，且未能建立有效的侧支循环时。

（3）心力衰竭　如二尖瓣狭窄或左心衰竭，导致肺淤血；肺源性心脏病时发生的右心衰竭，导致体循环脏器淤血。

## 二、病变

淤血组织、器官体积增大，呈暗红色或蓝紫色。这种颜色的变化，在动物的可视黏膜及无毛皮肤上特别明显，这种症状称为发绀（cyanosis）。淤血局部温度降低，代谢机能减弱。

由于静脉血量增加、静脉压升高和因氧化不全代谢产物的蓄积引起毛细血管壁通透性增大，使血浆外渗形成淤血性水肿，淤血组织、器官体积增大，又由于静脉血液回流受阻，血流缓慢，动脉血液流入量减少，血氧含量降低，还原血红蛋白增多，故局部多呈暗红色或蓝紫色；因淤血组织缺氧，氧化代谢受阻，产热减少，同时血流缓慢，散热增加，导致淤血局部温度降低。

镜下见局部细静脉及毛细血管扩张，血管内充盈大量血液，并可伴有组织的水肿和出血。

机体各器官的淤血，既有上述共同的规律性表现，又有各自的特点。

（1）肺淤血　多由左心衰竭引起。此时肺体积增大、暗红色，切面流出泡沫状血性液体。镜下，肺泡壁增厚、毛细血管高度扩张充血，部分肺泡腔内可见水肿液及多少不等的红细胞、巨噬细胞。有些巨噬细胞吞噬了红细胞并将其分解，胞浆内形成含铁血黄素，称为“心力衰竭细胞”。随着肺淤血时间的延长，大部分肺泡腔内出现多量漏出液，造成肺水肿。患病宠物有明显的气促、缺氧、发绀、咳粉红色泡沫痰液等症状。长期慢性的肺淤血，可使肺泡壁增厚和纤维化，肺质地变硬，肉眼呈棕褐色，称为肺褐色硬化（图9－2）。

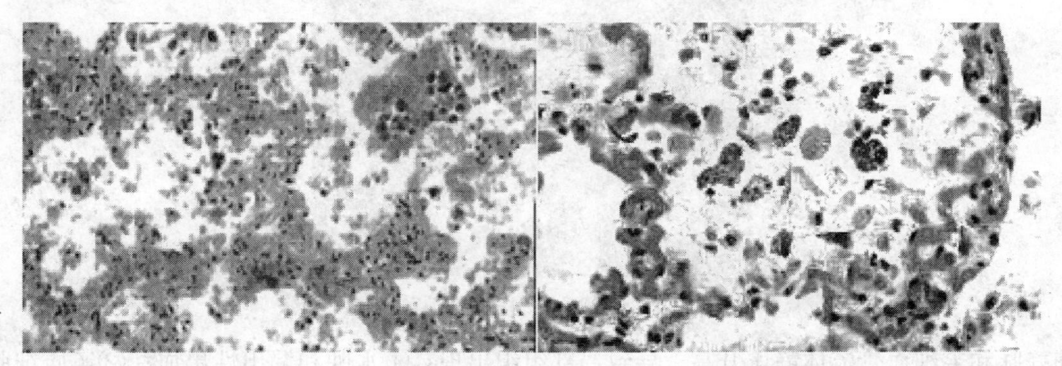

**图9－2　肺淤血和水肿**（毛细血管高度扩充血，肺泡腔内可见水肿液及心衰细胞，右为高倍）

（2）肝淤血　常由右心衰竭引起。肉眼肝脏体积增大、暗红色。镜下，小叶中央静脉和周围肝窦扩张充满红细胞，小叶中央少数肝细胞出现脂肪变性，但小叶外周肝细胞由于邻近血管而含氧量较好，细胞变性不明显。慢性肝淤血时，镜下见肝小叶中央静脉及其附近肝窦高度扩张淤血，肝细胞萎缩、坏死、崩解，小叶周边部肝细胞脂肪变性，肉眼见肝切面出现红黄相间的似槟榔样的条纹，称为槟榔肝（nutmeg liver）。在长期严重的肝淤血，除小叶中央肝细胞萎缩消失外，间质纤维组织明显增生，可形成淤血性肝硬化（congestive liver cirrhosis）（图9－3、图9－4）。

## 三、后果

静脉性充血比动脉性充血多见，具有重要的临床意义。淤血对机体的影响，取决于淤血的范围、部位、程度、发生速度及侧支循环建立的状况。较长期的淤血使局部组织缺氧、营养物质供应不足和中间代谢产物堆积，损害毛细血管壁使其通透性增高以及淤血时

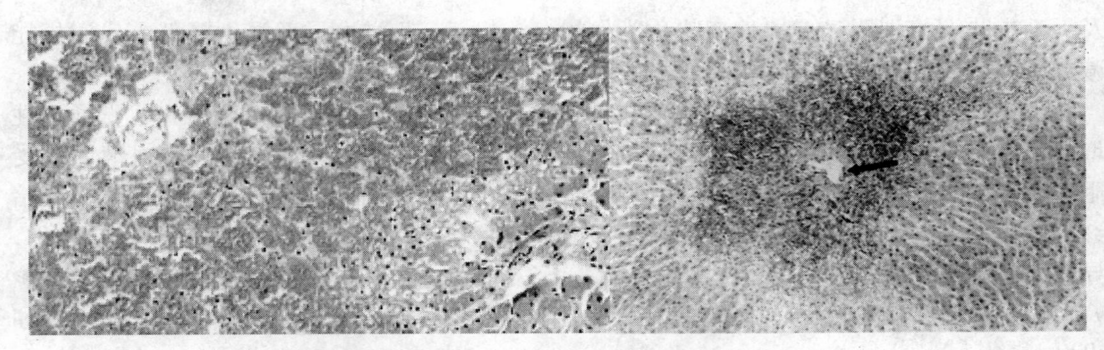

肝窦扩张充血，肝索解离，肝细胞变性坏死

图 9－3 肝淤血

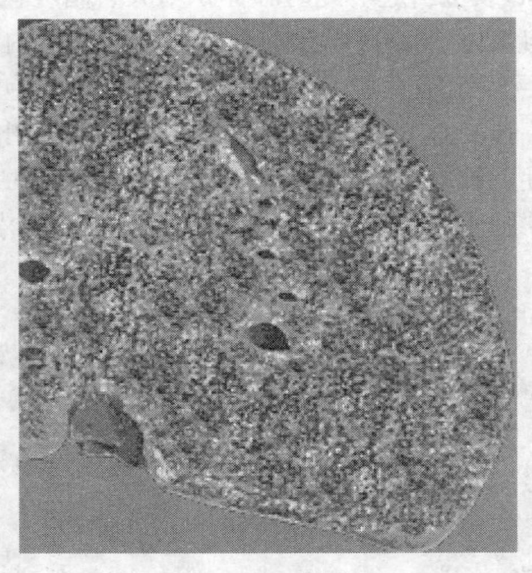

图 9－4 槟榔肝

细静脉和毛细血管流体静压升高，导致局部组织出现：①水肿和漏出性出血；②实质细胞萎缩、变性甚至坏死；③间质纤维组织增生甚至形成淤血性硬化。

## 第三节 出血

红细胞从血管或心脏逸出，称为出血（hemorrhage）。逸出的血液进入体腔和组织内为内出血（internal hemorrhage），流出到体外为外出血（external hemorrhage）。

### 一、病因

出血有生理性出血和病理性出血两类。前者如正常月经的子宫内膜出血，后者多由创伤、血管病变及出血性疾病等引起。按血液逸出的机制可分为破裂性出血和渗出性出血。

### （一）破裂性出血（hemorrhage by rhexis）

指由心脏或血管壁破裂所发生的出血，其原因有：

（1）血管机械性损伤，如咬伤、刺伤等。

（2）血管壁或心脏的病变，如心肌梗死室壁瘤、主动脉瘤、动脉粥样硬化等。

（3）血管壁周围的病变侵蚀，如肿瘤侵蚀周围的血管、结核性病变侵蚀肺空洞壁的血管、消化性溃疡侵蚀溃疡底部的血管等。

（4）肝硬化时食道下段静脉曲张出血。

### （二）渗出性出血（hemorrhage by diapedesis）

由于微循环内血管壁通透性增高，使血液漏出血管外，这种出血称为漏出性出血。常见原因有：

（1）血管壁的损害：是很常见的出血原因，常由于缺氧、感染、中毒、药物、维生素C缺乏等因素对毛细血管的损害引起。

（2）血小板减少和功能障碍：如再生障碍性贫血、白血病、骨髓内广泛性肿瘤转移等均可使血小板生成减少；血小板减少性紫癜、DIC、脾功能亢进、药物等使血小板破坏或消耗过多均能引起漏出性出血。

（3）凝血因子缺乏：凝血因子Ⅳ、Ⅴ、Ⅶ、Ⅷ、Ⅸ、Ⅹ、Ⅺ、von Willefrand因子（vWF）、纤维蛋白原、凝血酶原等参与凝血的物质的先天性缺乏或肝实质疾患时凝血因子Ⅶ、Ⅸ、Ⅹ合成减少，以及DIC时凝血因子消耗过多等，均可造成凝血障碍和出血倾向。

## 二、病理变化

出血的病理变化因出血的原因、血管种类、局部组织的性质、出血的速度和部位的不同而有差异。

### （一）内出血

包括血肿、淤点、积血、溢血、出血性浸润、出血性素质等。

（1）血肿（hematoma）　破裂性出血时，流出的血液聚集在组织内，并挤压周围组织形成局限性血液团块。血肿常发生在皮下、肌间、黏膜下、浆膜下和脏器内，为分界清楚的血凝块，暗红或黑红色。较大的血肿，切面常呈轮层状，或还有未凝固的血液，时间稍久的血肿块外围有结缔组织包膜。

（2）淤点（petechia）和淤斑（ecchymosis）　渗出性出血时，出血灶呈针头大的点状者（一般直径不超过1mm），称为出血点或淤点。出血灶呈斑块状，近似圆形或不规则形者，称为出血斑或淤斑。淤点和淤斑常见于皮肤、黏膜、浆膜和脑实质，呈鲜红色或红色斑点状（图9－5 心脏浆膜的淤点）。这是由于局部组织的毛细血管及小静脉渗出性出血，红细胞在组织间隙内呈灶状聚集。皮肤、黏膜上的淤斑呈现紫红色者称为紫癜。新鲜的出血灶呈鲜红色，陈旧的出血灶呈暗红色，以后随红细胞降解形成含铁血黄素而带棕黄色。

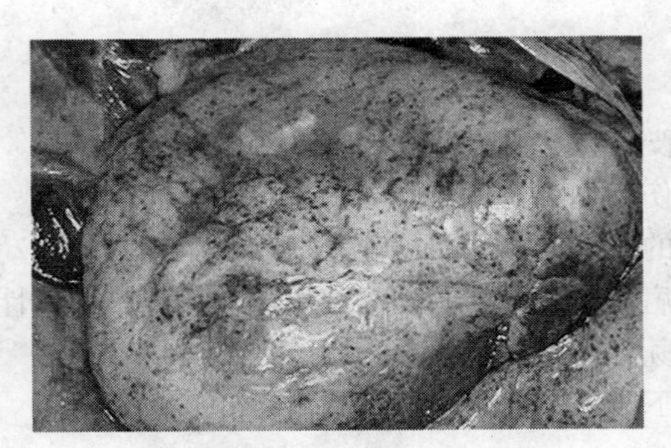

图 9-5 心脏点状出血

(3) 积血 (hematocele) 指外出的血液进入体腔或管腔内。积血的量不等，常混有凝血块，见于各种浆膜腔和体腔，如心包积血、胸腔积血、腹腔积血等。

(4) 溢血 (suffusion) 外出的血液进入组织内称为溢血，如脑溢血。

(5) 出血性浸润 (blood infiltration) 指由于毛细血管壁通透性增高，红细胞弥漫性浸润于组织间隙，使出血的局部组织呈大片暗红色。出血性浸润多发生于淤血性水肿时，如胃肠道、子宫等器官的转位。

(6) 出血性素质 (hemorrhagic diathesis) 指机体有全身性渗出性出血倾向，表现为全身皮肤、黏膜、浆膜、各内脏器官都可见出血点。出血性素质多见于急性传染病（如犬瘟热等）、中毒病及原虫病（如弓形虫病）等。

(二) 外出血

外出血的主要特征是血液流出体外，容易看见，如外伤时在伤口处可见血液外流或凝血块。此外，肺及气管出血，血液被咳出体外，称为咳血或咯血；消化道出血时，血液经口排出体外，称为吐血或呕血；胃肠道出血时，血液随粪便排出体外，称为便血；有时肠道出血在肠道菌作用下，使粪便变成黑色，称为黑粪症或柏油样便；泌尿道出血时，血液随尿排出，称为尿血。

镜检时，出血的特征为组织的血管外有散在、聚集的红细胞和吞噬红细胞和含有铁血黄素的吞噬细胞。

## 三、出血的后果

一般小血管的破裂性出血，多可自行止血，这是由于受损的血管收缩，局部血栓形成和流出的血液凝固所致。流入组织内的血液量少时，红细胞可被巨噬细胞吞噬后运走，出血灶可完全吸收而不留痕迹。若出血量较多，则红细胞破坏，血红蛋白分解为含铁血黄素（hemosiderin）沉着在组织中或被巨噬细胞吞噬。大的血肿因吸收困难，常在血肿周围形成结缔组织包囊，随后发生机化。

出血的后果因出血部位、出血量、出血速度和持续时间而不同。脑、心等器官的出血，其后果严重甚至可危及生命。急性大出血，在短时间内出血量超过总血量的 20% ~ 25% 时，血压急剧下降，即可发生失血性休克。少量而长期持续的出血，可引起全身性贫血及器官的物质代谢障碍。

# 第四节　血栓形成和栓塞

## 一、血栓形成

在活体的心血管内，血液发生凝固或血液中某些有形成分析出、凝集形成固体质块的过程，称为血栓形成（thrombosis）。所形成的固体质块称为血栓（thrombus）。与血凝块最显著的区别是，血栓是在血液流动的状态下形成的。

### （一）血栓形成的条件和机理

血栓形成是血液在流动状态中由于血小板的活化和凝血因子被激活而发生的异常凝固。血栓形成的条件目前公认是由 Virchow 提出的三个条件：

（1）血管内皮细胞损伤　心血管内皮的损伤，是血栓形成的最重要和最常见的原因。内皮细胞的损伤，暴露了内皮下的胶原纤维，激活血小板和凝血因子Ⅻ，启动了内源性凝血系统。损伤的内皮细胞释放组织因子，激活凝血因子Ⅶ，启动外源性凝血系统。在触发凝血过程中起重要作用的是血小板的活化。vWF 的介导下粘附于内皮损伤处的胶原纤维；粘附后不久，血小板释放出二磷酸腺苷（ADP）、血栓素 $A_2$（thromboxane，TXA2）、5－羟色胺（5－HT）等，促进血小板粘集；血小板还可与纤维蛋白和纤维连接蛋白粘附，促使血小板彼此粘集成堆，称为血小板粘集堆（图 9－6）。

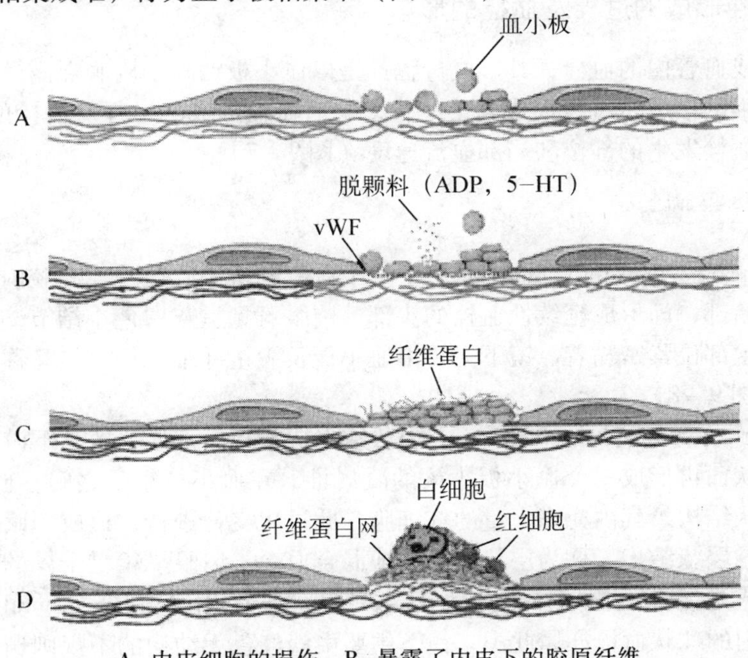


A. 内皮细胞的损伤　B. 暴露了内皮下的胶原纤维
C. 血小板释放颗粒　D. 血小板粘集堆

**图 9－6　血栓形成**

心血管内皮细胞的损伤引起血栓形成，多见于风湿性和细菌性心内膜炎病变的瓣膜上、心肌梗死区的心内膜以及严重动脉粥样硬化斑块溃疡、创伤性或炎症性的血管损伤部位。

（2）血流状态的改变　血流状态的改变主要是血流减慢和血流产生漩涡等改变，有利于血栓形成。正常血流中由于比重关系，红细胞和白细胞在血流的中轴流动构成轴流，其外是血小板，最外是一层血浆带构成边流。当血流减慢或产生漩涡时血小板可进入边流，增加了血小板与内膜的接触机会和粘附于内膜的可能性。由于血流减慢和产生漩涡时，被激活的凝血因子和凝血酶在局部易达到凝血所需的浓度，因此各种原因引起内皮细胞的损伤使内皮下的胶原被暴露于血流，均可激发内源性和外源性的凝血系统。静脉比动脉发生血栓多，静脉血栓常发生于心力衰竭、久病卧床或静脉曲张患病宠物的静脉内；静脉内有静脉瓣，其内血流不但缓慢，而且出现漩涡，因而静脉血栓形成常以瓣膜囊为起始点；静脉不似动脉那样随心搏动而舒张，其血流有时甚至可出现短暂的停滞；静脉壁较薄，容易受压；血流通过毛细血管到静脉后，血液的黏性也会有所增加等因素都有利于血栓形成。而心脏和动脉内的血流快，不易形成血栓，但在二尖瓣狭窄时的左心房、动脉瘤内或血管分支处血流缓慢及出现涡流时，则易并发血栓形成。

（3）血液凝固性增加　是指血液中血小板和凝血因子增多，或纤维蛋白溶解系统的活性降低，导致血液的高凝状态。此状态可见于遗传性和获得性疾病。在高凝血遗传性原因中，最常见为第Ⅴ因子和凝血酶原的基因突变。在严重创伤、大面积烧伤、大手术后或产后导致大失血时血液浓缩，血中纤维蛋白原、凝血酶原及其他凝血因子（Ⅻ、Ⅶ）的含量增多，以及血中补充大量幼稚的血小板，其黏性增加，易于发生粘集形成血栓。

### （二）血栓形成的过程及血栓的形态

无论心脏或血管内的血栓，其形成过程都是以血小板粘附于内膜裸露的胶原开始，所以血小板粘集堆的形成是血栓形成的第一步，嗣后血栓形成的过程及血栓的组成、形态、大小都取决于血栓发生的部位和局部血流速度（图9－7）。

### （三）血栓类型

（1）白色血栓（pale thrombus）　多发生于血流较快的心瓣膜、心腔内、动脉内或静脉性血栓的起始部，即形成延续性血栓的头部。肉眼可见呈灰白色小结节，表面粗糙，质地坚实，与发生部位紧密黏着。镜下主要由血小板及少量纤维素构成，又称血小板血栓或析出性血栓（图9－8）。

（2）混合血栓（mixed thrombus）　血栓在形成血栓头部后，致其下游引起血流减慢和血流漩涡，从而再形成一个血小板小梁的凝集堆，在血小板小梁之间，血液发生凝固，纤维素形成网状结构，其内充满大量的红细胞，此过程交替进行，形成肉眼可见的灰白色与红褐色交替的层状结构，称为层状血栓，即混合血栓。肉眼呈粗糙干燥的圆柱状，与血管壁粘连，构成延续性血栓的体部。动脉瘤、室壁瘤内的附壁血栓（mural thrombus）及扩张的左心房内的球状血栓亦属此类。镜下主要由淡红色无结构的不规则珊瑚状的血小板小梁和小梁间由充满红细胞的纤维素网所构成，并见血小板小梁边缘有较多的中性白细胞粘附（图9－9）。

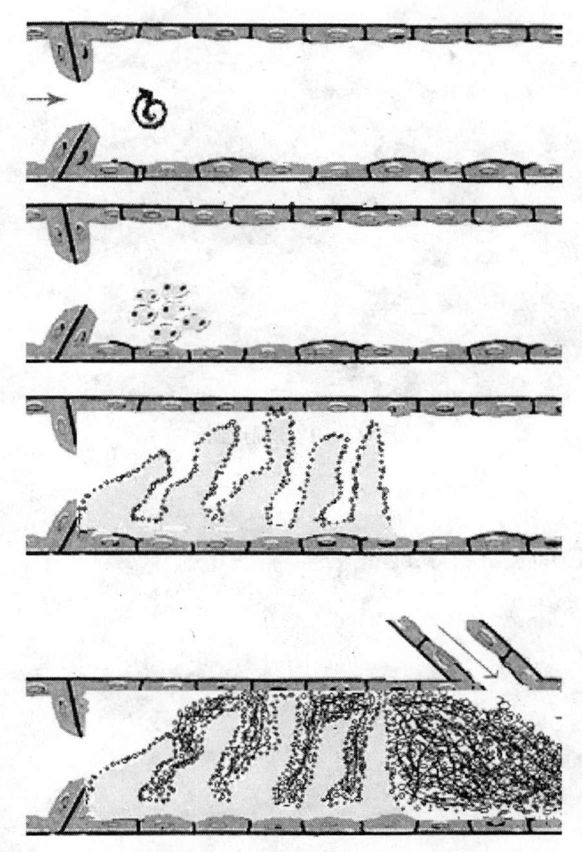

血液经过静脉瓣形成涡流—血小板粘集形成血栓头—血小板粘集形成珊瑚状小梁—形成混合血栓与血栓尾

**图9－7　血栓形成过程**

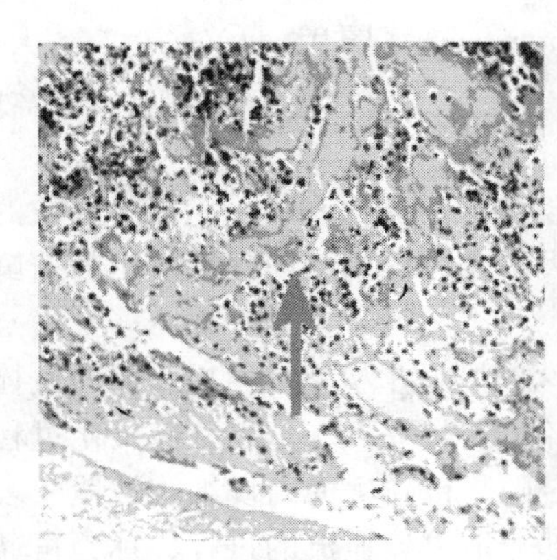

**图9－8　白色血栓**

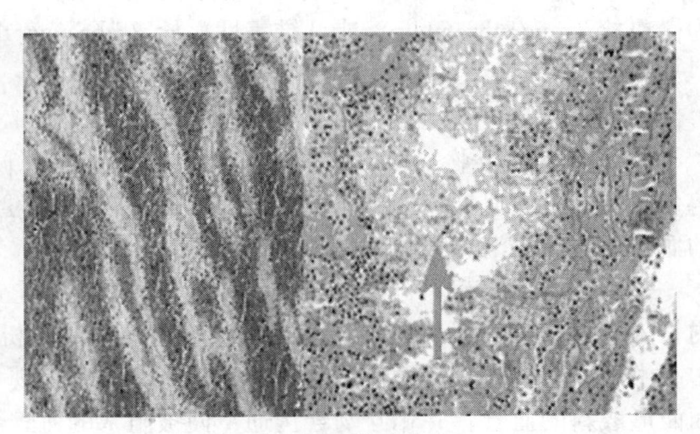

**图9－9　混合血栓**

（3）红色血栓（red thrombus）　主要见于静脉，随着混合血栓逐渐增大阻塞血管腔，使血流下游局部血流停止致血液凝固，常构成延续性血栓的尾部。红色血栓形成过程与血管外凝血过程相同。肉眼可见呈暗红色、湿润、有弹性、与血管壁无粘连，与死后血凝块相似。经过一段时间，红色血栓由于水分被吸收，变得干燥、无弹性、质脆易碎，可脱落形成栓塞（图 9－10）。

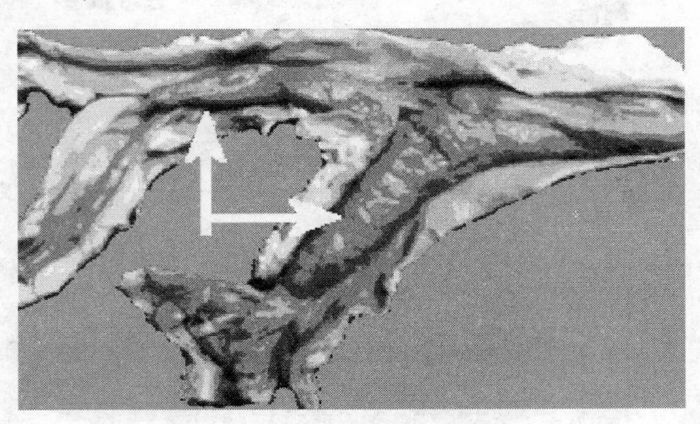

图 9－10　静脉血栓

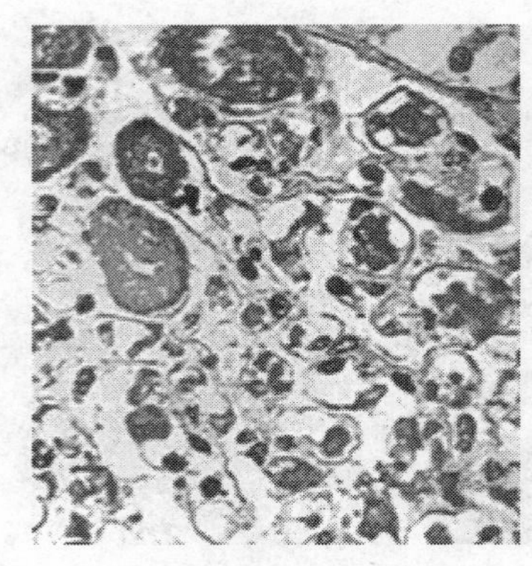

图 9－11　透明血栓

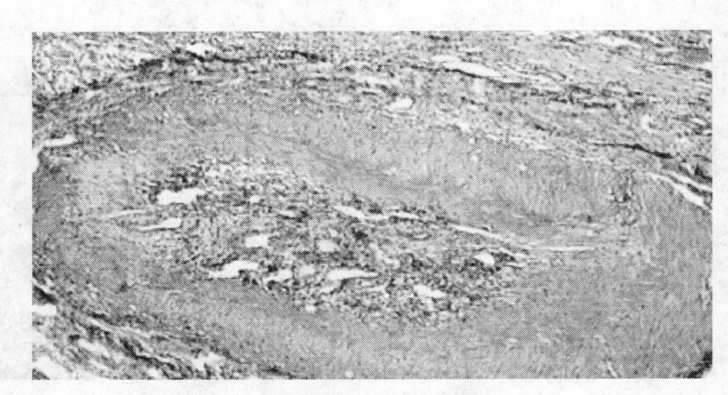

图 9－12　血栓机化

（4）透明血栓（hyaline thrombus）　最常见于弥漫性血管内凝血（DIC），其发生于微循环的小血管内，只能在显微镜下才能见到，主要由嗜酸性同质性的纤维素构成，又称为微血栓（microthrombus）或纤维素性血栓（fibrinous thrombus）（图 9－11）。

（四）血栓的结局

（1）溶解、吸收　新近形成的血栓，由于血栓内纤溶酶原的激活和白细胞崩解释放的溶蛋白酶，可使血栓溶解。血栓溶解过程取决于血栓的大小及血栓的新旧程度。小的新鲜的血栓可被完全溶解吸收。

（2）机化　若纤溶酶系统的活力不足，血栓存在较久时则发生机化。由血管壁向血栓内长入肉芽组织，逐渐取代血栓，这一过程称为血栓机化（图 9－12）。在血栓机化过程中，由于水分被吸收，血栓干燥收缩或部分溶解而出现裂隙，被新生的内皮细胞被覆于表面而形成新的血管，并相互吻合沟通，使被阻塞的血管部分地重建血流的过程，称为再通（recanalization）。

（3）钙化　血栓发生大量的钙盐沉着，称为血栓钙化。依据受累血管不同又称为静脉石（phlebolith）或动脉石（arteriolith）。

### （五）血栓对机体的影响

血栓形成对破裂的血管起堵塞裂口和止血的作用，这是对机体有利的一面。如慢性消化性溃疡底部和肺结核性空洞壁的血管，在病变侵蚀前已形成血栓，避免了大出血的可能性。但多数情况下血栓形成对机体则造成不利的影响。

（1）阻塞血管　血栓可阻塞血管，其后果取决于组织、器官内有无充分的侧支循环。动脉血管未完全阻塞管腔时，可引起局部器官或组织缺血导致实质细胞萎缩；若完全阻塞而又无有效的侧支循环时，可引起局部器官或组织的缺血性坏死（梗死）。如脑动脉血栓引起脑梗死；心冠状动脉血栓引起心肌梗死；血栓性闭塞性脉管炎时引起患肢的坏疽等。静脉血栓形成，若未能建立有效的侧支循环，则引起局部淤血、水肿、出血，甚至坏死。如肠系膜静脉血栓可引起肠的出血性梗死。肢体浅表静脉血栓，由于有丰富的侧支循环，通常只在血管阻塞的远端引起淤血水肿。

（2）栓塞　血栓的整体或部分脱落成为栓子，随血流运行可引起栓塞。若栓子内含有细菌，可引起栓塞组织的感染或脓肿形成。

（3）心瓣膜病　见于心内膜炎，心瓣膜上反复发作的血栓形成及机化，可使瓣膜瓣叶粘连增厚变硬，腱索增粗缩短，引起瓣口狭窄或关闭不全，导致心瓣膜病。

（4）出血　见于 DIC 时，微循环内广泛性透明血栓形成，可引起全身广泛性出血和休克。

## 二、栓塞

在循环血液中出现的不溶于血液的异常物质，随血流运行至远处阻塞血管腔的现象称为栓塞（embolism）。阻塞血管的物质称为栓子（embolus）。栓子可以是固体、液体或气体。以脱落的血栓栓子引起栓塞最常见，脂肪滴、气体和癌细胞团等亦可引起栓塞。

### （一）栓子运行的途径

栓子的运行一般随血流的方向进行（图 9－13）。

（1）来自体静脉系统及右心的栓子　随血流进入肺动脉主干及其分支，可引起肺栓塞。某些体积小而又富于弹性的栓子（如脂肪栓子）可通过肺泡壁毛细血管经左心进入体循环系统，阻塞动脉小分支。

（2）来自左心或主动脉系统的栓子　随动脉血流运行，阻塞于各器官的小动脉内。常见于脑、脾、肾等器官。

（3）来自肠系膜静脉等门静脉系统的栓子　可引起肝内门静脉分支的栓塞。

（4）交叉性栓塞（crossed embolism）　偶见来自右心或腔静脉系统的栓子，多在右心压力升高的情况下通过先天性房、室间隔缺损到左心，再进入体循环系统引起栓塞。左心压力升高时，左心的栓子也可引起肺动脉的栓塞。

（5）逆行性栓塞（retrograde embolism）　极罕见于下腔静脉内血栓，在胸、腹压突然升高（如咳嗽或深呼吸）时，使血栓一时性逆流至肝、肾、髂静脉分支并引起栓塞。

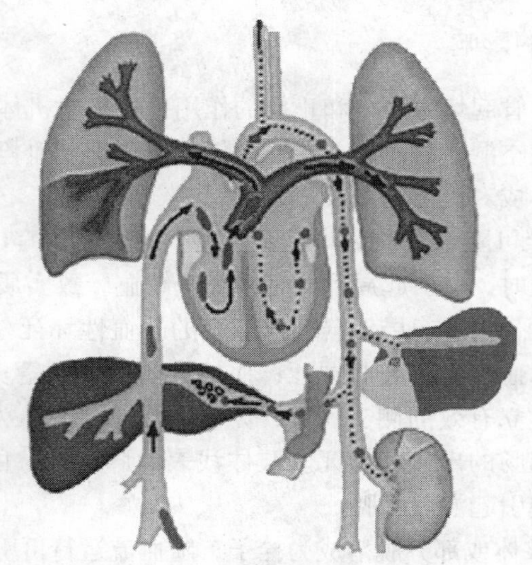

图 9－13　栓子运行途径

（二）栓塞类型和对机体的影响

1. 血栓栓塞

由血栓脱落引起的栓塞称为血栓栓塞（thromboembolism），是栓塞中最常见的一种。由于血栓栓子的来源、栓子的大小和栓塞的部位不同，其对机体的影响也不相同。

（1）肺动脉栓塞（pulmonary embolism）　肺动脉血栓栓塞的栓子绝大多数来自下肢深部静脉，特别是腘静脉、股静脉和髂静脉，偶可来自盆腔静脉或右心附壁血栓。根据栓子的大小和数量，其引起栓塞的后果也有不同：①中、小栓子多栓塞肺动脉的小分支，常见于肺下叶，一般不引起严重后果，因为肺有双重血液循环，肺动脉和支气管动脉间有丰富的吻合支，侧支循环可起代替作用。这些栓子可被溶解吸收或机化变成纤维状条索。若在栓塞前，肺已有严重的淤血，致微循环内压升高，使支气管动脉供血受阻，可引起肺组织的出血性梗死（图 9－14）。②大的血栓栓子，栓塞肺动脉主干或大分支，较长的栓子可栓塞左右肺动脉干，称之为肺动脉栓塞症，常引起严重后果。患病宠物可突然出现呼吸困难、发绀、休克甚至造成死亡（图 9－15）。

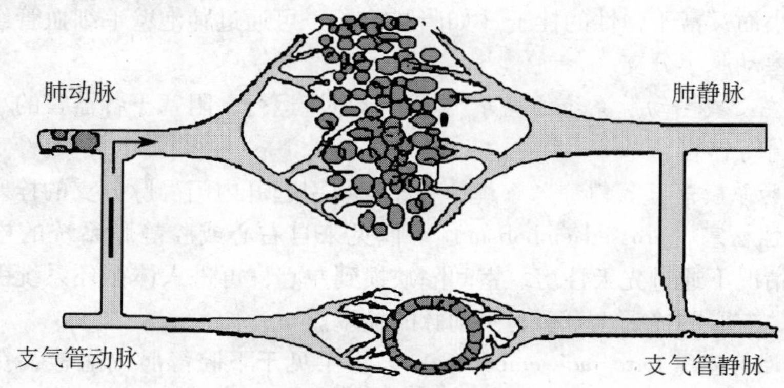


图 9－14　肺栓塞的血流变化

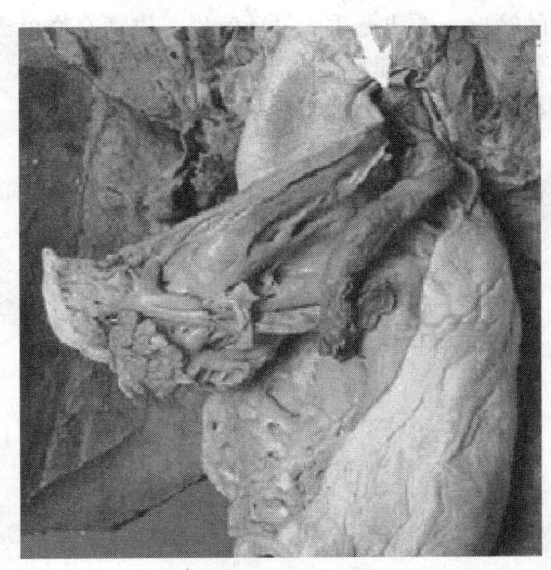

图 9－15　肺动脉血栓栓塞

（2）体循环动脉栓塞　栓子大多数来自左心（如亚急性细菌性心内膜炎时心瓣膜赘生物、二尖瓣狭窄时左心房附壁血栓、心肌梗死的附壁血栓）；少数发生于动脉粥样硬化溃疡或主动脉瘤表面的血栓；极少数来自腔静脉的栓子，可通过房、室间隔缺损进入左心，发生交叉性栓塞。动脉栓塞的主要部位为下肢和脑，亦可累及肠、肾和脾。栓塞的后果取决于栓塞的部位和局部的侧支循环情况以及组织对缺血的耐受性。当栓塞的动脉缺乏有效的侧支循环时，可引起局部组织的梗死。

2. 脂肪栓塞

指在循环的血流中出现脂肪滴阻塞于小血管，称为脂肪栓塞（fat embolism）。栓子来源常见于长骨骨折、脂肪组织挫伤和脂肪肝挤压伤时，脂肪细胞破裂释出脂滴，由破裂的小静脉进入血循环。

脂肪栓塞常见于肺、脑等器官。脂滴栓子随静脉入右心到肺，直径 $>20\mu m$ 的脂滴栓子引起肺动脉分支、小动脉或毛细血管的栓塞；直径 $<20\mu m$ 的脂滴栓子可通过肺泡壁毛细血管经肺静脉至左心达体循环的分支，可引起全身多器官的栓塞。最常见的为脑血管的栓塞，引起脑水肿和血管周围点状出血。在镜下血管内可找到脂滴。其临床表现，在损伤后可出现突然发作性的呼吸急促，呼吸困难和心动过速等。

3. 气体栓塞

大量空气迅速进入血循环或原本溶于血液内的气体迅速游离，形成气泡阻塞心血管，称为气体栓塞（air embolism）。

空气栓塞多由于静脉损伤破裂，外界空气由静脉缺损处进入血流所致。如头颈手术、胸壁和肺创伤损伤静脉、使用正压静脉输液以及人工气胸或气腹误伤静脉时，空气可被吸气时因静脉腔内的负压吸引，由损伤处进入静脉。

空气进入血循环的后果取决于进入的速度和气体量。极少量气体入血，可溶解入血液内，不会发生气体栓塞。若大量气体（$>100ml$）迅速进入静脉，随血流到右心后，因心脏搏动将空气与血液搅拌形成大量气泡，使血液变成可压缩的泡沫状充满心腔，阻碍了静脉血的回流和向肺动脉的输出，造成严重的循环障碍。患病宠物可出现呼吸困难、发绀和猝死。进入右心的部分气泡可进入肺动脉，阻塞小的肺动脉分支，引起肺小动脉气体栓塞。小气泡亦可经过肺动脉小分支和毛细血管到左心，引起体循环一些器官的栓塞。

4. 其他栓塞

肿瘤细胞的转移过程中可引起癌栓栓塞，寄生虫虫卵、细菌或真菌团、其他异物等可进入血循环引起栓塞。

## 第五节 局部缺血和梗死

### 一、局部缺血

局部缺血（local anemia）是指局部组织或器官血液供应不足或完全断绝。

（一）原因和机理

（1）动脉管腔狭窄或阻塞　这是引起局部缺血的最常见的原因，如动脉炎症、动脉内血栓形成、栓塞等，都可造成动脉管腔狭窄或阻塞。

（2）动脉受压　这是动脉因受外界力压迫所致。如久卧不起、肿瘤、寄生虫囊包、绷带过紧等均可引起局部血流量过少。

（3）动脉痉挛　某些物理、化学或生物性致病因子，可反射性地引起血管收缩，特别是小动脉持续性收缩，造成局部缺血。如寒冷、严重创伤、麦角碱中毒、肾上腺素分泌过多等。

（二）病理变化

缺血组织器官体积缩小，色泽变淡，机能降低，皮肤和黏膜呈苍白色，皮温低而发凉，肺、肾呈灰白色，肝呈褐色。贫血组织局部温度降低，质地柔软，被膜起皱。切面少血或无血。

（三）对机体的影响

局部贫血的结局和对机体的影响，取决于缺血的程度、持续时间、受累组织对缺氧的耐受性和侧枝循环情况。轻度短时的缺血，消除病因后即可恢复。缺血后如果能建立侧枝循环取得代偿，则无明显影响。相反，如缺血持久，又不能建立侧枝循环，缺血组织可发萎缩、变性，甚至坏死。如发生在心肌或脑等重要器官，常导致宠物死亡。

### 二、梗死

任何原因出现的血流中断，导致局部组织缺血性坏死，称为梗死（infarction）。梗死一般是由动脉阻塞引起局部组织的缺血缺氧而坏死，但静脉阻塞，使局部血流停滞导致缺氧，亦可引起梗死。

### （一）梗死形成的原因和条件

（1）血管阻塞　血管阻塞是梗死发生的主要原因。绝大多数是由血栓形成和动脉栓塞引起。如冠状动脉或脑动脉粥样硬化继发血栓形成，可引起心肌梗死或脑梗死；动脉血栓栓塞可引起脾、肾、肺和脑的梗死。

（2）血管受压闭塞　见于血管外肿瘤的压迫，肠扭转、肠套叠和嵌顿疝时肠系膜静脉和动脉受压，卵巢囊肿、扭转及睾丸扭转致血管受压等引起的坏死。

（3）动脉持续痉挛　如冠状动脉粥样硬化时，血管发生持续性痉挛，可引起心肌梗死。

（4）未能建立有效侧支循环　梗死的形成主要取决于血管阻塞后能否及时建立有效的侧支循环。有双重血液循环的肝、肺，血管阻塞后，通过侧支循环的代偿，不易发生梗死。一些器官动脉吻合枝少，如肾、脾及脑，动脉迅速发生阻塞时，常易发生梗死。

（5）局部组织对缺血的耐受性和全身血液循环状态　如心肌与脑组织对缺氧比较敏感，短暂的缺血也可引起梗死。全身血液循环在贫血或心功能不全状态下，可促进梗死的发生。

### （二）梗死的病变及类型

#### 1. 梗死的一般形态特征

梗死是局限性组织坏死。梗死灶的形状取决于该器官的血管分布方式。多数器官的血管呈锥形分支，如脾、肾、肺等，故梗死灶也呈锥形，切面呈楔形，或三角形，其尖端位于血管阻塞处，底部为器官的表面。心冠状动脉分支不规则，故梗死灶呈地图状。肠系膜血管呈扇形分支，故肠梗死灶呈节段形。心、肾、脾和肝等器官梗死为凝固性坏死，坏死组织较干燥、质硬、表面下陷。脑梗死为液化性坏死，新鲜时质软疏松，日久后可液化成囊。梗死的颜色取决于病灶内的含血量，含血量少时颜色灰白，称为贫血性梗死（anemic infarct）。含血量多时，颜色暗红，称为出血性梗死（hemorrhagic infarct）。

#### 2. 梗死类型

根据梗死灶内含血量的多少，将梗死分为以下两种类型。

（1）贫血性梗死　发生于组织结构较致密侧支循环不充分的实质器官，如脾、肾、心肌和脑组织。当梗死灶形成时，病灶边缘侧支血管内血液进入坏死组织较少，梗死灶呈灰白色，故称为贫血性梗死（又称为白色梗死）。发生于脾、肾梗死灶呈锥形，尖端向血管阻塞的部位，底部靠脏器表面，浆膜面常有少量纤维素性渗出物被覆。心肌梗死灶呈不规则地图状。梗死的早期，梗死灶与正常组织交界处因炎症反应常见一充血出血带，数日后因红细胞被巨噬细胞吞噬后转变为含铁血黄素而变成黄褐色。晚期病灶表面下陷，质地变坚实，黄褐色出血带消失，由肉芽组织和疤痕组织取代。镜下呈缺血性凝固性坏死改变，早期梗死灶内尚可见核固缩、核碎裂和核溶解等改变，细胞浆呈均匀一致的红色，组织结构轮廓保存（图9－16、图9－17）。晚期病灶呈红染的均质性结构，边缘有肉芽组织和疤痕组织形成。

此外，脑梗死一般为贫血性梗死，坏死组织常变软液化，无结构。

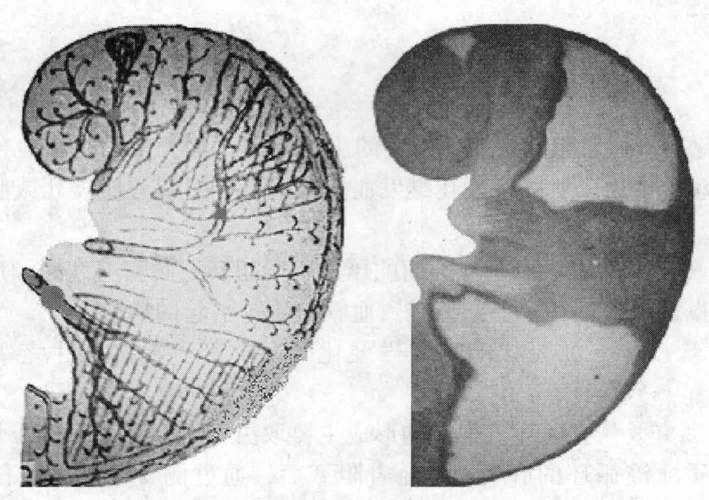

图 9－16　肾贫血性梗死图示

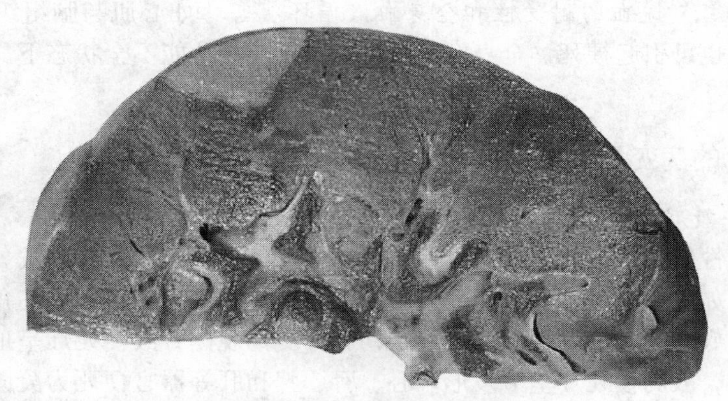

图 9－17　肾贫血性梗死

（2）出血性梗死　常见于肺、肠等具有双重血液循环，组织结构疏松伴严重淤血的情况下，因梗死灶内有大量的出血，故称为出血性梗死，又称为红色梗死（red infarct）。

出血性梗死发生的条件：

①严重淤血如肺淤血，是肺梗死形成的重要先决条件。因为在肺淤血情况下，肺静脉和毛细血管内压增高，影响了肺动脉分支阻塞后建立有效的肺动脉和支气管动脉侧支循环，引起肺出血性梗死（图 9－18）；卵巢囊肿或肿瘤在卵巢蒂部扭转，使静脉回流受阻，动脉供血也受影响逐渐减少甚至停止，致卵巢囊肿或肿瘤梗死。

②器官组织结构疏松如肠和肺组织。肺发生出血性梗死时，其病灶常位于肺下叶，好发于肋隔缘。常可多发性，病灶大小不等，呈锥形、楔形，尖端朝向肺门，底部紧靠肺膜，肺膜面有纤维素性渗出物。梗死灶质实，因弥漫性出血呈暗红色，略向表面隆起，久而久之由于红细胞崩解肉芽组织长入，梗死灶变成灰白色，病灶表面局部下陷。镜下见梗死灶呈凝固性坏死，可见肺泡轮廓，肺泡腔、小支气管腔及肺间质充满红细胞。早期红细胞轮廓尚保存，以后崩解。梗死灶边缘与正常肺组织交界处的肺组织充血、水肿及出血。临床上可出现胸痛、咳嗽及咯血、发热及白细胞总数升高等症状。

肠出血性梗死多见于肠系膜动脉栓塞，或在肠套叠、肠扭转、嵌顿疝、肿瘤压迫等情

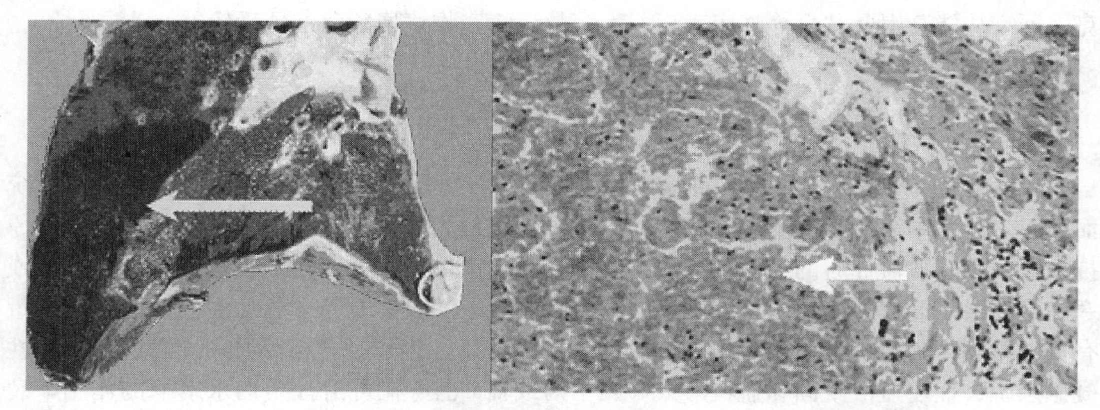

图 9－18　出血性梗死

况下引起出血性梗死。肠梗死灶呈节段性暗红色，肠壁因淤血、水肿和出血呈明显增厚，随之肠壁坏死致质脆易破裂，肠浆膜面可有纤维素性渗出物被覆（图 9－19）。临床上可有剧烈腹痛、呕吐、出现麻痹性肠梗阻、肠穿孔及腹膜炎，引起严重后果。

图 9－19　肠出血性梗死

（三）梗死对机体的影响

梗死对机体的影响，取决于发生梗死的器官、梗死灶的大小和部位。肾、脾的梗死一般影响较小，肾梗死通常出现腰痛和血尿，不影响肾功能；肺梗死有胸痛和咯血；肠梗死常出现剧烈腹痛、血便和腹膜炎的症状；心肌梗死影响心脏功能，严重者可导致心力衰竭甚至猝死；脑梗死出现其相应部位的功能障碍，梗死灶大者可致死。四肢、肺、肠梗死等可继发腐败菌的感染而造成坏疽。如合并化脓菌感染，亦可引起脓肿。

## 第六节　弥散性血管内凝血

弥散性血管内凝血（Disseminated Intravascular Coagulation，DIC）是在某些致病因素作用下、凝血因子或血小板被激活，大量可溶性促凝物质入血引起的一种以凝血功能障碍为主要特征的病理过程。此过程的早期血液凝固性增高，微循环中有微血栓形成，而后转为血液凝固性降低，并伴有继发性纤维蛋白溶解系统活性加强。患病宠物可有出血、休克、器官功能衰竭及贫血等临床表现，大多数患病宠物病情危急，预后较差。

## 一、病因及发病机理

DIC 发病机理复杂，可由各种病因通过不同途径激活体内的内源性或外源性凝血系统而引起，但其中以血管内皮细胞的损伤与组织损伤最为重要。细菌、病毒、螺旋体、抗原抗体复合物、败血症时的细菌内毒素、创伤或手术、休克时引起的缺氧和酸中毒、高热或寒冷等因素均能损伤血管内皮细胞，导致血管内皮下的胶原暴露。胶原和内毒素表面均带有负电荷，当其与血液中无活性的凝血因子Ⅻ接触后，因子Ⅻ被激活成Ⅻa 而启动内源性凝血系统，促使血液凝固和血栓形成。因子Ⅻ或Ⅻa 也可在可溶性蛋白水解酶的作用下裂解成为Ⅻf 使血浆激肽释放酶原变成激肽释放酶，激肽释放酶又能使因子Ⅻ进一步活化。如此反复循环的作用即引起内源性凝血系统的反应加速，进一步促进 DIC 发展。

（1）损伤内皮细胞释放大量组织因子（因子Ⅲ），激活外源性凝血系统。

（2）Ⅻf 激活因子Ⅶa 使外源性凝血系统激活。

（3）内皮损伤，内皮细胞产生的前列腺环素（$PGI_2$，能抑制血小板聚集）的含量减少，从而使血小板聚集加强，凝血过程加速。

### （一）组织损伤

组织因子（即凝血因子Ⅲ，或称组织凝血活酶）在体内分布很广，脑、肺、胎盘中含量丰富。在肝、白细胞、大血管（如主动脉、腔静脉）的内膜、小血管内皮细胞、浆膜中也含有组织因子。因此当这些组织和细胞损伤时，易激活外源性凝血系统而导致 DIC。例如外科手术，严重创伤、葡萄胎、前列腺癌、胃癌等有大量组织坏死时，因子Ⅲ即释放入血，导致 DIC。因子Ⅲ进入血液后，血浆中的钙离子将因子Ⅶ连接于组织因子的磷脂上，形成复合物，激活因子Ⅹ，并与 $Ca^{2+}$、凝血因子Ⅴ、血小板和磷脂形成凝血酶原激活物，参与凝血过程。

### （二）血细胞大量破坏

血细胞的破坏在 DIC 发病机理中占重要的作用，各种血细胞在某些细菌、毒素、药物、抗原抗体复合物、酸中毒、缺氧及物理因素等致病因素作用下发生破坏均可造成 DIC。

（1）红细胞　红细胞大量破坏后（如急性溶血、血型不合的输血、恶性疟疾等）释放出大量红细胞素和 ADP，红细胞素是一种具有类似组织凝血活酶和磷脂样作用的物质，可促发凝血反应。ADP 能使血小板聚集，从而促进凝血反应及微血栓的形成。

（2）中性粒细胞　正常的中性粒细胞、内有促凝物质。在内毒素引起的 DIC 的发病中，内毒素对中性粒细胞合成与释放组织因子起促进作用。大量中性粒细胞破坏，释放多量促凝物质，启动外源性凝血系统，可引起 DIC。此外，单核细胞内也有丰富的促凝物质。

（3）血小板　血管内皮细胞受损，胶原暴露等均可使血小板粘附、聚集，堵塞微血管。血小板表面具有糖蛋白 1b、2b、3a（GP1b、GP2b、GP3a）。GP1b 可促使血小板与内皮下的胶原粘连；GP2b、GP3a能结合纤维蛋白原，后者通过钙离子的连接，在血小板之间“搭桥”，使血小板聚集。血小板聚集后其凝血活性增高，释放各种血小板因子，促进DIC形成。

#### （三）其他促凝血物质进入血液

某些外源性物质，不但可通过损伤的血管内皮、组织、血细胞等诱发DIC，而且还能作为一种凝血反应激活剂，作用于血液内的凝血因子引起微血栓的形成。例如毒蛇或毒蜂螯伤宠物体时，进入体内的某些蛇毒或蜂毒中的蛋白酶，以及急性出血性胰腺炎时释放入血的胰蛋白酶，均能促使凝血酶原形成凝血酶，从而发生DIC。细菌、病毒及内毒素入血，骨折时脂肪酸入血以及羊水内容物入血，均可直接激活因子Ⅻ引起内源性凝血过程。

高分子右旋糖酐注入血管，也可直接激活内源性凝血系统，尤其当制剂质量较差时更易发生，故此类药物在一般情况下不宜大量使用，以免诱发DIC。此外抗原抗体复合物对血液有形成分（特别是血小板）的损害、补体系统直接或间接地促进血小板释放血小板因子Ⅲ（PF3）、C3b可促进单核细胞释放凝血因子Ⅲ等，它们均可激活外源性和内源性凝血系统的反应，促使微血栓形成。

### 二、诱发因素

#### （一）单核巨噬细胞系统功能抑制或肝清除功能障碍

单核巨噬细胞系统能清除循环血液中的凝血物质，如凝血酶、纤维蛋白、纤溶酶、凝血酶原激活物、组织凝血酶等以及其他有害物质，如内毒素等。肝既能产生又能灭活某些已被激活的凝血因子及某些纤溶物质（如抗凝血酶、纤溶酶原等）。因此当它们的功能低下时，凝血和纤溶过程紊乱，从而诱发DIC的形成。常见于长期应用肾上腺糖皮质激素或急性肝坏死、脾切除、肝硬变（晚期）等情况。

#### （二）血液的高凝状态

妊娠宠物尤其妊娠晚期，血液常处于高凝低纤溶状态。这是由于妊娠母体血浆内多种凝血因子的浓度（如因子Ⅰ、Ⅱ、Ⅴ、Ⅶ、Ⅸ、Ⅹ、Ⅻ等）升高、血小板数量增多，而具有抗凝及纤溶活性的物质如纤溶酶原活化素、抗凝血酶等均降低所致。妊娠后期发生产科意外（如宫内死胎等）时DIC的发生率较高，需特别注意。

#### （三）酸中毒

酸中毒是诱发或加重DIC的一个重要因素。其机理为：①酸中毒可直接损伤血管内皮细胞，使胶原暴露，从而激活内源性凝血系统；②可使肝素的抗凝活性减弱；③使血小板聚集性加强；④使血浆中凝血因子活性升高。

#### （四）其他

不恰当地应用纤溶抑制剂，如6－氨基己酸（EACA）、对羧基苄胺（PAMBA）等，会过度抑制纤溶系统活性而诱发DIC。因此，在治疗DIC时，患病宠物虽有出血，但不能任意使用抗纤溶药物，以免病情加重。

## 三、DIC时机体功能变化与临床表现

DIC形成过程中，机体的血液系统、循环系统及其他器官的功能均有变化，这些变化是形成临床症状和体征的基础。

### （一）凝血功能障碍——出血

出血是DIC时的一个重要而突出的表现，也是诊断DIC的重要依据之一。出血的平均发生率高达85%以上，在临床上主要表现为多部位严重的出血倾向，重者迅速出现皮肤大片紫癜、内脏出血（表现为咯血、呕血、便血、血尿、阴道流血等）。轻者在皮肤黏膜上出现淤点，在伤口、注射部位有持续性渗血等。此种出血应用一般止血药无效，输血或用纤溶抑制剂后，有时出血反应加剧。引起出血的机理主要有：

（1）血小板的减少和凝血因子的消耗　由于广泛微血栓形成，致使血小板及各种凝血因子（因子Ⅶ、Ⅷ、Ⅹ、Ⅻ）被大量消耗，使血液转为低凝状态而引起出血倾向。

（2）继发性纤溶亢进　DIC后期，纤溶酶原受因子Ⅻa、凝血酶及纤溶酶原活化因子作用而激活使已形成的纤维蛋白被降解，导致出血。

（3）纤维蛋白（原）降解产物（FDP）的形成　由于继发性纤溶亢进，使纤维蛋白（原）溶解成大量纤维蛋白降解产物（多肽A、B、C、X、Y、D、E碎片）。FDP可阻止纤维蛋白单体聚合，颉颃凝血酶及抑制血小板聚集，故具抗凝作用，可引起出血。FDP还可使血管通透性增高，加重血液渗出。临床上，DIC患病宠物除有轻重不等的多部位出血症状外，试验检查可见纤维蛋白原和血小板减少，凝血酶原减少和凝血时间延长。DIC患病宠物由于FDP形成增多，血浆鱼精蛋白副凝试验（或称3P试验或血浆乙醇胶副凝试验）常呈阳性。3P试验阳性是早期诊断DIC的重要指标。

（4）毛细血管损伤　DIC伴发的休克、缺氧、酸中毒等可使毛细血管损伤，导致出血。

### （二）循环功能障碍——低血压或休克

休克可伴发DIC，DIC特别是急性DIC常伴发休克或加重休克，两者互为因果，形成恶性循环。DIC出现低血压与休克的主要原因是：

（1）微循环内广泛的微血栓形成　尤其是肺、肝等部位微血栓形成，使肺动脉及门静脉压力升高，导致回心血量严重不足；再加上微血栓在心肌毛细血管或冠状动脉内形成，使心肌细胞缺血而变性、坏死，心肌收缩力降低及广泛出血所引起的血容量减少，均使有效循环血量明显下降，从而出现全身循环障碍。

（2）在DIC形成过程中　由于凝血酶和纤溶酶增多，它们激活补体和激肽系统，使激肽和补体成分（如C3a、C5a等）生成增多。激肽能使微动脉和毛细血管前括约肌舒张，C3a、C5a等可使肥大细胞和嗜碱性粒细胞脱颗粒，释放组胺，使微血管扩张，从而降低外周阻力。这是急性DIC时动脉血压下降的重要因素。

(3) 纤维蛋白（原）降解产物（如多肽 A、B、C 等）　能增强组胺和激肽的作用，从而加重微血管扩张及其通透性升高，促使休克发生。

（三）微血栓形成引起器官功能衰竭

DIC 时微血管中有广泛的微血栓形成，因而引起器官、组织局灶性或广泛性出血或缺血性坏死。严重的坏死性病变可成为受累器官功能衰竭的原因。近年发现，DIC 时常出现多器官（系统）功能衰竭。少数患病宠物可发生猝死。微血栓形成（图 9－20）所引起的临床表现依受累器官不同而异。肺受累，可引起肺水肿、肺出血，出现呼吸困难，严重时发生呼吸衰竭；如果微血栓发生在肾，则可出现双侧肾皮质坏死和急性肾功能衰竭的表现，如少尿、无尿、氮质血症甚至尿毒症；消化系统受累则可出现恶心、呕吐、腹泻、消化管出血；肾上腺皮质病变，可出现急性肾上腺皮质功能衰竭的表现，如血压下降、脉搏细数，休克等，称为华—佛氏综合征；垂体（前叶）内微血栓形成，垂体坏死，可出现性腺功能减退等表现，如生殖器萎缩等，称为席汉氏综合征；神经系统受累，可出现嗜睡、昏迷、惊厥等神经精神症状。冠状动脉内微血栓形成，可发生心肌梗死，重者导致心力衰竭。

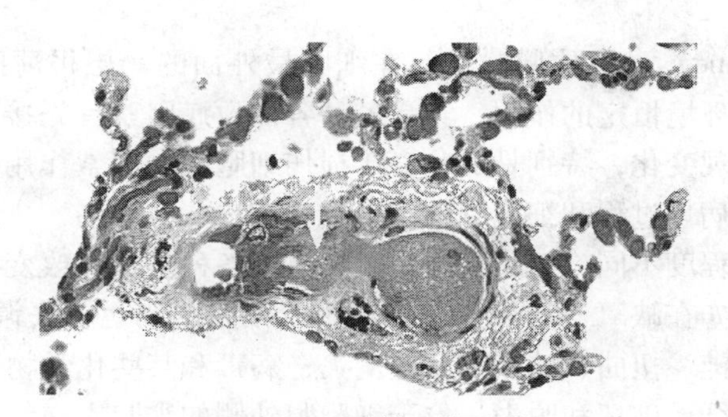

图 9－20　肺微血栓形成

（四）贫血——微血管病性溶血性贫血 DIC 可伴发微血管病性溶血性贫血

这种贫血除具有溶血性贫血的一般特征外，外周血涂片中可发现一些呈盔形、葫芦形、星形。新月形、多角形、小球形等形态特殊的红细胞及红细胞碎片，它有助于 DIC 的诊断。红细胞形态改变的主要原因是由于血管内广泛的纤维素性微血栓形成，当循环血中受损的红细胞通过血栓内狭窄的纤维素网眼时，被牵拉、分割或挤压变形等致机械性损伤，加上血流冲击而形成各种碎片。这些变形的红细胞脆性大，易发生溶解破坏，遂引起贫血。

DIC 的防治原则：消除诱因，改善微循环，重新建立凝血和纤溶之间的动态平衡，并积极治疗原发性疾病。

# 第十章　细胞和组织损伤

## 第一节　细胞超微结构的基本病变

### 一、细胞膜的病变

细胞膜（membrane）又称质膜，是包在细胞最外面的一层很薄的界膜，起着隔离细胞内外环境并保持内环境恒定的作用，它是各种各样致病因素首先接触的部位，因而在细胞损伤的早期即可出现变化，特别是那些直接损伤细胞膜的因素作用时。细胞膜的病变也可继发于细胞的各种病理过程和细胞骨架系统改变时。

由于病因和损伤程度不同，细胞膜损伤时可出现各种各样的改变。细胞游离表现特化结构的改变和消失，如在缺氧等病因作用下，由于细胞主动运输失调和膜离子含量改变，可使微绒毛肿胀、变钝、扭曲、减数或完全消失；病毒和某些化学物质（萘、苯等）可引起呼吸道上皮细胞的纤毛破坏和脱失。位于细胞膜外侧的细胞衣在细胞损伤时也可发生改变，如沙门氏菌感染时肠黏膜上皮细胞的细胞衣变薄，甚至缺失；在旋毛虫感染时，骨骼肌细胞的细胞衣明显增厚。细胞膜上钠钾泵的损伤可招致细胞肿胀，同时也引起细胞膜轮廓不规则和出现外突小泡。细胞膜较严重损伤可形成同心圆层状卷曲，即髓鞘样结构。细胞间连接也是一些致病因素经常损伤的部位，如在缺氧、低温和镉、铅中毒时，细胞间细胞连接破坏而发生分离。血液寄生虫感染（如锥虫、疟原虫）时，由于虫体在血细胞内寄生繁殖，可导致血细胞膜破裂，出现溶血。在细胞恶变时，其细胞间连接也有改变，多数情况下各种类型的连接装置都有减少趋势，如皮肤鳞状细胞癌中桥粒明显减少。细胞膜受严重损伤可导致细胞膜破裂和细胞内容物外溢。

### 二、线粒体的病变

线粒体（nitochondrion）是一种重要的细胞器，是内呼吸氧化中心和能量供应中心。因线粒体对各种病理性损伤极为敏感，故是细胞损伤最灵敏的指示器。常见的线粒体病变有：

### （一）线粒体肿胀（mitochondrial swelling）

是细胞损伤时最常见的线粒体病变。线粒体肿胀可表现为内室肿胀和外室肿胀。线粒体内室肿胀较常见，在早期或轻度肿胀时，线粒体稍增大，基质变淡，仍保持均质状，其中的致密颗粒多消失，嵴变短，减少，排列紊乱。线粒体明显肿胀时，基质内形成多数电子透明区，使基质呈斑点状，嵴多已消失。在极度肿胀时，线粒体变为无结构的空泡状，其界膜可因高度肿胀而破裂。外室肿胀较少见，通常为嵴的肿胀，使嵴内间隙增宽，形成大小不一、形状不规则的空泡，其周围的基质电子密度较高而显得致密。外室肿胀和内室肿胀也可同时出现于一个线粒体上。

引起线粒体肿胀的病因有缺氧、毒物中毒和渗透压改变等。线粒体肿胀多为可逆性改变，只要损伤不过重，在病因消除后，一般都能恢复。线粒体变性主要因为线粒体氧化功能障碍所致。

### （二）线粒体固缩（mitochondrial pyknosis）

表现为线粒体体积缩小，基质的电子密度增加，嵴的排列紊乱、扭曲和粘连。常见于凝固性坏死的组织、饥饿的肝脏、病毒性肝炎和某些肿瘤细胞等。

### （三）线粒体肥大与增生（mitochondrial hypertrophy and hyperplasia）

肥大是指线粒体的体积增大，其基质电子密度不降低，嵴的大小和数目增加。增生是指细胞内线粒体的数量增多。线粒体肥大与增生常见于细胞的功能增强、能量需求增高时，如妊娠子宫的平滑肌细胞和病理性肥大的心肌细胞内均可出现这种适应性变化。肝部分切除后，增生细胞的线粒体再生，呈哑铃形。

### （四）巨线粒体（megamitochondrion）

其体积比正常线粒体大几倍至十几倍。嵴的数目增多，有时出现髓鞘样结构、晶形包含物和脂滴等。巨线粒体通常单个出现，其余的线粒体仍保持正常的体积。巨线粒体可由数个线粒体互相融合而成，也可由一个线粒体增长而成。巨线粒体可出现一些疾病和实验条件下，可能与某些维生素矿物质缺乏（特别是维生素 E 和 $B_2$ 及硒物质缺乏）、蛋白质缺乏（如肝癌所致蛋白质代谢障碍和恶病质）或内分泌失调（如实验性切除大鼠脑下垂体后的肾上腺细胞内出现巨线粒体）等有关。

## 三、内质网的病变

### （一）内质网扩张和囊泡形成（dilatation and vesiculation of endoplasmis reticulum）

内质网扩张是指内质网的口径增大，一般仍保持原有结构的基本特点，扩大的囊之间尚未失去联系，还具有网状的外形。囊泡形成是指内质网扩张并断裂成大小不等的囊泡。粗面内质网发生扩张和囊泡形成时常伴有核蛋白体颗粒的脱落，变成与滑面内质网一样的结构。内质网扩张可表现为弥漫性或局灶性，依扩张程度不同可呈小泡状、池状和湖泊状，饥饿、缺氧、中毒（四氧化碳和有机磷等）、感染、营养不良和放射线照射等均可引起内质网扩张和囊泡形成。

### （二）粗面内质网脱颗粒（degranulation of rough endoplasmic reticulum）

指粗面内质网膜上附着的核蛋白体脱落而明显减少，甚至消失。与此同时往往伴有内质网扩张、囊泡形成和多聚核蛋白体解聚。粗面内质网发生这些变化称为粗面内质网紊乱。可见于毒性因子（四氧化碳、黄曲霉素等）作用时。

### （三）多聚核蛋白体解聚（disaggregation of polyribosomes）

指多聚核蛋白体分解和形成障碍，以致胞浆中多聚核蛋白体消失。多聚核蛋白体解聚是蛋白质合成障碍的形态学指征。在四氧化碳、霉变饲料中毒的肝细胞和维生素 C 缺乏的成纤维细胞中都可见多聚核蛋白体解聚。

### （四）内质网肥大与增生（hypertrophy and hyperplasia of endoplasmic reticulum）

内质网是具有多种功能的高度特化的结构。发育完善的内质网是细胞分化程度和功能活性较高的表现。未成熟或未分化的细胞，以及快速生长的细胞（如干细胞、恶性肿瘤细胞等），粗面内质网少，而游离的多聚核蛋白体增多，这是细胞生长和分裂所需内源性蛋白质合成旺盛的反映。在超常速分化的细胞，内质网是一种易变的细胞器，其数目和体积常随细胞功能的变化而改变。

（1）粗面内质网肥大与增生　指粗面内质网的体积增大与数目增多，同时生化上反应显示 RNA 增加和组织学上胞浆呈嗜碱性着色，反映细胞的蛋白质合成增强。例如，妊娠大鼠肝细胞的粗面内质网肥大与增生，以增加妊娠所需血浆蛋白的合成。

（2）滑面内质网肥大与增生　把滑面内质网分支小管和小泡的数目增多，明显时几乎充满胞浆。例如，大鼠苯巴比妥钠中毒时，肝细胞胞浆内充满滑面小管和小泡或其分支的管网，同时伴有微体增大和药物代谢酶的活性升高，这可认为是肝细胞对毒物耐受性的一种适应性反应。

## 四、高尔基复合体的病变

### （一）高尔基复合体肥大（hypertrophy of Golgi complex）

表现为由平行排列的扁平囊和伴随的大泡、小泡数目增加或高尔基复合体增多而占据胞浆的大部分。高尔基复合体肥大通常发生于细胞分泌活性增强时，如垂体前叶促肾上腺皮质激素细胞分泌促肾上腺皮质激素增强时，其高尔基复合体发生明显肥大。

### （二）高尔基复合体萎缩（atrophy of Golgi complex）

表现为高尔基复合体变小，其扁平囊和大泡、小泡的数目和体积都减少。在宠物饥饿、蛋白质缺乏和干扰蛋白质合成与分泌过程的毒物作用时均可引起高尔基复合体萎缩。

还常见于肝细胞的各种中毒性损害。

### （三）高尔基复合体扩张和崩解（dilatation and rupture of Golgi complex）

表现为扁平囊扩张，严重时扁平囊、大泡和小泡均可崩解。通常伴发于缺氧、中毒等损伤引起线粒体肿胀、内质网扩张和囊泡形成时。

### （四）高尔基复合体与细胞分化

高尔基复合体与内质网一样是细胞内实行多种功能的特化结构，其发育状况可视为细胞分化和功能成熟程度的指征。在未分化、不成熟的细胞和快速生长与繁殖的细胞，高尔基复合体均发育不好。据资料表明：肿瘤细胞的分化程度与高尔基复合体的大小也成比例，即分化程度较低的恶性肿瘤细胞，其高尔基复合体不发达；分化程度较高的良性肿瘤细胞一般有发育较好的高尔基复合体。

## 五、溶酶体的病变

### （一）残体增多

残体（residual bodies）是指含有水解酶未能分解有机物质的次级溶酶体。残体可被排出细胞外或长期存留在细胞内。细胞内残体增多为溶酶体病变的表现之一。例如，脂褐素（lipofuscin）是一种残体，电镜下为不规则小体，其周围有单层界膜，内容物主要由致密的颗粒状物质和密度较低的脂滴组成，偶见残存的膜性结构；组化分析其中有溶酶体所特有的酸性水解酶，因而是含有不能消化物质的次级酶体。宠物由慢性消耗性疾病所致全身性萎缩时可见肝细胞、心肌细胞及肾小管上皮细胞内大量脂褐素出现，有人认为这可能与溶酶体中缺少某些酶或酶活性下降，或者细胞排出残体的能力衰退有关。

### （二）溶酶体过载

指细胞摄入的物质过多，超过溶酶体酶所能处理的量，这些物质在溶酶体内大量贮积，致使溶酶体增大。例如，蛋白尿时肾近曲小管上皮细胞可摄入大量蛋白质而又不能被溶酶体酶完全消化分解，使其胞浆中出现多量增大的载有蛋白质的溶酶体。

### （三）溶酶体性贮积病（lysosomal storage disease）

指由于某些溶酶体酶的先天性缺乏而引起相应物质在溶酶体内沉积。例如，$GM_1$ 神经节苷脂贮积病（家畜的一种常染色体隐性遗传病）是由于溶酶体缺乏 β－半乳糖苷酶而致 $GM_1$ 神经节苷脂在神经细胞溶酶体内大量蓄积。

### （四）溶酶体膜破坏和溶酶体酶释放

有些致病因素，如尿酸盐、二氧化硅、链球菌溶血素、维生素 A 和抗原抗体复合物等，能破坏溶酶体膜，使溶酶体酶释出，造成细胞损伤和组织病变。例如，尿酸盐沉着于组织可被中性粒细胞吞噬，含有尿酸盐的吞噬体与溶酶体融合形成次级溶酶体，尿酸盐可与次级溶酶体膜形成氢键而使溶酶体膜破坏，释放出溶酶体酶，引起中性粒细胞自溶崩解；随着中性粒细胞溶解，溶酶体酶进入组织，导致局部发生急性无菌性炎症。

## 六、细胞包含物

细胞包含物是指细胞浆内具有一定形态结构的各种代谢物质，如糖原、脂类、蛋白质等，其数量和形态与细胞类型和生理状态有关。在病理条件下，各种细胞包含物可出现于许多细胞内，它们多来自细胞内或细胞外，其发生原因是由于酶缺乏或其他代谢障碍所致的代谢产物蓄积，也可因胞饮或胞吞作用引起一些物质在胞浆内积聚有关。

## 七、细胞核的病变

### （一）细胞核的形态变化

在电镜下多数细胞核的外形均具有一定程度的不规则性。在病理情况下，细胞核外形的明显不规则性表现为细胞核分节增多、核膜异常的凸出或凹陷和形成深的裂隙等，从而可加强物质交换和提高代谢活性，如肿瘤细胞的胞核明显不规则性增加了胞核与胞浆接触的面积，从而加强物质代谢，促使细胞分裂。

### （二）细胞核的体积变化

细胞核的大小通常反映其功能活性，功能旺盛时胞核增大，功能下降时胞核变小。但在细胞受损而发生细胞水肿时，细胞核也可因水分含量增多而增大；此时往往伴有功能降低，故称为变性性核肿大。

### （三）核膜的变化

（1）核膜增生　表现为核膜内层增厚、层次增加和形成小泡或突起，多见于病毒感染时。例如，疱疹病毒感染时，病毒核衣壳在胞核内靠近核膜可引起核膜内层增厚、折叠，并包围病毒，随后向外突出、断离形成小泡，将病毒核衣壳包裹在由核膜形成的泡状结构内。

（2）核孔数目变化　核孔是胞核与胞浆进行物质交换的通路，核孔的数目与细胞类型及其机能状态有关。核孔数目增多见于肿瘤细胞；核孔数目减少见于代谢活性降低时（如恶病质）。

### （四）染色质变化

（1）染色质边集（chromatin margination）　指颗粒状的染色质凝聚成不规则的团块，集中分布在核的周边和内核膜下，甚至可形成一完整的环，而核内其他部位的染色质减少或消失。染色质边集是细胞死亡过程中较早期的核病变，常见于缺氧、中毒、病毒感染和放射线照射时。

（2）核浓缩（karyopknosis）、核碎裂（karyorrhexis）、核溶解（karyol-ysis）　主要是

染色质的变化，同时伴有核膜等其他成分的改变。核浓缩表现为染色质聚集成致密浓染的团块和核体积缩小。核碎裂时染色质先集于内核膜下并形成高电子密度的团块，以后随核膜破裂而裂解为若干致密浓染的碎片。核溶解主要表现为核内染色质部分或全部溶解，进而整个胞核溶解消失。以上三种病理变化均为细胞坏死的形态学标志。

### （五）核仁的变化

（1）核仁体积、数目和形状的变化　核仁增大见于增生活跃并伴有蛋白质合成增多的细胞，如胚胎细胞、干细胞、肿瘤细胞及肝部分切除后的再生肝细胞。在很多恶性肿瘤细胞内都可见核仁增大、数目增多和形状不规则。当细胞的蛋白质合成降低或停止时，核仁发生退化，表现为核仁体积缩小或环形核仁（核仁形成一薄壳包围透亮的纤维性中心）。

（2）核仁分离（nucleolar segregation）　是指正常核仁中混在一起的纤维成分和颗粒成分发生分离，并出现明显的界限。核仁分离的形态表现最常见的是其纤维成分形成一新月形或半球形的核仁覆盖在颗粒成分上，然后两种成分逐渐分离，其间有明显的界限。有时可见纤维成分形成许多小的致密团块，从核仁的一极或周围呈放射状颗粒成分分开。轻度的核仁分离是可逆的，但严重分离可导致核仁碎裂。核仁分离见于病毒感染、致癌物质、紫外线照射和一些干扰 RNA 合成的药物作用时（如放线菌素 D、丝裂霉素 C 和黄曲霉素等）。

### （六）核内包含物（intranuclear inclusion）

是指核内出现正常成分以外的物质，其核内包含物应与假核内包含物区分。假核内包含物是胞浆成分随着核膜内陷而突入核内后形成的，其周围有两层核膜包围，内层膜的内表面有核蛋白体附着，外层膜的外表面有异染色质分布；其内容物为胞浆成分，如各种细胞器，膜碎裂呈髓鞘样结构。假核内包含物常见于肿瘤细胞的胞核内。真核内包含物与核质混杂，无核膜包围。常见的真核内包含物有以下几种：

（1）核内糖原包含物　糖原颗粒（多数为 β 糖颗粒）呈不规则团块状位于核质中，常见于宠物糖尿病、传染性肝炎和糖原贮积病。

（2）核内脂质包含物　多呈圆形，周围无界膜，其密度也取决于不饱和脂肪酸的含量。通常在胞浆内含在大量脂滴时，胞核内可出现脂质包含物；肿瘤细胞中也常见核内脂质包含物。

（3）核内病毒包含物　是指核内出现病毒颗粒或病毒颗粒较规律而密集排列成的结晶。可见于宠物的一些病毒性疾病，特别是在核内合成的 DNA 病毒（如腺病毒和疱疹病毒）感染时。

（4）核内铅包含物　铅中毒时，肝细胞和肾近曲小管上皮细胞的胞核内可出现含铅的丝状或颗粒状包含物。

## 第二节　细胞凋亡

细胞凋亡指机体在一定生理、病理条件下，为维持内环境稳定，通过基因控制而使细胞发生主动而有序的死亡。具体表现为散在的发生单个细胞脱落死亡，从不累及大片细胞或组织，是细胞死亡的另一种形式和途径。它涉及一系列基因的激活、表达及调控等作用，不造成自体的损伤和炎症，是细胞为了更好地适应环境而主动进行的死亡过程。由于细胞凋亡受到严格的遗传机制决定的程序性调控，故常称其为细胞程序性死亡（Programmed Cell Death，PCD）。

细胞凋亡可发生于生理和病理条件下，在生命的生长发育过程中，细胞有丝分裂固然是极其重要的过程，但细胞凋亡也是不可缺少的一个重要方面。细胞凋亡对多细胞生物个体发育的正常进行、自稳平衡的保持以及抵御外界各种不良因素的干扰都起着非常重要的作用。如能适时细胞凋亡，有机体可以清除不再需要的细胞，而不引起炎性反应。但若细胞凋亡的机制失调，包括不恰当的激活或抑制将导致疾病发生。（如各种肿瘤病、病毒病以及自身免疫性疾病等。）

近几年，随着分子生物学、细胞生物学、免疫学和肿瘤学的深入研究，人们对细胞凋亡的理论和实际意义有了更深的理解，对其机制已经有了比较清晰的认识，但有些细节仍需进一步证明和阐释；细胞凋亡与疾病关系的研究也有很大进展，很多研究成果为防治肿瘤和自身免疫性疾病拓宽了新的思路，为人类攻克某些重大疾病提供了可靠的依据。

## 一、细胞凋亡的形态学和生化学特征

### （一）细胞凋亡与坏死

细胞凋亡与坏死是两种截然不同的细胞学现象。二者的主要区别是：细胞凋亡是细胞自我破坏的主动过程，细胞凋亡过程中，细胞膜反折，包裹断裂的染色质片断或某些细胞器，然后逐渐分离，形成众多的凋亡小体，凋亡小体则为附近的细胞（单核巨噬细胞或实质细胞）所吞噬，在整个过程中，细胞膜的整合性保持良好，死亡细胞的内容物不会逸散到胞外环境中去，因而不引发炎性反应；而在细胞坏死时，细胞膜发生渗漏，细胞内容物，包括膨大、破碎的细胞器及染色质片断，释放到胞外环境中，发生炎性反应。

### （二）细胞凋亡的形态学特征

细胞凋亡的发生过程，在形态学上可分为三个阶段：①凋亡起始；②凋亡小体形成；③凋亡小体被附近的细胞吞噬、消化。据资料表明：从细胞凋亡开始到凋亡小体的出现仅需数分钟，而整个细胞凋亡过程可延续4～9h。

### （三）细胞凋亡的生化特征

目前，人们已认识到细胞凋亡的最重要特征是DNA发生核小体间断裂，结果产生含有不同数量的核小体片断，在进行琼脂糖凝胶电泳时，形成了特征性的梯状条带（DNA ladders），其大小为180的整数倍。因为在细胞凋亡时，早期$Ca^{2+}$内流引起胞质中$Ca^{2+}$浓度持续升高，激活了$Ca^{2+}$依赖性核酸内切，于180碱基对处将DNA切断，胞质内蛋白质发生交联，产生单个核小体和穴聚核小体，抽取其中DNA进行电泳分离，呈现梯状条带。故测验梯状条带是鉴别细胞凋亡最可靠的方法。

但DNA降解并不是细胞凋亡必不可少的改变，Bowen等在细胞凋亡过程中未发现有

DNA 降解现象，细胞凋亡的另一特征是有新的 RNA 和蛋白质合成，这是细胞凋亡运动性的一种有力证据。

### (四) 诱导细胞凋亡的因子

诱导细胞凋亡的因子可分两大类：

(1) 化学及生物因子　活性氧基团和分子（如超氧自由基、羟自由基、$H_2O_2$）、钙离子载体，$V_{K3}$、视黄酸、细胞毒素等。DNA 和蛋白质的抑制剂（如环己亚胺）、正常生理因子（如激素、细胞生长因子）的失调及肿瘤坏死因子等。

(2) 物理因子　各种射线（如紫外线、X 射线、α、β、γ 射线等）、温度刺激（如热刺激、冷刺激等）。

### (五) 影响细胞凋亡的因素

国内外大量研究结果表明，影响细胞凋亡的因素很多，可大致分为促细胞凋亡因子和抗细胞凋亡因子，促细胞凋亡因子包括生理性激动因素（如 TNF 家庭，生长激素撤除，失去基质附着等）和病理性基因产物（如 bcr-abl、PMl-RARa）。抗细胞凋亡因子包括生理性抑制因素（如生长因子、细胞外基质、中性氨基酸、锌离子、雌激素等），病毒基因（如腺病毒 EIB、牛痘病毒 crmA 等）和药物因素（如抑制剂、肿瘤启动因子等）。

### (六) 细胞凋亡的检测

细胞凋亡的检测是基于凋亡细胞所形成的形态学和生物化学特征，现检测方法有五种，特别是 DNA 的断裂是人们鉴别细胞凋亡与否的主要检测方法。简介如下：

(1) DNA 断裂的原位末端标记法。

(2) 细胞形态学观测法。

(3) DNA 电泳法。

(4) 彗星电泳法。

(5) 流式细胞分析法。

## 二、细胞凋亡与衰老

细胞凋亡与衰老的关系是一个相当复杂的问题，二者既有联系又不相同。

现颇为流行的观点认为：细胞衰老是由于细胞凋亡的失调引起的。其实质是凋亡消除了细胞中误差的积累，从而保证了表型保真度的维持。细胞凋亡的失调，导致了衰老。事实上，动物细胞实现凋亡的能力随年龄增长而下降，衰老伴随的肿瘤发病率的上升是无可置疑的，这可能与细胞不能实现凋亡有关。有试验证明，对限制热量摄入的大鼠，其肝细胞凋亡率比对照组明显上升，而肝癌发生率明显下降，其结果表现为个体衰老的推迟和寿命的延长。然而，对于某些组织/器官来说，细胞凋亡又往往伴随着衰老，如男人的心室肌细胞在正常衰老过程中丧失 1/3，大部分是由于坏死，少部分是由于凋亡；大脑皮层的神经元在衰老时丧失 10%，因而，老年性痴呆症（也有人认为与脑细胞萎缩有关）也伴随着神经元的逐渐丧失而渐趋加重。

此外，体外培养的成纤维细胞衰老时却不凋亡，因为 $BCL_2$（是一种原癌基因，能延长细胞的生存，并能抑制细胞凋亡）未受到抑制，而在体内就会造成衰老细胞的积累，也可能产生某些有害的产物。

到目前为止，遗传病理学的研究不支持细胞凋亡在衰老中的作用，因为在对衰老和凋亡的遗传基础进行众多的研究过程中，尚未发现相互重叠的基因。此外，剔除 $BCL_2$ 基因的动物，就会产生细胞凋亡，但并未产生典型的衰老特征，只发现少数在表现上与衰老相似的现象。

总之，细胞凋亡是受基因控制，其发生过程中需要大分子合成，由此推断可以通过控制其间的分子组成或控制细胞凋亡而达到治疗的目的。现已运用于临床的有以诱发细胞凋亡为目的放射疗法、化学疗法、激素疗法、细胞因子疗法等均显现出理想的效果。

## 第三节　萎缩

发育正常或成熟的器官、组织或细胞受致病因素作用而发生体积缩小和机能降低，称为萎缩（atrophy）。器官、组织的萎缩是由于组成该器官、组织的实质细胞的体积缩小或数量减少所致，同时伴有程度不同的功能降低。

萎缩可分为生理性萎缩和病理性萎缩两类。生理性萎缩是指在生理状态下所发生的萎缩，多与年龄有关，故又称老龄性萎缩。例如，宠物成年后胸腺或法氏囊的萎缩、老龄后全身各器官不同程度的萎缩等。病理性萎缩是指在致病因素作用下引起的萎缩，依据病因和病变波及范围的不同可分为全身性萎缩和局部性萎缩。

### 一、全身性萎缩

全身性萎缩是在全身物质代谢障碍情况下，主要是在分解代谢超过合成代谢的基础上发展起来的萎缩，此时全身各器官、组织均有不同程度的萎缩。

若长期饲料不足、营养不良、慢性消化道疾病（如慢性肠炎、消化道梗阻）和严重的消耗性疾病（如结核病、鼻疽、寄生虫病和恶性肿瘤等）均可引起营养物质的供应和吸收不足，或体内营养物质特别是蛋白质过度消耗而导致全身性萎缩。

全身性萎缩时，体内各器官、组织都发生萎缩，但其程度是不同的。这与机体在疾病过程中发生适应性调节，表现一定的机能和代谢改变有关。各器官、组织的萎缩过程具有一定的规律性，脂肪组织的萎缩发生得最早且最显著，其次是肌肉，再次是肝、肾、脾、淋巴结、胃、肠等器官；而脑、心、肾上腺、垂体、甲状腺的萎缩发生较晚，也较轻微。

发生全身性萎缩的宠物都表现严重的衰竭征象，其被毛粗乱无光，精神委顿，进行性消瘦、贫血和全身水肿，即呈恶病质状态。剖检见脂肪组织消耗殆尽，皮下、腹膜下、肠系膜和网膜的脂肪完全消失；心脏冠状沟和肾脏周围的脂肪组织呈灰白色或灰黄色、半透明的胶冻样外观，即发生浆液性萎缩。显微镜检查见脂肪细胞内脂肪滴分解消失，其空隙充满组织液。

全身骨骼肌萎缩变薄，色泽变淡。镜检见肌纤维变细，肌浆减少，胞核呈现密集状态，肌纤维排列稀松，其间有水肿液充盈。

骨骼萎缩呈现骨质变薄、变轻，质脆而易断。红骨髓减少，黄骨髓呈浆液性萎缩。

血液稀薄，色淡，红细胞数和血红蛋白含量减少，呈现明显贫血症状。由于血浆蛋白含量降低而使血浆胶体渗透压降低和全身性萎缩时毛细血管壁通透性增强，招致全身性水肿。皮下和肌间因水肿而呈胶样浸润外观，胸、腹腔和心包腔内有多量稀薄、透明的液体蓄积。

肝脏体积缩小，厚度变薄，边缘锐薄，韧性增强，呈现灰褐色。镜检见各肝小叶的肝细胞明显减数，肝小叶缩小，肝细胞胞浆内出现多量棕褐色的脂褐素颗粒。脂褐素在肝细胞内大量出现使萎缩的肝脏眼观呈灰褐色，故又称其为肝褐色萎缩。

肾脏体积略缩小，切面见皮质变薄而色泽稍深。镜检见肾小管上皮细胞体积缩小、变扁，呈低立方状，其胞浆中有脂褐素沉着，管腔增大，间质有水肿液蓄积。

心脏眼观仅见心肌色彩变淡。镜检见心肌纤维变细，胞核两端的胞浆内有脂褐素沉着，肌纤维间因水肿液蓄积而排列疏松。

胃、肠壁变薄，通常因伴发水肿而厚度变化不大。镜检见肠绒毛减少，且变粗、变低，黏膜上皮细胞多已消失，固有层内大量水肿液蓄积，腺体减数并排列稀疏，黏膜下层和肌层也见水肿，平滑肌纤维变细。

脾脏显著缩小，被膜皱缩增厚，切面含血量少，红髓减少，白髓形象不清，脾小梁相对增多。镜检见红髓中细胞成分减少，不见含铁血黄素沉着；白髓明显缩小、减数，甚至消失，或仅见散在的和少量集聚成堆的淋巴细胞。

淋巴结体积无明显变化或稍缩小，切面多汁湿润。镜检见淋巴细胞明显减少，淋巴小结消失，仅有少量淋巴细胞稀疏地分布于淋巴结的水肿液中。

肺脏眼观无明显变化，或仅见轻度肺泡气肿。镜检见肺泡腔扩张，肺泡壁上皮细胞脱落，肺泡间隔变薄，有些已消失。

光镜下可见，萎缩的细胞体积缩小，胞浆减少比胞核缩小发生得早且明显得多。在电镜下可见，萎缩细胞的胞浆内除溶酶体外，细胞器的数量减少和体积缩小，而自噬体增多，自噬体是由单层膜包裹一些退变细胞器或基质的囊泡，可与初级溶酶体融合形成自噬溶酶体，其中退变细胞器可被溶酶体消化，不能完全消化的则形成残体。残体可排出细胞外，或长期存留于细胞内（如脂褐素）。萎缩细胞的上述变化反映其分解破坏过程增强，功能降低。

## 二、局部性萎缩

局部性萎缩是由局部原因引起器官或组织的萎缩。按其发生原因常见以下几种：

### （一）废用性萎缩

指器官或组织因长期不活动、功能减弱所致的萎缩，例如，动物肢体因骨折或关节纤维性粘连而长期不能运动，结果使相关的肌肉发生萎缩。

### （二）压迫性萎缩

指器官或组织长期受压迫而引起的萎缩，例如，肿瘤、寄生虫（棘球蚴、囊属蚴）压迫相邻组织、器官引起的萎缩；肾结石压迫或尿液潴留于肾盂，使其扩张并压迫肾实质而引起肾萎缩等。

（三）缺血性萎缩

指动脉不全阻塞，血液供应不足所致的萎缩，多见于动脉硬化、动脉压迫、血栓形成或栓塞造成动脉内腔狭窄时所造成的萎缩。

（四）神经性萎缩

指神经系统损伤而发生功能障碍，使受其支配的器官、组织因失去神经的调节作用而发生的萎缩。例如，脊髓运动神经原坏死可引起相应肌肉麻痹和萎缩。鸡马立克氏病时，由于臂神经丛和坐骨神经受到增生的淋巴样细胞侵害，而发生神经、肌肉萎缩和肢翅麻痹。

（五）内分泌性萎缩

是由于内分泌机能低下所引起的相应组织器官的萎缩。如当脑垂体机能低下，所分泌的促甲状腺素、促肾上腺素、促性腺激素减少时，则可引起甲状腺、肾上腺、性腺等器官的萎缩；在宠物养殖生产中，给非种用动物去势可使其生殖器官萎缩，而便于驯养管理和肥育。

局部性萎缩的形态变化表现为局部组织和器官的体积缩小；有些局部性萎缩的部位可以见到引起萎缩的病因和未受病因作用的相同组织或器官发生代偿性肥大。

## 三、萎缩的结局和后果

萎缩是一种可复性病理变化，若能即时消除病因，萎缩的器官、组织、细胞可恢复其形态和功能。但病因持续作用而病变继续发展，萎缩的细胞可最后消失，器官和组织将丧失其机能。全身性萎缩是伴发于不全饥饿或严重消耗性疾病的一种全身性病理过程，而体内各器官、组织的萎缩又会对原发性疾病产生不良的影响。关键性问题是病因的即时消除，其结局主要取决于原发病的发展。局部性萎缩的后果取决于发生的部位、范围和萎缩的程度。发生于生命重要器官（如脑）的局部性萎缩就可引起严重后果；发生于一般器官的萎缩，特别是程度较轻时，通常可由健康部分的机能代偿而不产生明显的影响。

# 第四节　变性

变性（degeneration）是指细胞和组织损伤所引起一系列形态学变化，其表现为细胞或间质内出现一些异常物质或正常物质数量过多或某些物质的部位异常。变性一般是可复性病理过程，发生变性的细胞和组织的功能降低，严重的变性可发展为坏死。常见类型有：

## 一、细胞肿胀

细胞肿胀（cell swelling）是指细胞内水分增多，胞体增大，胞浆内出现微细如尘埃状颗粒或大小不等的水泡。传统病理学称其为颗粒变性或水泡变性。细胞肿胀多发生于肝细胞、肾小管上皮细胞和心肌细胞，也可见于皮肤和黏膜的被覆上皮细胞。它是一种常见的轻度的细胞变性。

### （一）病因和发病机理

感染、中毒、发热和缺氧等致病因素均可引起细胞肿胀，故多出现于急性病理过程。上述致病因素可直接损伤细胞膜的结构，也可破坏线粒体的氧化酶系统，使三羧酸循环和氧化磷酸化发生障碍，ATP 生成减少，膜上的钠泵障碍，导致细胞内钠离子增多，于是水分进入细胞增多，细胞因而肿大。线粒体和内质网等细胞器也因大量水分进入而肿胀和扩张，甚至形成囊泡。

电镜观察和细胞病理学研究结果表明，颗粒变性和水泡变性的发病机理基本相同，只是病变的程度不同，病理过程的发展阶段性不同而已。

### （二）病理变化

发生细胞肿胀的实质器官（如肝、肾）眼观肿大，被膜紧张，切面隆起，色泽变淡，质地脆软。细胞肿胀早期在光镜下见细胞肿大，胞浆内出现多量微细如尘埃状颗粒，苏木素—伊红（HE）染色呈淡红色，细胞一般无明显变化，或稍显淡染。具有这种病变特征的早期细胞肿胀称为颗粒变性（granular degeneration）。随着病变的发展，变性细胞的体积进一步增大，胞浆基质内水分增多，变得淡染、稍显透明，微细颗粒逐渐消失，并出现大小不一的水泡；胞核也肿大、淡染。稍后小水泡可相互融合成大水泡。胞浆内以出现水泡为特征的细胞肿胀又称为水泡变性（vacuolar degeneration）。严重时细胞明显肿胀，胞浆疏松呈现空网状或几乎呈透明状，胞核或悬浮于中央，或偏位于一侧，核内也出现空泡，此时变性的细胞肿大如气球状，故又称为气球样变（balloning degeneration）。

在电镜下可见，细胞肿胀早期的变化是线粒体肿胀，嵴变短、减少，内质网扩张、脱颗粒，糖原减少，自噬体增多。此时光镜下所见胞浆中的微细颗粒在线粒体丰富的细胞主要是肿胀的线粒体，在缺乏线粒体的细胞则主要是扩张的内质网。细胞肿胀后期的变化为细胞明显肿大，基质疏松变淡，线粒体高度肿胀，内质网极度扩张并断裂成囊泡，扩张的粗面内质网伴有核蛋白体颗粒脱落，高尔基复合体的扁平囊发生扩张，严重时线粒体可发生破裂，内质网广泛解体，甚至崩解。光镜下所见胞浆中的水泡主要是极度扩张和囊泡形成的内质网。

### （三）结局和对机体的影响

细胞肿胀是一种可复性病理变化，当病因消除后一般均可恢复正常，对机体影响不大。但若病因持续作用，则可使细胞损伤加剧，甚至导致细胞死亡（坏死）。细胞肿胀是细胞轻度或中度损伤的表现，发生细胞肿胀器官的机能有不同程度的降低。

## 二、脂肪变性

脂肪变性（fatty degeneration）是指细胞胞浆内出现脂肪滴或脂小滴增多。在电镜下脂肪滴为有膜包绕的圆形小体，即脂质小体，其电子致密度可高可低。脂小滴开始很小，以后逐渐融合而变大，成为光镜下能见到的脂肪滴，此时脂肪滴常无包绕而游离于胞浆中。脂肪滴的主要成分为中性脂肪（甘油三酯），也可能有磷脂和胆固醇。在石蜡切片中脂肪滴被脂溶剂（二甲苯等）溶解而呈圆形空泡状。为了与水泡变性的空泡区别，可做脂肪染色，即冰冻切片用能溶解于脂肪的染料进行染色，如苏丹Ⅲ将脂肪染成橘红色，苏丹Ⅳ将脂肪染成红色，锇酸将其染成黑色。脂肪变性发生于肝、肾、心等实质器官的细胞，其中尤以肝细胞脂肪变性最为常见。它常与颗粒变性同时或先后发生于心、肝、肾等实质器官内，故统称实质变性。

### （一）病因和发病机理

引起脂肪变性的原因有感染、中毒（如磷、砷、四氯化碳、氯仿和真菌毒素等）、发热、缺氧（如贫血和慢性淤血）、饥饿和缺乏必需的营养物质等。上述各类原因引起脂肪变性的机理并不相同，但脂肪变性的发生总的来说是受害细胞的结构脂肪和脂肪代谢被破坏的结果。如肝细胞脂肪变性的发生机理是：正常情况下，进入肝细胞的脂肪酸和甘油三酯主要来自脂库和从肠道吸收的乳糜粒。肝细胞中少量脂肪酸在线粒体内进行β氧化以供给能量；大部分脂肪酸在滑面内质网中合成磷脂和甘油三酯，并与胆固醇和载脂蛋白结合组成脂蛋白，通过高尔基复合体、经细胞膜进入血液；还有部分磷脂及其他类脂与蛋白质、碳水化合物结合，形成细胞的结构成分（即结构脂肪）。上述过程中的任何一个或几个环节发生障碍均可导致肝细胞的脂肪变性。

（1）中性脂肪合成过多　常见于某些疾病造成的饥饿状态，此时体内从脂库动用大量脂肪，大部分以脂肪酸的形式进入肝脏，肝细胞内合成甘油三酯剧增，超过了肝细胞将其氧化和合成脂蛋白输出的能力，脂肪即在肝细胞中蓄积。

（2）脂蛋白合成障碍　常见于合成脂蛋白所必需的磷脂或组成磷脂的胆碱等物质缺乏和缺氧、中毒破坏内质网结构或抑制酶活性而使脂蛋白及组成脂蛋白的磷脂、蛋白质的合成障碍，此时肝脏不能及时将甘油三酯组成脂蛋白运输出去，从而使脂肪在肝细胞内蓄积。

（3）脂肪酸氧化障碍　多见于发热、缺氧。脂肪酸氧化障碍可转向合成甘油三酯，使脂肪在细胞内堆积。

（4）结构脂肪破坏　见于感染、中毒和缺氧，此时细胞结构破坏，细胞的结构脂蛋白崩解，脂质析出形成脂滴。

### （二）病理变化

脂肪变性的器官眼观体积肿大，被膜紧张，边缘钝圆，色泽变黄，切面隆起，质地脆软。肝脏重度弥漫性脂变，其质软如泥，易继发生肝脏破裂。若肝脏发生慢性淤血和脂变，其切面呈红黄相间的状如槟榔样花纹，又称槟榔肝。光镜下可见，脂变细胞的胞浆内出现大小不等的脂肪空泡（石蜡切片）。脂变初期脂肪空泡较小，以后可互相融合变大，严重时形成一大空泡，将胞核挤向一侧，形成戒指状结构。脂肪变性在肝小叶内的分布可呈现区域性，也可呈弥漫性。例如，宠物有机磷中毒时脂变主要出现在肝小叶的边缘区（周边性脂变）；肝淤血早期，由于肝小叶中央区淤血和缺氧较重，脂变先发生于肝小叶中央区（中心性脂变）；严重中毒或感染时，各肝小叶的肝细胞可普遍发生重度脂肪变性。心肌脂肪变性时，光镜下见细小的脂肪空泡呈现串珠状排列的肌原纤维之间。在心神膜下形成红黄相间的条纹称为虎斑心。肾脂肪变性时，肾小管特别是近曲小管上皮细胞的胞浆内出现大小不一的脂肪空泡。

（三）结局和对机体的影响

脂肪变性是一种可复性病理过程，其损伤虽较细胞肿胀为重，但在病因消除后，细胞的功能和结构通常仍可恢复正常。发生脂变的器官，其生理功能降低，如肝脏脂肪变性可招致糖原合成和解毒能力降低，心肌脂肪变性会引起心肌收缩力减弱。严重的脂肪变性可发展为坏死。

## 三、透明变性

透明变性（hyaline degeneration）又称玻璃样变，是指在间质或细胞内出现一种半透明、均质无结构的玻璃样物质，可被伊红或酸性复红染成鲜红色。透明变性包括多种性质不同的病变，它们只是在形态上都出现相似的玻璃样均质物质，而其病因、发生机理和玻璃样物质的化学性质都是不同的。所以透明变性仅是一个病理形态学概念。

（一）类型和发病机理

常见的透明变性有以下三类。

（1）血管壁的透明变性　通常只见于小动脉壁。光镜下见小动脉内皮细胞下出现红染、均质、无结构的物质，严重时可波及中膜。发生透明变性的小动脉管壁增厚，管腔变窄，甚至闭塞。宠物血管壁透明变性可见于慢性肾炎时肾脏小动脉硬化。动脉壁透明变性的发生是由于小动脉持续痉挛使内膜通透性增强，血浆蛋白经内皮渗入内皮细胞下并凝固成均质无结构的玻璃样物质。

（2）结缔组织的透明变性　在光镜下见结缔组织中纤维细胞明显减少，胶原纤维膨胀、其弹性降低，并互相融合形成带状或片状的均质玻璃样物质。眼观发生透明变性的结缔组织灰白色，半透明，质地致密变硬，失去弹性。结缔组织透明变性常见于疤痕组织、纤维化的肾小球和硬性纤维瘤等。其发生机理还不甚清楚。

（3）细胞内透明变性　又称细胞内透明滴状变，光镜下见细胞的胞浆内出现均质、红染的玻璃样圆滴。这种病变常见于肾小球性肾炎时，肾曲细尿管上皮细胞的包浆内可出现多个大小不等的红染玻璃样圆滴。其发生机理是由于肾小球毛细血管通透性增高而使血浆蛋白大量滤出，曲细尿管上皮细胞吞饮了这些蛋白质并在胞浆内形成玻璃样圆滴。细胞内透明变性还可见于慢性炎灶中的浆细胞，此时在光镜下见浆细胞胞浆内出现一椭圆形、红染、均质的玻璃样小体，即 Russell 小体（复红小体），胞核常被挤向一侧。电镜下见该小体为浆细胞胞浆中大量充满免疫球蛋白而扩张的粗面内质网。

### （二）结局和对机体的影响

轻度透明变性是可复性病变，但透明变性的组织容易发生钙盐沉着，引起组织硬化。小动脉壁透明变性可导致局部组织缺血和坏死。结缔组织透明变性可使组织变硬，失去弹性，引起不同程度的机能障碍。肾曲细尿管上皮细胞透明滴状变一般无细胞功能障碍，玻璃滴状物以后可被溶酶体溶解。浆细胞的复红小体形成则可视为浆细胞免疫合成功能旺盛的一种标志。

## 四、黏液样变

黏液样变（mucoid degeneration）是指结缔组织中出现类黏液物质的积聚。类黏液（mucoid）是体内一种黏液物质，由结缔组织细胞产生，为蛋白质与黏多糖的复合物，呈弱酸性，HE 染色为淡蓝色，对甲苯胺蓝呈异染性而染成红色。类黏液正常情况下见于关节囊、腱鞘的滑囊和胎儿的脐带。

黏液样变的发生原因现一般认为与缺氧、中毒、营养不良及血液循环障碍有关，其机理暂不清楚。

结缔组织发生黏液样变时，眼观病变部失去原来的组织形象，变成透明、黏稠的黏液样物质结构。光镜下见结缔组织疏松，其中充以大量染成淡蓝色的类黏液和一些散在的星状或多角形细胞，这些细胞间有突起相互连接。结缔组织黏液样变常见于全身性营养不良和甲状腺机能低下时，一些间叶性肿瘤也可继发黏液样变。黏液样变在病因去除后可以消退，但如病变长期存在可引起纤维组织增生而导致硬化。

## 五、淀粉样变

淀粉样变（amyloid degeneration）是指在某些器官的组织内出现淀粉样物质沉着，此物质常沉积于一些器官的网状纤维、小血管壁和细胞之间。

淀粉样物质是具有 β－片层结构的一种纤维性蛋白质，在电镜下是由不分支的原纤维（直径 7.5～10.0nm）相互交织成的网状结构；在光镜下为均匀无结构的淡红色物质。它可被碘染成赤褐色，再加上 1% 硫酸则呈蓝色，与淀粉遇碘时的反应相似，故称为淀粉样物质。此物质在 HE 染色切片中为淡红色，对刚果红有高度亲和力而被染成红色，对甲基紫可出现异染性，即淀粉样物质呈红色或紫红色，周围组织呈蓝色。

### （一）病因和发病机理

淀粉样变的病因和发病机理目前还不完全清楚。近年来随着生物化学和免疫学研究的进展，也证明了一些问题。现已知淀粉样物质主要有三类：①淀粉样蛋白 A（Amyloid Associated Protein，AA），是由非免疫球蛋白性蛋白质组成的，主要出现于继发性淀粉样变；②淀粉样轻链蛋白（Amyloid Light Chain，AL），是由免疫球蛋白轻链组成的，主要出现于原发性淀粉样变；③内分泌源性淀粉样物质，主要出现于内分泌腺的淀粉样变。兽医临床实践中常见的是反应性全身性淀粉样变，属于继发性淀粉样变，即淀粉样变是继发于一些长期伴有组织破坏的慢性炎症性疾病，如慢性化脓性疾病、慢性浸润结核病和慢性开放性鼻疽等。据报道，在慢性炎症性疾病过程中，血清中会出现一种大分子量的 $\alpha_1$ 球蛋白，称为血清淀粉样物质 A（SAA），而且保持较高水平。有证据表明，SAA 是 AA 的前体。循环血液中大分子的 SAA 可能经巨噬细胞的溶酶体酶的水解而生成 AA 沉着于组织中。原发性淀粉样变可见于恶性浆细胞瘤，其发生与免疫细胞机能失调有关。研究表明，B 细胞的失常细胞系，如肿瘤性浆细胞可合成大量完全的免疫球蛋白轻链及其片段，它们都是 AL 的前体。这些淀粉样蛋白前体经血液循环，通过毛细血管壁进入组织间隙，继而被巨噬细胞吞噬、水解，最后形成 AL 沉着于组织。AA 与 AL 可用高锰酸钾氧化加刚果红复染的方法加以鉴别，AA 经高锰酸钾氧化后即失去对刚果红的亲和力，而 AL 不受高锰酸钾的影响仍被刚果红染成红色。

#### （二）病理变化

淀粉样变多发生于肝、脾、肾和淋巴结等器官。早期病变只能在镜检时发现。肝脏淀粉样变时淀粉样物质沉着于肝细胞索和窦状隙之间，形成粗细不等的粉红色均质的条索。随着淀粉样物质沉着增多，肝细胞受压而逐渐萎缩，甚至消失，窦状隙也受挤压而变小。严重时肝小叶的大部分可被淀粉样物质取代。眼观淀粉样变的肝脏肿大，呈棕黄色，质软易碎，常见有出血斑点。淀粉样物质大量沉着的肝脏易发生肝破裂，造成大出血而使动物死亡。

脾脏淀粉样变可呈局灶型和弥漫型。局灶型的在光镜下见淀粉样物质沉着于中央动脉壁及其周围淋巴组织的网状纤维上，呈现均质粉红色的条索或团块，局部固有细胞成分减少，甚至消失，进而整个白髓可完全被淀粉样物质取代。弥漫型的淀粉样物质大量弥漫地沉着于脾细胞之间和网状纤维上，呈不规则形的团块或条索，淀粉样物质沉着部的淋巴组织萎缩消失。肾脏淀粉样变时淀粉样物质主要沉着于肾小球毛细血管基底膜内、外两侧，使毛细血管管腔狭窄和局部细胞萎缩消失，严重时整个肾小球可完全被取代。淋巴结淀粉样变时淀粉样物质沉着于淋巴小结和淋巴窦的网状纤维上。

#### （三）结局和对机体的影响

轻度淀粉样变一般是可以恢复的。继发于慢性炎症性疾病的淀粉样变，其结局依原发性疾病的经过而定。严重的淀粉样变不易恢复。发生淀粉样变的器官由于实质细胞受损和结构破坏均发生明显的机能障碍。

### 六、纤维素样变

纤维素样变（fibrinoid degeneration）是指间质胶原纤维和小血管壁的固有结构破坏，变为无结构、强嗜伊红染色的纤维素样物质。发生变性的胶原纤维可断裂、崩解为碎片，受侵小血管壁的结构也严重破坏，此时实际上已发生坏死，所以也称其为纤维素样坏死（fibrinoid necrosis）。

纤维素样变主要见于变态反应性疾病。其发生可能是抗原抗体反应形成的生物活性物质使局部胶原纤维崩解，小血管壁损伤而通透性增高，以致血浆渗出，其中的纤维蛋白原可转变为纤维蛋白沉着于病变部。在纤维素样变的部位，胶原纤维和小血管壁固有的组织结构消失而变为颗粒状、条索状或小块状、无结构的纤维素样物质，其中含有免疫球蛋白和纤维蛋白。

## 第五节　坏死

活体内局部组织或细胞的病理性死亡称为坏死（necrosis）。坏死组织、细胞的物质代谢停止，功能完全丧失，并出现一系列形态学改变。坏死可以迅速发生，是不可逆的病变；但多数坏死是逐渐发生的，即组织、细胞是由变性渐进性发展为坏死。故有人将坏死过程称为渐进性坏死（necrobisosis）。

### 一、病因和发病机理

坏死的病因多种多样，任何致病因素只要其作用达到一定强度和时间，均能使组织、细胞的物质代谢完全停止而引起坏死。常见的病因有以下几类。

#### （一）血管源性因素

局部缺氧多见于缺血（多因动脉管受压，持续痉挛、血栓形成和栓室等），使细胞的有氧呼吸、氧化磷酸化和 ATP 合成发生严重障碍，使细胞代谢异常，导致细胞死亡。

#### （二）生物性因素

各种病原微生物和寄生虫及其毒素能直接破坏细胞内酶系统、代谢过程和膜结构，或通过菌体蛋白引起变态反应引起组织、细胞的坏死。

#### （三）化学性因素

强酸、强碱和各种毒物均可引起坏死。其作用机理多种多样，包括直接损伤组织细胞，使细胞蛋白质变性，破坏酶的活性等。

#### （四）物理性因素

高温、低温、射线等致病因素均可直接损伤细胞引起坏死，高温可使细胞内蛋白质（包括酶）变性；低温能使细胞内水分结冰，破坏胞浆胶体结构和酶的活性；射线能破坏细胞的 DNA 或与 DNA 有关的酶系统，从而导致细胞死亡。

#### （五）机械性因素

强有力的机械力，可直接损伤细胞引起坏死；弱而持久的机械力可持续作用于组织，引起组织细胞发生萎缩、变性、坏死。

（六）变态反应因素

指能引起变态反应而招致组织、细胞坏死的各种抗原（包括外源性和内源性抗原）。例如，弥漫性肾小球肾炎是由外源性抗原引起的变态反应，此时抗原与抗体结合形成免疫复合物并沉积于肾小球，通过激活补体、吸引中性粒细胞、释放其溶酶体酶，可招致基底膜破坏、细胞坏死和炎症反应。

（七）神经营养因素

当中枢神经和外周神经损伤时，相应支配部位的组织细胞因缺乏神经的兴奋性冲动而引起细胞的萎缩、变性和坏死。

## 二、病理变化

组织、细胞刚坏死时，其形态结构与死亡前相似。如将生活中的组织、细胞立即有甲醛溶液固定，组织、细胞虽已死亡，但其形态结构仍保持完好，没有明显变化。活体内细胞死亡后经过一段时间（数小时至10小时以上），由于自溶才会产生光镜下能见到的一系列形态变化。

（一）细胞核的变化

是细胞坏死的主要形态学标志，在光镜下可见核浓缩（染色质浓缩，染色加深，核体积缩小）、核碎裂（核染色质碎片随核膜破裂而分散在胞浆中）、核溶解（核染色变淡，进而仅见核的轮廓，最后完全消失）。

（二）细胞浆的变化

细胞坏死后胞浆可呈现以下几种变化：胞浆呈颗粒状，这是胞浆内微细结构崩解所致；胞浆红染，由于胞浆内嗜碱性物质核蛋白体解体，胞浆与酸性染料伊红的结合增强；胞浆溶解液化；变成均质无构造状态，胞浆水分脱失而固缩为圆形小体，呈强嗜酸性深红色，此时胞核也浓缩尔后消失，形成所谓嗜酸性小体（acidophilic body）。

（三）间质的变化

主要是结缔组织的基质解聚，胶原纤维肿胀，呈条索状或崩解断裂为碎生。可称为间质结缔组织的纤维素样变。间质坏死一般比实质细胞坏死发生晚些，是由致病因素和各种溶解酶的作用引起的。在光镜下可见，间质变成境界不清的颗粒状或条块状、无结构的红染物质。

## 三、坏死的类型

由于引起坏死的原因、条件、坏死组织的物质以及坏死过程中经历的具体变化不同，坏死组织的形态变化也不相同，常分为以下几种类型。

### （一）凝固性坏死（coagulation necrosis）

以坏死组织发生凝固为特征，多发生于含蛋白质较多、含脂类和水较少的组织器官上，局部缺血引起的肾脏贫血性梗死是典型的凝固性坏死。眼观坏死组织为灰白色、较干燥、坚实的凝固体，坏死区周围有一暗红色的炎性反应带与健康组织分界清晰。光镜下可见，坏死细胞的胞核溶解消失或残留部分核碎片，胞浆为红色的凝固物质；组织结构的轮廓仍保留，如肾凝固性坏死灶内肾小球和肾小管的轮廓尚可辨认。但经一段时间后，坏死组织可发生崩解，形成无结构的颗粒状物质。凝固性坏死还有三种特殊类型：

（1）蜡样坏死（waxy necrosis）　是肌肉组织发生的凝固性坏死。眼观坏死的肌组织浑浊、干燥、呈灰红或灰白色，如石蜡样；光镜下见肌纤维肿胀，胞核溶解，横纹消失，胞浆变成红染，均匀无结构的玻璃样物质，有的还可发生断裂。这种坏死常见于白肌病、口蹄疫的心肌和骨骼肌。

（2）干酪样坏死（caseous necrosis）　见于结核杆菌引起的坏死，其特征是坏死组织彻底崩解，并含有较多脂质（主要来自特殊病原如结核杆菌）。眼观颜色灰黄，质较松软易碎，外观如食用的干酪，因而称为干酪样坏死。光镜下，组织的固有结构完全破坏，实质细胞和间质都彻底崩解，融合成一片伊红深染的颗粒状物质。

（3）脂肪坏死（far necrosis）　是指脂肪组织的一种分解变质性变化，为坏死的一种特殊类型。其实质是一种凝固性坏死。常见的有胰性脂肪坏死和营养性脂肪坏死。胰性脂肪坏死又称酶解性脂肪坏死，是指由于胰酶外逸并被激活而引起的脂肪组织坏死，常见于胰腺炎或胰腺导管损伤时；此时脂肪被胰脂酶分解为甘油和脂肪酸，前者可被吸收，后者与组织中的钙结合形成不溶性的钙皂。眼观脂肪坏死部为不透明的白色斑块或结节；光镜下脂肪细胞只留下模糊的轮廓，内含粉红色颗粒状物质，并见脂肪酸与钙结合形成深蓝色的小球（HE 染色）。营养性脂肪坏死多见于慢性消耗性疾病而呈恶病质状态的动物，全身各处的脂肪，尤其是腹部脂肪（肠系膜、网膜和肾周围脂肪）发生坏死。眼观脂肪坏死部初期为散在的白色细小病灶，以后逐渐增大为白色坚硬的结节或斑块，并可互相融合；有些经时较久的坏死灶周围有结缔组织包囊形成。其发生机理可能与大量动用体脂而脂肪利用不全，致使脂肪酸在局部蓄积有关。

### （二）液化性坏死（liquefaction necrosis）

以坏死组织迅速溶解成液状为特征，又称溶解坏死。主要发生于含磷脂和水分较多而蛋白质较少的组织器官上。眼观坏死组织为豆腐脑状软化灶，以后可完全溶解液化呈液状。光镜下见神经组织液化形成镂空筛网状软化灶，或进一步分解为液体。例如，马镰刀菌毒素中毒、鸡维生素 E 和硒缺乏症均可引起脑液化性坏死。化脓性炎灶中大量中性粒细胞渗出并崩解释出蛋白溶解酶，将炎灶中坏死组织溶解液化，也属于液化性坏死。

### （三）坏疽（gangrene）

是组织坏死后受到外界环境影响和感染不同程度的腐败菌所引起的一种黑色特殊病变。坏疽病灶眼观呈黑褐色或黑色，这是由于腐败菌分解坏死组织产生的硫化氢与血红蛋白中崩解释放出来的铁结合，形成黑色的硫化铁的结果。坏疽可分为三种类型。

（1）干性坏疽（dry gangrene）　多发生于体表皮肤，尤其是四肢末端、耳壳边缘和尾尖。坏疽部干涸皱缩，呈黑褐色，与相邻健康组织之间有明显的界限。其发生是由于坏死组织暴露在空气中，水分易蒸发而变得干燥，故腐败菌不易大量繁殖而腐败过程轻微，坏死组织有自溶分解也被阻抑。宠物中常见的干性坏疽有冻伤所致的耳壳和尾尖皮肤坏疽及木乃伊胎。

（2）湿性坏疽（moist gangrene） 多发生于与外界相通的内脏器官（如肺、肠、子宫），也可发生于皮肤（坏死同时伴有淤血、水肿）。由于坏死组织含水分较多，有利于腐败菌生长繁殖，使坏死组织被腐败分解而形成湿性坏疽。眼观坏疽为污灰色、暗绿色或黑色的糊粥样，甚至完全液化；由于腐败菌分解蛋白质产生吲哚、尸胺、粪臭素等可发出恶臭气味；湿性坏疽发展较快并向周围组织蔓延，故坏疽区与健康组织之间的分界不明显。同时一些腐败分解的毒性产物和细菌毒素被吸收，可引起严重的全身中毒感染。湿性坏疽可见于坏疽性肺炎、坏疽性乳腺炎、腐败性子宫内膜炎和肠变位继发的肠坏疽等。

（3）气性坏疽（gas gangrene） 是一种特殊形式的湿性坏疽。主要见于深部创伤（如阉、枪伤等）感染了厌气菌（如恶性水肿杆菌、产气荚膜杆菌等）时，这些细菌在分解坏死组织过程中产生大量（$N_3$、$H_2$、$CO_2$）气体，形成气泡，使坏疽区呈蜂窝状、污棕黑色，触之有捻发音。患部切开能流出多量的带酸臭气味并混有气泡的混浊液体，气体坏疽发展迅速，其毒性产物吸收后可引起全身中毒，导致动物急性死亡。

## 四、坏死的结局和对机体的影响

### （一）溶解吸收

坏死组织被来自坏死组织本身或中性粒细胞的蛋白溶解酶分解、液化，随后由淋巴管或血管吸收，不能吸收的碎片由巨噬细胞吞噬和消除。缺损的组织由周围健康细胞再生或肉芽组织形成予以修复。

### （二）腐离排除

皮肤或黏膜较大的坏死灶多取这一结局。由于坏死灶不易完全吸收，其周围炎性反应中渗出的大量白细胞释放蛋白溶解酶，将坏死组织边缘溶解液化而使坏死灶与健康组织分离。皮肤或黏膜的坏死灶腐离脱落后留下的缺损，称为溃疡（ulcer）。溃疡可通过周围组织的再生而修复。

### （三）机化、包囊形成和钙化

坏死组织不能完全溶解吸收或腐离脱落，可由周围组织新生毛细血管和成纤维细胞组成的肉芽组织逐渐将坏死组织取代，最后形成疤痕，这个过程称为机化。如果坏死组织不能完全机化，则可新生肉芽组织将坏死组织包裹，这个过程称为包囊形成，其中的坏死物质可能会出现钙盐沉着，即发生钙化（calcification）。

坏死组织的机能完全丧失。坏死对机体的影响取决于其发生部位和范围大小，坏死范围越大则对机体的影响也越大。脑和心脏等重要器官的坏死往往由于其功能障碍而危及宠物的生命，一般器官，小范围坏死通常可由相应健康组织的机能代偿而不致产生严重影响。坏死组织中有毒分解产物大量吸收可以引起全身中毒。

# 第十一章　组织的适应、代偿与修复

## 第一节　适应与代偿

适应（adaptation）是指机体对体内外环境条件变化时所发生的各种积极有效的反应。健康动物靠适应机能应付体内、外环境的变化，即“适者生存，不适者淘汰”。无论在生理条件下维持动物的正常生命活动，或是在病理条件下出现抵抗各种障碍与损伤的过程，都包含着机体的各种适应性反应。

代偿（compensation）是指当机体某器官、组织的结构遭受破坏或代谢、功能发生障碍时，通过相应器官的代谢改变、功能加强或形态结构变化来补偿的过程。这一过程是以物质代谢为基础，通过神经体液调节实现的，患病动物靠代偿机能应付体内、外环境的变化，其表现方式有代谢性代偿、功能性代偿和结构性代偿三种。

### 一、代谢性代偿

是指在疾病过程中体内出现的以物质代谢为其主要表现形式的一种代偿。如慢性饥饿时的糖原异生，消耗体内贮存脂肪，以供应能量等。又如缺氧时，组织细胞的摄氧能力增强，无氧酵解过程加强，以酵解方式补充能量等。

### 二、功能性代偿

是指当某个器官的功能发生障碍时，机体通过相应器官的功能增强来实现代偿的一种表现形式。如当一侧肾脏或部分肝脏发生损伤，其功能降低或丧失，可由健侧的肾脏或肝脏的健康部分功能增强，以保证机体对肾脏或肝脏的功能需要。又如大失血时，有效循环血量减少，血压下降，主动脉弓和颈动脉窦压力感受器受到的刺激减弱，反身性地引起交感神经兴奋，儿茶酚胺分泌增多，导致心脏机能加强，外周血管收缩，结果使心输出量和有效循环量增加，血压得以回升，生命活动得以维持。

### 三、结构性代偿

是指机体在长期代谢、功能加强的基础上伴发形态结构的变化来实现代偿的一种表现形式。例如当主动脉瓣口狭窄或闭锁不全时，首先表现为左心室心肌纤维的血液供应增多、代谢活动和心肌收缩力加强，经过一定时间后，心肌纤维中核糖核酸和蛋白质合成增加，肌原纤维、线粒体、肌浆网等均增多，心肌纤维变粗，而导致左心室肥大。

代谢、功能及结构三种代偿形式可以同时存在或先后发生，它们之间有着紧密的联系。一般来说，功能性代偿发生快，长期功能性代偿会引起结构的变化，所以结构性代偿发生较慢，而代谢性代偿则是结构和功能性代偿的基础。

机体的代偿能力是相当大的，同时又是有一定限度的，如果某器官的功能障碍超过了机体的代偿能力，就会发生代偿失调，使病情恶化。另外，代偿有时可掩盖疾病的真相，造成病体似乎处于“健康”状态的假象。这就可能延误诊断和治疗，使原来不太严重的功能障碍继续发展下去。再者，有些代偿过程中，可能派生出其他病理过程来，例如：当动物在慢性饥饿时，主要靠分解体内贮备的脂肪作为能量来源来进行代偿，但大量而持续的脂肪分解所产生的中间代谢产物会超过机体组织所能利用的限度，而导致酮血症，甚至发生自体中毒。

## 第二节 肥大与化生

### 一、肥大

机体的某一组织或器官，由于细胞体积增大和细胞数量增多，从而使该组织、器官的体积增大，称为肥大（hypertrophy）。

肥大是机体的一种代偿性抗病反应，是在机体某一器官遭受损害的情况下，通过神经体液的调节作用，使局部组织发生充血、代谢增强和同化作用加强，以致细胞的营养增多而使体积增大（容积性肥大）。肥大的组织往往同时伴有细胞数量增多（数量性肥大）。但在眼观上两者不易区分。主要表现为肥大器官的体积增大和重量增加。故统称为肥大。镜检时，可见肥大的细胞体积增大、胞浆增多、细胞器增大、核变大、细胞结构清晰等结构形态学改变。

在生理情况下，当某器官功能增强或受到特定刺激时也可以发生肥大，称为生理性肥大。如赛马的肌腱和心脏、妊娠时的子宫、泌乳期的乳腺等均属于生理性肥大。

在疾病过程中，为实现某种功能代偿而引起相应组织或器官的肥大，称为病理性肥大或代偿性肥大。病理性肥大有真性肥大和假性肥大之分。真性肥大是指组织、器官的实质细胞体积增大而引起的肥大，在机能和结构上具有代偿作用，其代谢及机能都明显增强。如心脏瓣膜病时引起的心肌肥大；一侧肾脏因病切除或萎缩时引起的另一侧肾脏的肥大。此时，器官的供血、代谢及功能都增强。因此代偿性肥大对机体的一定程度上来说是有利的。但是这种代偿是有一定限度的，超过了限度，则于肥大组织或器官的血液供应相对不足，因此营养物质和氧的供应不能满足肥大组织的需要，进而出现代偿机能减退或衰竭。例如心肌肥大，可发生肌源性扩张，导致心力衰竭，此时镜检可见肥大的心肌纤维拉长并发生变性。

假性肥大是指组织、器官由于间质填充性增生而发生的体积增大。此时，组织器官的实质细胞往往发生萎缩，故假性肥大可使组织器官的机能降低。如长期休闲而营养过剩的动物其运动能力很差，剖检除可见到明显堆积的体脂外，还可见大量的脂肪蓄积在心脏的冠状沟和纵沟上，同时，心肌纤维之间也有大量的脂肪组织填充性浸润，而心肌纤维受挤压而变细，心脏色泽变淡，虽眼观心脏体积增大，重量增加，但功能却降低，还容易发生急性心力衰竭。

### 二、化生

化生（metaplasia）又称组织变形，是指已分化成熟的组织在环境条件和机能需要改变的情况下，完全改变其机能和形态特征，转化为另一种组织的过程。化生一般多在类型相近似的组织之间发生。例如：上皮组织中，呼吸道的柱状上皮可化生为鳞状上皮；间叶组织与结缔组织可化生为骨组织或黏液组织。但不能化生为上皮组织。

根据化生发生的过程可将其分为直接化生与间接化生两种方式。

#### （一）直接化生

是一种组织不经过细胞的分裂增殖，直接转变为另一种类型组织的化生。例如，结缔组织化生为骨组织时，纤维细胞可直接转变为骨细胞，胶原纤维溶合为骨基质，形成骨样组织经钙化而成为骨组织。

#### （二）间接化生

是一种组织通过形成新生的幼稚细胞而转变为另一种类型的组织的化生。这是由于在新的环境条件和机能要求下，原有组织的细胞被新生的幼稚细胞所取代，这些幼稚细胞在神经体液的调节下，按新的需要方向分化为不同于原组织的另一种细胞，从而可以形成一种类型的组织。例如，在慢性支气管炎时，支气管的假复层柱状纤毛上皮可化生为复层鳞状上皮。

发生化生的组织通常能增加该组织对一些刺激的抵抗力和保护作用，但是却丧失了原有的功能，也常常引起一定的障碍。例如，支气管黏膜化生后就失去了黏液分泌和纤毛的清扫作用，易于并发感染。有的化生还可能继发肿瘤，如宠物的鼻咽癌的发生过程中，多经过鼻咽黏膜柱状上皮的鳞状上皮化生阶段，尔后才癌变而发展为鳞状细胞癌。

## 第三节　再生与改建

### 一、再生

机体内细胞和组织坏死后，由邻近健康组织细胞分裂增殖来修复愈合的过程，称为再生（regeneration）。

组织再生过程的强弱和完善程度与机体的年龄大小、神经系统的机能状态、营养状况和受损伤组织的分化程度高低及损害程度、受损局部的血液循环情况等有密切关系。一般来说，年龄小、营养好、受损组织的分化程度低、组织受损比较轻、血液供应良好，组织再生能力较强；反之年龄大、营养差、组织分化程度高和结构复杂、受损严重、血液供应不良时，则再生能力弱。有的组织甚至完全不能再生。

### (一) 再生的类型

(1) 生理性再生　这是指在生理状态下，衰老和凋亡的组织、细胞不断被新生的细胞所补偿，新生的组织在形态和机能上与原组织完全相同。如宠物被毛的蜕脱与新换，表皮的角化脱落与新生，血液细胞的衰老崩解与新生，子宫内膜的脱落与增生的循环交替等，都属于生理性再生范畴。

(2) 病理性再生　这是指当致病因素作用引起细胞坏死和组织破坏后所发生的一系列修复损伤的再生。如果再生的组织在结构和功能上与原来的组织完全相同，称为完全再生。如果组织坏死后不能完全由原组织的细胞再生，而是由结缔组织增长来填补，随后形成疤痕，以致不能恢复原组织的结构和功能，称为不完全再生。

### (二) 各种组织的再生

#### 1. 上皮组织的再生

除腺上皮外的上皮组织都具有很强的再生能力，尤其是皮肤和黏膜等的被覆上皮更易再生。如当皮肤或黏膜的覆层上皮受损后，先由创缘部残存的上皮基底细胞分裂增生，起初为单层的矮小细胞，以后逐渐分化为覆层上皮。

黏膜的柱状上皮受损后，也是由邻近的上皮分裂增生，初为立方上皮细胞，以后增高成为柱状上皮细胞，有些还可向深部生长形成腺管。

腺上皮的再生能力较弱，但在受到刺激后也能迅速分裂增殖。如肝小叶内的少数肝细胞坏死，而网状支架及间质仍完整时，邻近的肝细胞再生沿支架生长可恢复原来的结构；若肝小叶内的网状支架也破坏时，肝细胞再生不能恢复原来的小叶结构，而形成不规则的细胞团（假小叶），团块间为大量增殖的结缔组织与胆小管。

上皮组织的完全再生有赖于间质支架组织的完整。当上皮组织和间质同时遭受破坏时，上皮不能完全再生，而由瘢痕修复。例如，表皮、真皮与皮下组织同时损伤时，伤口多由瘢痕修复，这时皮肤的表层较薄，细胞的层次减少，缺乏色素，使皮肤呈白色，被毛和皮脂腺等也多不能再生而缺少。

#### 2. 血细胞的再生

失血时，血细胞的再生一般与正常的造血过程相似，当机体反复失血或红细胞遭受严重破坏时，除红骨髓细胞增殖、造血增多外，管状骨的脂肪骨髓（黄骨髓）中也出现血管内皮与网状细胞增殖形成的红骨髓，恢复其造血机能。另外在脾、肾及肝小叶内的网状细胞与内皮细胞也可活化增殖，形成髓外造血灶，出现髓外造血现象。此时外周血液中常见有网织红细胞或有核红细胞出现。

#### 3. 血管的再生

毛细血管的再生能力很强，但它只能伴随着其他组织的再生而再生。其再生方式有两种：

（1）由原有的毛细血管内皮发生肥大并分裂增殖，形成向外突起的幼芽，幼芽增长延长呈实心的内皮细胞条索随着血液的冲击，细胞条索中出现管腔，形成新的毛细血管。新生的血管可彼此吻合构成毛细血管网。

（2）直接由组织内的间叶细胞分化而来，形成新的毛细血管。其形成过程是：首先由类似成纤维细胞呈平行排列，以后逐渐在细胞之间出现小裂隙，并与附近的毛细血管连通使血液通过，被覆在裂隙内的细胞即变为内皮细胞，从而形成新的毛细血管。这时新生的毛细血管为适应功能的要求将不断改建，血管壁外的间叶细胞可进而分化为平滑肌、胶原纤维和弹性纤维等成分，使管壁增厚，逐渐发展为小动脉或小静脉；有的新生毛细血管也可关闭成为实心结构，内皮细胞逐渐消失。

大血管的再生需要手术吻合，吻合处两侧内皮细胞分裂增殖，互相连接以恢复其原来的内膜结构及其光滑性。断离的肌层不易完全再生，由结缔组织增生、修复予以连接。

4. 结缔组织的再生与肉芽组织的新生

结缔组织的再生能力极强，它不仅在本身损伤时能够完全再生，而且在其他组织受损后不能完全再生时，或炎性产物与异物不能溶解吸收时，也由它来增殖进行修补、包裹或代替。

结缔组织再生时，首先由伤口底部和边缘原有的毛细血管增生与呈现静止状态的纤维细胞、未分化的间叶细胞分裂增生，分化形成的许多成纤维细胞一起构成肉芽组织（详见肉芽组织）。

5. 骨组织的再生

骨组织的再生能力很强，但其再生程度取决于损伤的大小、骨膜的存在与否及整复固定的状况。当轻度损伤时，如破裂性骨折，由骨膜的成骨细胞（osteoblast）分裂增殖，在原有骨组织的表现形成一层新骨组织而修复；当严重损伤时，如断裂性骨折，其再生过程就比较复杂（详见骨折愈合）。

6. 软骨组织的再生

软骨组织再生能力弱，损伤范围小时，由软骨膜深层的成骨细胞增殖，形成软骨细胞与软骨基质而修复；损伤范围大时，则由结缔组织来修补。

7. 肌组织的再生

（1）骨骼肌的再生　如受损伤的肌纤维未完全断裂，肌膜也保持完整，则可以完全再生，否则由结缔组织来修补。

（2）平滑肌有一定的再生能力　在轻微损伤时，可由邻近的平滑肌细胞分裂，或由未分化的间叶细胞演化为平滑肌细胞予以修复。较大范围的破坏则由结缔组织来修补。

（3）心肌的再生能力很弱　心肌细胞残损后一般都由结缔组织来修补。

8. 神经组织的再生

中枢神经的神经细胞和神经纤维均无再生能力，当其受到损伤后多由神经胶质细胞增生修补。

外周神经纤维受损伤断裂时，只要与其相连的神经细胞未发生结构改变，同时两断端能对齐吻合，就可完全再生。其再生过程是：首先神经纤维远端以及近端的1.2个朗飞氏结的髓鞘及神经轴突发生变性崩解，而神经膜细胞仍残留，当变性和崩解的物质被吸收后，两端的神经膜细胞增殖将断端连接，而后，近端的神经轴突向远端的神经膜内伸展，一直到达神经末端，神经膜细胞形成髓鞘，完成神经纤维的再生。如果断离的两端长出的轴突达不到远端，而与增生的结缔组织混在一起并卷曲成团，形成结节状肿瘤样的神经疙瘩，可引起持久性顽固性疼痛。

## 二、改建

在很多疾病过程中，组织的结构为适应所处环境条件改变及其机能的需要而发生形态与机能的改变，称为组织改建。组织改建的特性是在动物种系发育过程中形成的。其表现形式多种多样，如：

（1）血管的改建 当动脉发生闭锁时，其吻合使发生反身性扩张，使血液循环得到代偿，而为适应机能的要求，扩张的吻合平滑肌层增厚并形成新的弹性纤维，由较小的血管改造为扩大的血管，形成新的血液循环。若在器官的机能减退，所需的血流量减少时，将引起血管内膜的增生，甚至使其固有的机能完全丧失，支配此器官的血管以后将转变为结缔组织性带状物。动物出生后由于脐动脉血流停止而转变成膀胱圆韧带的过程，即是典型的组织改建。

（2）骨组织的改建 动物患关节性疾病、发生骨折或佝偻病后，由于骨的负重方向有所改变，骨组织的结构形式就会发生相应的改变。此时，骨小梁将接力学负重的新要求而改变其结构与排列，即形成新的骨小梁系统来取代旧的骨小梁系统。在此过程中，不符合动物重力负荷需要的骨小梁逐渐萎缩，而符合于重力负荷需要的则逐渐肥大，经过机能锻炼，骨组织加强、加厚、加固，形成适应于新的机能要求的新结构。

此外，在机化形成的疤痕组织，不论其是否发生钙化，经过一定时间之后，都有可能通过组织改建，缩小或消失其病变形象。

# 第四节 肉芽组织与创伤愈合

## 一、肉芽组织

肉芽组织（granulation tissue）是由新生的毛细血管和成纤维细胞所形成的一种幼稚型结缔组织。肉眼观察肉芽组织在表湿润，呈鲜红色、颗粒状、形似肉芽。显微镜检查见肉芽组织凸起的颗料主要由成纤维细胞和新生的毛细血管所组成；毛细血管多垂直向创面生长，并有弓状弯曲，互相吻合，表面常有数量不等的中性粒细胞和巨噬细胞。

### （一）肉芽组织的形成和结构

肉芽组织来自损伤灶周围的毛细血管和结缔组织。新生的毛细血管是由原有毛细血管内皮细胞分裂增殖、以发芽方式向外生长而形成的，初为实心的内皮细胞条索，继而出现管腔并有血液流通。新生的毛细血管向创面垂直生长，多互相吻合形成血管袢。在毛细血管再生过程中，原有毛细血管形成幼芽部的基底膜和新生毛细血管生长部的基质都发生降解，这主要是由内皮细胞产生的蛋白分解酶作用所致。新生血管的内皮细胞相互连接不完全，其周围缺乏基底膜，故通透性高，较脆弱，易出血。实验研究表明，新生的内皮细胞能分泌层粘连蛋白和Ⅳ型胶原野，并形成基底膜。随着基层膜的形成和其周围的成纤维细胞转变为血管外膜细胞后，毛细血管的结构才趋于完全。毛细血管的生长速度每天经贸部为0.1～0.6mm。在毛细血管内皮细胞分裂增殖的同时，该部的纤维细胞与未分化间叶细胞均肿大，转变为成纤维细胞并分裂增殖。幼稚的成纤维细胞胞体大，呈现椭圆形或星形，其胞浆丰富，略嗜碱性，胞核呈椭圆形，淡染、泡沫状，有1～2个核仁。在电镜下见成纤维细胞胞浆内含有丰富的粗面内质网和核蛋白体，发达的高尔基复合体，说明其合成蛋白质的功能很活跃。成纤维细胞分裂增殖，伴随新生毛细血管一同向创面移行。成纤维细胞向前移动每天约为0.2mm。肉芽组织中富含液体，并见数量不等的白细胞。分布于肉芽组织表层的中性粒细胞、巨噬细胞有抵抗感染、清除病理产生的作用，为肉芽组织的生长起清除作用。

在成纤维细胞分裂增殖已经停止的区域，就开始其成熟过程，即开始分泌前胶原。前胶原是由3条前α-肽链互相扭结而成的三联螺旋构型。它是由核蛋白体合成的前α-肽链进入到内质网腔内进行三链结合而形成的。在此过程中，前α-肽链中的脯氨酸残基和赖氨酸残基经内质网中的脯氨酰羟化酶与赖氨酰羟化酶催化，羟化形成羟脯氨酰和羟赖氨酰残基。前者对肽链之间形成氢键而使3条前α-肽链相互扭结成三联螺旋有重要作用，后者对以后与糖类结合和细胞外原胶原分子的共价连接非常必要。羟化过程中需要分子氧、$Fe^{2+}$和维生素C作为辅助因子。如果缺乏这些因子或阻碍其作用，都会抑制羟化过程，使前胶原不能合成。合成的前胶原可从内质网进入高尔基复合体，再分泌到细胞外。前胶原在细胞外液中经氨基端内切肽酶和羧基端内切肽酶作用切除两端的肽链伸展部分，形成原胶原。原胶原可聚合形成胶原微纤维，然后在分子内和分子间进行交联。通过分子间共价交联，胶原微纤维的张力加强，韧性加大，溶解性明显降低，最后成为不溶性胶原。胶原微纤维，也就是网状纤维，排列疏松紊乱，染色反应具有嗜银性，PAS反应阳性，在电镜下与胶原纤维一样可见64nm周期间隔的横纹。以后胶原微纤维再聚合为比较宽而排列规则的胶原纤维，并失去上述染色特性。胶原纤维在苏木素-伊红染色时呈红色。肉芽组织中的基质主要是透明质酸和硫酸软骨素，一般认为是由成纤维细胞产生的。

随着胶原纤维的形成和数量增多，成纤维细胞的形态逐渐变成长梭形，胞浆越来越少，胞核缩小，呈现长椭圆形，染色较深，不见核仁，即成为纤维细胞。肉芽组织的这种成熟过程通常从底部逐步向表层发展。肉芽组织一旦完成修复就停止生长，并全面向成熟化发展。此时肉芽组织中液体万分逐渐减少，中性粒细胞和巨噬细胞逐渐减少，胶原纤维逐渐增多、变粗，并适应机能负荷的需要按一定方向排列成束，成纤维细胞逐渐减少，残留的转变为纤维细胞，平行排列于胶原纤维束之间。与此同时，毛细血管也逐渐闭合、退化、消失，其数量明显减少。试验证明，如果新形成的毛细血管中缺乏血液流通24小时后，其内腔就开始缩小，最后完全闭塞；闭塞后的实心索立即断裂为二，断端逐渐皱缩，最后消失。肉芽组织中有的毛细血管的管壁可增厚而形成小动脉或小静脉。纤维化的肉芽组织呈灰白色，质地较硬，称为疤痕（scar）。疤痕中的细胞万分和血管可继续减少，胶原纤维继发透明变性。有时疤痕组织形成过多呈现瘤状隆起，称为疤痕疙瘩（keloid）。

### （二）肉芽组织中的肌纤维母细胞

Ma-jno 和 Gabbiani 等人在肉芽组织中发现一种在形态结构和功能上具有成纤维细胞和平滑肌细胞特点的细胞，称为肌纤维母细胞（myofibroblast）。这种细胞除能合成胶原纤维外，还具有收缩能力，故在创面缩小、闭合和伤口愈合上起重要作用。在光镜下，紧密排列处的肌纤维母细胞常呈现长梭形，具有两极逐渐变尖的胞突，胞浆呈现嗜酸性，有纵行细胞纤维；胞核为长条形或卵圆形，两端钝圆，核染色浅淡，甚至清亮；在排列疏松处肌纤维母细胞常呈现星形，具有多个胞突。在电镜下，肌纤维母细胞呈现长梭形，有双极细胞突；胞浆内有发达的高尔基复合体和丰富的粗面内质网，大量多聚核蛋白体，中等量线粒体，少量溶酶体和微管，还有与细胞长轴平行的肌微丝，沿其行程可见梭形电子致密区，即密体，以及在细胞膜下的密斑；细胞间有缝隙连接和细胞外有基底膜样物质（外膜）不完全包裹。肌微丝多集中在细胞外周，特别是细胞膜下的胞浆内，甚至可伸出细胞膜而附着在邻近的胶原纤维上，形成微肌腱，为细胞收缩提供支点。胞核呈长梭形，常见核膜有深的或浅的凹陷或皱褶，染色质呈细颗粒状散在分布，沿核膜有异染色质集聚，核仁一个或数个。

肌纤维母细胞的来源目前认为可能来自成纤维细胞、平滑肌细胞或原始间叶干细胞。通常在组织损伤后的 1 周内，肉芽组织中可见大量肌纤维母细胞，随着愈合过程的进展，此种细胞逐渐减少。在完全愈合的伤口仅有少量肌纤维母细胞。但如有大量疤痕形成并有挛缩者，肌纤维母细胞可大量持续存在。据报道，临床上所见很多组织损伤后所致的收缩、狭窄和硬化性病变均与该处有肌纤维母细胞的存在和增生有关。肌纤维母细胞的转归还不清楚，随着愈合过程的发展，可能死亡，或者转变为成纤维细胞或平滑肌细胞。

### （三）肉芽组织功能

肉芽组织在组织损伤的修复中具有重要的作用，其功能是抵抗感染，消除、取代坏死组织、血凝块等病理产生和填补组织缺损。

## 二、创伤愈合

机体对外伤或其他病变所引起的组织缺损，通过组织细胞再生进行修补闭合的过程称为创伤愈合（wound healing）。任何组织的损伤修复，都以炎症和再生为基础，以清创和修复为基本过程。由于组织损伤程度、创部是否开放、有无感染等条件的差异，愈合的过程和完善程度也不尽相同，如皮肤创伤愈合，可分为三种类型。

### （一）直接愈合

又称第一期愈合，多见于创口较小、创缘整齐密接、组织破坏较轻、经缝合或处理后没有感染的创伤。外科无菌手术的创口多半呈直接愈合。

直接愈合的过程是：首先由伤口流出的血液与渗出液凝固，使两侧创缘初步粘合起来，随后创口周围组织发生炎症反应，出现充血、水肿和炎性细胞（主要为中性粒细胞）浸润，对凝血和坏死组织进行溶解、吞噬和吸收，使创腔净化。同时创缘两侧的成纤维细胞及毛细血管内皮组织增生（肉芽组织），向创口中间生长，直至将创缘连接起来，自创缘部表现增生的上皮细胞逐渐覆盖创面，历时约一周左右创口即可愈合，最后形成一条不太明显的线性瘢痕。创伤经直接愈合后，一般不影响组织器官的机能。

（二）间接愈合

又称第二期愈合，多见于创口开裂较大、组织损伤较重或时间较久、创腔发生了感染并存有较多的坏死组织、异物或脓液的创伤。间接愈合的基本过程与直接愈合相似，但需要经过明显的清创过程，肉芽组织要在感染过程被控制、炎症消退和坏死组织基本消除以后才从创底和创缘长出，且由于创口大、坏死组织多，需要多量的肉芽组织才能将缺损完全填补，故愈合所需时间较长，形成的瘢痕较大，瘢痕部新生的表皮较薄，没有真皮乳头、被毛、皮脂腺和汗腺再生。如伤口过大，则瘢痕可因上皮增殖不全而裸露。往往影响组织器官的机能。

在临床实践中，若能对创伤正确处理，彻底清创，合理治疗，很多具备间接愈合条件的创伤可以直接愈合的形式而愈合，不会对组织器官的机能活动造成过大影响。故应辅以人工清创，保护肉芽组织，才可加速愈合过程。

（三）痂皮下愈合

此型愈合多见于皮肤发生挫伤的情况下。此时创伤渗出液与坏死组织凝固后，水分蒸发，形成干燥硬固的褐色厚痂，在痂下进行直接或间接愈合，上皮再生完成后，厚痂即脱落。

## 第五节　骨折愈合

骨折愈合（fracture healing）是指骨折后局部所发生的一系列修复过程，使骨的结构和功能完全恢复。骨折愈合包括以下几个相互连续的阶段。

（一）血肿形成

骨折时骨外膜、骨和骨髓，以及附近的软组织都被破坏，其中的血管也被断离或撕裂，大量血液流入骨折断端间及邻近组织中形成血肿，随后血液凝固。骨折局部出现炎症反应。

（二）骨折断端坏死骨的吸收

在骨折线邻近的断骨质内，可见骨细胞坏死、溶解和骨陷窝内没有骨细胞的骨质，即坏死骨。这时由于骨折使局部血液循环中断而骨细胞缺血所致。与此同时，骨髓组织也发生坏死。坏死骨可被由骨膜新生的破骨细胞吸收。坏死组织由巨噬细胞吞噬、溶解而清除。

（三）纤维性骨痂形成

血肿形成后约 2～3 天，骨外膜和骨内膜层增生的成骨细胞和新生的毛细血管开始向血凝块中长入。这种成骨细胞性肉芽组织可将血凝块完全吸收取代并将骨折断端连接起来，局部形成梭形肿大的软组织，称为纤维性骨痂（fibrous callus），这一过程约需2～3周。

（四）骨性骨痂形成

纤维性骨痂形成后，其中的成骨细胞开始分泌基质，积聚在细胞之间，成骨细胞由梭形逐渐变成多突起的骨细胞，即形成骨样组织。骨样组织发生钙盐沉着（钙化）后便成为骨组织，此即骨性骨痂（bony callus）。骨性骨痂虽使骨折断端连接比较牢固，但其结构为松质骨，不够致密，骨小梁排列比较紊乱，故比正常骨脆弱。这一过程约需几周时间。有时纤维性骨痂中的细胞先分化为成软骨细胞并分泌骨基质，形成软骨性骨痂。软骨性骨痂可进一步钙化，以后转变为骨性骨痂。愈合过程因插入一个软骨组织形成而延长。软骨性骨痂形成与断端间活动度大、承受应力大、局部血液供应差和缺氧等因素有关。

（五）骨的改建

骨性骨痂的骨组织结构是不规则的，不能适应功能的需要。随着功能锻炼，根据骨骼支持和运动负重的需要，承受能力大的部位有更多的新骨形成，而机械性功能不需要的骨质则被吸收。改建是在破骨细胞吸收骨质则被吸收。改建是在破骨细胞吸收骨质和成骨细胞形成新骨质的协调作用下进行的。通过改建使新生的骨质变得致密，排列规则，成为板层骨并逐渐恢复原来骨骼的结构。此时骨髓腔再通，骨髓再生。至此骨折完全修复。骨的改建一般约需6～12个月。

## 第六节　机化与包囊形成

由于病理产物出现的部位、性质与含量等不同，其机化的表现过程与影响也各异，下面分述几种病理产物的机化。

### 一、纤维素性渗出物的机化

当胸腹膜、心外膜或肺发生纤维素性炎时，渗出的纤维素往往不能被溶解吸收，而被新生的肉芽组织所取代，使浆膜呈结缔组织性肥厚，有的呈现纤维性绒毛状（如创伤性心包炎时形成的“绒毛心”）。如果在相邻的两层浆膜之间发生机化时，则可造成浆膜腔的粘连或闭锁。在纤维素性肺炎时，肺泡内的纤维素被机化，使纤维结缔组织充塞于肺泡，肺组织变实，质度如肉，称为肉变。肉变区肺组织的呼吸功能丧失。

### 二、坏死组织的机化

小范围的凝固性坏死灶可被肉芽组织取代，局部形成瘢痕。如果坏死组织范围较大，则先在其周围形成肉芽组织包囊，而后逐步进行机化。包裹中的坏死物质会逐渐变干并常有钙盐沉着。当组织发生液化性坏死时，如脑的软化灶，其周围形成神经胶质或结缔组织性包囊。软化灶内坏死物质被吸收后，组织液渗入，形成一个内含澄清液体的小囊。

## 三、血栓的机化

按照血栓类型，有白色血栓、混合血栓、红色血栓和透明血栓之分。可出现溶解、机化或钙化。当血栓存在较久时则发生机化，由血管壁向血栓内长入肉芽组织，逐渐取代血栓，即为血栓机化。

（详见第九章血栓的结局）。

## 四、异物的机化与包囊形成

当组织内出现死亡的寄生虫虫体、碎骨片、血凝块、缝线、铁钉、子弹等异物时，通常在其周围增生肉芽组织将其异物包裹，肉芽组织中往往可见多核的异物性巨噬细胞。在寄生虫或虫卵周围包绕的结缔组织中，常有嗜酸性白细胞浸润，而死亡的虫体上常沉积钙盐。对于不能机化的病理产物或异物则可由肉芽组织将其包裹，称为包囊形成。机化完成后，肉芽组织逐渐成熟并疤痕化。

# 第十二章　病理性物质沉着

病理性物质沉着（pathologic pigmentation）是指某些病理性物质沉积在器官、组织或细胞内的现象。机体细胞具有摄食、消化和贮存等功能，这些功能的正常进行，需要溶酶体的参与，溶酶体内含多种水解酶，能够溶解、消化多种大分子物质，如蛋白质、核酸与糖类。但细胞的摄食和消化作用是有一定限度的，如果上述物质过多，不能被溶酶体酶所消化时，便会在细胞内沉积。因此，病理性物质沉着往往发生在细胞溶酶体超负荷的情况下。外源性物质，如色素、无机粉尘和某些重金属等也可积聚在细胞浆中。

## 第一节　病理性钙化

在机体血液和组织内钙以两种形式存在，一部分为钙离子，另一部分是和蛋白质结合的结合钙。在正常细胞、组织内，只有在骨和牙齿内的钙盐呈固体状态存在，称为钙化（calcification），而在其他细胞、组织中，钙质一般均以离子状态出现。病理情况下，钙盐在骨和牙齿以外的软组织内呈固态沉积，称病理性钙化（pathologic calcification）。沉着的钙盐主要是磷酸钙，其次是碳酸钙。

### 一、病理性钙化的发病机制

病理性钙化可分为营养不良钙化（dystrophic calcification）和迁徙性钙化（metastatic calcification）两种类型。

（1）营养不良性钙化　这是继发于组织变性、坏死的钙盐沉着，钙盐常沉积在结核病坏死灶、坏疽结节、脂肪坏死灶、梗死、干涸的脓液、血栓、细菌团块、死亡寄生虫（如棘球虫蚴、囊尾蚴、旋毛虫等）与虫卵（如血吸虫卵）以及其他病理性产物中。此型钙化即无血钙含量的升高，也没有全身性钙磷代谢障碍，仅仅是钙盐在局部组织的析出和沉积。

钙化的发生与坏死局部的碱性磷酸酶升高有关。碱性磷酸酶能水解血液中的各种磷酸酯，使局部磷酸的浓度增高，进而使钙离子和磷酸根的浓度乘积超过溶液乘积时，于是形成磷酸钙沉淀。如脂肪坏死的钙化，是由于脂肪分解产生甘油和脂肪酸，脂肪酸和组织液中的钙离子结合成脂肪酸钙（钙皂），以后钙皂中的脂肪酸又逐渐被血液中的磷酸或碳酸所替代，形成磷酸钙和碳酸钙而发生沉着。

（2）迁徙性钙化　这是指由于血钙浓度升高及钙、磷代谢紊乱或局部组织 pH 值改变，使钙在未损伤组织中沉着的病理过程，主要是由于全身性钙、磷代谢障碍，血钙或血磷含量增高，钙盐沉着在机体多处组织中所致。钙盐沉着的部位多见于肌肉、肺脏、肾脏、胃肠黏膜和动脉管壁。

血钙升高的常见原因有：①甲状旁腺机能亢进（甲状旁腺瘤或代偿性增生时），甲状旁腺素（PTH）分泌增多。一方面，PTH 能抑制新骨形成并通过酶系统促使破骨细胞活动加强，从而使骨质溶解，结果骨质脱钙疏松，引起血钙增高。另一方面，PTH 增多，可使肾小管对磷酸根离子的重吸收能力降低。因此，磷酸根离子从肾脏排出增多，血中磷酸根离子浓度降低，造成体液中钙与磷酸根离子浓度的乘积下降，导致骨内钙盐分解，使血钙升高。血钙升高也和尿中排出的钙减少有关，因为 PTH 能促进肾小管对钙的重吸收。②骨质大量破坏（常见于骨肉瘤和骨髓瘤），骨内大量钙质进入血液，使血钙浓度升高。③维生素 D 摄入量过多，可促进钙从肠道吸收，使血钙增加，PTH 也具有同样的作用。

迁徙性钙化常发生的部位有明显的选择性，迁徙性钙化易发生于肺脏、肾脏、胃黏膜和动脉管壁等处，可能与这些器官组织排酸（肺脏排碳酸、肾脏排氢离子、胃黏膜排盐酸）后使其本身呈碱性状态，而有利于钙盐沉着有关。例如：胃黏膜壁细胞代谢过程中产生的二氧化碳和水在碳酸酐酶的作用下形成碳酸，后者又解离为氢离子和碳酸氢根，氢离子与氯离子合成盐酸被排出，而碳酸氢根与钠结合为碳酸氢钠，故胃黏膜呈现碱性。肾小管的钙化，还与局部钙、磷离子浓度增高有关。

## 二、病理变化

（1）眼观　轻度的钙化不易辨认。严重时，钙化灶呈灰白色、坚硬，触之如砂粒感，用刀切检验时发出沙沙声如切砂粒。

（2）镜检　苏木素 – 伊红染色切片时钙盐呈粉末、颗粒或斑块状，深蓝色着染（图 12 – 1）。

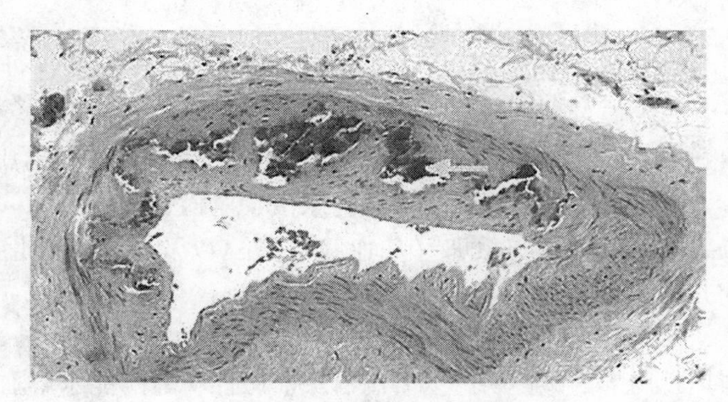

**图 12 – 1　动脉中层钙化**

## 三、钙化的结局

少量的钙化，有时可被机体溶解吸收，如鼻疽结节和寄生虫结节。若钙化灶较大或钙化物较多时，则难以溶解吸收而成为机体内长期存在的异物，可刺激周围结缔组织增生，将其包裹。一般来说，钙化是机体的一种防御适应性反应，可使病变局限化，固定和杀灭病原微生物，消除其致病作用。但是，钙化也有不利的一面，即不能使病变部的功能恢复，有时甚至给局部功能带来障碍。例如，血管壁发生钙化时，血管壁失去弹性，变脆，容易破裂出血；胆管寄生虫损害的钙化，可导致胆道狭窄。

# 第二节　痛风

痛风（gout）是由于嘌呤代谢紊乱导致血液中尿酸增加而引起组织损伤的疾病。病变常侵犯关节、肾脏等组织，尿酸盐结晶常沉着于肾脏、输尿管、关节间隙、腱鞘、软骨及内脏器官的浆膜上。

## 一、原因和发生机理

痛风分为原发性痛风和继发性痛风。原发性痛风除少数由于遗传原因导致体内某些酶缺陷外，大都病因未明，并常伴有肥胖、高脂血症及甲状腺功能亢进等。继发性痛风是继发于白血病、淋巴瘤、多发性骨髓瘤、溶血性贫血、真性红细胞增多症、恶性肿瘤、慢性肾功能不全、某些先天性代谢紊乱性疾病如糖原累积病Ⅰ型等。某些药物如速尿、乙胺丁醇、水杨酸类（阿司匹林、对氨基水杨酸）及烟酸等，均可引起继发性痛风。此外，铅中毒及乳酸中毒等也可并发继发性痛风。宠物临床诊疗工作通常所说的“痛风”一般都指原发性痛风。

正常时，循环血液中的尿酸绝大部分以尿酸钠盐的形式存在，它的生成与排出是平衡的，其在血液中的含量始终保持一定水平，当这种平衡失调时，如尿酸在体内生成过多或排出过少，都会使血中尿酸及其盐类的含量增加，超出正常范围，造成尿酸血症（hyperuricenlia），进一步导致痛风的发生。除了摄入过多的核蛋白外，组织细胞严重破坏致使核蛋白大量分解也可造成尿酸血症。此外，肾脏的排泄功能障碍也可发生。

### （一）血液中尿酸长期增高是痛风发生的关键原因

宠物体内尿酸主要来源于两个方面：

（1）细胞内蛋白质分解代谢产生的核酸和其他嘌呤类化合物，经一些酶的作用而生成内源性尿酸。

（2）食物中所含的嘌呤类化合物、核酸及核蛋白成分，经过消化与吸收后，经一些酶的作用生成外源性尿酸。

痛风是由于各种因素导致这些酶的活性异常，例如促进尿酸合成酶的活性增强，抑制尿酸合成酶的活性减弱等，从而导致尿酸生成过多。或者由于各种因素导致肾脏排泌尿酸发生障碍，使尿酸在血液中聚积，产生高尿酸血症。高尿酸血症如长期存在，尿酸将以尿酸盐的形式沉积在关节、皮下组织及肾脏等部位，引起关节炎、皮下痛风结石、肾脏结石或痛风性肾病等一系列临床表现。

### （二）蛋白质特别是核蛋白的摄入量过多

痛风的主要原因之一是给宠物饲喂大量高蛋白饲粮，特别是动物的内脏器官，因为动物性饲料核蛋白含量很高。核蛋白是动植物细胞的主要成分，是由核酸和蛋白质组成的一种结合蛋白，在水解时能产生蛋白质和核酸。核酸又可分解为磷酸和核苷。核苷在核苷酶作用下，分解为戊糖、嘌呤和嘧啶类碱性化合物。嘌呤类化合物在体内进一步氧化为次黄嘌呤和黄嘌呤，后者再形成尿酸。观赏鸟类不仅可将嘌呤分解为尿酸，而且还可用蛋白质代谢中产生的氨合成尿酸，观赏鸟类肝内缺乏精氨酸酶，故不能经鸟氨酸循环生成尿素，随尿排出，而只能生成尿酸。在一般情况下，机体的血液只能维持一定限度的尿酸和尿酸盐，当其含量过多又不能排出体外时，就沉积在内脏器官或关节内而导致痛风。

### （三）维生素 A 缺乏

饲料中维生素 A 缺乏时，除食管与眼睑黏膜上皮常发生角化甚至脱落外，肾小管、输尿管上皮也会出现病变，致使尿路受阻。此时，一方面尿酸和尿酸盐排出障碍，另一方面因肾组织细胞发生坏死，核蛋白大量分解并产生大量尿酸，使血液中尿酸的浓度随之升高。所以，鸡尤其是幼鸡维生素 A 缺乏时，肾小管与输尿管等常有尿酸盐沉着。

### （四）中毒性因素

由于药物使用不当，造成肾脏的损害，如长期大量服用磺胺、抗菌素以及食盐、硫酸钠、碳酸氢钠等，肾脏损伤后，尿酸排出障碍，肾组织细胞破坏而产生较多核蛋白，使尿酸生成增多，结果血中尿酸盐的浓度增加并进而引起痛风。

## 二、病理变化

根据尿酸盐在体内沉着的部位，痛风可分为内脏型和关节型。

### （一）眼观变化

（1）内脏型　肾脏肿大，色泽变淡，表面呈白褐色花纹状。切面可见因尿酸盐沉着而形成的散在白色小点。输尿管扩张，管腔充满白色石灰样沉淀物。有时尿酸盐变得很坚固，呈结石状。有时尿酸盐沉着如同撒粉样，分布于器官的表面及实质中。严重的病例，体腔浆膜面以及心、肝、脾、肠系膜表面出现灰白色粉末状尿酸盐沉着。此型以痛风鸡最常见。

（2）关节型　特征是脚趾和腿部关节肿胀，关节软骨、关节周围结缔组织、滑膜、腱鞘、韧带及骨骺等部位，均可见白色尿酸盐沉着。随着病情的发展，病变部位周围结缔组织增生，并形成致密坚硬的痛风结节。痛风结节多发于趾关节。尿酸盐大量沉着可使关节变形，并可形成痛风石（tophus）。

（二）组织学变化

在经酒精固定的痛风组织切片上，可见针状或菱形尿酸盐结晶，局部组织细胞变性、坏死，其周围有巨噬细胞和炎性细胞浸润，病程久的还可见有结缔组织增生。在 H. E 染色的组织切片上，可见均质、粉红色、大小不等的痛风结节。

### 三、结局和对机体的影响

轻度尿酸盐沉着可因原发病好转或饲料变更而逐渐消失，但尿酸盐大量沉着常常可引起永久性病变并可导致严重的后果，如关节痛风带来的运动障碍，肾脏的尿酸盐沉着可进一步引起慢性肾炎，或因急性肾功能衰竭而导致死亡。

## 第三节　病理性色素沉着

病理性色素沉着（pathological pigmentation）是指组织中色素含量增多或原来不含色素的组织中有色素异常沉着。

组织中的色素通常分成两类：一类是内源性色素，由体内自己产生；另一类是外源性色素，系从外界进入体内。内源性的包括酪氨酸－色氨酸衍生的色素，如黑色素、肾上腺色素以及嗜银物质；血蛋白色素，如血红蛋白、含铁血黄素、卟啉和胆红素等；富含脂肪的色素，如脂褐素等。外源性色素包括炭末、石末、铁末以及其他有机或无机的有色物质。

### 一、含铁血黄素（hemosiderin）

含铁血黄素是一种含铁的棕黄色色素，是由铁蛋白（ferritin）微粒集结而成的非结晶性颗粒，大小不一，通常出现在单核巨噬细胞系统的巨噬细胞内，细胞崩解后，即出现在细胞外。含铁血黄素是巨噬细胞吞噬红细胞后由血红蛋白分解衍生的，所以在肝、脾等器官内含有少量含铁血黄素是正常现象。但如大量出现则是一种病理过程。局部的含铁血黄素沉着见于局部出血灶，由出血处的红细胞破坏释放的血红蛋白分解产生的。所以含铁血黄素在组织的某一个区域大量聚集，是该处发生过出血的一个标志。全身性的含铁血黄素沉着称为含铁血黄素沉着病，可见于循环血液中红细胞有大量破坏之时，可以沉着在肝、脾、淋巴结、骨髓、肾脏等器官内，在肾小管上皮细胞和肝细胞内可见到色素颗粒。在慢性心力衰竭时，由于肺淤血，红细胞进入肺泡，被肺泡巨噬细胞所吞噬，在细胞内形成含铁血黄素，这种充满棕色颗粒的巨噬细胞称为心力衰竭细胞，肺在眼观上呈淡棕色。

含铁血黄素可溶于酸而不溶于碱、酒精及醚，在苏木素－伊红染色切片中呈棕黄色或金黄色、形状和大小不一的颗粒（图 12－2）。

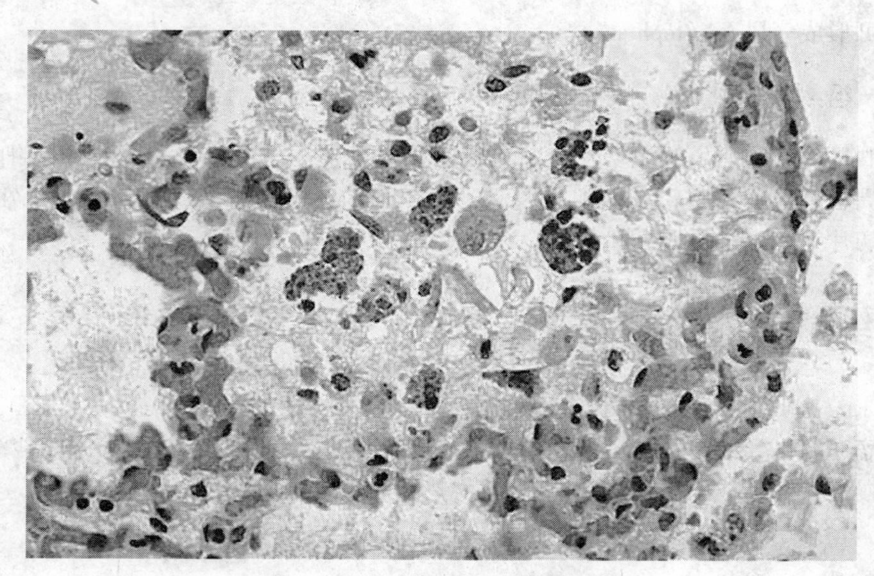

图 12－2　含铁血黄素沉着

## 二、卟啉症

卟啉（porphyrin）又称无铁血红素，是血红蛋白中不含铁的色素部分。动物体内的卟啉主要有三种，即尿卟啉、粪卟啉和原卟啉。在卟啉代谢紊乱、血红素合成障碍时，体内产生大量的尿卟啉和粪卟啉在全身组织中沉着，称为卟啉症（porphyria）。本病是一种遗传性疾病，宠物在出生时即可出现，所以称为先天性卟啉症。

患病宠物在临诊上的特征为尿液、粪便和血液中含有卟啉，尿液呈红棕色。卟啉是一种荧光色素，在紫外线激发下能产生红色荧光。当皮肤内有多量卟啉沉着时，在无黑色素保护的无色皮肤部分，对日光照射很敏感，可以引起光敏性皮炎，皮肤充血、渗出，形成水疱、坏死、结痂和大片脱落。动物的牙齿呈淡红棕色，所以也称“红牙病”。

剖检上的特征是全身骨骼、牙齿和内脏器官有红棕色或棕褐色的色素弥漫沉着。眼观骨骼均呈淡红棕色、棕色或黑色，但骨膜不着色，骨的结构也无改变。软骨、关节软骨、韧带及腱也均不着色，这有助于与其他色素沉着相区别。因为尿卟啉对钙化的结缔组织具有显著的亲嗜性，所以容易沉着在骨骼中。如将骨骼脱钙，尿卟啉即与钙盐一起移除。肝、脾、肾等器官均有卟啉沉着，外观呈棕褐色。全身淋巴结稍见肿大，切面中央部分呈棕褐色。

镜检，在骨髓、脾、肝、肾、肺和淋巴结中均见含有一种棕色、颗粒状、不含铁的卟啉色素，大小和形态不规则，存在于网状内皮细胞的胞浆里面，与含铁血黄素颗粒很相似。在肝细胞、肾小管上皮细胞的胞浆内也含有卟啉色素颗粒。肾实质萎缩，间质结缔组织显著增生，并有淋巴细胞和单核细胞增生浸润，肾小管腔内也含有色素颗粒和团块，牙齿呈淡红棕色，因为牙质和牙骨质内有卟啉色素沉着，牙釉质则无改变。

## 三、胆红素（bilirubin）

胆红素也是血红蛋白的分解产物，衰老的红细胞被巨噬细胞吞噬后，在巨噬细胞内分解成铁、珠蛋白和胆绿素。胆绿素还原后成为胆红素，然后进入血浆，通过蛋白质载体结合珠蛋白运载进入肝脏。胆红素在肝细胞内与葡萄糖醛酸结合后分泌进入毛细胆管，即成为胆汁的一个组成部分。如果血浆中胆红素含量过多，使身体组织染成黄色，称为黄疸（icterus jaundice）。

胆红素一般呈溶解状态，镜检不明显，但也可成为黄棕色的颗粒或团块。在阻塞性黄疸时，可见肝内小胆管和毛细胆管扩张，充满浓缩的胆红素，肝细胞内也含有胆红素颗粒。黄疸明显时，在网状内皮细胞、肾小管上皮细胞内也可见胆红素颗粒，并可在肾小管腔内形成胆汁管型（图 12－3）。

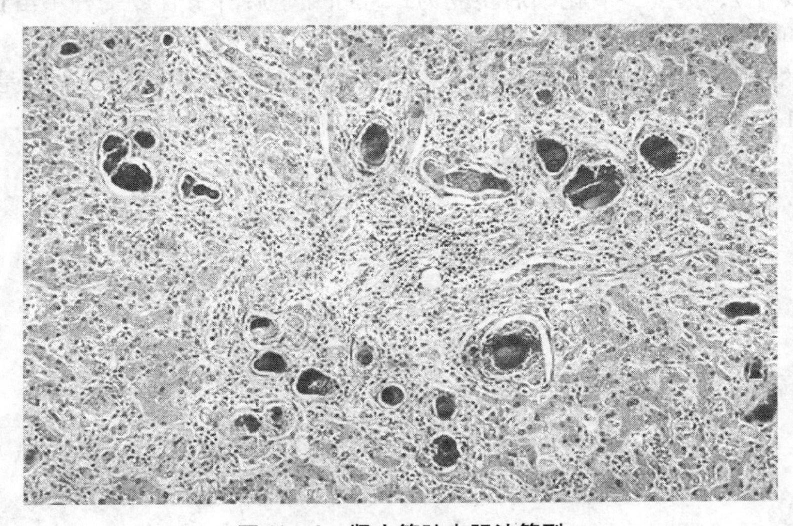

图 12－3　肾小管腔内胆汁管型

## 四、脂褐素（lipofuscin）

脂褐素是一种不溶性的脂类色素，是不饱和脂类由于过氧化作用而衍生的复杂色素，呈棕褐色颗粒状（图 12－4）。在显微镜下用紫外线激发产生棕色荧光，色素颗粒出现在实质细胞的胞浆内。常见于心肌纤维、肝细胞、神经细胞和肾上腺细胞内。因为脂褐素沉着较常发生在慢性消耗性疾病和老龄动物的实质器官的细胞里，所以被称做“消耗性色素”。

## 五、黑色素（melanin）

黑色素是由成黑色素细胞将酪氨酸转变而成的一种蛋白质性色素物质，即黑色素蛋白，为大小不等的棕色或黑色的颗粒。成黑色素细胞位于皮肤表皮的基底层内，细胞含有

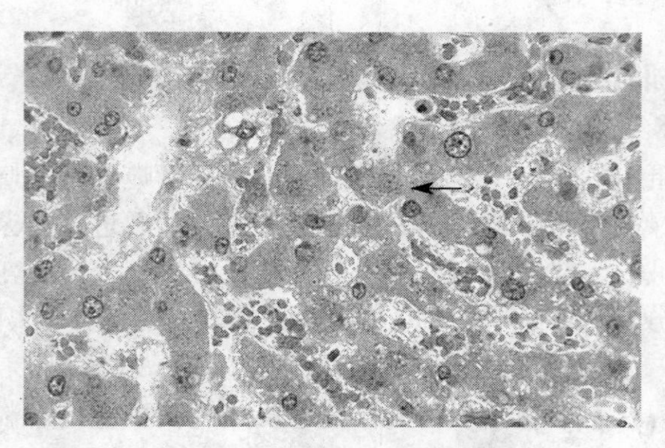

图 12－4 肝细胞内脂褐素

酪氨酸酶，能将细胞内的酪氨酸氧化为二羟苯丙氨酸，简称多巴，并将多巴进一步氧化为多巴醌（吲哚醌），失去二氧化碳后转变为二羟吲哚，后者聚合成一种不溶性的聚合物，即黑色素，再与蛋白质结合成黑色素蛋白。

黑色素的异常沉着是指正常不含黑色素的部位出现黑色素沉着，常见的是黑变病和黑色素瘤（图 12－5）。

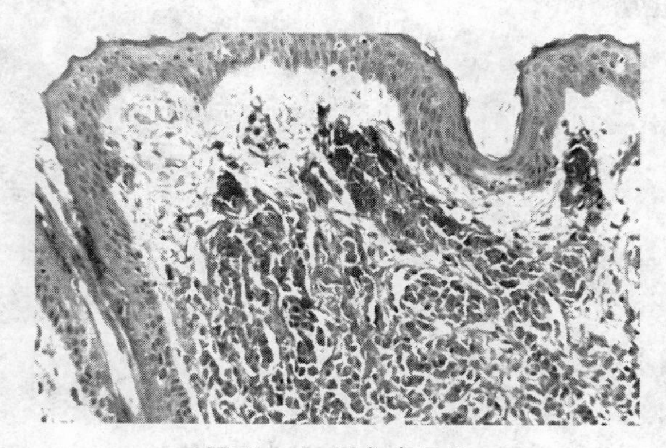

图 12－5 黑色素沉着

黑变病是指黑色素异常沉着在器官和组织内，各种动物均有发生，最常见于幼年动物。在胚胎期间，由于局灶性的成黑色素细胞异常地位于各种内脏器官里面，出生后即在肠、心、肺、肾等器官内出现黑色素沉着区。有些部位的黑色素沉着区在动物成长后可以自行消失。有些部位则并不消失，例如见于牛和羊的主动脉及脑膜、肾上腺的网状带，猪的皮肤，有时也见于母猪的乳腺及其周围脂肪组织内。眼观，黑色素沉着的组织呈黑色或褐色。镜检，单个黑色素颗粒为极小的棕色小体，呈球形，大小均匀。

## 六、炭末沉着

炭末沉着是动物较常见的外源性色素沉着，可见于城市和工矿区的宠物。空气中的炭末或尘埃通过呼吸道进入肺泡内，可被肺泡巨噬细胞所吞噬，并经由淋巴道被运送到肺门淋巴结内。当肺组织内有大量炭末沉着时，眼观上可见有黑色纹理，肺门淋巴结变黑色，镜检可见小的细支气管周围聚集大量黑色颗粒，可存在于巨噬细胞内或游离在组织中。在淋巴结内，炭末主要存在于髓部淋巴窦的巨噬细胞里面。肺内炭末沉着一般对呼吸功能并无影响。

## 第四节 结石形成

在囊腔或腺体及其排泄管内，体液中的有机成分或无机盐类由溶解状态变成固体物质的过程，称为结石形成（calculosis），形成的固体物质称为结石（concretion，calculus）。

### 一、原因和发生机理

结石的种类较多，成分各异。其形成的原因、机理不尽相同，是组织营养不良和盐类代谢障碍的综合结果。

#### （一）胶体状态的改变

结石形成是盐类从体液中析出的过程。正常状态下，分泌液或排泄物中的矿盐晶体受胶体的保护，即使在体液中呈过饱和状态，也不发生结晶沉淀。但这种平衡状态容易发生，析出盐类结晶，形成沉淀。

#### （二）有机核的形成

炎性渗出物、细菌团块、脱落的上皮细胞、小的凝血块，以及胶体状态紊乱使溶胶变成胶体性凝块等均可成为结石的有机核。有机核的表面可吸附矿盐结晶和集聚凝固的胶体。

#### （三）排泄通道阻塞

排泄通道阻塞时，内容物滞留，水分被吸收，分泌物浓缩，使其中盐类浓度升高，破坏了胶体的保护作用，于是盐类结晶沉淀。

#### （四）矿物质代谢障碍

甲状旁腺功能亢进时，因骨中大量的钙质被析出，血液和细胞外液中的钙浓度升高，从而分泌物中的钙盐浓度也升高。

### 二、病理变化

#### （一）尿结石

尿结石（urolith）是指在肾盂、膀胱和尿路中形成的结石。尿石的数量和大小差异很大，小的尿石常为球形，大的尿石外形与所在空腔的形状相一致。不同成分的尿石，有其特殊的外观。草酸盐尿石硬而重，色白至淡黄，表面有的光滑，有的粗糙，或呈锯齿状。

尿酸盐结石大部分由铵盐或钠盐组成，这类结石一般较小，坚硬或中等硬度等，色黄褐，球形或不整形。磷酸盐尿石为许多沙粒状小结石，色白或灰白，质脆，轻压即碎。

维生素A缺乏时，尿路的黏膜上皮可发生角化而脱落，构成结石的核，为矿盐的进一步沉着提供了基础。饲养粗放的牛、羊，因饲料中维生素A缺乏，较易形成尿石。尿路感染时，炎症渗出物、变性坏死脱落的上皮细胞和脓细胞以及细菌团块等，都可构成结石的核，有利于尿石形成。此外，在细菌感染时，尿素被细菌分解而产生氨，使尿液变成碱性，而碱性尿液有利于磷酸钙、磷酸镁与磷酸铵的沉淀。水中矿物质含量过高时，动物尿液中的矿物质浓度也可能随之增加，故有利于尿石的形成。

肾盂结石可引起肾盂积水、肾萎缩乃至尿毒症。这种结石如下移至输尿管，可将其阻塞并引起剧烈的疼痛。尿道结石可能阻塞雄性宠物尿道的S状弯曲而引起尿闭。尿石可刺激局部黏膜组织，引起出血、溃疡和炎症。

### （二）胆结石

胆结石（cholelith）是指在胆囊和胆管中形成的结石。结石的形状、大小和数量差异较大。胆结石通常呈梨形、球形或卵圆形；胆管内的结石则呈柱状。大小从数毫米到几厘米，数量从数个到上百个。胆结石的成分包括胆固醇、胆色素及钙盐。其硬度因其构成成分不同而异。胆固醇结石通常单个存在，呈白色或黄色，圆形或椭圆形，表面光滑或呈颗粒状，切面略透明发亮呈放射状；胆红素结石通常较小，色深（绿色或黑色），常为数个，圆形或多面形，易碎；钙结石由碳酸钙和磷酸钙构成，色灰白，大而坚硬，可在胆囊内形成；混合性胆结石由胆固醇、胆色素和钙盐三者或其中两者组成，体积通常较小，数量多，呈白色、灰色或棕黑色，切面为同心层状结构。

## 三、结石形成的结局和对机体的影响

肾盂结石可引起肾盂积水、肾萎缩、尿毒症。这种结石如果下移至输尿管，可将其阻塞并引起剧烈的疼痛；尿道结石可能阻塞雄性宠物犬的尿道S状弯曲而引起尿闭，可刺激局部黏膜组织，引起出血、溃疡和炎症。胆结石对机体的影响因其部位和大小不同而异。位于胆囊内的小结石，有时可不引起任何症状，但较大的胆结石可引起胆囊发炎，并常阻塞胆管引起黄疸。

# 第十三章　炎症

## 第一节　炎症的概念

炎症是机体对各种致炎因素的局部损伤所产生的一种以防御为主的综合性应答反应。其基本病理变化包括从组织损伤开始直至组织修复为止的一系列复杂病理过程，即出现组织损伤、血管反应和细胞增生三个方面的变化。炎症局部呈现红、肿、热、痛和机能障碍，当炎症范围较广和反应较强时，可以波及全身而伴有不同程度的全身性反应主要表现为发热和白细胞增多。同时炎症还受到全身机能状态的影响。因此，炎症是以局部变化为主的全身性反应。

炎症是一种最常见的基本病理过程。俗话说“十病九炎”，临床上许多传染病、寄生虫病、内科病及外科病等，尽管病因不同，疾病性质和症状各异，但是特殊性中存在着普遍性，在个性中存在着共性，它们都以不同组织或器官的炎症作为共同的发病学基础。

例如狂犬病是由狂犬病病毒引起的，犬类感染后主要表现为急性弥漫性脑脊髓炎；犬瘟热病毒感染幼犬后可表现为急性卡他性鼻炎、支气管炎、卡他性肺炎、胃肠炎等。因此正确认识炎症的本质，掌握炎症的概念及其发生、发展、转归的基本规律，可以帮助我们了解疾病发生发展的机制，更好地防治动物疾病。

## 第二节　致炎因子

凡能引起组织损伤而诱发炎症的致病因素都可成为炎症的原因，称为致炎因素或致炎因子。致炎因子包括外源性致炎因子和内源性致炎因子。

### 一、外源性致炎因子

#### （一）生物性因子

这是最常见的致炎因子，包括各种病原微生物（病毒、细菌、霉形体和真菌等）、寄生虫等。此外还有各种有毒动物的毒液，有毒植物的浆液。它们直接破坏组织细胞结构或产生毒素及其代谢产物损伤组织，亦可通过作为其抗原物质诱发超敏反应导致炎症。

（二）化学性因子

包括内、外源性化学物质。外源性化学物质如强酸、强碱、刺激性药物、腐蚀剂、毒物和腐败饲料等，在其作用部位造成组织损伤而导致炎症；内源性化学物质如组织坏死崩解产物、某些病理条件下体内堆积的代谢产物（尿素等），在其蓄积和吸收的部位也常引起炎症。一些有毒物质在它接触或排泄的部位引起组织损伤而引起炎症，如霉变饲料可引起动物胃肠炎。

（三）物理性因子

高温、低温、X 射线、红外线及紫外线等均可造成组织损伤引起炎症。这些因素作为原始病因其作用往往短暂，炎症的发生多是因其损伤组织而造成的后果。

（四）机械性因子

各种器具引起的机械性创伤、各种机械力造成的扭伤挫伤、爆炸力引起的炸伤等可引起炎症。如犬因指甲过长刺入脚垫后引起的炎症。

（五）免疫反应

各种变态反应均能造成组织细胞损伤而导致炎症。一些抗原物质作用于致敏机体后可引起超敏反应和炎症。如将待检犬只皮内接种 0.1～0.2ml 卡介苗，感染结核杆菌的阳性犬因过敏反应会在 48～72h 后出现红斑和硬结。

## 二、内源性致炎因子

内源性致炎因子是指机体本身产生的具有致炎作用的一些因子，其包括：疾病过程中的病理产物、肿瘤或坏死组织的分解产物（组织胺、激肽、溶酶等）；某些疾病中的代谢产物（尿素、胆酸盐等），及体内分泌物的溢出（汗液、皮脂等）；体内免疫产物的沉积及免疫功能紊乱等。

## 三、影响炎症过程的因素

影响炎症过程的因素包括致炎因子和机体因素两个方面。

（一）致炎因素

属于外因，对炎症发生而言，它是重要条件和必需因素。致炎因素特别是生物性因素，其性质与炎症表现之间有一定的联系。例如，犬、猫感染结核分支杆菌后，可在许多器官出现多发性的灰白色至黄色有包囊的结节性病灶，这些变化构成病理组织学诊断的基础。

（二）机体因素

属于内因，是炎症发生的基础，包括机体的免疫状态、营养状态、内分泌系统功能状态等。对生物性因素和抗原物质而言，免疫状态起着决定性作用。例如，犬瘟热病毒对处于高度免疫状态（高水平抗体）的机体不会引起炎症和疾病。

宠物的营养状态对致炎因素作用的反应，特别是对损伤组织的修复有明显影响。例如，机体营养不良，缺乏某些必需氨基酸和 Vc 时，引起蛋白质合成障碍，使修复过程缓慢甚至停滞；另外，内分泌系统的功能状态对炎症的发生、发展也有一定影响，激素中如肾上腺盐皮质激素、生长激素、甲状腺素对炎症有促进作用，肾上腺糖皮质激素则对炎症反应有抑制作用。

## 第三节　炎症局部的基本病理变化

炎症的基本过程包括局部组织损伤、血管反应和细胞增生，通常概括为变质、渗出和增生。在炎症早期一般以变质和渗出为主，后期则以增生为主，三者相互联系、相互影响，构成炎症局部的基本病理变化。

### 一、变质

变质是炎症局部组织物质代谢障碍、理化性质改变，以及由此引起的组织细胞变性和坏死等变化的总称。实质细胞常出现的变质变化包括细胞肿胀、脂肪变性和坏死、坏疽等；间质结缔组织的变质可表现为黏液样变性、纤维素样变性和坏死等。

发炎组织的物质代谢障碍和在此基础上引起的局部组织细胞发生变性和坏死，称为组织损伤。它的发生，一方面，由于致炎因素干扰、破坏细胞代谢造成的，称为原发性组织损伤；另一方面，致炎因素又可引起局部血液循环障碍，组织细胞崩解形成多种病理性分解产物或释放一些酶类物质，在它们的共同作用下引起炎症局部的进一步损伤，称为继发性损伤。炎症的变质变化主要表现为以下几个方面：

（一）物质代谢障碍

炎症部位组织的物质代谢特点是分解代谢加强和氧化不全产物堆积。炎症初期，局部组织耗氧量增加，氧化过程增强；但随着炎症的发展，炎症部位中心由于血液循环障碍及细胞直接损伤，氧化酶活性降低，代谢以无氧酵解为主；而炎症部位周边组织充血、发热、代谢亢进，氧化酶活性升高，耗氧量可达正常组织的 2～3 倍，结果供氧量不能满足代谢的需要，所以造成整个炎症部位组织糖无氧酵解增强，糖原减少，脂肪、蛋白质和核酸分解代谢加强，造成氧化不全的代谢产物如乳酸、丙酮酸、α－酮戊二酸、脂肪酸和酮体（乙酰乙酸、β－羟丁酸、丙酮）等增多、堆积以及炎症部位内大量蛋白胨、多肽、氨基酸、核苷酸堆积。

### （二）理化性质改变

（1）酸碱平衡紊乱　由于分解代谢增强，使各种酸性中间产物在炎区内增多。炎症初期，酸性代谢产物可被血液、淋巴液吸收带走，或被组织液中的碱储所中和，局部酸碱度可无明显改变。但随着炎症的发展，酸性产物急剧增多，加之血液循环障碍，碱储消耗过多，可引起局部酸中毒。一般在炎症部位中心 pH 值降低最明显，从炎症部位边缘到炎症部位中心呈梯度递减。如急性化脓性炎症炎症部位的 pH 值可降至6.5～5.6左右。但有时由于组织自溶及蛋白质碱性分解产物在炎区堆集，炎症部位也可以出现碱中毒。

（2）渗透压升高　由于炎症部位内组织物质代谢障碍，分解代谢加强和氧化不全产物堆积，炎症部位 $H^+$ 离子浓度升高，使盐类解离加强；组织崩解，导致细胞内 $K^+$ 释放增多；炎症部位分解代谢加强，高分子的糖、蛋白质、脂肪分解生成许多小分子物质；加之血管壁通透性升高、血浆蛋白渗出等因素，又可引起分子浓度升高。上述因素的综合作用使局部渗透压增高，炎症部位中心最明显，周围渐次降低。

### （三）组织、细胞的变性和坏死

炎症部位内组织、细胞的变性和坏死是局部物质代谢障碍的形态学表现，也和致炎因子的直接损伤有联系。炎症部位实质细胞常发生各种变性甚至坏死。间质内的纤维（包括胶原纤维、弹性纤维、网状纤维）断裂、溶解或发生纤维素样坏死，而纤维之间的基质（含透明质酸、粘多糖等）可发生解聚。这些变化一般以炎症部位中央最为明显。

## 二、渗出

炎区血管内的液体成分和细胞成分通过血管壁进入炎区组织间隙的过程称为渗出。渗出包括血管反应、血浆成分渗出和细胞反应等过程。

### （一）血管反应

致炎因子作用于局部组织，炎症部位的小血管初期反射性痉挛，血流减少，随后小动脉及毛细血管扩张，血压升高，血流加速，局部血量增加，表现为炎性充血。继动脉性充血后，炎症部位的血流逐渐减慢，因毛细血管通透性增高，富含蛋白质的液体向血管外渗出，导致血管内红细胞密集，血液黏稠度增加，甚至呈淤滞状态，原来的动脉性充血转变为静脉性充血。炎区外观上也转为暗红色或紫红色。

血管扩张是血液动力学的主要变化，其发生机理与神经因素和体液因素都有关。炎性刺激物作用于局部感受器后，通过轴突反射可引起炎症部位微动脉扩张。近年的研究证明，体液因素，特别是炎症介质，对血管扩张起着更重要的作用。此外，炎症部位氢离子浓度升高使血管壁紧张性降低，对血管扩张也有一定影响。炎性充血可输送大量氧、营养物质、白细胞、抗体等到局部组织而增强防御能力，同时将病理产物迅速带走有利于恢复组织的正常机能。

随着炎症的继续发展，炎区内动脉性充血可转变成淤血。淤血的发生同下列原因有关。首先，由于炎症介质的作用，血管通透性升高，血管内富含蛋白质的液体向血管外渗出，引起小血管内血液浓缩，黏稠度增加，血流变慢；其次，血流状态的改变，可引起血小板边移粘附和白细胞发生贴壁，加之血管内皮细胞受酸性产物和其他病理产物的影响而肿胀，因此血管内壁粗糙，管腔狭窄，使血流阻力增加；再次，在炎症部位酸性环境中，小动脉、微动脉、后微动脉和毛细血管前括约肌明显松弛，而微静脉平滑肌对酸性环境有耐受性，故不扩张，因此大量血液在毛细血管内滞留。淤血加之血管壁受损可引起局部组织的炎性水肿。

当炎症进一步发展时，随着淤血不断加重，使组织氧和营养物质供应障碍更为明显，形成更多氧化不全或中间代谢产物在炎区堆积，这些产物又将加剧局部血液循环障碍，构成恶性循环。最后血流可陷于淤滞状态或发生血栓形成和出血（图 13－1）。

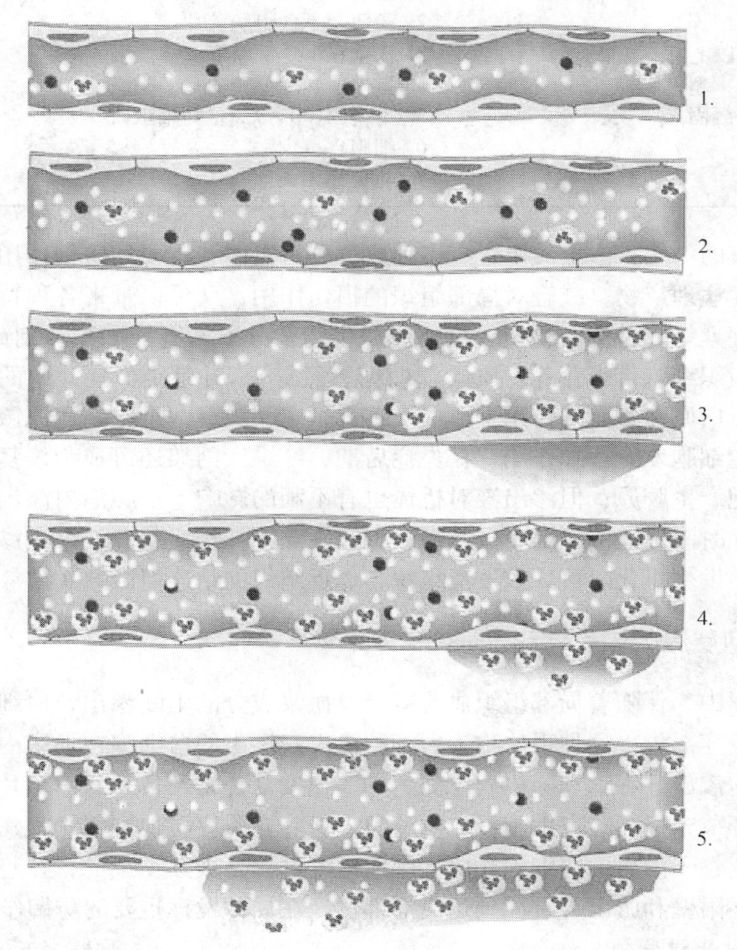


1. 正常血流　2. 血管扩张，血流加快　3. 血流变慢，血浆渗出
4. 血流变慢，白细胞渗出　5. 血流进一步变慢，渗出细胞种类增多

**图 13－1　炎症血流动力学变化示意图**

（二）液体渗出

随着炎区局部血液循环障碍的发展，毛细血管壁的通透性增高，导致血浆成分通过微

静脉和毛细血管壁进入组织内，这种现象称为渗出，渗出的液体为炎性渗出液。除血管壁的损伤引起通透性升高具有重要意义外，微血管淤血，血管内流体静压升高以及炎区组织渗透压升高，也是导致炎性渗出的因素。渗出液的成分随炎症的发展阶段和血管的损伤程度而异，早期损伤较轻时以分子量较小的白蛋白渗出为主，进而是球蛋白，损害较重时，大分子纤维蛋白原也可大量渗出。炎性水肿液称为渗出液，而非炎性水肿液称为漏出液，两者成分性质不同，根据水肿液的性质可以帮助诊断是否是炎症（表 13－1）。

**表 13－1　渗出液与漏出液的比较**

| 渗出液 | 漏出液 |
| --- | --- |
| 1. 浑浊 | 1. 澄清 |
| 2. 浓厚，含有组织碎片 | 2. 稀薄，不含组织碎片 |
| 3. 比重在 1.018 以上 | 3. 比重在 1.015 以下 |
| 4. 蛋白质含量高，超过 4% | 4. 蛋白质含量低于 3% |
| 5. 在活体内外均凝固 | 5. 不凝固，只含少量纤维蛋白 |
| 6. 细胞含量多 | 6. 细胞含量少 |
| 7. 与炎症有关 | 7. 与炎症无关 |

炎性渗出液的作用：渗出液中含有多种成分，对机体有重要的防御作用。它可以稀释局部毒素和炎症病理产物，减轻对局部组织的损伤作用，又可以带来各种特异性免疫球蛋白、补体、调理素等多种抗菌物质，对病原微生物及其毒素有中和、抑制或稀释的作用，为炎症部位的组织细胞带来营养物质（葡萄糖、氧等），并带走炎症灶中的代谢产物，渗出液中的纤维蛋白原在凝血酶作用下形成纤维素，它交织成网可限制病原微生物扩散，同时也有利于吞噬细胞发挥吞噬作用。在炎症后期，纤维素网架还可成为修复的支架，并有利于成纤维细胞产生胶原；但渗出液对机体也有不利的影响。如肺泡内渗出液可影响气体交换，脑膜炎症时渗出液使颅脑内压升高，引起头痛等神经症状。纤维素渗出过多有时不能被完全吸收，发生机化时可导致发炎组织与邻近组织的粘连而影响其正常生理功能。

### （三）细胞反应

在炎症过程中，伴随着局部组织血流减慢及血浆成分的不断渗出，白细胞也主动通过微血管壁进入炎症部位，这种现象称为白细胞渗出。渗出的白细胞在炎区内聚集称作白细胞浸润。白细胞渗出并吞噬和降解病原微生物、免疫复合物及坏死组织碎片，构成炎症反应的主要防御环节，但同时白细胞释放的酶类、炎症介质等可加剧组织损伤。炎症反应的防御功能主要依赖于渗出的白细胞。白细胞的渗出过程是极其复杂的，在趋化因子的作用下，经过边移、附壁和游出等阶段到达炎症部位，在局部发挥重要的防御作用。

#### 1. 白细胞游出过程

（1）边移和附壁　正常情况下，血管内流动的血液分为轴流和边流两部分。血细胞等有形成分位于血流的中央形成轴流，近血管壁为血浆成分，称为边流。炎症发生时，炎区内血液循环发生障碍，血流缓慢，处于轴流中的白细胞逐渐进入边流，沿着血管内皮滚动。由于炎症介质的作用，白细胞粘附于血管内皮细胞上，这种白细胞粘附于血管壁的现象称为白细胞附壁。

（2）白细胞的游出　白细胞与血管内皮细胞粘附后，通过变形运动穿过血管壁，并游走到炎症部位，这个过程称为白细胞的游出。白细胞的游出部位主要是小静脉和毛细血管静脉端。电镜观察证实：白细胞是通过内皮细胞的连接处游出的。白细胞粘附于内皮细胞连接处，伸出伪足，逐渐以变形运动方式从内皮细胞间的连接处逸出，并穿过基底膜，到达血管外（图 13－2）。

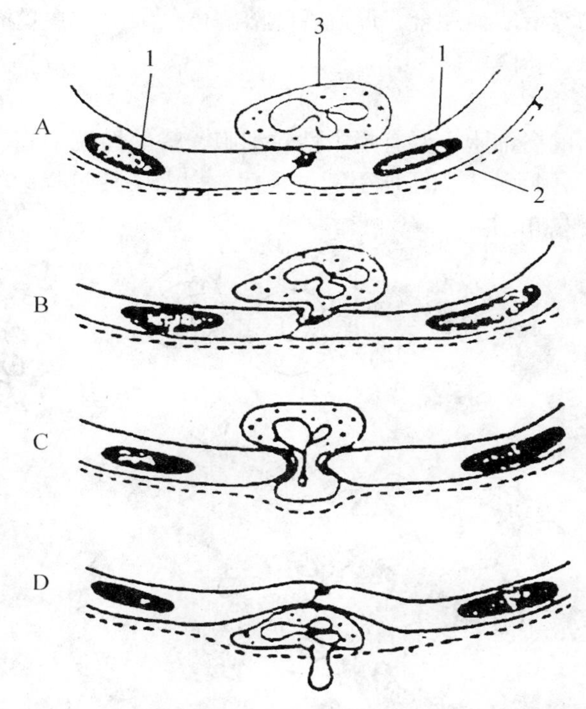


1. 血管壁内皮细胞核　2. 血管外膜　3. 嗜中性粒细胞　A. 白细胞粘附在血管内膜上
B. 白细胞伸出伪足　C. 伪足插入血管壁内皮细胞之间　D. 伪足已伸出血管外膜

**图 13－2　嗜中性粒细胞游出**

（3）*趋化作用*　白细胞穿过血管壁后，便向炎症部位集中。白细胞这种向着炎症部位定向运动的特性称为趋化作用。调节白细胞定向运动的化学刺激物称为趋化因子。趋化因子的作用有特异性，有的趋化因子只吸引嗜中性粒细胞，而另一些趋化因子则吸引单核细胞或嗜酸性粒细胞。

一些外源性和内源性化学物质具有趋化作用，常见的白细胞趋化因子包括可溶性细菌产物、补体成分、白细胞三烯等。中性粒细胞、致敏淋巴细胞释放的因子及纤维蛋白降解产物对单核细胞也具有趋化作用。在 I 型变态反应中，IgE 致敏的肥大细胞和嗜碱性粒细胞在同种抗原刺激下，可释放嗜酸性粒细胞趋化因子。致敏淋巴细胞释放的因子和激活的补体成分。也是嗜酸性粒细胞的趋化因子。

（4）*白细胞的吞噬作用*　渗出到炎症灶内的白细胞，特别是嗜中性粒细胞和巨噬细胞具有强大的吞噬功能，能有效杀灭病原微生物和清除组织碎片，这是炎症的防御反应中极其重要的一环。具有吞噬功能的细胞主要是嗜中性粒细胞和巨噬细胞，其吞噬异物的过程基本相同。在无血清存在的条件下，吞噬细胞很难识别并吞噬细菌，但由于血清中有些因子能粘附在细菌的表面，使其更易于被识别和吞噬，这些血清因子称为调理素，即一类能增强吞噬细胞吞噬活性的血清蛋白质，主要是免疫球蛋白（IgG）和活化补体成分（C3a）。吞噬细胞通过表面受体，能识别被抗体和补体包被的细菌，经抗体或补体与相应受体结合后，细菌就被粘着在吞噬细胞表面。随后，吞噬细胞伸出伪足，随伪足的延伸和互相吻合形成由吞噬细胞膜包围吞噬物的泡状小体，称为吞噬体。吞噬体逐渐脱离细胞膜进入细胞内部，并与初级溶酶体融合，形成吞噬溶酶体。细菌在吞噬溶酶体内被溶酶和具有活性的氧代谢产物杀伤、降解。

2. 炎性细胞的种类和功能

炎症过程中，渗出的白细胞主要有嗜中性粒细胞、嗜酸性粒细胞、单核细胞、淋巴细胞和浆细胞（13－3）。不同致炎因子所引起的炎症，以及炎症过程中的不同阶段出现的炎性细胞种类和数量也不尽相同。

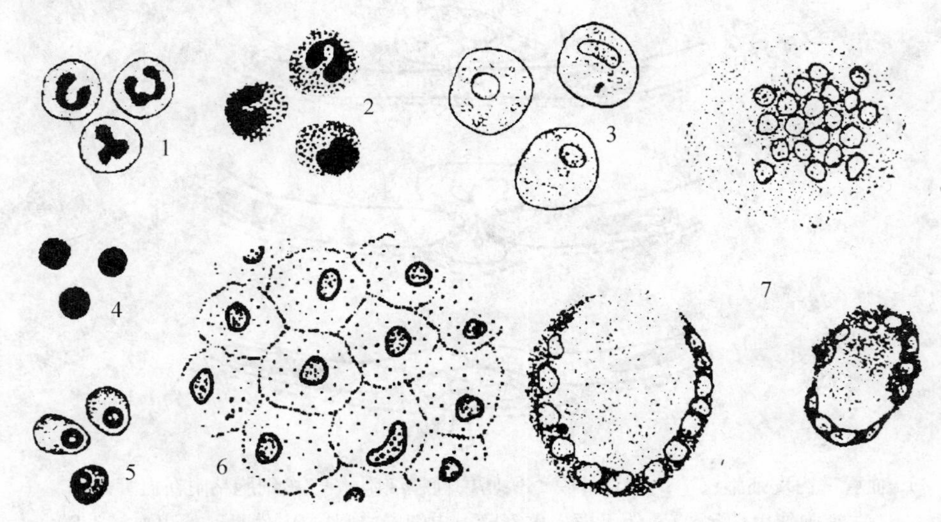


1. 中性粒细胞　2. 嗜酸性粒细胞　3. 巨噬细胞　4. 淋巴细胞
5. 浆细胞　6. 上皮样细胞　7. 多核巨细胞

**图 13－3　炎性细胞形态图**

（1）中性粒细胞　嗜中性粒细胞起源于骨髓干细胞，胞核一般都分成2～5叶，幼稚型嗜中性粒细胞的胞核呈弯曲的带状、杆状或锯齿状而不分叶。常见于急性炎症初期和化脓性炎症时。在病原微生物引起剧烈炎症时，中性粒细胞不仅大量出现于炎症部位，而且在外周循环血液中的数量也增多。但在某些病毒感染时，如猫免疫缺陷病、犬粒细胞性埃利希体病等可引起中性粒细胞数量减少。嗜中性粒细胞减少或幼稚型嗜中性粒细胞增多，往往是病情严重的表现。

中性粒细胞具有活跃的运动能力和吞噬能力，主要吞噬细菌，也能吞噬组织碎片、抗原抗体复合物以及细小的异物颗粒。在pH值7.0～7.4的环境中最活跃，当pH值降至6.6以下时开始崩解，释放多种酶类，溶解周围变质细胞和自身而形成脓汁。其胞浆中所含的颗粒相当于溶酶体，其内含有多种酶，这种颗粒在炎症时可见增多。嗜中性粒细胞还能释放血管活性物质和趋化因子，促进炎症的发生、发展，是机体防御作用的主要成分之一。

在炎症的早期，首先出现在炎症灶内的是嗜中性粒细胞，特别是化脓性细菌感染时，嗜中性粒细胞渗出最多。死亡的嗜中性粒细胞成为脓细胞。

（2）嗜酸性粒细胞　嗜酸性粒细胞也起源于骨髓干细胞，细胞核一般分为二叶，各自呈卵圆形。胞浆丰富，内有粗大的强嗜酸性反应的颗粒，其中含有多种酶，如组织胺酶、芳基硫酸酯酶、组织蛋白酶、过氧化物酶、主要碱性蛋白、阴离子蛋白、PGE 等。因此，其颗粒释放可酶解组织胺等，对抑制 I 型超敏反应有重要意义。在寄生虫引起的炎灶内，嗜酸性粒细胞释放物可吸附于虫体表面，其中所含的主要碱性蛋白、阴离子蛋白和过氧化物酶可导致虫体死亡。

正常动物血液白细胞分类计数时，嗜酸性粒细胞占 1%～7%。在寄生虫感染和过敏反应时，嗜酸性粒细胞明显增多。例如寄生虫感染时，在靠近虫体附近的组织中可见多量嗜酸性粒细胞浸润；如反复感染或重度感染时不仅局部组织内嗜酸性粒细胞增多，循环血液中也显著增加。在过敏反应时，嗜酸性粒细胞可占白细胞总数的 20%～25%。嗜酸性粒细胞具有游走运动能力，在趋化因子的作用下游走至炎症部位中，主要通过脱颗粒，发挥其生物学效应。但在某些疾病如犬单核细胞性埃利希体病早期，可见血液中嗜酸性粒细胞严重减少，甚至消失。

（3）嗜碱性粒细胞　嗜碱性粒细胞直接参与 I 型超敏反应。过敏原刺激机体产生的 IgE 抗体与嗜碱性粒细胞表面 IgE 受体结合，机体即处于致敏状态。当 IgE 再次与相应抗原结合时，引起细胞内 cAMP（环磷酸腺苷）浓度降低，使嗜碱性粒细胞脱颗粒，释放组织胺、5－HT 等炎症介质，引起一系列变化。嗜碱性粒细胞胞核呈 S 形，胞浆丰富，内含稀疏而粗大的嗜碱性颗粒。

（4）单核细胞和巨噬细胞　单核细胞和巨噬细胞均来源于骨髓干细胞，单核细胞占血液中白细胞总数的 3%～6%，血液中的单核细胞受刺激后，离开血液到结缔组织或其他器官后转变为组织巨噬细胞。炎症炎症部位的单核细胞可来自循环血液中的单核细胞，也可来自单核巨噬细胞系统中增生的、固定的或游走的细胞。

单核巨噬细胞系统是广泛分布在全身具有巨噬功能细胞的总称，包括结缔组织中的组织细胞、肝脏的枯否氏细胞、肺内的尘细胞、淋巴结和脾脏内的吞噬细胞，以及中枢神经系统内的小胶质细胞等。这类细胞体积较大，圆形或椭圆形，常有钝圆的伪足样突起，核呈卵圆形或马蹄形，染色质细粒状，胞浆丰富，内含许多溶酶体及少数空泡，空泡中常含一些消化中的吞噬物。

单核细胞常见于急性炎症后期或慢性炎症和非化脓性炎症（结核、布氏杆菌感染）时。病毒性炎的早期炎灶内也可见大量单核细胞。核呈肾形或马蹄形，位于细胞中央或偏于一侧；胞浆丰富，内含许多细小的嗜天青颗粒即溶酶体。巨噬细胞具有趋化能力，其游走速度慢于嗜中性粒细胞，但有较强的吞噬能力，能够吞噬非化脓菌、原虫、衰老细胞、肿瘤细胞、组织碎片和体积较大的异物，特别是对于慢性细胞内感染的细菌如结核杆菌和布氏杆菌的清除有重要意义。巨噬细胞还参与特异性免疫反应，并能产生许多炎症介质促进和调整炎症反应。

巨噬细胞可转变为上皮样细胞和多核巨细胞。炎症反应过程中，炎症灶内存在某些病原体（如结核杆菌）或异物（如缝线、芒刺等）时，巨噬细胞可转变为上皮样细胞或多个巨噬细胞融合成多核巨细胞。

①上皮样细胞　外形与巨噬细胞相似，呈梭形或多角形，胞浆丰富，内含大量内质网和许多溶酶体。胞膜不清晰，胞核呈圆形、卵圆形或两端粗细不等的杆状，核内染色质较

少，着色淡。此类细胞的形态与复层扁平细胞中的棘细胞相似，故称上皮样细胞。上皮样细胞具有强大的吞噬能力，它的胞浆内含有丰富的酯酶，对菌体外表覆有蜡质的结核菌也能消化。主要见于肉芽肿性炎症。

②多核巨细胞　这种细胞是由多个巨噬细胞融合而成。细胞体积巨大，胞浆丰富，在一个细胞体内含有许多个大小相似的胞核。胞核的排列有三种不同形式：一是细胞核沿着细胞体的外周排列，呈马蹄状，这种细胞又称朗罕氏细胞；二是细胞核聚集在细胞体的一端或两极；三是胞核散布在整个巨细胞的胞浆中。多核巨细胞可见于结核病、放线菌病及曲霉菌病病灶中，常出现在坏死组织的边缘。多核巨细胞具有十分强大的吞噬能力，有时可见它包围着嵌进组织的异物，如芒刺、缝线等。

单核细胞和巨噬细胞在 pH6.8 以下的环境中仍具有活跃的吞噬能力。特别当巨噬细胞受到巨噬细胞活化因子的作用，或受到某些细菌产物（如内毒素）的作用而成为激活的巨噬细胞后，吞噬能力显著提高。对中性粒细胞不能吞噬的病原微生物（如结核杆菌）、较大的异物、组织细胞坏死碎片甚至整个变性红细胞，都有重要的清除作用。单核-巨噬细胞还能释放溶酶体酶和产生多种炎症介质，如 IL-1、IL-6、TNF、单核细胞趋化蛋白等。它们还参与特异性免疫反应，摄取并处理抗原，把抗原信息传递给免疫活性细胞，故又称之为抗原提呈（加工）细胞。在炎症后期，巨噬细胞能转变为成纤维细胞分泌前胶原而参与损伤组织的修复过程。

（5）淋巴细胞　淋巴细胞产生于淋巴结及其他淋巴组织，经胸导管进入血液循环。血液中的淋巴细胞大小不一，有大、中、小型之分。在白细胞分类中的比例随动物种类而异。大多数是小型的成熟的淋巴细胞，胞核为圆形或卵圆形，常见在核的一侧有小缺痕；核染色质较致密，染色深；胞浆很少，嗜碱性，但在组织切片中常看不见。大淋巴细胞数量较少，是未成熟的，胞浆较多。主要见于慢性炎症、炎症恢复期以及病毒性炎症和迟发性变态反应过程中，可见炎症部位淋巴细胞聚集，同时血液中淋巴细胞数量也增多。中枢神经系统发生病毒感染时，如狂犬病、脑脊髓炎，常见脑脊髓血管周围大量淋巴细胞浸润，称为袖套现象。

在炎症过程中，被抗原致敏的 T 淋巴细胞产生和释放 IL-6、TNFa、淋巴因子等多种炎症介质，具有抗病毒、杀伤靶细胞、激活巨噬细胞等多种重要作用。而 B 淋巴细胞可产生抗体参与体液免疫。

（6）浆细胞　浆细胞是 B 淋巴细胞受抗原刺激后演变而成。主要见于慢性炎症过程。细胞呈圆形，较淋巴细胞略大，胞浆丰富，轻度嗜碱性，细胞核圆形，位于一端，染色质致密呈粗块状，多位于核膜的周边呈辐射状排列，致使细胞核染色后呈车轮状，这种特征是识别浆细胞的标志之一。浆细胞具有合成免疫球蛋白的能力。

正常时，浆细胞不存在于循环血流中，结缔组织内浆细胞也很少。在感染后的慢性炎症病灶周围，以及病灶区淋巴结或脾脏红髓内，可见大量浆细胞。它和变态反应作用有关，实验性和临诊上的过敏反应时，均见浆细胞显著增加。浆细胞具有产生抗体的作用，并且是血液中抗体的重要发源地。免疫球蛋白 IgG、IgM、IgA、IgD 和 IgE 都是由浆细胞产生的。

## 三、增生

在炎症发展过程中，伴随着组织损伤、血管反应，炎症区同时出现细胞增生。这种现象在炎症早期即可发现，但以炎症后期表现最为明显。增生细胞的主要是成纤维细胞、血管内皮细胞和巨噬细胞，有时也伴有上皮细胞和实质细胞增生。一般情况下，增生变化不仅提供炎性浸润细胞，还具有炎症局限化或损伤修复作用。但过度增生会导致器官固有结构的破坏，影响器官功能，如肝硬变。

炎区内多种类型的细胞成分都可以出现增生，但主要是巨噬细胞、成纤维细胞和血管内皮细胞。炎症早期即可见血管外膜细胞活化，胞体变圆并分裂增殖，与来自血液的单核细胞及其转化成的巨噬细胞一起具有强大的吞噬能力，清除病原体和局部病理产物。少数炎症早期也见其他细胞增生，如急性肾小球性肾炎早期可见肾小球毛细血管内皮细胞和系膜细胞增生（图 13－4）。炎症后期以成纤维细胞和毛细血管内皮细胞增生为多见。成纤维细胞由纤维细胞和未分化间叶细胞活化、增殖而来，多位于炎区周围，在其成熟过程中产生前胶原，后者释放后转化、聚合成胶原纤维。血管内皮细胞的增殖可构建新的毛细血管。成纤维细胞和新生毛细血管共同组成肉芽组织，修复组织缺损。在炎症后期某些器官、组织的实质细胞也可发生增生。

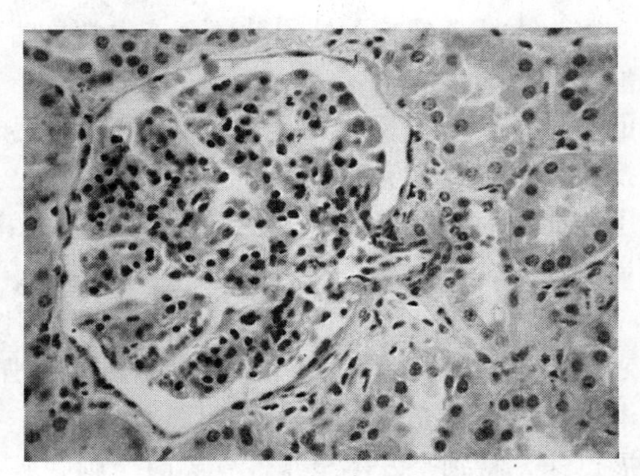

（肾小球毛细血管内皮细胞和系膜细胞增生）

**图 13－4　急性肾小球性肾炎**

炎症的变质、渗出、增生三个基本过程是互相联系的，在任何炎症过程中，都有这三个基本过程的存在，但在不同类型的炎症或炎症的不同阶段，其表现程度各有差异。例如，在炎症的早期和急性炎症时，常以组织变质和渗出为主，而在炎症的后期和慢性炎症时，则以增生反应为主。

# 第四节　炎症的全身反应

炎症的病变主要表现在炎症部位，但作为一个完整的机体，局部的变化往往是整个机体反应的集中表现，它既受整体的影响，同时又影响整体。因此，在炎症部位出现病理变化的同时，机体整体也会表现相应变化。在炎症局部病变严重，或机体抵抗力低下出现炎症全身化时，全身反应表现的更为明显。常见的炎症全身反应主要有发热、白细胞增多、单核巨噬细胞系统机能加强和血清急性期反应物形成等。

（1）发热　是指在致热原作用下，使机体体温调节中枢的调定点上移而引起的一种高水平的体温调节活动。发热是炎症常见的全身反应。

致热原是指所有能引起动物发热的刺激物，可分为外源性致热原和内源性致热原。外源性致热原主要有细菌毒素、病毒、寄生虫等。内源性致热原主要有前列腺素 E、白细胞介素 -1、白细胞介素 -6 和肿瘤坏死因子等。

炎症时一定程度的体温升高，能加强机体的物质代谢，促进抗体形成和单核巨噬细胞的吞噬机能。同时发热还能促进血液循环，提高肝、肾、汗腺等器官和组织的生理机能，加速对炎症有害产物的处理和排泄。所以适度发热对机体有一定的抗损伤作用。但如果发热持续过久或体温过高，则引起体内大量营养物质（如糖、脂肪、蛋白质等）分解，能量储备严重消耗，动物消瘦，使机体抵抗力下降。由于体温过高和有害代谢产物的影响，可导致中枢神经系统功能抑制，甚至发生昏迷。

（2）白细胞增多　炎症时，外周循环血液中白细胞数量往往发生变化，常出现白细胞增多。在多数急性炎症特别是急性化脓性炎症时，外周循环血液中白细胞总数升高，尤以中性粒细胞增多更为明显。而且有时发生幼稚型中性粒细胞比例升高，即出现白细胞核左移现象。在过敏性炎症和寄生虫性炎症时，外周循环血液中常见嗜酸粒细胞增多。慢性炎症和病毒感染时则多见淋巴细胞增多。

白细胞增多是机体的一种重要防卫反应，是机体防御机能增强的表现。随病程发展，如外周血中白细胞总数及白细胞分类比例逐渐趋于正常，可看作是炎症转向痊愈的一个指标。反之，在炎症过程中，如外周血中白细胞总数显著减少或突然减少，则表示机体抵抗力降低，往往是预后不良的征兆。

（3）单核巨噬细胞系统机能加强　炎症时尤其是生物性因素引起的炎症，常见单核巨噬细胞系统机能加强，表现为细胞活化增生，吞噬和杀菌机能加强。例如，急性炎症时，炎灶周围淋巴通路上的淋巴结肿胀、充血、淋巴窦扩张，窦内巨噬细胞活化、增生，吞噬能力增强。如果炎症发展迅速，特别是发生全身性感染时，则脾脏、全身淋巴结以及其他器官的单核巨噬细胞系统的细胞都发生活化增生。这些都是机体抗炎反应的表现。

（4）血清急性期反应物形成　病原微生物侵入机体引起炎症时，可在数小时至几天内导致血清成分的明显改变，这种反应称为急性期反应。此时血清中增多的非抗体物质，统称为血清急性期反应物，按其出现的时间又可分为初期反应物和后期反应物。前者是在致炎因子作用 1～2h 后由吞噬细胞和其他细胞成分分泌的，包括 EP、TNF、淋巴细胞活化因子等；后者是在致炎因子作用 24h 后主要由肝细胞合成分泌的，包括 C - 反应蛋白（CRP）、血清淀粉样蛋白 A（SAA）、纤维蛋白原等。

总之，炎症时血清急性期反应物具有保护炎区组织细胞、促进损伤组织修复、激活补体和抑制血凝等多种作用。血清急性期反应物不仅见于炎症和感染时，也见于手术、创伤等过程，因而是机体对外界强烈刺激的一种非特异型反应。

# 第五节　炎症介质

引起炎症的原因千差万别，但炎症局部的基本病理变化却相同。研究证明，致炎因子是通过一系列中介物导致炎症不同阶段的各种现象的，这类中介物即为炎症介质。炎症介质是指在炎症发生、发展过程中，由细胞释放或体液中产生的参与、介导炎症反应的化学物质。炎症介质需要通过与靶细胞膜上的受体结合，才能发挥其生物学效应。按其来源可分为细胞源性炎症介质和血浆源性炎症介质（表13－2）。

**表13－2　炎症介质分类**

| 来源 | 主要类别 | 主要介质 |
| --- | --- | --- |
| 细胞 | 血管活性胺 | 组胺、5－羟色胺 |
| | 脂类 | 血小板活化因子（PAF）、前列腺素（PG）、白三烯（LT） |
| | 溶酶体成分 | 阳离子蛋白、酸性蛋白酶、中性蛋白酶 |
| | 细胞因子 | 游走抑制因子、趋化因子、淋巴毒素、IL－1、皮肤反应因子 |
| 血浆 | 凝血系统 | 纤维蛋白多肽、纤维蛋白降解产物 |
| | 激肽系统 | 激肽释放酶原、激肽释放酶、激肽原、缓激肽 |
| | 补体系统 | C3a、C5a |

## 一、细胞源性炎症介质

### （一）血管活性胺

（1）组织胺　储存于肥大细胞和嗜碱性粒细胞内，也存在于血小板中。肥大细胞广泛于各种组织，尤其在肺脏、胃、肠和皮肤小血管周围分布最多，各种致炎因素、补体裂解产物等均可引起组织胺释放。组织胺明显扩张微动脉、毛细血管和微静脉，严重时引起血压下降，但作用于肺脏却引起肺微动脉、微静脉收缩造成肺动脉高压；另外组织胺可使血管壁通透性升高，渗出增加；还引起支气管、胃肠道、子宫平滑肌收缩，导致哮喘、腹泻和腹痛。

（2）5－羟色胺　主要存在于肥大细胞、血小板、肠道嗜银细胞内。5－羟色胺能引起多数脏器微血管扩张，并具有强烈的致痛作用，还可使血管壁通透性增高，并能促进组织胺释放。

### （二）前列腺素和白细胞三烯

前列腺素和白细胞三烯是花生四烯酸的代谢产物。在磷酸酯酶作用下花生四烯酸从质膜磷脂中释放出来，并在环加氧酶作用下生成前列腺素，在脂加氧酶作用下生成白细胞三烯。

炎症部位的前列腺素主要来自血小板和白细胞。它具有强烈的扩张血管作用，能致痛和参与发热过程，并有加强组织胺和缓激肽效应的作用；白细胞三烯主要来自嗜碱性粒细胞、肥大细胞和单核细胞，它是很强的白细胞趋化因子，此外还能显著升高炎症部位血管的通透性，具有强烈的收缩血管和支气管平滑肌的作用。

（三）细胞因子

机体各种组织细胞在其生命周期中，释放多种生物活性物质，这种物质称为细胞因子。这类物质除完成自身功能、参加复杂的细胞与细胞间的信息交流外，还具有强烈的致炎活性，主要有以下几种：

（1）白细胞介素-1　白细胞介素-1是由单核-巨噬细胞系统的细胞以及树突状细胞分泌的，它能上调血管内皮细胞粘附分子的表达，促进凝血和血小板内活性物质的释放、诱导发热，以及促进细胞内前列腺素合成增多。

（2）白细胞介素-6　白细胞介素-6由淋巴细胞、单核-巨噬细胞系统的细胞、成纤维细胞、血管内皮细胞合成。它与白细胞介素-1协同作用，能增加内皮细胞粘附分子的表达，并参与发热。

（3）白细胞介素-8　白细胞介素-8由单核巨噬细胞系统的细胞、成纤维细胞、血管内皮细胞、上皮细胞等合成。可趋化和激活中性粒细胞。

（4）肿瘤坏死因子　肿瘤坏死因子由活化的巨噬细胞和淋巴细胞合成分泌，它具有抗肿瘤、抗病毒、可促进中性粒细胞聚集和释放蛋白水解酶，能诱导发热和白细胞介素-1、白细胞介素-6等细胞因子的合成等作用。

（5）单核细胞趋化蛋白-1　单核细胞趋化蛋白-1由淋巴细胞、内皮细胞、成纤维细胞、单核细胞等受诱导后合成，对单核细胞具有强烈的趋化作用。

另外，致敏的T淋巴细胞与相应抗原接触后能合成与释放多种淋巴因子，可分别作用于巨噬细胞、粒细胞、淋巴细胞、皮肤、成纤维细胞等参与炎症过程。

## 二、血浆源性炎症介质

（1）缓激肽　激肽系统是指由组织激肽释放酶原和血浆组织激肽释放酶原分别经一系列转化过程而形成的缓激肽。缓激肽能使血管壁通透性升高，血管扩张，还可引起非血管平滑肌（如支气管、胃肠、子宫平滑肌）收缩，能引起哮喘、腹泻和腹痛。另外，低浓度的缓激肽还可引起炎症部位疼痛。

（2）纤维蛋白肽　炎症时由于血管内皮细胞和组织细胞受到损伤，释放大量凝血因子，从而启动内源性和外源性凝血系统，导致释放大量纤维蛋白肽。其具有升高血管通透性和吸引中性粒细胞的作用。

（3）补体裂解产物　在致炎因素作用下，补体系统通过经典途径或旁路途径被激活，产生许多补体裂解产物促进炎症反应。其中过敏素C3a和C5a能使血管壁的通透性升高，C3a、C5a和C567对中性粒细胞、嗜酸性粒细胞和单核细胞有强烈的趋化作用。C3b和C5b包被的病原体易被吞噬细胞识别和吞噬；C3b具有调理素作用。

# 第六节　炎症的分类及特点

根据炎症的发生速度和临床经过，炎症可分为急性炎症、亚急性炎症和慢性炎症。根据炎症的主要病变特点，炎症可分为变质性炎、渗出性炎和增生性炎。这两种分类有着一定的联系，如急性炎症常以变质性变化和渗出性变化为主，而慢性炎症常以增生性变化占优势。渗出性炎症主要包括浆液性炎症、卡他性炎症、化脓性炎症、纤维素性炎症、出血性炎症。增生性炎症主要包括增生性炎症、肉芽肿性炎症。

## 一、变质性炎

变质性炎是指以炎症部位的组织和细胞变性、坏死的变质性变化为主，而渗出和增生过程很轻微的一类炎症，常发生于肝脏和心脏等实质器官，也见于骨骼肌。

1. 原因

常见于各种中毒以及某些重症感染。例如，腺病毒引起的犬的传染性肝炎、犬细小病毒引起的心肌炎。

2. 病理变化

常见的有变质性肝炎和变质性心肌炎。

（1）变质性肝炎　眼观肝脏体积肿大、变黄、粗糙易碎。镜检可见肝实质严重变性（颗粒变性、脂肪变性）、坏死，肝细胞普遍肿胀，其中绝大部分肝细胞已经坏死，窦状隙内白细胞增多、充血，中央静脉淤血。

（2）变质性心肌炎　眼观心肌红黄相间，呈虎斑状。镜检可见心肌纤维局灶性变性，其中淋巴细胞弥漫性浸润，间质充血、水肿。

3. 结局

变质性炎症多为急性经过，其结局取决于实质细胞的损伤程度。一般炎症损伤较轻时，病因消除后可完全修复。如果实质细胞大量受到损伤，引起器官功能急剧障碍，可造成严重后果甚至发生死亡。但有时也可转为慢性，迁延不愈，此时局部损伤多经结缔组织增生来修复。

## 二、渗出性炎

渗出性炎是指炎症部位的组织以渗出性变化（包括血液液体和细胞成分渗出）为主，同时伴有不同程度的变质和轻微增生过程的一类炎症。根据渗出物的主要成分不同，渗出性炎症又分为浆液性炎症、纤维素性炎症、化脓性炎症和出血性炎症等类型。

1. 浆液性炎

是以渗出大量浆液为特征的炎症。浆液颜色淡黄，含3%～5%的白蛋白和球蛋白，同时因混有白细胞和脱落细胞成分而呈轻度浑浊。

（1）原因　生物性因素和各种理化因素（机械力、低温、电流、化学毒物等）等都可引起浆液性炎症。浆液性炎症是渗出性炎症的早期表现。

（2）病理变化　浆液性炎常发生于疏松结缔组织、黏膜、浆膜和肺脏等处。

皮下疏松结缔组织发生浆液性炎症时，炎症部位肿胀，严重时指压皮肤可出现面团状凹陷，切开时肿胀部可流出淡黄色浆液，疏松结缔组织呈淡黄色半透明胶冻状。镜检可见结缔组织成分悬浮于水肿液中，其间距离加大；毛细血管充血，白细胞浸润；疏松结缔组织中的细胞和纤维也可呈现不同程度的变质性变化。

黏膜发生浆液性炎症时，又称为浆液性卡他。常发生于胃肠道黏膜、呼吸道黏膜、子宫黏膜等部位。肉眼可见黏膜表面附有大量稀薄透明的浆液渗出物，黏膜肿胀、充血、增厚。镜检可见黏膜上皮细胞变性或坏死脱落，固有层毛细血管充血、出血，同时见水肿和少量白细胞浸润。

浆膜发生浆液性炎症时，浆膜腔内有浆液蓄积，浆膜充血、肿胀，间皮脱落。

肺脏发生浆液性炎症时眼观色泽不一，炎症部位呈紫红色，气肿区呈苍白色；膈叶和心叶大部分区域发生肺气肿。镜检可见炎症部位肺泡壁毛细血管扩张充血，多数肺泡腔内充盈粉红染浆液性渗出液，另一些肺泡扩张呈代偿性肺气肿。肺泡腔浆液性渗出物中混有少量白细胞和脱落的肺泡壁上皮细胞。

（3）结局　浆液性炎症一般呈急性经过，随着致炎因子的消除和机体状况的好转，浆液性渗出物可被吸收消散，局部变性、坏死组织通过再生可完全恢复。若病程持续时间较长可引起结缔组织增生，器官和组织发生纤维化，而导致相应的机能障碍。

2. 纤维素性炎

是以渗出液中含有大量纤维素为特征的炎症。纤维素即纤维蛋白，来自血浆中的纤维蛋白原。当血管壁损伤较重时纤维蛋白原从血管渗出，受损伤组织释放的酶作用而转变成为不溶性的纤维蛋白。

（1）原因　常见于病原微生物感染。

（2）病理变化　根据发炎组织受损伤程度的不同，纤维素性炎可分为浮膜性炎和固膜性炎两种。

①浮膜性炎症：是组织坏死性变化比较轻微的纤维素性炎症，以纤维素和少量脱落的被覆上皮细胞凝集成一薄层、淡黄色伪膜。此膜易于剥离，且剥离后局部膜组织结构完整，所以又称为假膜性炎症。常发生于浆膜、黏膜和肺脏。

猫纤维素性肠炎：初期可见肠黏膜充血，渗出多量纤维素，形成薄层灰黄色和黄褐色易于剥离的假膜。随着病程延长，假膜可增厚，若将假膜剥离，可见肠黏膜明显充血、出血、水肿和糜烂。镜检可见肠黏膜被覆一层渗出物，主要包括始嗜中性粒细胞、纤维蛋白和脱落的上皮细胞等。固有层充血、水肿，并有炎性细胞浸润。

②固膜性炎症：是伴有比较严重黏膜组织坏死的纤维素性炎症，故又称纤维素性坏死性炎症。固膜性炎症只发生于黏膜，发炎部位渗出的纤维素与深部坏死组织结合牢固，不宜剥离，组织损伤严重。发炎器官病变部表面粗糙，呈糠麸样、局灶性或弥漫性，突出增厚。坏死灶周围见充血、出血和白细胞浸润，慢性经过时还可见外周结缔组织增生。

（3）结局　纤维素性炎症一般呈急性或亚急性经过，结局主要取决于组织坏死的程度。浮膜性炎时症，纤维素受白细胞释放的蛋白分解酶的作用，可被溶解、吸收而消散，损伤组织通过再生而修复。有时浆膜面上的纤维素发生机化，使浆膜肥厚或与邻近器官发生粘连，肺泡内纤维素被结缔组织取代可引起肺组织的肉变。固膜性炎症因组织损伤严重，不能完全修复，常因局部结缔组织增生而形成疤痕。

3. 化脓性炎症

是以大量中性粒细胞渗出并伴有不同程度的组织坏死和脓液形成为特征的炎症。脓液即脓性渗出物，是由细胞成分、细菌和液体成分所组成的。镜检可见脓液中的细胞成分主要是中性粒细胞，除少数继续保持吞噬能力外，大部分已发生变性、坏死和崩解。这种变性坏死的中性粒细胞称为脓细胞。脓液的液体是坏死组织受到中性粒细胞释放的蛋白分解酶的作用溶解液化而成的。形成脓液的过程称为化脓。

(1) 原因 化脓性炎症主要由化脓菌如葡萄球菌、链球菌、绿脓杆菌等感染所引起。某些化学物质如松节油、巴豆油等，或机体自身的坏死组织如坏死骨片，也能引起无菌性化脓性炎症。

(2) 病理变化 由于病原菌不同和动物种类的不同，脓液在外观上有较大差异。感染葡萄球菌和链球菌生成的脓液，一般呈黄白色或金黄色乳糜状；感染绿脓杆菌生成的脓液为青绿色。化脓过程如混有腐败菌感染，则脓液呈污绿色并有恶臭。

犬中性粒细胞的蛋白分解酶有极强的分解能力，故形成的脓液稀薄如水。根据发生部位的不同，化脓性炎又有各种不同的表现形式。

①脓性卡他：是黏膜表面的化脓性炎症。外观上黏膜表面出现大量黄白色、黏稠浑浊的脓性渗出物，黏膜充血、出血和肿胀，重症时浅表坏死（糜烂）。镜检可见渗出物内有大量变性的中心粒细胞，黏膜上皮细胞发生变性、坏死和脱落，黏膜固有层充血、出血和中心粒细胞浸润。

②积脓：浆膜发生化脓性炎症时，脓性渗出物大量蓄积在浆膜腔内称为积脓。

③脓肿：是组织内发生的局限性化脓性炎症，表现为炎症部位中心坏死液化而形成含有脓液的腔。急性过程时，炎症部位中央为脓液，其周围组织出现充血、水肿及中心粒细胞浸润组成的炎性反应带。慢性经过时，脓肿周围出现肉芽组织，包围脓腔，并逐渐形成一个界膜，称为脓肿膜。后者具有吸收脓液、限制炎症扩散的作用。

如果病原菌被消灭，则渗出停止，小的脓肿内容物可逐渐被吸收而愈合；大的脓肿通常有包囊形成，脓液干涸、钙化。如果化脓性细菌继续存在，则从脓肿可向表层发展，使浅层组织坏死溶解，脓肿穿破皮肤或黏膜而向外排脓，局部形成溃疡。深部的脓肿有时可以通过一个管道向体表或自然管腔排脓，在组织内形成的这种有盲端的管道，称为窦道。如慢性化脓性骨髓炎时，可见窦道形成并向体表皮肤排脓。有时深部脓肿既向体表皮肤穿破排脓，又向自然管腔排脓，此时形成一个沟通皮肤和自然管腔的排脓管道，称为瘘管。

④蜂窝织炎症：是皮下和肌间疏松结缔组织的一种弥漫性化脓性炎症。主要是由致病性链球菌引起。蜂窝织炎症发生发展迅速，炎症部位大量中心粒细胞弥漫性地浸润于细胞成分之间，其范围广泛，与周围正常组织间无明显界限。

致病性链球菌，尤其是B群、C群和G群链球菌，犬、猫感染后可导致肾小球肾炎、化脓性肺炎，由伤口、呼吸道、消化道和尿道感染后，可引起皮肤溃疡、化脓，以及深度的蜂窝织炎。

(3) 结局 化脓性炎症多为急性经过，轻症时随病原的消除，及时清除脓液，可以逐渐痊愈。重症时需通过自然破溃或外科手术来进行排脓，较大的组织缺损常由新生肉芽组织填充并导致疤痕形成。若机体抵抗力降低，化脓菌可随炎症蔓延而侵入血液和淋巴并向全身播散，甚至导致脓毒败血症。

4. 出血性炎症

是指渗出液中含有大量红细胞的一类炎症。多与其他类型的炎症合并发生，如浆液性出血性炎症、化脓性出血性炎症、出血性坏死性炎症等。

(1) 原因 主要是一些能严重损伤血管壁的病原微生物，它们可引起血管通透性升高，以至红细胞随同渗出液被动地从血管内逸出。如犬细小病毒能引起严重的出血性肠炎变化。

（2）病理变化　大量红细胞出现于渗出液内，使渗出液和发炎组织被染上血液的红色。如犬细小病毒引起的出血性肠炎，眼观黏膜潮红、肿胀，被覆较多黏液，肠壁增厚，肠道内充满紫红色粥样内容物或紫黑色的血液。镜检可见黏膜上皮细胞坏死、脱落，黏膜固有层毛细血管充血、出血，并伴有结缔组织增生和淋巴细胞浸润。

在实际工作中，要注意区分出血性炎症和出血，前者伴有血浆液体和炎性细胞的渗出，同时存在程度不等的组织变质性变化；而后者则缺乏炎症的征象，仅具有单纯性出血的表现。

（3）结局　出血性炎症一般呈急性经过，其结局取决于原发性疾病和出血的严重程度。

上述四种类型的渗出性炎症，是依据炎性渗出物的性质来划分的，但它们之间联系密切，而且有些是同一炎症过程的不同发展阶段。例如，浆液性炎症往往是渗出性炎症的早期变化，当血管壁受损加重有多量纤维素渗出时，就转化为纤维素性炎症了。而且在疾病发展过程中，两种或两种以上的炎症类型也可同时存在，如浆液性－纤维素性炎症或纤维素性－化脓性炎症等。

5. 卡他性炎症

是指黏膜组织发生的一种渗出性炎症。“卡他”一词是拉丁语“catarrhus”的译音，本意是“向下滴流”（或“流溢”）。黏膜组织发生炎症，渗出物溢出于黏膜表面，故称卡他性炎。

依渗出物性质不同，卡他性炎又可分为多种类型。以浆液渗出为主的称为浆液性卡他；以黏液分泌亢进，使得渗出物变得黏稠者称为黏液性卡他；黏膜的化脓性炎症称为脓性卡他。如感冒早期的鼻液，多为鼻腔黏膜发生渗出性炎（卡他性炎）的结果，一般会经历一个浆液、黏液到脓液的发展过程。

6. 坏疽（腐败）性炎症

是指发炎组织感染了腐败菌，引起以坏死组织和渗出物腐败分解为特征的炎症。常继发于其他炎症，多发生于肺和子宫等，炎区组织呈灰绿色，有恶臭味。

## 三、增生性炎症

增生性炎症是指以细胞增生过程为主，而变质和渗出性变化比较轻微的一类炎症。

1. 分类

根据致炎因子和病变特点的不同，可分为普通增生性炎症和特异性增生性炎症两种。

（1）普通增生性炎症　多为慢性过程，且以间质结缔组织增生为主，故又称慢性间质性炎症。常发生于肺脏、肾脏和心脏。眼观发炎器官出现散在的、大小不一灰白色病灶，严重时由于结缔组织大量增生导致实质成分减少，器官体积变小、质地变硬。镜检见炎症部位间质结缔组织明显增生，淋巴细胞浸润，实质细胞发生不同程度萎缩、变性、坏死。

（2）特异性增生性炎　是由某些特定病原微生物（如结核杆菌、布氏杆菌）或异物（缝线、寄生虫等）引起的一种增生性炎，如结核性增生性肺炎、结核性增生性网膜炎和异物性肉芽肿等。炎症局部形成主要由巨噬细胞增生构成的境界清楚的结节状病灶，称为肉芽肿，如结核性肉芽肿（图 13－5）。

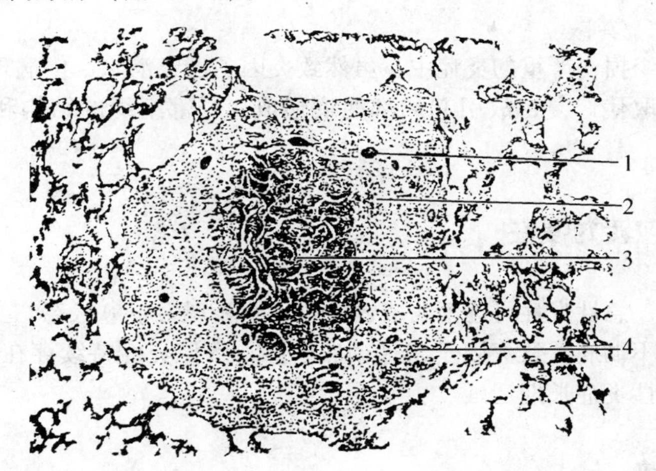


1. 朗罕氏细胞　2. 上皮样细胞　3. 干酪样坏死　4. 淋巴细胞和成纤维细胞

**图 13－5　肺的结核结节**

结核性肉芽肿：犬、猫患结核病时，眼观可见许多器官表面出现多发性灰白色至黄色有包囊的结节性病灶。镜检可见炎症部位有许多大小不一的增生性结节，结节中心为特殊性肉芽组织，由上皮样细胞与多核巨细胞构成，有时中央可发生钙化。病灶周围常有组织细胞和成纤维细胞形成的薄膜。

2. *增生性炎症的结局*

增生性炎症多为慢性过程，伴有明显的结缔组织增生，故病变器官往往发生不同程度的纤维化而变硬，器官机能出现障碍。

## 第七节　炎症的结局

在炎症过程中，致炎因子不同、机体抵抗力的差异以及治疗措施是否及时得当等因素，均可影响炎症的经过和结局。当机体的抵抗力强，经适当治疗时，炎症可痊愈。相反，机体的抵抗力弱，病原的毒力强、数量多，治疗不适当或不及时，则炎症可扩散蔓延，并引起败血症导致动物死亡。当病原的损伤和机体的抗损伤相持时，炎症则可以转为慢性迁延不愈。

### 一、完全痊愈

致炎因子消除，病理产物和渗出物被吸收，组织的损伤通过炎症部位周围健康细胞的再生而得以修复，局部组织的结构和功能完全恢复正常。常见于短时期内能吸收消散的急性炎症。

## 二、不完全痊愈

通常发生于组织损伤严重的炎症中，虽然致炎因子已经消除，但病理产物和损伤的组织是通过肉芽组织取代修复，故引起局部疤痕形成，局部组织的结构和机能未完全恢复正常。

## 三、迁延不愈转为慢性

在某些情况下，急性炎症可逐渐变成慢性过程并表现为不愈状态。主要原因是机体抵抗力降低，或治疗不彻底，致炎因子未被彻底清除，致使炎症持续存在，表现时而减轻，时而加剧，成为慢性炎症长期迁延。

## 四、蔓延扩散

由病原微生物引起的炎症，在机体抵抗力低下或病原微生物数量增多、毒力增强时，病原微生物可不断繁殖并发生蔓延扩散。主要方式有以下几种：

1. 局部蔓延

炎症局部的病原微生物可经组织间隙或器官的自然管道向周围组织扩散，使炎症部位扩大。例如，心包炎可蔓延引起心肌炎，支气管炎可扩散引起肺炎，尿道炎可上行扩散引起膀胱炎、输尿管炎和肾盂肾炎等。

2. 淋巴道蔓延

病原微生物从炎症部位局部侵入淋巴管，随淋巴液流动扩散至局部淋巴结引起淋巴结炎，并可再经淋巴液继续蔓延扩散。例如，急性肺炎可继发引起肺门淋巴结炎，淋巴结呈现肿大、充血、出血、渗出等炎症变化。

3. 血道蔓延

炎症部位的病原微生物或某些毒性产物，有时可突破局部屏障而进入血液，随血液循环向全身蔓延，引起菌血症、毒血症、败血症和脓毒败血症。

（1）菌血症　是细菌进入血液的现象。一般情况下，细菌在血液中短暂存在，不引起全身病变；细菌可被血液中的白细胞和脾、肝等器官的巨嗜细胞吞噬消灭，但也可能在适宜细菌生长的部位停留下来建立新的病灶。有时菌血症可发展为败血症。

（2）毒血症　是病原微生物侵入机体后在局部繁殖，细菌毒素或炎症部位的各种有毒产物被吸收进入血液，引起全身中毒的现象。患病动物出现高热、寒战、抽搐、昏迷等全身中毒症状，并伴有心、肝、肾等实质器官细胞发生严重变性或坏死。

（3）败血症　是病原微生物进入血液并持续存在、大量繁殖，产生毒素，引起机体严重物质代谢障碍和生理机能紊乱，呈现全身中毒症状并发生相应的病理形态学变化。此时，病原微生物的损伤作用占据明显优势，而机体的抵抗力低下。败血症的发生标志着炎症局部病理过程的全身化，如治疗不及时或全身病变严重，往往引起动物死亡。

（4）脓毒败血症　是由化脓性细菌引起的败血症。化脓性细菌团随血流运行在多个器官形成栓塞，引起全身多数器官形成多发性小化脓灶。除具有败血症的一般性病理变化外，突出病变是器官的多发性脓肿，后者通常较小，比较均匀地散布在器官中。镜检，脓肿中央和尚存的毛细血管或小血管内常见细菌团块，说明脓肿是由栓塞于毛细血管的化脓菌性栓子所引起的。

# 第十四章　肿瘤

肿瘤是人类和动物较常见的疾病之一，恶性肿瘤对人类的健康危害相当严重。为了消除肿瘤对人类的危害，当前各国对肿瘤的研究极为重视，而动物肿瘤尤其是宠物肿瘤的研究过去一直被忽视。近年来随着宠物养殖业的发展，宠物肿瘤的发生率明显增高，这其中许多恶性肿瘤直接威胁着伴侣动物的生命健康。因此，目前世界各国对宠物肿瘤的研究越来越多，这在比较医学上具有重要的学术意义，并对研究人类肿瘤有重要的参考价值。本章主要介绍肿瘤的病因学、发病学、肿瘤特征及宠物常见肿瘤等主要问题。

## 第一节　肿瘤的概念

肿瘤（tumor）是在各种致瘤因素的作用下，机体对部分细胞正常生长的控制功能发生障碍，使细胞出现异常增生所形成的新生物，这种新生物常形成肿块，因而得名。

肿瘤细胞是由正常细胞转变来的，机体的任何细胞都可以转变成肿瘤细胞。某种细胞一旦转变为肿瘤细胞后，它就具有不同于正常细胞的一些特性，其中最重要的是瘤细胞盲目异常增生，丧失了发育为成熟细胞的能力。肿瘤细胞的代谢、功能和形态与正常细胞不同，有质的差别，例如在生理情况下，部分细胞的衰老和死亡，是由另一部分细胞繁殖、分裂、生长为成熟的细胞进行替代。再如组织受损伤时，由多种细胞繁殖、分裂、生长为成熟的细胞进行修复的过程。上述都是在中枢神经系统的调节下，为了适应和修复而增生。因而，一旦修复完好，局部刺激随即停止，增生过程也就随之完结。这样的增生过程与机体有着协调关系。但肿瘤细胞的异常增生却相反，由于机体对瘤细胞的调节和控制发生了障碍，瘤细胞才能不断的繁殖和增生，并不向成熟方向发展。因此，肿瘤细胞的代谢、功能和形态等都是不成熟的和异常的，其与机体是不协调的。

肿瘤分为良性肿瘤和恶性肿瘤两大类，其中恶性肿瘤（癌和肉瘤）的细胞通称为癌细胞，其既有别于正常细胞，又程度不同地具有其原发组织的某些特征。癌细胞的主要生物学特性有：

（1）自主性　癌细胞在不同程度上脱离机体的调节控制；

（2）分化异常　癌细胞在不同程度上缺乏成熟的形态和完整的功能，除呈现异常形态外，还出现异常功能如合成肿瘤相关蛋白，包括胚胎抗原、同工酶、某些异位激素等；

（3）膜功能异常　癌细胞的表面负电荷增加，细胞接触抑制消失；对植物Ⅲ凝素（PHA）、刀豆素 A（Con-A）等有丝分裂原容易发生凝集反应；细胞膜上腺苷酸环化酶活性降低，胞内 cAMP 减少，cGMP 增多，促进细胞转化；

（4）生化代谢异常　癌细胞的核酸合成加速和分解减弱，DNA 含量增加；蛋白质合成旺盛，呈正氮平衡；糖酵解和戊糖旁路增强；

（5）浸润与转移　癌细胞向周围组织浸润性生长，穿入血管和淋巴管转移到远处；

（6）特性的遗传　癌细胞能把自主性、浸润和转移等生物学特性传递给子代细胞，保留其原有的恶性生物学行为。

## 第二节　肿瘤的特性

### 一、肿瘤的形态结构

#### （一）肿瘤的外观形态

在眼观上，肿瘤的形态是多种多样的，这在一定程度上可反映出肿瘤的良性和恶性。

（1）肿瘤的形状　肿瘤的形状多种多样，有乳头状、花椰菜状、息肉状、结节状、分叶状、浸润性包块状、弥漫性肥厚状、溃疡状和囊状等。肿瘤形状上的差异与其发生部位、组织来源、生长方式和肿瘤的良恶性质密切相关（图 14－1）。

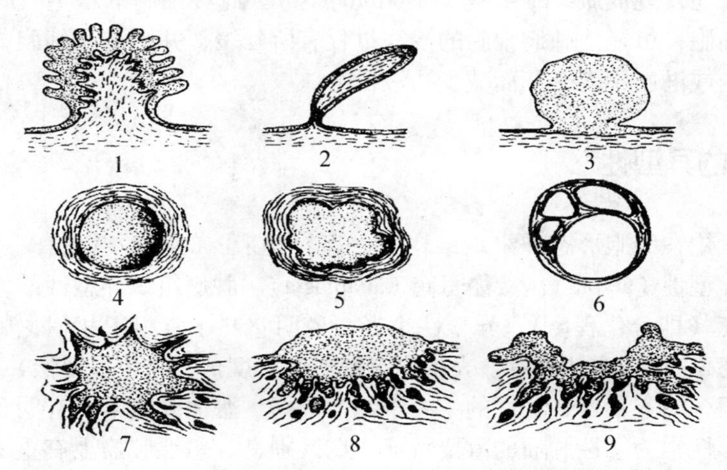


1. 乳头状　2. 息肉状　3. 结节状　4. 结节状（组织内）　5. 分叶状
6. 囊状　7. 形状不规则　8. 局部组织隆突或肿厚　9. 溃疡状

**图 14－1　肿瘤的主要形状**

（2）肿瘤的数目和大小　肿瘤的数目，通常 1 个，有时可为多个。肿瘤大小不一，小者极小，甚至在显微镜下才能发现，如原位癌（carcinoma in situ）。大者很大，可重达数千克。一般地说，肿瘤的大小与肿瘤的性质（良性、恶性）、生长时间和发生部位有一定的关系。生长于体表或大的体腔（如腹腔）内的肿瘤有时可长得很大；生长于狭小腔道

(如颅腔、椎管)内的肿瘤则一般较小。大的肿瘤通常生长缓慢,生长时间较长,且多为良性。恶性肿瘤生长迅速,短期内即可带来不良后果,故一般不至于长得很大。

(3) 肿瘤的颜色　一般肿瘤的切面多呈灰白或灰红色,但可因其含血量的多寡、有无变性、坏死、出血以及是否含有色素等而呈现各种不同的颜色。有时可从肿瘤的色泽大致推测其为何种肿瘤,如血管瘤多呈红色或暗红色,脂肪瘤呈黄色,黑色素瘤呈黑色等。

(4) 肿瘤的硬度　肿瘤的硬度与肿瘤的种类、肿瘤实质与间质的比例以及有无变性、坏死等有关,如骨瘤很硬,脂肪瘤质软;实质多于间质的肿瘤一般较软,反之则较硬;瘤组织发生坏死时变软,有钙质沉着(钙化)或骨质形成(骨化)时则变硬。

### (二) 肿瘤的组织结构

肿瘤的组织多种多样,但任何一个肿瘤的组织成分都可概括为实质和间质两部分。

(1) 肿瘤的实质　肿瘤的实质是肿瘤细胞的总称,是肿瘤的主要组成成分。肿瘤的生物学特点以及每种肿瘤的特异性都是由肿瘤的实质决定的。机体内几乎任何组织都可发生肿瘤,因此肿瘤实质的形态也是多种多样的。通常根据肿瘤的实质形态来识别各种肿瘤的组织来源(histogenesis),进行肿瘤的分类、命名和组织学诊断,并根据其分化成熟程度和异型性大小来确定肿瘤的良性和恶性以及恶性肿瘤的恶性程度。

(2) 肿瘤的间质　肿瘤的间质成分不具特异性,一般由结缔组织和血管组成。有时还可有淋巴管,起着支持和营养肿瘤实质的作用。通常,生长迅速的肿瘤其间质血管丰富而结缔组织较少;生长缓慢的肿瘤,其间质血管则较少。此外,肿瘤间质内往往有或多或少的淋巴细胞浸润,这是机体对肿瘤组织的免疫反应。在肿瘤结缔组织间质中除可见成纤维细胞外,近年来还发现成肌纤维细胞(myofibroblast)。此种细胞的增生、收缩和形成胶原纤维包绕肿瘤细胞,可能使肿瘤细胞的浸润过程有所延缓,并限制瘤细胞的活动,遏止瘤细胞侵入血管内或淋巴管内,从而减少播散机会。

## 二、肿瘤的异型性

肿瘤组织无论在细胞形态和组织结构上,都与其来源的正常组织有不同程度的差异,这种差异称为异型性(atypia),又称间变(anaplasia)。肿瘤组织异型性的大小反映出肿瘤组织的成熟程度(即分化程度)。异型性小者,说明它和正常组织相似,肿瘤组织成熟程度高(分化程度高);异型性大者,表示瘤组织成熟程度低(分化程度低)。区别异型性的大小是诊断肿瘤,确定其良、恶性的主要组织学依据。恶性肿瘤常具有明显的异型性,特别是胞核的多形性常为恶性肿瘤的重要特征,在区别良、恶性肿瘤上有重要意义,而胞浆内的特殊性产物常有助于判断肿瘤的来源。

### (一) 肿瘤细胞的异型性

良性肿瘤异型性不明显,组织结构和细胞形态与其来源的组织很相似。例如纤维瘤的肿瘤细胞和正常纤维细胞很相似,只是其排列与正常纤维组织不同,呈编织状。恶性肿瘤细胞常具有高度的异型性(图 14-2、图 14-3),表现为以下特点:

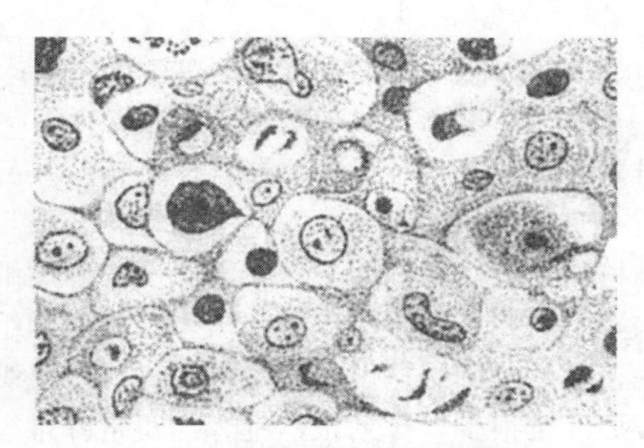
图 14-2 癌细胞的异型性

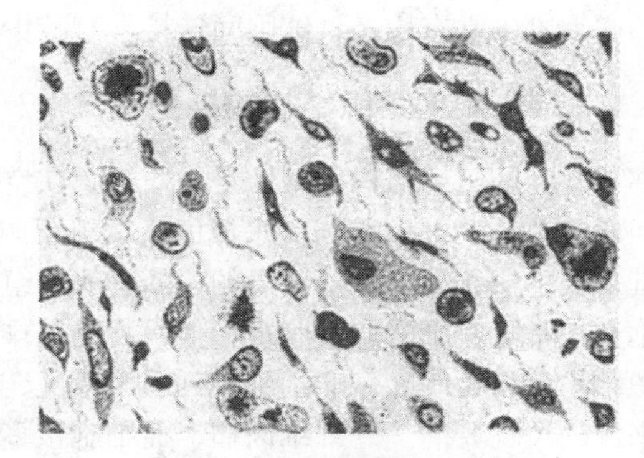
图 14-3 肉瘤细胞的异型性

（1）*瘤细胞的多形性* 恶性肿瘤细胞一般比正常细胞大，各个瘤细胞的大小和形态又很不一致，有时出现奇形怪状的瘤巨细胞。但少数分化很差的肿瘤，其瘤细胞较正常细胞小、圆形，大小也比较一致。

（2）*细胞核的多型性* 瘤细胞的体积增大（核肥大），胞核与细胞浆的比例比正常情况增大（正常为1∶4，恶性肿瘤细胞则接近1∶1），核大小、形状和染色不一，并可出现巨核、双核、多核或奇异形的核。核多染色深（高染性，由于核内的DNA增多），染色质呈粗颗粒状，分布不均匀，常堆积在核膜下，使核膜显得增厚。核仁肥大，数目也常增多（可达3～5个）。核分裂象常增多，特别是出现不对称性，多极性及顿挫性等病理性核分裂象，对于诊断恶性肿瘤有重要意义。恶性肿瘤细胞的核异常改变多与染色体多倍体或非整倍体有关。

（3）*细胞浆的改变* 由于胞浆内核蛋白体增多而多呈嗜碱性，并可因肿瘤细胞产生的异常分泌物或代谢产物（如激素、黏液、糖原、脂质、角质和色素等）而具有不同的特点。

（4）*染色体异常* 恶性肿瘤细胞的染色体常有异常变化，主要表现为染色体的正常双倍体往往发生偏离；其次是个别染色体的结构或形态发生异常。根据实验观察结果，恶性肿瘤细胞的染色体常为非整倍体，即染色体数少于或多于双倍体。恶性肿瘤细胞的染色体除了数目异常之外，形态和结构即核型也发生明显改变。包括染色体的缺失、断裂、移位等变化，即出现病理性核型变化。不同的肿瘤其染色体的变化缺乏一致性。但在同一个肿瘤里的细胞所表现的染色体异常变化则是相同的，大都具有相同的染色体数目和核型。这是因为肿瘤的生长就是一个细胞的克隆化，即一个肿瘤中的所有肿瘤细胞都是一个首先发生恶变的细胞的后代生长物，所以它们都携带相同的异常染色体。

（5）*肿瘤细胞超微结构的异型性* 由于肿瘤类型不同，瘤细胞的超微结构亦有差异。一般说来，良性肿瘤细胞的超微结构基本上与其起源细胞相似，恶性肿瘤细胞因其分化高低有别而表现出不同程度的异型性。总的说来，恶性肿瘤的细胞核通常明显增大，核膜可有内陷或外凸，从而使核形不规则甚至形成怪形核。核仁体积增大，数目增多，形状亦可不规则，位置往往靠边。染色质可表现为异染色质增加，凝集成块状散在或（和）边集在核膜下。胞浆内的细胞器常有数目减少、发育不良或形态异常，这在分化低的恶性肿瘤细胞更为明显。胞浆内主要见游离的核蛋白体，而其他细胞器大为减少。溶酶体在侵袭性强的瘤细胞中常有增多，细胞间连接常有减少。

（二）肿瘤组织结构的异型性

肿瘤的组织结构异型性是指瘤组织在空间排列方式上（包括极向、器官样结构及其与间质的关系等方面）与其来源的正常组织的差异。良性肿瘤的细胞异型性不明显，一般与其来源组织相似，这些肿瘤的诊断有赖于组织结构的异型性。例如子宫平滑肌瘤的肿瘤细胞和正常子宫平滑肌细胞很相似，只是其排列与正常组织不同，呈编织状。恶性肿瘤的组织结构异型性明显，瘤细胞排列更为紊乱，失去正常的排列结构、层次。例如，纤维组织来源的恶性肿瘤——纤维肉瘤，瘤细胞很多，胶原纤维很少，排列很紊乱，与正常纤维组织的结构相差较远；从腺上皮发生的恶性肿瘤——腺瘤，其腺体的大小和形状十分不规则，排列也较乱，腺上皮细胞排列紧密重叠或呈多层，并可有乳头状增生。

## 三、肿瘤细胞的代谢特点

肿瘤组织的代谢比正常组织旺盛，恶性肿瘤更为明显，其代谢特点与正常组织相比并无质的差别，但仍在一定程度上反映肿瘤细胞生长旺盛和分化不成熟。

（1）核酸代谢　肿瘤组织合成DNA和RNA的聚合酶活性均较正常组织高。与此相对应，核酸分解过程明显降低，故DNA和RNA的含量在恶性肿瘤细胞均明显增高。DNA与细胞的分裂和繁殖有关，RNA与细胞的蛋白质合成及生长有关，因此，核酸增多是肿瘤迅速生长的物质基础。

（2）蛋白质代谢　肿瘤组织的蛋白质合成及分解代谢都增强。但合成代谢超过分解代谢，甚至可夺取正常组织的蛋白质分解产物用于合成肿瘤本身所需要的蛋白质，结果可使机体处于严重消耗的恶病质（cachexia）状态。肿瘤的分解代谢表现为蛋白质分解为氨基酸的过程增强，而氨基酸的分解代谢则减弱，可使氨基酸重新用于蛋白质合成，这可能与肿瘤生长旺盛有关。肿瘤组织还可以合成肿瘤蛋白，作为肿瘤特异性抗原或肿瘤相关抗原，引起机体的免疫反应。有的肿瘤蛋白与胚胎组织合成的蛋白有共同的抗原性，亦称为肿瘤胚胎性抗原。例如肝细胞癌细胞能合成胎儿肝细胞所产生的甲种胎儿蛋白（alpha-fetoprotein，CEA）等。内胚层组织来源的一些恶性肿瘤如结肠癌、直肠癌等可产生癌胚抗原（carcino embryonic antigen，CEA）等。这些抗原虽然并无肿瘤异性，也不是肿瘤专有，但检查这些抗原并结合其他改变可帮助诊断相应的肿瘤和判断治疗后有无复发。

（3）酶系统　肿瘤组织酶活性的改变是复杂的。除了一般在恶性肿瘤组织内氧化酶（如细胞色素氧化酶及琥珀酸脱氢酶）减少和蛋白分解酶增加外，其他酶的改变在各种肿瘤间很少是共同的，而且与正常组织比较只是含量的改变或活性的改变，并非是质的改变。不同组织来源的各种恶性肿瘤特别是细胞分化原始幼稚者，其酶变化特点主要表现为某些特殊功能的酶接近或完全消失，并因而导致酶谱的一致性。例如分化差的肝癌组织中有关尿素合成的特殊酶系几乎完全消失，其酶谱因而趋向于与其他癌组织的酶谱一致，与胚胎细胞的酶谱相似。有时还可出现通常所没有的酶。

（4）糖代谢　大多数正常组织在有氧时通过糖的有氧分解获取能量，只在缺氧时才进行无氧糖酵解。肿瘤组织则即使在氧供应充分的条件下也主要以无氧糖酵解方式获取能量。这可能是由于癌细胞线粒体的功能障碍所致，或者与瘤细胞的酶谱变化，特别是与3个糖酵解关键酶（己糖激酶、磷酸果糖激酶和丙酮酸激酶）活性增高和同工酶谱的改变以及糖异生关键酶活性降低有关。糖酵解的许多中间产物被瘤细胞利用来合成蛋白质、核酸及脂类，从而为瘤细胞本身的生长和增生提供了必须的物质基础。

## 第三节　肿瘤的生长与扩散

（一）肿瘤的生长速度

各种肿瘤的生长速度有极大的差异，主要决定于肿瘤细胞的分化、成熟程度。一般来讲，成熟程度高、分化好的良性肿瘤生长较缓慢，可持续几年；如果其生长速度突然加快就发生了恶性转变。成熟程度低、分化差的恶性肿瘤生长较快，短期内即可形成明显的肿块，并且由于血管形成及营养供应相对不足，容易发生坏死、出血等激发病变。

（二）肿瘤的生长方式

肿瘤的生长方式有膨胀性生长、浸润性生长和外生性生长三种。

（1）膨胀性生长　这是大多数良性肿瘤的生长方式。这种瘤细胞生长缓慢。不侵袭周围正常组织。肿瘤体积逐渐增大有如逐渐膨胀的气球向四周组织推挤。因而肿瘤往往呈结节状，周围常有完整的包膜，与周围组织分界清楚（图14－3）。位于皮下者触诊时可以推动，容易手术摘除，摘除后也不易复发。这种生长方式的肿瘤对局部器官、组织的影响主要为挤压或阻塞，一般不明显破坏器官的结构和功能。少数恶性肿瘤也可呈膨胀性生长，但生长速度比较快。

（2）浸润性生长　这是大多数恶性肿瘤的生长方式。瘤细胞分裂增生，侵入周围组织间隙、淋巴管或血管内，如同树根长入泥土，浸润并破坏周围组织。因而此类肿瘤没有包膜，与邻近的正常组织紧密连接在一起而无明显界限（图14－4）。触诊时，肿瘤固定不活动。手术切除这种肿瘤时，切除范围应比肉眼所见肿瘤范围大，因为这些部位可能已有肿瘤细胞的浸润。

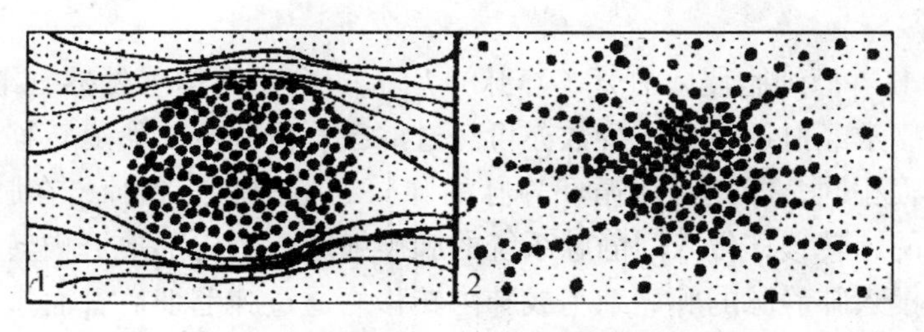


1. 膨胀性生长　2. 浸润性生长

**图14－4　肿瘤生长方式示意图**

（3）外生性生长　发生在体表、体腔表面或管道器官（如消化道、泌尿生殖道等）表面的肿瘤，常向外生长，形成突起的乳头状、息肉状或花椰菜状的肿物。良性肿瘤和恶性肿瘤都可呈外生性生长，但恶性肿瘤在外生性生长的同时，其基底部往往也呈浸润性生长，又由于其生长迅速快而血液供应不足，向外生长的肿物容易发生坏死脱落而形成底部高低不平、边缘隆起的溃疡性肿瘤。

（三）肿瘤的扩散

具有局部浸润和远处转移能力是恶性肿瘤细胞的特性，并且是恶性肿瘤危害机体的主要原因。因此对肿瘤生长于扩散的研究已成为肿瘤病理学的重要内容，浸润性生长的恶性肿瘤，不仅可以在原发部位继续生长并同时向周围直接蔓延，而且还可以通过多种途径扩散至机体的其他部位（图 14－5）。

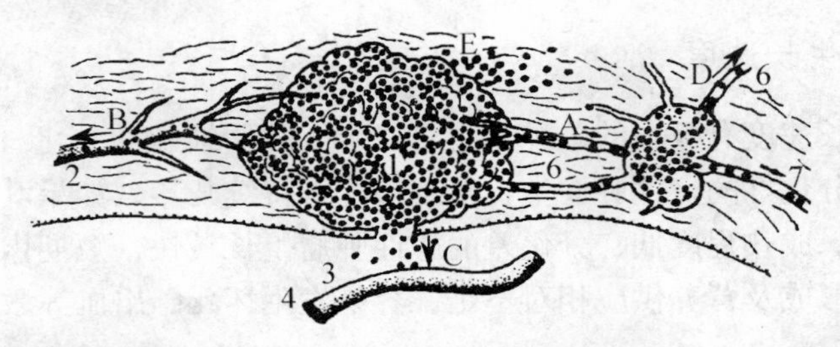


A. 淋巴道转移　B. 血道转移　C. 种植性转移　D. 逆行性淋巴管转移　E. 直接蔓延　1. 原发肿瘤　2. 毛细血管与小静脉　3. 体腔　4. 内脏器官（肠道）　5. 淋巴结　6. 出入淋巴结　7. 输出淋巴结

**图 14－5　肿瘤扩散示意图**

1. 直接蔓延

随着肿瘤的不断长大，瘤细胞常常连续不断地沿着组织间隙、淋巴管、血管或神经束侵入并破坏邻近的正常器官或组织，并继续生长，此称为直接蔓延。

2. 转移

瘤细胞从原发部位侵入淋巴管。血管或体腔。被带到其他部位而继续生长，形成与原发瘤同样类型的肿瘤，这个过程称为转移，所形成的肿瘤称为转移瘤或继发瘤。良性肿瘤不转移，只有恶性肿瘤才可能发生转移。常见的转移途径有以下几种：

（1）淋巴道转移　瘤细胞侵入淋巴管后随淋巴液到达局部淋巴结。在此生长繁殖，并可继续转移到其他淋巴结。腹腔里的癌细胞会入侵乳糜池，最终经胸导管入血继发血道转移，癌多倾向淋巴道转移。例如膀胱癌首先转移到髋淋巴结；肺癌首先到达肺门淋巴结等。

（2）血道转移　瘤细胞侵入血管（静脉）后，随血流到达远处器官继续生长、繁殖，形成转移瘤。肉瘤常经血道转移，少数亦可经过淋巴管侵入血。血道转移的运行途径与血栓栓子的运行过程相同，即侵入体循环静脉的肿瘤细胞经右心到肺，在肺内形成转移瘤。例如纤维肉瘤等的肺转移；侵入门静脉系统的肿瘤细胞，首先形成肝内转移，例如胃、肠癌的肝转移等；侵入肺静脉的肿瘤细胞或肺内转移瘤通过肺毛细血管而进入肺静脉的肿瘤细胞，可经左心随主动脉血流到达全身各器官。血道转移的肿瘤虽然可见于许多器官，但最常见的是肺，其次是肝。转移瘤在形态上的特点是边界清楚，常为多个散在分布的结节，且多接近器官的表面。

（3）种植性转移　内脏器官的肿瘤侵犯浆膜后，瘤细胞可脱落，如同播种一样种植在其他部位浆膜上形成转移瘤。种植性转移常见于腹腔器官的癌瘤。

影响肿瘤转移的因素很多。动物体除具有强大防御功能外，其他一些因素，如血液中的纤维蛋白酶能影响瘤细胞对血管壁的附着，使其不能通过血管进入组织；有时抗肿瘤的抗体作用，使瘤细胞失去活力。或者瘤细胞进入组织，也可能被巨噬细胞、淋巴细胞和浆细胞包围而破坏。通过动物试验证明，肾上腺皮质激素和X射线抑制动物的免疫功能后，肿瘤生长快，转移发生多，也说明了转移是受动物体免疫反应的影响。

## 第四节　命名与分类

### 一、良性肿瘤与恶性肿瘤的区别

良性肿瘤与恶性肿瘤在生物学特点上是明显不同的，因而对机体的影响也不同。良性肿瘤分化较成熟，生长缓慢。停留于局部，不浸润，不转移，故一般对机体的影响相对较小，主要表现为局部压迫和阻塞症状，其影响程度主要与其发生部位和继发变化有关。体表的良性肿瘤除少数有局部症状外，一般对机体无重要影响；但若长在腔道或重要器官，也可引起较为严重的后果。例如消化道的良性肿瘤（如突入肠腔的平滑肌瘤）有时引起肠梗阻或肠套叠；颅内的良性肿瘤（如脑膜瘤、星形胶质细胞瘤）可压迫脑组织阻塞脑室系统而引起颅内压升高和相应的神经系统症状。良性肿瘤有时发生继发性改变，可对机体带来程度不同的影响。如膀胱的乳头状瘤及血管瘤等，其表面可发生溃疡而引起出血和感染。

恶性肿瘤分化不成熟，生长较快，浸润破坏器官的结构和功能，并可发生转移，因而对机体的影响严重。恶性肿瘤除可引起与上述良性瘤相似的局部压迫和阻塞症状外，发生于消化道者更易并发溃疡、出血，甚至穿孔，导致腹膜炎。后果更为严重。有时肿瘤产物或合并感染可引起发热。肿瘤浸润、压迫局部神经还可引起顽固性疼痛等症状。恶性肿瘤的晚期患者，往往发生恶病质（cachexia），可致死亡。恶病质是指机体严重消瘦、无力、贫血和全身衰竭的状态。

区别良性肿瘤与恶性肿瘤，对于正确的诊断和治疗具有重要的实际意义。良性肿瘤与恶性肿瘤的区别见表14－1。

**表14－1　良性肿瘤与恶性肿瘤的区别**

| | 良性肿瘤 | 恶性肿瘤 |
|---|---|---|
| 外形 | 多呈结节状或乳头状 | 形状多样 |
| 分化程度 | 分化较好，异型性小，与来源组织形态相似，核分裂象很少或无 | 分化不好，异型性明显，与来源组织差别大，核分裂象多，可见病理性核分裂象 |
| 生长速度 | 缓慢 | 迅速 |
| 生长方式 | 多呈膨胀性生长，周围常有完整包膜，有时停止生长 | 多呈浸润性生长，一般无包膜，与周围组织分界不清相对无止境地生长 |
| 转移 | 不转移 | 常有转移 |
| 复发 | 手术摘除后通常不复发 | 手术摘除后常有复发 |
| 对机体影响 | 影响较小，主要对局部起到压迫和阻塞作用，但在脑、脊髓等重要器官也可造成严重后果 | 影响较大，除对局部起到压迫和阻塞作用外，可破坏组织，引起出血和合并感染，晚期病例呈恶病质状态，常以死亡告终 |

必须指出，虽然良性肿瘤和恶性肿瘤有上述的区别，但也都是相对的。因为有一些肿瘤其表现介乎于二者之间，称为交界性肿瘤，此类肿瘤有恶变倾向，在一定条件下可逐渐向恶性发展。在恶性肿瘤中，其恶性程度亦各不相同，发生转移有的较早，有的较晚，有的则很少转移。此外，肿瘤的良性、恶性并非一成不变，有些良性肿瘤如不及时治疗，有时可转变为恶性肿瘤，称为癌变（malignant change）；而个别的恶性肿瘤由于机体免疫力加强等原因有时停止生长甚至完全自然消退。因此，对于肿瘤的诊断，必须进行全面了解、综合分析、跟踪观察，最终才能得出正确的诊断。

在恶性肿瘤中，癌和肉瘤最为常见，二者虽都呈恶性，但具有许多不同的特点。临床诊断上可根据这些特点对癌和肉瘤进行诊断（表 14－2）。

**表 14－2　癌和肉瘤的主要区别**

| | 癌 | 肉瘤 |
|---|---|---|
| 发病年龄 | 较多发于成年或老龄动物 | 较多发于幼年或年轻动物 |
| 眼观特点 | 形状常不规则（组织肿厚，菜花状，局部糜烂），质地较硬，切面色灰白且较干燥 | 形状较规则（如结节状），界限较明确质地较软，切面多呈灰红色，湿润 |
| 组织来源 | 上皮组织 | 间叶组织 |
| 转移途径 | 多经淋巴道转移 | 多经血道转移 |
| 组织特点 | 癌细胞连片，常形成癌巢，实质与间质界限明确，癌细胞间多无网状纤维 | 癌细胞散在，实质与间质界限明确，癌细胞间多有网状纤维，间质血管较多，但结缔组织较少（纤维肉瘤除外） |

## 二、肿瘤的命名和分类

### （一）肿瘤的命名

机体任何部位、任何组织、任何器官几乎都可以发生肿瘤，因此肿瘤的种类很多，其命名也很复杂，其原则是肿瘤的名称应反映肿瘤的性质和组织来源或部位，一般采用下列方法命名，但也有少数肿瘤沿用习惯名称。

1. 良性肿瘤的命名

各种组织来源的良性肿瘤都称为“瘤”（-oma），命名时在其来源组织名称之后加“瘤”字。例如，来源于纤维组织的良性肿瘤叫纤维瘤（fibroma）；来源于腺上皮的良性肿瘤称为腺瘤（adenoma）等。有时还结合肿瘤的形态特点命名，如来源于被覆上皮（皮肤、黏膜等）的良性肿瘤，因向外呈乳头状突起，所以叫乳头状瘤（papilloma）；而来源于腺上皮呈现囊肿状的良性肿瘤称为囊腺瘤（cystadenoma）；腺瘤呈乳头状生长并有囊腔形成者称为乳头状囊腺瘤（papillary cystadenoma）等。“瘤病”多用于多发性良性肿瘤，如皮肤乳头瘤病（papillomatosis）等。

2. 恶性肿瘤的命名

恶性肿瘤的命名依其来源组织而异，可分为：

（1）癌　来源于上皮组织的恶性肿瘤称为癌（carcinoma），命名时在其来源组织名称之后加“癌”。例如，来源于鳞状上皮组织的恶性肿瘤称为鳞状细胞癌（squamous cell carcinoma）；来源于腺上皮呈腺样结构的恶性肿瘤称为腺癌（adenocarcinoma）等。

（2）肉瘤　来源于间叶组织（包括纤维组织、脂肪、肌肉、脉管、骨、软骨及淋巴组织等）的恶性肿瘤称为"肉瘤"（sarcoma），其命名时在其来源组织名称之后加"肉瘤"，例如，纤维肉瘤（fibrosarcoma）、骨肉瘤（osteosarcoma）等。

恶性肿瘤的外形具有一定特点时，则又结合形态特点而命名，如形成乳头状及囊状结构的腺癌，称为乳头状囊腺癌（papillary cystadenocarcinoma）。一个肿瘤中既有癌的结构又有肉瘤的结构，则称为癌肉瘤（carcinosarcoma）。

（3）其他恶性肿瘤　其他一些恶性肿瘤的名称比较复杂。

①来源于神经组织或幼稚组织的恶性肿瘤称为母细胞瘤，如神经母细胞瘤（neuroblastoma）、肾母细胞瘤（nephroblastoma）等。

②有些恶性肿瘤因其成分复杂或由于沿袭习惯，则在其良性肿瘤的名称前加"恶性"表示，例如恶性畸胎瘤（malignant teratoma）、恶性黑色素瘤（malignant melanoma）等。

③有些恶性肿瘤是以人名来命名的，例如鸡的马立克氏病（Marek's disease）、何杰金氏病（Hodgkin's disease）等。

④白血病（leukemia）、淋巴瘤（lymphoma）是少数采用习惯名称的恶性肿瘤，虽然称为"病"或"瘤"，实际上是恶性肿瘤。

### （二）肿瘤的分类

肿瘤的分类通常是根据其组织来源和良性、恶性进行分类的，部分肿瘤分类列表见表14－3。

**表14－3　肿瘤的分类**

| 组织来源 | | 良性肿瘤 | 恶性肿瘤 |
|---|---|---|---|
| 上皮组织 | 鳞状上皮 | 乳头状瘤 | 鳞状细胞癌 |
| | 基底细胞 | 基底细胞瘤 | 基底细胞癌、 |
| | 腺上皮 | 腺瘤、囊腺瘤 | 腺癌、囊腺癌 |
| | 移行上皮 | 乳头状瘤 | 移行上皮癌 |
| 间叶组织 | 纤维结缔组织 | 纤维素瘤 | 纤维肉瘤 |
| | 脂肪组织 | 脂肪瘤 | 脂肪肉瘤 |
| | 黏液组织 | 黏液瘤 | 黏液肉瘤 |
| | 软骨组织 | 软骨瘤 | 软骨肉瘤 |
| | 骨组织 | 骨瘤 | 骨肉瘤 |
| | 血管 | 血管瘤 | 血管肉瘤（内皮瘤、外皮瘤） |
| | 淋巴管 | 淋巴管瘤 | 淋巴管肉瘤 |
| | 间皮 | 间皮瘤 | 恶性间皮癌 |
| | 淋巴组织 | 淋巴瘤 | 淋巴肉瘤 |
| | 骨髓 | 骨髓瘤、网状细胞瘤 | 骨髓肉瘤、网状细胞肉瘤 |
| | 平滑肌组织 | 平滑肌瘤 | 平滑肌肉瘤 |
| | 横纹肌组织 | 横纹肌瘤 | 横纹肌肉瘤 |
| | 淋巴组织 | | 淋巴（肉）瘤 |
| | 造血组织 | | 白血病，骨髓瘤 |

续表

| 组织来源 | | 良性肿瘤 | 恶性肿瘤 |
|---|---|---|---|
| 神经组织及其间质 | 神经胶质细胞 | 神经胶质细胞瘤 | 神经胶质母细胞瘤 |
| | 神经鞘细胞 | 神经鞘瘤 | 恶性神经鞘瘤 |
| | 脑膜 | 脑膜瘤 | 恶性脑膜瘤 |
| | 神经衣 | 神经纤维瘤 | 神经纤维肉瘤 |
| 其他 | 三个胚叶 | 畸胎瘤 | 恶性畸胎瘤 |
| | 上皮样囊瘤 | | |
| | 多种组织成分 | 混合瘤 | 恶性混合瘤 |
| | 黑色素细胞 | 黑色素瘤 | 恶性黑色素瘤 |
| | 生殖细胞 | | 精原细胞瘤、无性细胞瘤 |

# 第五节　肿瘤病因学

肿瘤病因学研究的是引起肿瘤的始动因素。肿瘤发生的病因称为致癌因素或致癌原（carcinogen），辅助或促进肿瘤发生的因素称为辅致癌原（co-carcinogen）或促癌因素。肿瘤是一大类病变，种类极为繁多，病因也不尽相同。绝大多数种类的肿瘤其发生原因目前还不清楚，很多在形态上和临诊上极其相似的肿瘤，可能由不同的致癌因素引起；同一种致癌因素又可能引发多种不同类型的肿瘤。

近百年以来，人们在肿瘤的流行病学统计分析、实验性肿瘤的复制、生物因素的分离以及肿瘤发病学和形态学研究等方面，已经积累了大量的资料，对于肿瘤的发生原因有了许多的了解。但还不完全清楚。近年来，随着分子生物学的迅速发展，特别是对癌基因和肿瘤抑制基因的深入研究，已经初步揭示了某些肿瘤的病因与发病机制。目前的研究表明，肿瘤从本质上说是基因病。各种环境的与遗传的致癌因子可能以协同的或者序贯的方式引起细胞非致死性的 DNA 损伤，从而激活原癌基因和/或灭活肿瘤的抑制基因，加上凋亡调节基因或 DNA 修复基因的改变，使细胞发生转化（transformation）。在此过程中，原癌基因的突变是显性的，而肿瘤抑制基因和 DNA 修复基因的突变是隐性的（二次突变）。凋亡调节基因的改变可以是隐性的或显性的。被转化的细胞先呈多克隆性增生，经过一个漫长的多阶段的演变过程，其中的一个克隆可相对无限制地扩增，通过附加突变。选择性地形成具有不同特点的亚克隆（异质性），从而获得浸润和转移的能力（恶性转化）而形成恶性肿瘤。

虽然，肿瘤的病因极为复杂，不过可以肯定的是，引起肿瘤发生的原因和引起其他疾病的原因一样，也涉及外因和内因两个方面的相互关系，现就肿瘤的外因和内因两方面略述如下。

## 一、肿瘤的外因

### （一）化学性致癌因素

据估计，外界环境中的致癌因素大约 90% 以上是化学性的。它们可以在环境中自发产生，也可以人工合成。多数的肿瘤可能与外界环境中的致癌物质有关。通过动物试验，现在已知有致癌作用的化合物达1 000种以上。根据其化学结构可以分为下述几种类型。这种分类有助于研究各类化合物致癌的作用原理及预见新化合物致癌的可能性。

（1）多环芳香烃类　是指由多个苯环缩合而成的化合物及其衍生物，它们对多种动物均有致癌性，皮肤涂擦可致鳞状细胞癌，皮下注射可致纤维肉瘤，注射入不同器官可引起各器官某些特定的肿瘤。这类化合物不溶于水，而溶于脂肪或有机溶媒。在一般情况下相当稳定。3，4－苯并芘、1，2，5，6－双苯并蒽、3－甲基胆蒽、9，10－二甲苯蒽等是这类致癌化合物的代表，其中，3，4－苯芘比在自然界中分布极广，煤焦油、沥青燃烧物、烟草燃烧物、不完全燃烧的脂肪、煤和石油以及烟熏制食品中均可含有苯并芘。不仅人类肿瘤（特别是肺癌）的增多与工业污染有关，猫、犬等伴侣动物的肿瘤发生也可能与此也有一定的关系。

（2）芳香胺类与氨基偶氮染料　19世纪后期及20世纪初期不少国家都注意到染料厂的工人中膀胱癌高发，以后通过实验性诱发犬的膀胱癌而成功地证实了苯胺染料的致癌性。重要的芳香胺类染料有α－萘胺、联苯胺、4－硝基联苯及氨基联苯等。染料厂周围饲养的犬、猫极易得癌与此相关性很大。

（3）亚硝胺类　在近100种亚硝胺类化合物中已有70种以上已被证明有致癌作用。亚硝胺因其结构不同，能够选择性地引起某些器官发生肿瘤，主要是肝癌和食管癌。亚硝胺类化合物在自然界分布很广，除已形成的亚硝胺化合物外，广泛存在于水、土壤及食物中的亚硝胺前体物硝酸盐与亚硝酸盐以及胺类化合物，在一定条件下也能转变为亚硝胺化合物。例如，土壤中的亚硝酸盐可因水土流失而进入河流及水源；硝酸盐化肥施用后可在植物中积聚并很容易在植物体内转变为亚硝酸盐，可在细菌和唾液的还原作用下转变为亚硝酸盐；饲料贮藏加工不当时也会有较多的亚硝酸盐。亚硝酸盐被动物吃入后可在胃内与二级胺合成亚硝胺而发挥致癌作用。这是一类重要的致癌物。这类致癌物可引起多种动物的癌瘤，而且可以由非致癌前体物（如二级胺和亚硝酸）在体内合成，而这类前体物在环境中广泛存在。

（4）黄曲霉毒素　黄曲霉毒素（aflatoxin）的致癌作用是近年才被发现的。它是强烈的肝毒素，既可以引起中毒性肝炎，又可以引起肝癌。黄曲霉毒素是黄曲霉（*A. spergillus flavus*）和寄生曲霉（*A. parasiticuspa*）产毒菌株的代谢产物。这些霉菌分布极为广泛，可在未收割的谷物及贮藏的饲料上，特别是在玉米、花生、花生饼或花生粉、棉籽等饲料上生长。虽然从不少饲料及食品中均可分离到黄曲霉，但并非所有的黄曲霉都产毒。这与菌株及培养条件的不同有关。从自然界分离到的黄曲霉菌株有10%能产生黄曲霉毒素，大多数并不产毒。

研究表明，黄曲霉产生的黄曲霉毒素，其致癌强度比二甲基亚硝胺大75倍。经口采食黄曲霉毒素能引起肝细胞性肝癌以及肾的腺癌和胃肠的腺癌等。不同种类及年龄的动物对黄曲霉毒素的易感性不同，其中幼犬对黄曲霉毒素的敏感性较强。其他霉菌毒素，如镰刀菌毒素可引起小肠腺癌、白血病和淋巴肉瘤。

（5）其他可能的化学致癌原　某些烷化剂被证明是有致癌作用的，如氮芥、硫芥、乙撑亚胺、环氧化物及内酯类、卤醚类中的一些化合物。试验表明某些有机氯农药具有致癌性，如将DDT或六六六经口投予小鼠均可诱发肝细胞肿瘤。但这种致癌性在大鼠中却尚未能得到证实。此外，某些无机物如铍、镉、镍、铅、锡、砷及其化合物也可能具有一定的致癌性。

### （二）物理性致癌因素

目前已肯定，一些物理性因素如电离辐射与日光照射等对动物及人类有致癌作用。已证实物理性致癌因素主要是离子辐射，包括X射线、Y射线、亚原子微粒（β粒子、质子、中子或α粒子）的辐射、紫外线照射及热辐射等。大量事实证明。长期接触X射线及镭、铀、氡、钴、锶等放性同位素，可以引起多种恶性肿瘤。其中又以白血病、骨肉瘤、皮肤癌及肺癌等多见。在动物试验中用X射线、铀及氡可引起地鼠、大鼠及猴的皮肤、骨、肺或造血组织的肿瘤。辐射能使染色体断裂、易位和发生点突变，因而激活癌基因或者灭活肿瘤抑制基因。由于与辐射有关的肿瘤的潜伏期较长，肿瘤最终可能当辐射所损伤的细胞的后代又受到其他环境因素（如化学致癌剂或病毒等）所致的附加突变之后才会出现。

波长270～340nm的紫外光谱对动物或人的皮肤有致癌作用。动物试验和临诊观察均证实，阳光中紫外线长期过度照射可引起外露皮肤的鳞状细胞癌、基底细胞癌和恶性黑色素瘤，如犬的下腹部无色素和无毛区域以及白猫的耳翼和外耳易得皮肤癌。

### （三）生物性致癌因素

（1）*病毒*　病毒在动物肿瘤的发生中具有非常重要的作用，其致瘤作用是最先在动物中得到证实的，现已发现的600多种动物病毒中，约1/4以上具有致癌性，其中大约1/3为DNA病毒，2/3为RNA病毒。它们可能引起包括两栖类、鸟类及哺乳类动物的多种肿瘤。对病毒性动物肿瘤，特别是对一些畜禽危害较大的病毒性肿瘤的研究，如鸡马立克氏病、鸡白血病、鹅血病及牛乳头状瘤病的研究，以及某些抗病毒性肿瘤疫苗的研制成功和应用，不但对畜牧业具有重要意义，而且也大大地推动了肿瘤学研究的进程，鼓舞并促进了人类肿瘤的病毒病病因学研究。现已发现，某些人类肿瘤的发生似乎也与某些病毒因子有关。

临床上常见的宠物肿瘤疾病是由乳头状瘤病毒（papilloma virus）和白血病病毒（leucovirus）引起的犬、猫乳头状瘤和白血病，其中前者为良性肿瘤，很少恶变；而后者为恶性肿瘤。

（2）*寄生虫*　某些肿瘤的发生较多地出现在某些寄生虫病的流行地区，或较多地出现在被寄生虫侵袭的器官，使人们自然地怀疑寄生虫致癌的可能性，但关于寄生虫与肿瘤发生之间的因果关系尚未完全阐明（寄生虫学说）。这其中食管虫可引起犬的肿瘤在国外有过报道，而在肝片吸虫与犬猫胆管癌、血红旋尾线虫与犬食道和胃肿瘤及猫绦虫与肝肉瘤的关系研究中也发现，寄生虫的寄生可能与相应器官的肿瘤发生有一定的因果关系，但其详细的发病机理还有待进一步的研究证实。

### （四）机械性因素

人们早就注意到长期慢性机械性刺激和炎症刺激与肿瘤的发生似有一定的关系（刺激学说）。如口舌的肿瘤常发生在龋齿、断齿的摩擦处；长期不愈合的慢性皮肤溃疡有时可并发皮肤的鳞状细胞癌。但是二者之间是否有必然的因果关系尚无定论。有人认为慢性刺激造成的过度增生能成为正常细胞发生癌性转化的先决条件。也有人通过试验证实，慢性刺激作用部位的细胞组织对致癌因素的敏感性升高，但不是所有慢性机械性刺激，在任何情况下都能引起肿瘤发生。所以在肿瘤发生过程中不能排除其他致癌因素作用的可能性。

## 二、肿瘤的内因

肿瘤发生和发展是一个十分复杂的过程，虽然引起肿瘤发生的外界致瘤因素的确很重要，但除了外界致癌因素的作用外，机体的内在因素也起着重要的作用。后者包括宿主对肿瘤的反应以及肿瘤对宿主的影响。这些因素包括遗传、年龄、品种及免疫状态等，其中许多问题至今尚未明了，还有待进一步研究。

### （一）品种因素

肿瘤的类型和发病率可因动物的品种或品系的不同而有显著的差异，这种差异取决于体内外许多因素。

临床上犬的肿瘤特别多见，其中以皮肤肿瘤的比例最高。在犬的全部肿瘤中，母犬乳腺癌和公犬肛周腺肿瘤约占1/3；而体格高大的犬种，可能由于其生长快或其骨骼易受损伤之缘故，其骨肉瘤的发生率要比小种犬高得多。在猫的肿瘤发生中，主要为造血组织和上皮组织肿瘤。

### （二）年龄因素

肿瘤的发生的年龄差异是比较明显的。一般地说，老龄动物的肿瘤（如肝癌、卵巢瘤等）的发生率比较高，这可能与老龄动物的机体已长期接触致癌因素以及老龄机体对突变细胞的免疫监视功能减弱有关，如鳞状细胞癌多发于6～9岁老年犬；犬的乳腺肿瘤平均发生年龄约为10～11岁；但某些肿瘤，特别是一些母细胞瘤、造血和淋巴组织肿瘤（如白血病）则常见于幼龄动物，并且猫较犬敏感。

### （三）性别因素

动物某些肿瘤的发生还具有明显的性别差异，这多半与激素的作用相关。激素在肿瘤发生上的作用包括两个方面：一是固有的性激素与肿瘤的好多器官有明显的相关性；二是内分泌紊乱与某些器官的肿瘤的发生发展有密切关系。人们早就注意到雌性动物多见生殖器官和乳腺的肿瘤，如成年母犬易发生脂肪瘤。另一方面，雄性动物的某些肿瘤要比雌性多，如公犬的肛周腺肿瘤比母犬多5～10倍，这可能与睾丸雄激素的作用有关，而母犬这种肿瘤的出现或许是由肾上腺网状带细胞产生的雄激素引起的；在猫的肿瘤中，淋巴肉瘤/白血病较多见于雄性。

### （四）遗传因素

遗传因素同肿瘤的发生关系，早就受到医学和兽医工作者的重视。遗传因素并不导致肿瘤本身的遗传，而是能在不同程度上决定宿主对致瘤因素的敏感性。机体对致瘤因素的遗传易感性或倾向性称为肿瘤素质。素质的遗传因子可能同性染色体或常染色体有关，可以按照显性也可以按照隐性的方式被遗传。

遗传易感性主要表现为动物发生肿瘤的风险率存在品种间的差异，如犬的甲状腺癌多见于金猎犬（golden retrieves）和垂耳矮犬（beagles），而睾丸瘤则以法国灰毛猎犬（weimaraner）和锡特兰（Shetland）牧羊犬的风险率最高。不同品系的动物对肿瘤易感性的差异，在一定程度上反映了动物不同的遗传特性在肿瘤发生上的意义。这一事实提示了利用遗传育种途径培育抗癌品种或品系的可能性。

（五）免疫状态

机体的免疫状态与肿瘤的发生发展和结局有密切关系。研究发现，有先天免疫缺陷或免疫功能低下的人或动物，恶性肿瘤的发病率明显增高，这说明免疫缺陷与肿瘤形成之间有关系。

（六）毛色因素

临床上皮肤颜色较深及明显色素沉着的犬黑色素瘤的发病率较高，如英国小猎犬（cocker spaniels）和德国牧羊犬（German shepherds），这可能与体内色素代谢失调有关。

从上述引起肿瘤发生的病因中可以看出，肿瘤的发生并不是某种单一的因素作用，而是多种因素协同作用的结果。

## 第六节　肿瘤的发生机制

肿瘤的发生机制是肿瘤诊断和根治的基础，因此这一问题的研究一直以来受到研究者的高度重视。因为引起肿瘤发生的原因很多，其对机体的作用、以至引起细胞的癌变机理也不尽同，因此，要了解肿瘤的发病机理，首先应弄清瘤细胞的来源问题。

正如上述，瘤细胞是来自于正常细胞。正常细胞转变为瘤细胞、特别是恶性肿瘤细胞的过程，称为癌变或恶变。癌细胞具有分裂失控、分化异常和浸润与转移等表型特征，而这些特征均可通过癌细胞的分裂遗传给癌细胞的后代，因而必然与细胞基因的活化及其调控有关。从本质上来说，正常细胞发生癌变一定涉及了细胞遗传物质结构及性状改变、细胞代谢类型及细胞生长、分裂、分化调节改变。近年来，肿瘤发生的研究已从细胞水平深入到亚细胞及分子水平对各种细胞结构以及细胞内各种生物学活性分子，特别是核酸（DNA、RNA）、蛋白质、酶等在癌变中的作用。并提出了不同的学说，概括如下：

### 一、基因突变学说

该学说认为细胞癌变是由致癌物质引起体细胞的基因发生了突变的结果，即由致癌物质引起细胞结构基因的改变（DNA 核苷酸顺序的改变），或由于外来基因（如肿瘤病毒的致癌基因）引入细胞基因组，从而导致细胞的癌变，称此为“基因”学说或“细胞突变”学说。有些基因缺陷性遗传病患者容易发生恶性肿瘤的事实支持了这一学说。

所谓突变是指遗传性状的改变，其分子基础是 DNA 化学结构的改变，是不可逆的。

突变可在细胞亿万次分裂过程中自然发生，更多是因各种理化因子（称为诱变剂）所诱发。现已证明，多数化学致癌物质、放射能等都是诱变剂，且其诱变性能与致癌性能大多是平行的。如前所述，多种化学致癌物质都能作用于DNA与之发生反应或嵌入DNA分子内，放射能（电离辐射、紫外线等）可引起DNA大分子断裂和染色体畸变，从而引起突变。但突变并不等于癌变，突变细胞中只有某些细胞有可能成为癌细胞。突变可以发生在生殖细胞，也可以发生在体细胞生殖细胞的突变，可遗传给后代，使后代有发生癌症的倾向，表现为肿瘤的遗传易感性；体细胞突变则限于发生突变的单个体细胞，并不遗传给后代个体。多数情况肿瘤是发生于体细胞，属于体细胞突变。

## 二、基因表达失调学说

正常细胞的基因作用包括遗传信息的转录和转译。经过基因作用而形成机体表型性状（特殊形态和多种多样的生理生化特性）的过程称为基因表达。某些致癌物质作用于细胞时，可以引起基因的调控发生改变，尤其出现脱阻遏（阻遏作用得到解除），使一些遗传信息又异常活跃起来，从而出现基因表型改变，如细胞分裂和细胞分化的基因调控改变，则导致细胞的持续性分裂和失去成熟分化的能力，从而发生癌变，称此为基因外学说或基因表达失调学说。根据这一学说，细胞癌变时细胞核DNA的一级结构未发生改变，而只是基因的调控改变，这种变化通常是可逆的。这可能与有些肿瘤的自愈或逆转为良性，以及肿瘤细胞可能出现胚胎性抗原和胚胎性同工酶有关。有些恶性肿瘤转变为良性肿瘤的事实支持了这种学说。

## 三、致癌基因学说

该学说认为细胞癌变是由于细胞癌基因活化所致。现已证明，正常细胞NDA中就含有病毒癌基因的同源序列，称为原癌基因（proto-onc）。

### （一）原癌基因活化

正常情况下，原癌基因不但不诱发肿瘤，而且具有调控细胞生长和分化发育等重要生理功能。某些情况下，当原癌基因受到物理性、化学性和病毒性致瘤因素作用或病毒基因直接插入，均可引起原癌基因发生重排、扩增或突变而活化，其表达产物发生了质或量的改变，导致细胞繁殖和分化调节异常，就成为恶性肿瘤发生的基础。

### （二）抗癌基因与细胞恶变

抗癌基因（antioncogene）又称抑癌基因（represoncogene）是指在细胞增殖中起负调节作用，并与细胞恶变有关的某些基因。其主要功能是参与细胞生长与分化过程，当它们丢失或失活时，可导致细胞癌变。在研究抗癌基因过程中，曾使用过不同的名称，如隐性癌基因（recessive oncogene）、肿瘤抑制基因（tumor suppressor gene）、癌易感基因（cancer susceptibility gene）及癌抑制基因（onco-suppressive gene）等。

目前，常见的抗癌基因包括rb基因，p53基因、nfl基因、ωt基因、结肠癌相关基因、乳腺癌相关抗癌基因和细胞周期相关抗癌基因等，这其中了解最多的是 rb 基因和 p53 基因，它们的产物都是以转录调节因子的方式控制细胞生长的核蛋白，前者是隐性癌基因，而后者是抑癌基因。

作为抗癌基因必须具备下列条件：①在该肿瘤起源的相应正常组织中，该基因必须表达正常；②在该肿瘤组织中，该基因必须有所缺陷；③将该基因的野生型导入恶性肿瘤细胞，可部分或全部改变其恶性表型。

抗癌基因与原癌基因一样，都是细胞正常的基因组分。只是原癌基因对细胞增殖起正调节作用，当其活化后，可引起细胞异常增生；而抗癌基因对细胞增殖起负调节作用，当其失活或丢失时，则同样也可以引起细胞异常增生。

综上所述，致瘤因子引起细胞癌变机制是十分复杂、且尚未完全解决的问题。还应指出，正常细胞发生癌变，并不等于就是发生肿瘤或肿瘤必然形成，它在体内、外因素的制约下，可能长期潜伏、消失或形成肿瘤，从肿瘤因子作用于机体到肿瘤形成，是一个极其复杂的过程，关于肿瘤形成学说，主要有：

（1）“累加”或“总和”学说　该学说认为单一致瘤物的致瘤效应是不可逆的，具有积累和加成作用。

（2）“两个阶段”（或“二步模式”）学说　该学说认为肿瘤发生要经过两次突变，即第一次突变是正常细胞在致瘤因素作用下发生癌变，随即进入潜伏状态，或称此为激发阶段；第二次突变是指处于潜伏状态的体细胞在致瘤因素或促瘤物作用下，再发生一次突变，才能最后发展成癌瘤，或称此为促发阶段。

（3）“多阶段”学说　该学说认为肿瘤发生要经过三个阶段变化，即良性增生→瘤细胞→肿瘤，或潜伏性瘤细胞→良性肿瘤→恶性肿瘤。

## 第七节　常见宠物肿瘤

宠物肿瘤种类很多，从发生部位来看，犬皮肤肿瘤占首位，其次是乳腺瘤；猫血液淋巴病占第一位，其次为皮肤肿瘤。据群体抽样调查（美国和加拿大），估计每年犬患恶性肿瘤为 381.2/100 000，猫患恶性肿瘤为 155.8/10 000。某些品种犬恶性肿瘤发病率极高，如斗牛犬、圣伯纳犬、德国牧羊犬、大丹犬、拳师犬等。现就临床上常见的几种宠物肿瘤类型列述如下：

### 一、乳头状瘤（papilloma）

是由皮肤或黏膜的被覆上皮构成的良性肿瘤，瘤的表面呈乳头状或疣状，其根部呈蒂状与基底相连；多发于老年犬、猫。一旦瘤体长大易受损伤而破溃出血。常发生于犬猫的口腔、头部、眼睑、指（趾）部和生殖道等部位。有些瘤在 1～2 个月后会自行消退，不治而愈。

由于乳头状瘤发生的部位不同，其被覆上皮可为鳞状上皮、移行上皮，如复层鳞状细胞乳头状瘤和移行上皮乳头状瘤，除此之外，犬猫还有一种从表皮基底细胞发生的肿瘤，称为基底细胞瘤。呈乳头状的乳头状瘤，当其由许多细小的手指样突起构成，可称为绒毛样乳头状瘤。每个绒毛状突起都有一个由结缔组织间质构成的轴心，通常称为纤维脉管束，内含血管、淋巴管和神经。这是肿瘤不可分割的部分，随着上皮增生而生长。肿瘤表层是排列整齐的大量肿瘤细胞，体积比正常上皮细胞大，胞浆略嗜碱性，核染色质较丰富，分裂象很少，基膜完整，但在组织切片里常可见到手指样突起，给人以入侵的假象；如同时有炎症，基膜会破裂，易被误认为具有恶性。

## 二、鳞状细胞癌（squamous carcinoma）

简称鳞癌，也称表皮样癌（epidermoid carcinoma）。多发于6～9岁老年犬。常单个发生，基底部宽，表面呈菜花状或火山口状（图14－6），多发于头部，尤其耳、唇、鼻、眼睑部常见。有些部位（如膀胱、支气管、胆囊）被覆上皮虽不是鳞状上皮，但它可通过鳞状上皮化生而形成鳞癌。常侵害骨骼，转移到局部淋巴结。

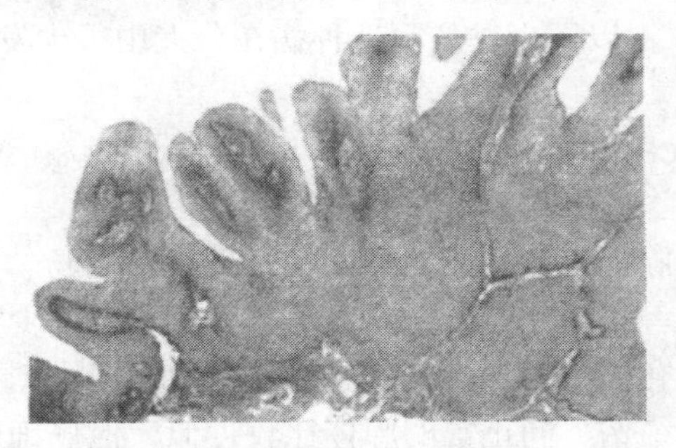

**图14－6 复层鳞状细胞乳头状瘤 H. E. ×400**

上皮组织恶变时，其棘细胞便会出现进行性不典型增生。细胞异型性和病理核分裂象非常明显，当这些细胞尚未穿破基底膜时，称为原位癌（carcinoma in situ）或上皮内癌（intraepithelial carcinoma）。癌的侵袭性表现在恶性肿瘤细胞团块穿破基底膜，向深层的结缔组织和肌肉里浸润性生长，癌细胞组成圆形、椭圆形、梭形或长条状癌巢。鳞状细胞癌所表现的分化程度差异很大（图14－7）。凡是分化好多的，癌巢中心发生角化，形成层状的角化物，称为“角化珠”（keratin pearl）或癌珠。围绕着癌珠的是棘细胞，最外层相当于基底细胞层；分化差的鳞状细胞癌没有癌珠，癌细胞异型性大，可见较多的分裂象。

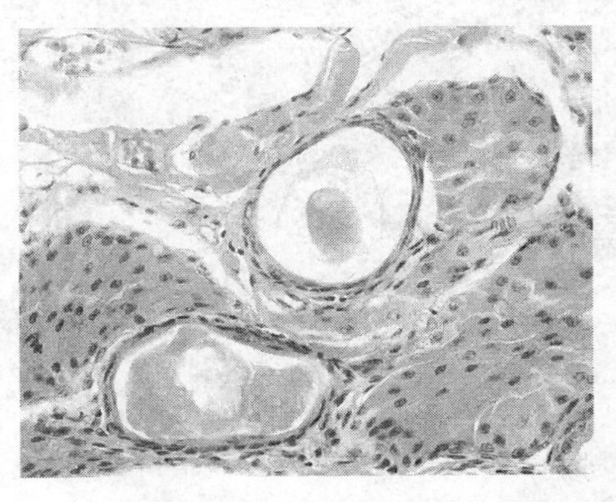

**图14－7 鳞状细胞癌**

形状不规则的癌巢，癌珠明显，癌巢之间以结缔组织相隔 H. E. ×400

## 三、腺瘤（adenoma）

腺瘤是来源于腺上皮的良性肿瘤。腺瘤里面是一些由腺泡和腺管构成的集团，腺泡壁为生长旺盛的腺上皮细胞，呈柱状或立方状。内分泌腺的腺瘤通常没有腺泡，由一些大小比较一致的多角形或球形细胞的集团构成。腺瘤可发生在任何一种腺体器官，如肝（肝细胞腺瘤、肝内胆管腺瘤）、卵巢（乳头状腺瘤）、肾上腺（腺瘤）、甲状腺（滤泡性腺瘤）、乳腺和唾液腺等。腺瘤常呈圆球状或结节状，外有包膜。腺瘤亦见于胃、肠道，多突出于黏膜表面，呈乳头状或息肉状。

腺瘤根据其组织结构可分为：①囊腺瘤，多见于卵巢，犬猫的卵巢囊腺瘤多不被发现，通常在切除卵巢时才被发现。②纤维腺瘤（fibroadenoma），主要见于乳腺。临床上犬、猫乳腺瘤的发病率很高，其中母犬乳腺瘤发病率约占全部肿瘤性疾病的25%～42%，好发于10～12岁母犬，2岁以下少发。而这种病在公犬中很少发生（低于3%）。

## 四、腺癌（adenocarcinoma）

是来源于黏膜上皮和腺上皮的恶性肿瘤，较多见于胃、肠、支气管、胆管、胸腺、甲状腺、卵巢、乳腺和肝脏等许多先天器官。犬、猫乳腺肿瘤中少数是原发性乳腺癌。

腺癌根据其结构和分化程度以及黏液分泌的有无而分为以下几种：①分化较好的腺癌，癌细胞排列成腺泡样结构，同正常的腺体比较近似，但癌细胞排列不整齐，异型性较大，有较多的分裂象（图14－8）；②分化不好的腺癌（实性癌，solid carcinoma；单纯癌，carcinoma simplex），癌细胞聚集成实心体，其中没有腔隙，癌细胞异型性大，分裂象多。癌巢小而少，间质多，质地硬者称为硬性单纯癌或硬癌（scirrhous carcinoma），癌巢多，排列紧密，间质少，质软如脑髓者称为软性单纯癌或髓样癌（medullary carcinoma）；③黏液样癌（mucoid cancer）或胶样癌（colloid cancer），初时癌细胞中有黏液积聚，之后细胞崩解，癌组织几乎成为黏液，质地如胶冻，切面湿润有黏性，色灰白，半透明。

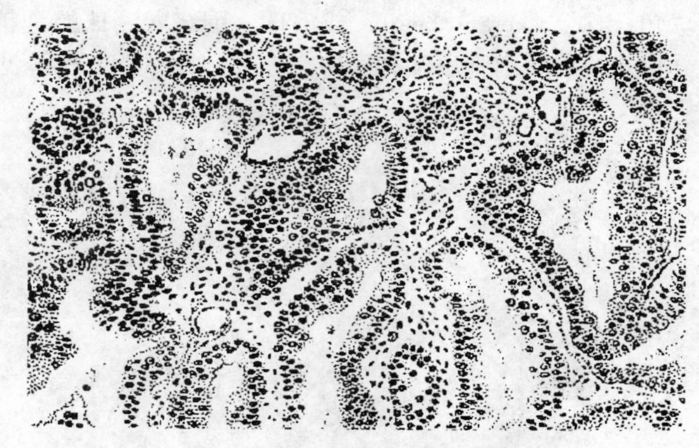

图14－8　分化好的腺癌 ×400

## 五、纤维瘤（fibroma）

是来源于结缔组织的良性肿瘤，由成纤维细胞和胶原纤维组成。它们的形态和染色性同正常组织中的成纤维细胞和胶原纤维相似，但在数量相排列方面却不相同。纤维瘤的细胞和纤维常以束状朝某一方向伸展，或呈漩涡状分布，纤维束互相交错，排列散乱。根据质地，可把纤维瘤分为：①硬纤维瘤，质硬，其中纤维多，细胞少。②软纤维瘤，质软，细胞多而纤维少。瘤组织中可能见到黏液样变性，而老的纤维瘤会发生玻璃样变和钙化，犬猫的纤维瘤临床常见，常发生于皮下富有疏松结缔组织的部位，多呈球形、半球形，黏膜的纤维瘤称息肉，有根蒂，切面呈白色或淡粉红色，常发生于鼻腔、食管、乳管、直肠和阴道内，位于皮下者，可能因摩擦而出血发炎（图 14－9）。

## 六、纤维肉瘤（fibrosarcoma）

是来源于纤维结缔组织的恶性肿瘤。瘤细胞不规则，具有多形性，经常见到有丝分裂象。恶性程度大的，其细胞多形性更为显著，核具有高染性，有丝分裂活性高，瘤巨细胞很常见，胶原纤维少。异型性最大者无胶原，细胞呈梭形或比较短胖，此时很难同间变瘤区别。大多数纤维肉瘤的基质很细致，血管较多。猫纤维肉瘤较犬多发（图 14－10）。

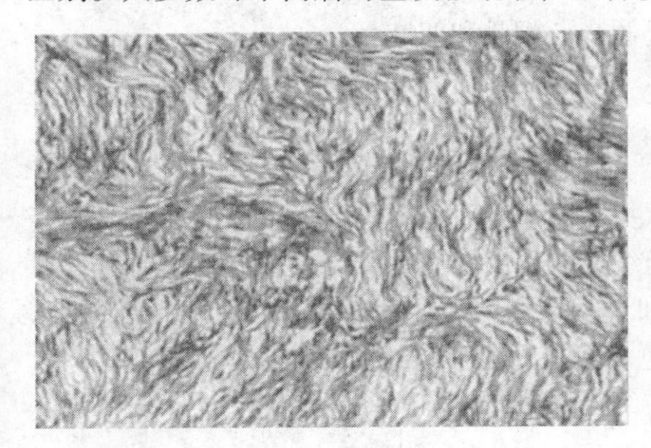

图 14－9　纤维瘤 ×400

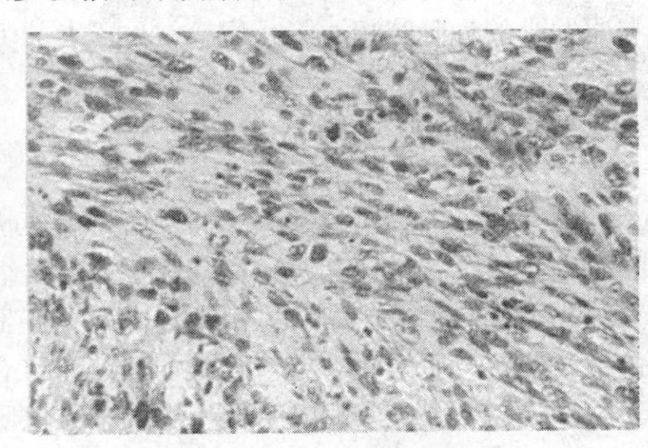

图 14－10　纤维肉瘤 ×400

## 七、脂肪瘤

是来源于脂肪组织的良性肿瘤。常见于纯种成年母犬。脂肪瘤生长慢，多位于胸侧壁或腹部皮下，呈结节状，光滑，可移动，质地软，有包膜，切面见分叶，颜色同正常脂肪。位于黏膜或浆膜面者常呈息肉状，以蒂与原发组织相连。光镜下，脂肪瘤与正常脂肪组织十分相似。但可见结缔组织条索将其分隔成不规则的小叶（图 14－11）。

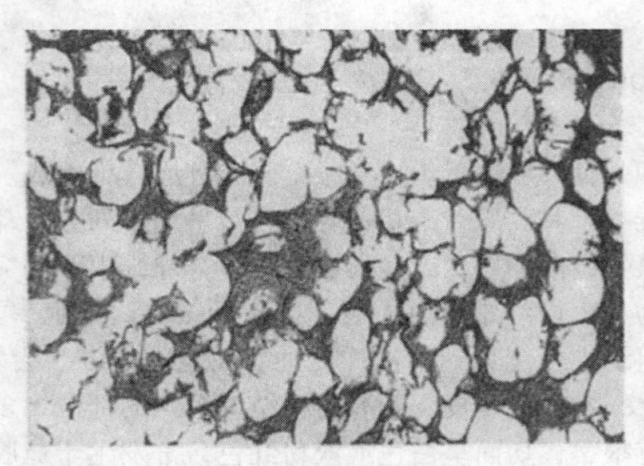

图 14－11　脂肪瘤 ×400

## 八、骨瘤

是来源于骨组织的良性肿瘤，由成熟的骨组织构成。骨瘤中的骨板、哈氏管等结构不甚规整，骨间板更为散乱。由密质骨构成的称为硬性骨瘤，由多孔的松质骨构成的称为海绵状骨瘤。海绵状骨瘤主要由相互吻合的骨小梁构成，骨小梁中有哈氏管腔穿通。骨小梁间中有富含血管与细胞的结缔组织。骨瘤中如有内含骨髓的骨髓腔，则称髓骨瘤，髓骨髓与原发骨的骨髓腔相通。骨瘤较常见于犬的下颌骨、颅骨和四肢骨。

## 九、平滑肌瘤（leiomyoma）

是来源于平滑肌的良性肿瘤，由呈螺环状排列的平滑肌细胞构成。细胞间有多少不等的纤维组织。有时，其肌肉成分几乎被纤维组织所取代而转变为纤维平滑肌瘤。有时发生囊肿或钙化。平滑肌瘤常见于犬猫的消化道和子宫壁和阴道。其外观和纤维瘤比较相似，也呈结节状，质较硬，有包膜，切面淡灰红色。镜检，可见瘤组织的实质为平滑肌细胞，细胞呈长梭形。胞浆明显，核呈棒状，染色质细小而分布均匀（图 14－12）。

## 十、平滑肌肉瘤（leiomyosarcoma）

是来源于平滑肌的恶性肿瘤。常见于消化道、子宫壁和膀胱。平滑肌肉瘤切面呈鱼肉状，大的肿块常有严重的出血坏死。发生在膀胱的平滑肌肉瘤多呈花椰菜状、结节状，成堆的肿块有时充填整个膀胱腔，几乎所有的平滑肌肉瘤都可见到瘤组织向周围组织广泛浸润，并常常可见淋巴结转移或血道转移。镜下，可见瘤组织由大量梭形细胞以及少部分椭圆形、不规则形细胞构成。细胞有成束或漩涡状排列趋势。细胞浆丰富，嗜伊红。胞核圆形或棒形，有不同程度的间变。有的肿瘤组织内散在多量巨细胞，核分裂象较常见（图 14－13）。

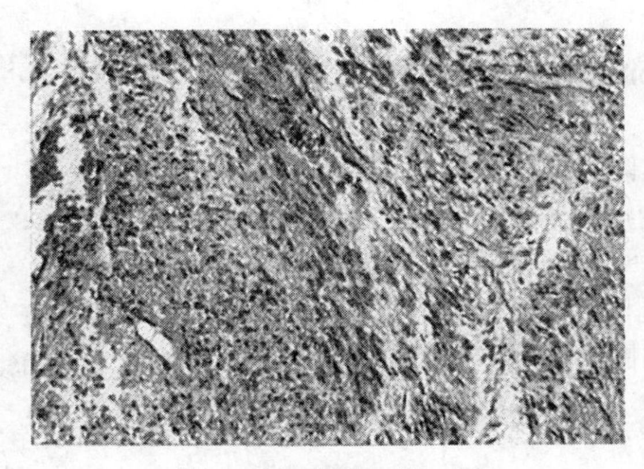

图 14－12　平滑肌瘤 ×400

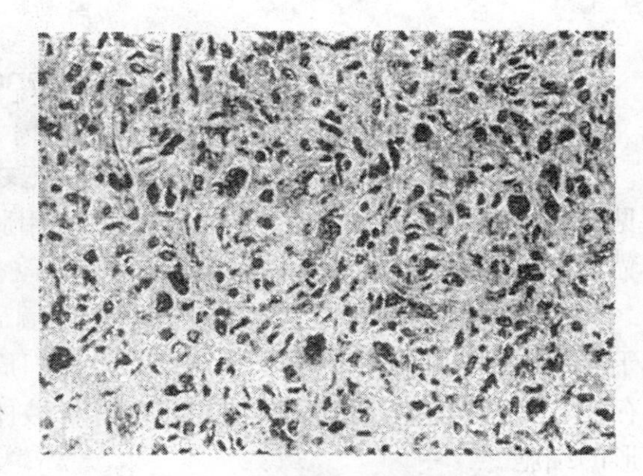

图 14－13　平滑肌肉瘤 ×400

## 十一、血管瘤（haemangioma）

是来源于内皮细胞的良性肿瘤，犬、猫多见。血管瘤呈红褐色、鲜红色或粉红色，质地较软，一般无包膜，可呈浸润性生长。肿瘤大小不一，从粟粒大至拇指大，单发或多发。

（1）毛细血管瘤（capillary haemangioma）：可见血管内皮细胞增生，构成毛细血管；血管内皮细胞扁平或梭形，胞浆较少；核卵圆或梭形，无明显间变。有时细胞排列成条索状或团块状，但有构成血管的倾向，已形成的管腔内有多少不定的红细胞（图 14－14）。

（2）海绵状血管瘤（cavernous haemangioma）：瘤组织由大量密集的高度扩张的薄壁血管构成，似海绵状，管腔大小、形状不规则，内含红细胞。

（3）混合型血管瘤（mixed haemangioma）：兼有毛细血管瘤和海绵状血管瘤的组织学特征。

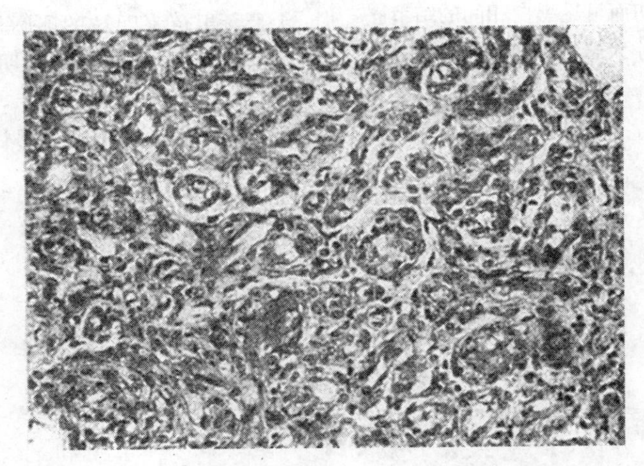

瘤组织由大小一致的毛细血管构成，血管内皮细胞核明显 ×400

图 14－14　毛细血管瘤

## 十二、黑色素瘤（malignant melanoma）

由存在于真皮与上皮结合处的基底细胞之间的黑色素细胞过度增生而引起的皮肤最常见的肿瘤之一。犬黑色素瘤发生率约占所用肿瘤的4%～7%，多见于7～14岁老龄公犬；猫为2%。分良性和恶性两种类型：

（1）良性黑色素瘤　多发生于犬的眼圈周围，甚至是眼睛的虹膜、睫状体，也常发生于靠近唇部、趾间、阴囊、会阴部以及肛门周围，呈大小不等的结节状，瘤体单个或成串存在，呈紫黑色。切开瘤体会流出墨汁样液体。组织学检查可见有螺旋层状或小团状长方形的细胞。

（2）恶性黑色素瘤　多发生于浅毛色和老龄犬，常见部位为口腔唇部、齿龈以及足部。转移后可见区域性淋巴结肿大，转移至肺部者有不同程度的呼吸障碍。病理切片检查，瘤细胞的形状因黑色素颗粒数量不等而有很大差异：可见圆形、椭圆形、梭状或不规则形，大小不等，而且细胞核常被色素颗粒掩盖，胞浆与胞核不能区分。恶性黑色素瘤生长迅速，体积较大，多为浸润性生长，不易与邻近组织分离（图14－15，图14－16）。

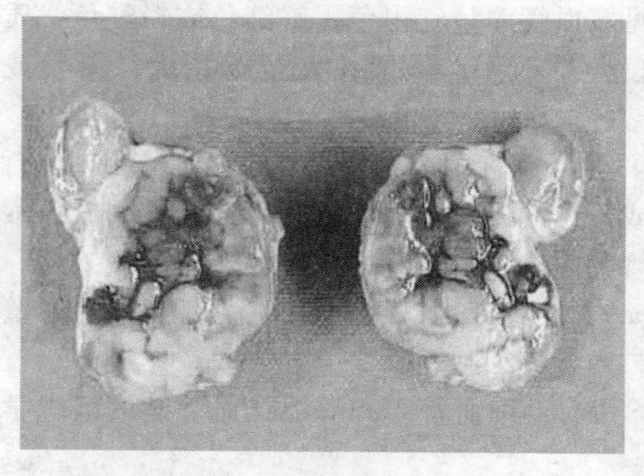

左颚下淋巴结，切面可见黑白相间的结节

**图14－15　犬恶性黑色素瘤**

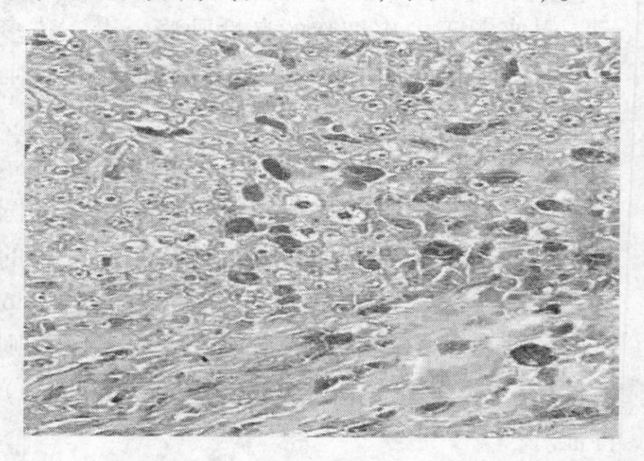

大量含黑色素颗粒的卵圆形和圆形细胞聚集，瘤细胞胞核浓染，核大而明显，含2～3个核仁，偶可见细胞有丝分裂象

**图14－16　犬恶性黑色素瘤**

# 第三篇

# 宠物系统病理学

# 第十五章　心血管系统病理

## 第一节　心脏机能障碍

心功能障碍是指由于心肌收缩力减弱，引起心输出量减少和静脉血回流受阻，以至于心脏搏出的血量不能满足机体组织细胞物质代谢的需要，而出现全身性机能、代谢和结构改变的病理过程，临床上也称为心力衰竭。

根据心肌收缩力减弱的发生部位，分可为左心、右心和全心心功能障碍。左心心功能障碍，指左心室搏血机能发生障碍，常见于二尖瓣闭锁不会、主动脉瓣口狭窄、高血压、左室心肌梗死等；右心心功能障碍，指右心室搏血机能发生障碍，可见于三尖瓣闭锁不全、肺动脉瓣口狭窄、肺循环高压、右心室心肌梗死等；左心室、右心室搏血机能先后或同时发生障碍即可引起全心心功能障碍，可见于严重的心肌炎以及左心室、右心室广泛性心肌梗死。根据心功能不全的发生速度，又可分为急心与慢性心功能障碍，前者发病急骤，机体来不及代偿，往往导致严重后果或死亡；后者病程较长，发病较缓慢，机体发生明显的代偿性反应，对其他器官、系统的影响更加显著。

### 一、心功能障碍的原因

宠物的心功能障碍不是一种独立性疾病，而是在许多疾病过程中（如心肌炎、心包炎、瓣膜病以及某些传染病等）都可以发生的一种病理过程。任何能引起心肌收缩力减弱、心输出量降低的因素，不能被心脏自身的适应代偿机能（如一定范围内的心率加快、神经调节和心脏肥大导致心肌收缩力增强）所排除时，都可成为心功能障碍的原因。

#### （一）心肌受损

包括心肌缺血缺氧性损伤和其他原因引起的心肌损伤。

（1）心肌缺血缺氧性损伤　常见于冠状动脉痉挛、血栓形成或栓塞，此时血管管腔变狭窄甚或闭塞，心肌供血不足，严重时可导致局部心肌梗死。心肌缺血缺氧性损伤还见于休克、DIC、缺氧以及严重贫血时。

（2）其他原因引起的心肌损伤　常见于传染、中毒、营养代谢障碍（如维生素 $B_1$ 缺乏、硒缺乏）、脓毒败血症、免疫性病理损伤等。它们可引起心肌纤维的变性或坏死、心肌的炎症以及心肌纤维化。

### （二）心脏负荷过重

指心脏舒张和收缩时所做的功超过可正常范围，包括容量负荷过重和压力负荷过重。

（1）容量负荷过重　因舒张末期心腔内血容量过多，从而招致每搏搏出量增加所引起的心脏负荷过重。如各种瓣膜闭锁不全时，心腔除接纳正常注入的血液外，还要接受部分返流的血液使心腔血容量过多。大量快速输液也可造成容量负荷过重。

（2）压力负荷过重　各种原因造成心室搏血阻力增大，使收缩期心室内压升高而引起的心脏负荷过重。例如，主动脉瓣口狭窄可引起左心室压力负荷过重，肺气肿、肺纤维化可引起右心室压力负荷过重。

### （三）心包病变

急性心包炎时，心包内大量炎性渗出液压迫心脏。使静脉血回流受阻和心脏充盈不足引起心输出量减少；慢性心包炎时，纤维素性渗出物被机化造成心包脏层与壁层粘连，妨碍心脏的舒张和收缩，影响其泵血功能。

## 二、心功能障碍的发生机理

心肌收缩力减弱是心功能障碍发生的病理主导环节。一定的结构是心脏机能的基础，心肌结构的破坏必然导致心肌收缩力减弱；心肌舒缩过程中需要足够的能量物质，能量代谢障碍也将引起心肌收缩力减弱；钙离子在心肌兴奋－收缩偶联和心肌舒张过程中是一种重要的中介物，钙离子运转发生障碍也会导致心肌收缩减弱。

### （一）心肌结构的破坏

（1）心肌纤维大量坏死　当心肌因缺氧、缺血、感染、中毒、炎症等因素引起大量心肌纤维发生坏死时，可使心室收缩力明显减弱。例如，左心室心肌梗死范围超过20%即可导致左心心功能障碍。

（2）心脏发生肌源性扩张　心肌舒缩的基本单位是肌节。在一定范围内，随肌节初长度的增加心肌的收缩力也增强。这种伴有心肌收缩力增强的心脏扩张，称为紧张源性扩张（tonongenic dilatation）。但在心脏容量负荷过重时，尤其在心脏代偿失调的情况下，在收缩力减弱末期仍有大量余血残留在心室内。此时心脏高度扩张，称为肌源性扩张（myogenic dilatation）。发生肌源性扩张的心脏，其肌节遭到破坏，细肌丝从与粗肌丝的交叉部位完全抽出，在心肌兴奋－收缩偶联中不能形成肌动球蛋白复合体，引起唧唧收缩力减弱或丧失。

（3）心室顺应性降低　心室顺应性（vebricular compliance）指心室单位的变化所引起心室容积的改变，它反映在相同压力条件下心室容积变化的难易程度。当发生心肌肥大、心肌炎、心肌水肿、心肌内结缔组织增生引起心肌纤维化时，心室不易扩张而导致其顺应性降低。此外，心包炎时，由于心包内渗出物或机化产物的机械作用，也可引起心室顺应性降低。心室顺应性降低，使心室舒张不完全，影响心室内血液的充盈，造成每搏搏出血量减少；同时，心室舒张时间缩短，直接妨碍心脏冠状动脉的灌注，又可加重心肌的缺血缺氧程度，造成一种恶性循环。

（4）心肌舒缩活动不协调　心肌结构的破坏，例如心肌炎、心肌梗死、心肌纤维化等，可影响局部心肌的电生理活动及其舒缩性能，表现为受损区心肌收缩和舒张活动减弱或完全消失，使心脏各部分肌肉的舒缩活动在时间上和空间上出现不协调性。心肌舒缩活动不同步，使心输出量减少，导致心功能障碍。

### （二）心肌能量代谢发生障碍

（1）能量产生障碍　正常情况下心肌以有氧分解方式生成三磷酸腺苷（ATP）作为主要供能物质。心肌缺血缺氧时，心肌纤维内糖无氧酵解过程加强，而有氧分解和氧化磷酸化过程减弱，ATP 生成减少。如结扎犬冠状动左旋支 15 分钟后其心肌内 ATP 合成减少 60%。能量产生障碍直接影响心肌收缩能力。

（2）能量利用障碍　在心肌收缩时，肌球蛋白分子头部的 ATP 酶分解 ATP，将化学能转变成机械能而完成收缩动作。ATP 酶活性的高低对心肌能量利用有决定性作用。试验证明，当人工造成动物主动脉轻度或中度狭窄时，随着心肌的肥大，左心室心肌肌球 ATP 酶活性增高，心肌收缩力增强；当主动脉重度狭窄时，左心室心肌肌球蛋白 ATP 酶活性显著降低，因而对 ATP 的分解作用减弱，不能为心肌收缩提供足够的能量。

（3）能量储存障碍　心肌内高能磷酸化合物有两种，即 ATP 和 CP（磷酸肌酸）。正常时 ATP 和肌酸在磷酸肌酸激酶（CPK）作用下生成 ADP 和 CP。CP 是心肌内一种重要的储能物质。缺血、缺氧以及心肌细胞内酸中毒时，都可使线粒体内 CPK 活性降低而导致 CP 生成减少。例如，停止实验动物心肌供血 3～4 分钟，CP 合成减少 25%～30%；停止心肌供血 6～7 分钟，心肌内 CP 可完全消失。

### （三）钙离子运转发生障碍

心肌兴奋时，心肌纤维内 $Ca^{2+}$ 速度迅速升高。$Ca^{2+}$ 来自浆液网（即滑面内质网，SR）和细胞外，它与细肌丝上的肌钙蛋白结合，引起原肌球蛋白位移，暴露肌动蛋白的作用位点，与粗肌丝的肌球蛋白形成肌动球蛋白复合体；同时 $Ca^{2+}$ 也使肌球蛋白分子头部 ATP 酶活性升高，分解 ATP 供能，使肌球蛋白头部定向偏转，细肌丝向粗肌丝内部滑行完成一次收缩。心肌复极化时，$Ca^{2+}$ 与肌钙蛋白分开重返肌浆网或细胞外，原肌球蛋白复位遮盖肌动蛋白的作用位点，肌动球蛋白复合体解离，细肌丝向外滑行，于是心肌舒张。上述 $Ca^{2+}$ 运转过程任何过程一个环节发生障碍都可引起心肌收缩力减弱。

（1）肌浆网对 $Ca^{2+}$ 摄取、储存、释放障碍　心功能不全时，肌浆网的 ATP 酶活性降低，使心肌肌浆网对 $Ca^{2+}$ 摄取、储存发生障碍，故当心肌兴奋时，其向胞浆内释放 $Ca^{2+}$ 也减少。而当心肌细胞内发生酸中毒时，肌浆网与 $Ca^{2+}$ 结合力增强，是 $Ca^{2+}$ 释放困难。结果在心肌兴奋时，胞浆中 $Ca^{2+}$ 不能迅速达到激发心肌收缩的阈值（$10^{-5}$ mol/L），从而导致兴奋－收缩偶联障碍。

（2）$Ca^{2+}$ 由细胞外内流受阻　心肌兴奋时，细胞外的 $Ca^{2+}$ 通过细胞膜上的钙通道内流，此通道受心肌膜 β 受体和去甲肾上腺素（NE）的控制。交感神经兴奋并释放 NE，NE 与 β 受体结合，激活腺苷酸环化酶，使 ATP 转变为 $_{C}$AMP（环状腺一磷），后者再激活胞膜上的钙通道，使其开放而引起 $Ca^{2+}$ 内流。NE 由酪氨酸合成，酪氨酸羟化酶是 NE 合成反映的起始酶，心功能不全时，此酶活性降低，故心肌内 NE 含量明显减少。心功能不全时心肌细胞膜上 β 受体密度也明显降低。这样使心肌细胞上钙通道难以开放，影响 $Ca^{2+}$ 内流，导致心肌兴奋－收缩偶联障碍。

（3）$Ca^{2+}$ 与肌钙蛋白结合障碍　在心肌兴奋－收缩偶联过程中，如果胞浆内 $Ca^{2+}$ 与肌钙蛋白的结合发生障碍，也不能完成收缩过程。在心肌发生酸中毒时，心肌细胞内内 $H^+$ 浓度升高，$H^+$ 与肌钙蛋白的亲和力远远高于 $Ca^{2+}$ 与肌钙蛋白的亲和力，因此可抑制 $Ca^{2+}$ 与肌钙蛋白的结合，妨碍兴奋－收缩偶联过程。

（4）$Ca^{2+}$ 复位延缓　心肌完成一次收缩后，$Ca^{2+}$ 与肌钙蛋白解离，并在钙泵（即 $Ca^{2+}$－ATP 酶）作用下重新摄入肌浆网内或排至细胞外，恢复胞浆内 $Ca^{2+}$ 的正常浓度（$10^{-7}$mol/L），为下次收缩做好准备。在心功能不全时，由于 $Ca^{2+}$－ATP 酶活性降低，ATP 生成也减少，不迅速将心肌收缩时进入胞浆内的 $Ca^{2+}$ 泵出，致使 $Ca^{2+}$ 脱离肌钙蛋白速度变慢。$Ca^{2+}$ 复位延缓引起心肌舒张延迟或舒张不全，影响心脏充盈。

## 三、心功能障碍对机体的主要影响

### （一）血液动力学改变

急性心功能障碍时，心输出量急剧减少，动脉血压迅速下降，甚至可发生心源性休克。慢性心功能障碍时，机体通过反射性调节使心率加快，通过心脏的紧张源性扩张特别是心肌肥大使收缩力加强，维持动脉血压在、正常范围内，这对保证心、脑、肾等器官的血液供应，具有重要的代偿意义。然而这种代偿能力是有限的，当心输出量减少，并进一步导致静脉血回流受阻时，可发生静脉压升高，左心功能障碍可引起肺淤血和肺静脉压升高，肺泡壁毛细血管血压随之升高，严重时可导致肺水肿；右心功能障碍肺淤血和肺静脉压升高，常导致肝、脾、肺、胃肠、肾等器官发生淤血、水肿和机能障碍。

### （二）吸机能改变

左心功能障碍时动物可发生呼吸困难（dyapnea），出现浅而频的呼吸。肺淤血和水肿，使呼吸膜增厚，呼吸面积减少，导致机体缺氧和二氧化碳浓度升高，通过刺激主动脉弓和颈动脉窦的化学感受器，反射性地引起呼吸中枢兴奋，而发生呼吸困难。慢性肺淤血和水肿，可引起肺泡壁纤维组织增生，肺泡不易扩张，肺顺应性降低，因此在吸气时呼吸道（气管、支气管等）扩张程度相对加大，呼吸道平滑肌内牵张感受器受到的刺激也随之加强，兴奋沿迷走神经传到呼吸中枢，使吸气动作提前结束，呼气动作提前出现。亦即肺牵张反射提前出现，故呼吸节律变得浅而频。

由于呼吸困难，气体交换障碍，引起血氧饱和度降低；同时因血流缓慢，组织细胞摄取 $O_2$ 增多，使血液中还原血红蛋白升高，动物的可视黏膜发绀。

### （三）泌尿机能改变

因胃淤血和血流量减少，常发生少尿；同时因肾小管上皮细胞变性，肾小球毛细血管通透性增强，尿中可出现蛋白质和管型。

（四）消化机能改变

若右心功能障碍可引起腹腔消化器管淤血、水肿，其机能明显降低。

（五）水、盐和酸碱平衡紊乱

心功能障碍时，水、盐平衡紊乱的主要表现是水、钠潴留而发生心性水肿。由于肺淤血、水肿而导致组织细胞缺氧，可引起代谢性中毒。若伴发肾功能障碍时则加重水、钠潴留，临床上表现出明显的水肿。

## 第二节　心内膜炎

心内膜炎（endocarditis）是指心内膜的炎症。根据炎症发生部位的不同，可分为瓣膜性、心壁性、腱索性和乳头肌性心内膜炎。兽医临床上以瓣膜性最为常见。根据心内膜炎的病变特点，通常分为疣状血栓性心内膜炎和溃疡性心内膜炎。

### 一、病因和发病机制

动物的心内膜炎通常由细菌感染引起，常伴发于慢性猪丹毒和化脓性细菌（如链球菌、葡萄球菌、化脓性棒状杆菌等）的感染过程中。细菌及毒性产物可直接引起结缔组织胶原纤维变性，形成自身抗原，或菌体蛋白与瓣膜组织有交叉抗原性，或菌体蛋白与瓣膜成分结合形成自身抗原，发生自身免疫反应，使瓣膜遭受损伤，并在此基础上形成血栓。病程较久时，从瓣膜基部生长出肉芽组织将血栓机化，形成赘生物。

### 二、病理变化

（一）疣状血栓性心内膜炎

疣状血栓性心内膜炎是以心瓣膜损伤轻微和形成疣状血栓为特征。疣状赘生物常发生于宠物的二尖瓣心房面和主动脉瓣的心室面的游离缘。

（二）溃疡性心内膜炎

溃疡性心内膜炎又称败血性心内膜炎，以心瓣膜受损较严重、发生局灶性坏死和形成大的血栓性疣状物为特征。

眼观：初期瓣膜上出现淡黄色的坏死斑点。以后逐渐增大并融合为质地硬固干燥、表面粗糙的坏死灶，并发生脓性分解，形成溃疡。溃疡表面覆有灰黄色血栓物质，可迅速增大形成大的疣状物，质地脆弱，容易脱落形成栓子造成栓塞或转移性脓肿。在炎症后期，血栓物质发生机化变成坚实的灰黄色或黄红色的息肉状或菜花状赘生物。

镜检：瓣膜深层组织发生坏死，局部有明显的炎性渗出、中性粒细胞浸润及肉芽组织增生，表现附着由大量纤维素、崩解的细胞与细菌团块组成的血栓凝块。

## 三、结局和对机体的影响

心内膜炎时形成的血栓性疣状物与瓣膜变性坏死造成的缺损，常以肉芽组织修复，形成瘢痕而纤维化，导致瓣膜变形，造成房室孔狭窄和瓣膜闭锁不全，进而发展为瓣膜病，影响心脏功能。另一方面，形成的血栓在血流的冲击下脱落，成为栓子随血液运行，造成脏器血管栓塞和梗死。若血栓内含有化脓性细菌，而可在栓塞部位造成转移性脓肿。瓣膜病和血栓性栓子以及其引起的相应部位的栓塞或梗死对机体均会造成严重后果，甚至死亡。

# 第三节　心肌炎

心肌炎（myocarditis）是指心肌的炎症。宠物的原发性心肌炎极少见，通常为各种全身性疾病的并发病，如传染病、营养代谢病、寄生虫病、中毒和过敏反应等。

## 一、病因和发病机制

在传染病过程中，病原体及毒素可通过血源途径直接侵害心肌；也可先引起心内膜炎或心外膜炎，然后蔓延到心肌而致心肌炎。

此外，病原体致敏机体，发生过敏反应，形成针对心肌的抗体或致敏淋巴细胞，也可能造成心肌的免疫损伤，引起心肌炎。

## 二、病理变化

根据炎症发生的部位和性质，可将心肌炎分为实质性、间质性和化脓性三种基本类型。

### （一）实质性心肌炎

通常伴发于急性败血症、中毒性疾病（砷、磷、有机汞中毒等）、代谢性疾病（马肌红蛋白尿症、绵羊白肌病等）、病毒性疾病（口蹄疫、流感等）等病理过程中。一般呈急性经过，其特点是以心肌变性为主，而渗出和增生过程轻微。

眼观：心肌呈灰白色煮肉状，质地松软，特别是右心室。炎症多为局灶状，因心肌发生脂变，在心脏的横切面上可见灰白或灰黄色的条纹在心肌内呈环状分布，外观形似虎皮，俗称“虎斑心”。

镜检：轻症心肌炎只是心肌纤维发生颗粒变性或脂肪变性。在重症病例，心肌纤维则呈水泡变性或蜡样坏死，甚至崩解。在间质及心肌纤维坏死部有浆液渗出和程度不同的中性粒细胞、淋巴细胞、组织细胞及浆细胞浸润。病程延长时见成纤维细胞增生。

### （二）间质性心肌炎

多可发生于传染性和中毒性疾病，以心肌的间质性渗出变化明显，而心肌纤维变质比较轻微为特征。

眼观：病变与实质性心肌炎相似。

镜检：初期表现为细胞的变质变化，以后转变为以间质增生为主的过程。心肌实质呈灶性变性和坏死，并发生崩解或溶解吸收。间质呈现充血、出血，并有明显的炎性细胞（组织细胞、淋巴细胞、浆细胞及成纤维细胞）浸润与增生。

### （三）化脓性心肌炎

是以心肌内形成大小不同的脓肿为特征。常由化脓性细菌（如链球菌、葡萄球菌等）所引起，化脓性细菌可来源于脓毒败血症的转移性细菌栓子，通常由宠物机体其他部位（如肺炎、子宫炎等）的化脓性栓子经血液转移至心脏，在心肌内形成化脓性栓塞，引起心肌发生化脓性炎（如创伤性心包炎、化脓性心内膜炎等）。

眼观：心肌有大小不一的化脓灶或脓肿。若新鲜脓灶，其周围呈充血、出血和水肿变化；陈旧性脓灶，其周围常有结缔组织包裹形成。化脓灶内脓汁的颜色因化脓菌种类不同，可呈现黄白色、灰白色或灰绿色不等。

镜检：初期血管栓塞部呈出血性浸润，继而发展为纤维素性或化脓性渗出，其周围出现充血、出血和中性粒细胞组成的炎性反应带。化脓灶内及其周围的心肌纤维变性、坏死。

## 三、结局和对机体的影响

心肌炎是一种剧烈的病理过程，对机体影响较大。非化脓性心肌炎可发生机化，形成灰白色的纤维化斑块。化脓性心肌炎的病灶常有包裹形成，脓汁干涸并进一步纤维化。

心肌炎可影响心脏的自律性、兴奋性、传导性和收缩性，故临床上表现出心律失常，如窦性心动过速，各种形式的期外收缩和传导系统严重障碍而发展为心力衰竭。另外，如果心肌内的化脓灶或脓肿向心室内破溃，脓汁随血液循环散播全身可引起脓毒症或脓毒败血症。

# 第四节 心包炎

心包炎（pericarditis）是指心包的壁层和脏层浆膜的炎症。一般来说，心包炎常是一些疾病过程中的伴发病，但有时也表现为一种独立的疾病（如创伤性心包炎）。心包炎时心包腔内常蓄积着大量炎性渗出物。根据渗出物的性质可区分为浆液性、纤维素性、出血性、化脓性、腐败性和混合性等类型。临床上常见的是浆液性、纤维素性或浆液纤维素性心包炎。本病多见于反刍动物及猪、犬、禽类等。

## 一、病因和发病机制

根据其发生原因，心包炎可分为传染性和创伤性两类。

### （一）传染性因素

是指由细菌或病毒经血流直接侵入心包所引起，主要是细菌性因素，如巴氏杆菌、链球菌、大肠杆菌、猪丹毒杆菌、鸡伤寒沙门氏杆菌和结核杆菌等。这些病原体可经血液或由相邻器官的直接蔓延（心肌和胸膜）进入心包，引起炎症。它们通常引起浆液—纤维素性心包炎，但严重时亦可引起化脓性心包炎。

### （二）创伤性因素

是指心包受到机械性损伤。主要见于牛，偶见于羊。由于牛采食时未充分咀嚼就快速咽下，加上口腔黏膜分布着许多角化乳头，对硬性刺激物感觉比较迟钝，因此容易将铁钉、铁丝等混入食团而误咽入胃，并随着胃的蠕动异物可向不同方向穿刺。网胃的前部仅以薄层的横膈与心包相邻，在网胃收缩时，异物可穿刺胃壁、膈肌并刺入心包或心脏，此时胃内的微生物也随之侵入心包，如同引起创伤性心包炎。

## 二、病理变化

### （一）传染性心包炎

初期心包内以浆液性渗出物为主，随着炎症的发展，慢慢析出絮状的纤维素，从而发展为浆液——纤维素性心包炎。

眼观：心包表面血管扩张充血，间或有出血斑点。心包膜因炎性水肿而增厚紧张。心包腔因蓄积大量渗出液而明显膨胀，腔内有大量淡黄色的浆液性渗出物，若混有脱落的上皮细胞和白细胞则变浑浊。急性过程心包炎的心外膜上纤维素可成层的不断沉着，或因心脏搏动而形成绒毛状外观，称为“绒毛心”。慢性经过时（如结核性心包炎），被覆盖与心包壁层和脏层上的纤维素往往发生机化，外观呈盔甲状，称为“盔甲心”。心包脏层和壁层因机化而发生粘连。

镜检：初期心外膜下充血、水肿并有白细胞浸润，上皮细胞肿胀呈立方体，但仍完整，浆膜表面有少量浆液——纤维素性渗出物。随后间皮细胞坏死、脱落，浆膜层和浆膜下组织水肿、充血及白细胞浸润，间或有出血。特别是在组织间隙内有大量丝状纤维素。与发炎的心外膜相邻接的心肌发生颗粒变性和脂肪变性，心肌间质也有充血、水肿及白细胞浸润。病程较久者，转为慢性，渗出物被机化而形成瘢痕，且包裹心脏。

### （二）创伤性心包炎

呈浆液——纤维素性炎症，若因有细菌随之异物侵入心包，常伴发化脓，故也常呈浆液——纤维素性化脓性炎。

眼观：心包膜显著增厚、扩张，失去原有的透明光泽。心包腔高度充盈，腔内积聚大量污秽的纤维素性化脓性渗出物，内含气泡，并有恶臭味。心外膜变得粗糙肥厚，心壁及心包上可见刺入的异物。

镜检：可见炎性渗出物由纤维素、中性粒细胞、巨噬细胞、红细胞与脱落的上皮细胞等组成。慢性经过时，渗出物往往浓缩而变为干酪样并可发生机化，造成心包粘连。创伤损及心肌时，还可引起心肌化脓。

### 三、结局和对机体的影响

心包炎病情较轻者，其渗出物可被逐渐吸收而痊愈。当渗出物不能被完全吸收时，则发生机化，在心外膜上留下灰白色的乳斑。病情较重者，心包和心外膜可发生粘连，影响心脏活动，长时间则会导致心力衰竭。

心包炎对机体的另一严重影响是心包积液增多后，就会对心脏产生直接压迫作用，影响心脏的收缩与舒张，回心血量减少，可发生全身淤血或水肿，严重时发生心功能障碍。

创伤性心包炎对机体除了有上述影响外，由于其渗出物的腐败分解及微生物毒素的吸收，可继发脓毒败血症而致动物死亡。

## 第五节 脉管炎

### 一、动脉炎

动脉炎（arteritis）指动脉管壁的炎症。根据炎症侵害部位不同可分为动脉内膜炎（endoarteritis）、动脉中膜炎（mesarteritis）和动脉周围炎（periarteritis），若动脉各层都发炎，则称为全动脉炎（panarteritis）。动脉炎常见的类型有急性动脉炎、慢性动脉炎和结节性动脉周围炎。

#### （一）急性动脉炎

急性动脉炎（acute arteritis）常因细菌（如坏死杆菌）、霉形体（如丝状霉形体）、病毒（如马动脉炎病毒）、免疫复合物沉积以及机械、物理、化学等因素所引起。致病因素可通过三条途径侵害动脉。

（1）经血管外围蔓延侵入动脉壁　首先引起动脉周围炎，继而发生动脉中膜炎和动脉内膜炎。此种方式引起的动脉炎，可见于患传染性胸膜肺炎动物肺脏、患坏死杆菌病牛的子宫。

（2）经动脉管壁自养血管侵入动脉壁　首先引发动脉外膜炎和动脉中膜炎，然后导致动脉内膜炎。

（3）经管腔内血液侵入动脉壁　首先引起动脉内膜炎，继之发生动脉中膜炎和动脉外膜炎。健全在化脓性子宫炎或化脓性脐静脉炎时，细菌性栓子进入静脉血液，经右心转移至肺动脉，在肺动脉分支及其中形成细菌性栓塞，引起化脓性动脉内膜炎。

眼观可见动脉管壁增粗、变硬，内膜表面粗糙不平，管腔狭窄，有时可见血栓。

镜检可见动脉内皮细胞肿胀、变性、脱落，管腔内有血栓形成。内膜与中膜见水肿、中性粒细胞浸润、弹性纤维断裂溶解，中膜平滑肌细胞发生变性、坏死。血管外膜有充血、出血、水肿、胶原纤维肿胀和炎性细胞浸润。

#### （二）慢性动脉炎

慢性动脉炎（chronic arteritis）多由急性动脉炎发展而来。宠物患普通圆形线虫幼虫（strongylus vulgaris）在动脉壁内寄生，可引起动物前肠系膜动脉及其分支的慢性动脉炎。

眼观可见动脉壁增厚、变硬，有的如瘤样结节，横切见管腔狭小，管壁肥厚，内膜粗糙不平，并有血栓形成。

镜检可见动脉壁固的结构破坏，局部结缔组织明显增生，一定数量白细胞浸润，内膜表面可见血栓及其机化现象。

#### （三）结节性动脉周围炎

结节性动脉周围炎（nodular periarteritis）主要侵害中、小型动脉，曾见于牛、猪、犬、马、绵羊、鹿等动物。原因尚未明了，可能是在某些传染病过程中因抗原抗体免疫复合物沉积（类淀粉样物质）所引起的血管变态反应性炎。

眼观可见受侵害的中型动脉呈现结节状肥厚，横切面上血管壁显著增宽，管腔狭窄甚至闭锁。小动脉的变化只有镜检方可发现。

镜检可见早期动脉外膜和中膜水肿和大量中性粒细胞浸润，中膜平滑肌和弹性纤维崩解，发生纤维素样坏死，有时坏死性变化可见于动脉壁各层。内皮细胞变性、脱落，管腔内有血栓形成。后期，血管壁坏死组织可被肉芽组织所取代，其中见单核细胞浸润；血管的修复性变化导致其呈结节状变粗。

### 二、静脉炎

静脉炎（phlebitis）指静脉管壁的炎症。常见类型有急性静脉炎和慢性静脉炎。

#### （一）急性静脉炎

急性静脉炎（acute phlebitis）多由感染引起。例如，炎灶内病原微生物蔓延扩散可导致炎灶周围急性静脉炎，注射穿刺消毒不严或多次反复刺激可引起急性静脉炎。

眼观可见管壁发炎部位质度较硬实，稍增厚，内膜粗糙，可见血栓。镜检可见管壁各层均水肿和炎性细胞浸润，中膜平滑肌变性坏死，内皮细胞肿胀、脱落，常有血栓附着。

急性静脉炎往往是败血症感染门户的病变之一。当发生败血症时，要注意检查局部炎症发展为全身化的通道。急性静脉炎是病原微生物经血源性播散的重要标志。

#### （二）慢性静脉炎

慢性静脉炎（chronic phlebitis）多由急性静脉炎转变而来。眼观静脉管壁明显增厚和变硬，内膜不平，管腔狭窄。镜检，静脉壁正常结构消失，结缔组织大量增生，并有少量淋巴细胞浸润。

# 第十六章　呼吸系统病理

动物的呼吸机能是不断地从环境中摄取氧并排出二氧化碳。呼吸机能的正常是保证机体各项生命活动得以正常进行的最基本的条件之一。

呼吸包括外呼吸和内呼吸两个相互联系的过程。外呼吸是指外界环境与血液在肺部进行的气体交换，由肺通气和肺换气两个过程组成。内呼吸是指血液与组织之间的气体交换及细胞呼吸两个过程。本章就外呼吸功能障碍及肺炎、肺气肿和肺萎陷做详细介绍。

## 第一节　肺功能不全

### 一、肺功能不全概念

肺的主要功能是通过肺通气（肺泡与外界环境之间气体交换）和肺换气（肺泡与血液之间气体交换）两个过程来摄取 $O_2$ 和排出 $CO_2$，使动脉血 $PO_2$ 和 $PCO_2$ 维持在正常范围（$PO_2$ 值 10. 64 ~ 13. 3kPa，$PCO_2$ 值 4. 79 ~ 5. 32kPa）。

肺、胸膜、胸廓、神经肌肉和呼吸中枢的疾患，可损害肺的通气或/和换气功能。由于肺有较大的呼吸储备量。轻度损伤不致引起动脉血 $PO_2$ 和 $PCO_2$ 的明显变化。如果由于肺或肺外疾患，使肺通气或换气功能发生障碍，通过一定程度代偿作用，在静息状态，呼吸海平面空气的条件下，虽能维持动脉血 $PO_2$ 和 $PCO_2$ 在正常范围或变化不显著。但在剧烈运动或其他原因使呼吸负荷加重时，动脉血 $PO_2$ 明显降低，或伴有 $PCO_2$ 明显升高，并出现临床症状，称为肺功能不全（respiratory insufficiency）。严重肺功能不全，在静息状态，呼吸海平面空气条件下，动脉血 $PO_2$ 低于 7. 98 kPa 或伴有 $PCO_2$ 超过 6. 65kPa，并出现临床症状，称为呼吸衰竭（respiratory failure）。也有人把肺功能不全和呼吸衰竭视为同义语而不加区别。

### 二、肺功能不全分类

（一）根据肺功能不全发生速度，肺功能不全可分为急性和慢性两种。

（1）急性肺功能不全　是指很快发生或在几天、几周内发生。见于呼吸中枢的损害或

抑制、呼吸肌麻痹、急性呼吸道阻塞、急性肺水肿、肺炎、肺微循环栓塞等；慢性阻塞性肺疾患合并急性肺部感染，由慢性肺功能不全转变为急性肺功能衰竭。

（2）慢性肺功能不全　常见于慢性阻塞性肺疾患和广泛的肺纤维化，并随着肺和支气管病变的发展而逐渐加重，常伴有呼吸、循环、血液和酸碱平衡等一系列代偿适应性变化。

（二）根据肺功能不全病变部位，肺功能不全可分为中枢性和外周性。

（1）中枢性肺功能不全　是指由中枢神经系统，特别是呼吸中枢受损或抑制，使呼吸减弱，肺通气不足而引起的，常见于脑外伤、脑血管损伤、脑炎、中毒或肿瘤。

（2）外周性肺功能不全　是由呼吸器官本身疾患而引起。

（三）根据肺功能不全发生机制，肺功能不全可分为通气性和换气性。

（1）通气性肺功能不全　是由各种原因使肺的扩张与回缩受限制或呼吸道阻力增加引起肺通气不足。以致动脉血 $PO_2$ 降低和 $PCO_2$ 升高。因此，又可称为低氧血症伴有高碳酸血症型肺功能不全或肺功能衰竭。

（2）换气性肺功能不全　是由于肺的疾患，使气体弥散受阻或肺泡通气与血流比例失调，肺泡与血液之间气体交换发生障碍，以致动脉血 $PO_2$ 降低。由于 $CO_2$ 弥散速度快，通过代偿，能充分排出，一般不引起 $CO_2$ 潴留，甚至有时因通气过度增加，可引起低碳酸血症。因此，又可称为单纯性低氧血症型或低氧血症伴有低碳酸血症型肺功能不全或肺功能衰竭。

## 三、肺功能不全发生原因及机制

外呼吸通气和换气过程的正常进行，是保证血液与外界环境间在肺部进行气体交换的基本条件。而正常的通气和换气有赖于呼吸中枢的调节、健全的胸廓、呼吸肌及其神经支配、畅通的气道、完善的肺泡及正常的肺血液循环。其中任何一个环节发生异常，均可引起通气不足或换气障碍，从而导致肺功能不全或肺功能衰竭。

### （一）通气不足

正常通气有赖于肺的正常扩张和回缩以及呼吸道的畅通。通气不足可因肺的扩张受限制（限制性通气不足）或呼吸道阻塞（阻塞性通气不足）所致。据此，通气不足可分为以下两种类型：

#### 1. 限制性通气不足

肺的通气功能是在呼吸中枢调节下，通过呼吸肌的收缩与舒张而实现的。呼吸肌的活动是改变胸腔容积和胸内压的原动力。随着胸腔容积和胸内压的周期性变化，引起肺的扩张和回缩，并改变肺内压与大气压之间的压差，从而推动气体进出肺脏。此即为呼吸的动力。

胸廓与肺的扩张与回缩以及气体进出呼吸道均有一定的阻力。吸气时，吸气肌必须克服两种阻力：一种是克服胸壁和肺的弹性阻力，使胸腔和肺的容积扩大，胸内压和肺内压降低，并低于大气压，空气借助压差推动而进入肺；另一种是克服非弹性阻力，主要是气体通过气道的摩擦阻力。主动呼吸时，呼吸肌还须克服主动呼吸所遇到的额外阻力。

根据呼吸动力和阻力的相互关系，肺泡通气量主要取决干呼吸动力和呼吸阻力的大小。呼吸动力减弱，胸壁或肺的弹性阻力增加，均可限制肺的扩张，引起限制性通气不足。

（1）*呼吸动力减弱* 呼吸动力是靠呼吸中枢的调节和呼吸肌的收缩。因此，呼吸中枢的抑制或受损，神经和呼吸肌的疾患，均可使呼吸动力减弱，甚至丧失。

呼吸中枢的损伤或抑制，可见于脑外伤、脑震荡、脑出血、脑炎、中毒、脑的占位性病变等。引起呼吸肌收缩力减弱或丧失的神经肌肉损伤，见于脊髓灰质炎、脊髓或肋间神经损伤、多发生神经炎、药物（如箭毒、有机磷）中毒等。

（2）*胸壁或肺弹性阻力增加* 呼吸肌收缩使胸廓和肺扩张与回缩，必须克服胸壁和肺组织的弹性阻力。这种阻力的大小，直接影响胸廓和肺是否容易扩张。胸壁或肺的弹性阻力愈大，胸廓与肺的扩张愈受限制。胸廓与肺扩张的难易程度，通常以顺应性或应变性（compliance）来表示。顺应性是弹性阻力的倒数，即弹性阻力小，顺应性大，表示胸、肺容易扩张；反之，弹性阻力大，顺应性小，表示胸、肺不易扩张。

胸壁的顺应性取决于胸壁的弹性阻力。引起胸壁弹性阻力增加，顺应性降低的原因，主要是胸廓和胸膜的疾患。例如胸廓畸形、严重的胸部创伤、多根肋骨骨折、广泛的胸膜增厚和粘连、大量气胸或胸腔积液等，由于胸壁弹性阻力增大，胸廓的活动受限制。致使胸壁的顺应性降低，从而导致限制性通气不足。

肺的顺应性取决于肺容量和肺的弹性阻力。肺容量减少和肺的弹性阻力增加时，肺的顺应性降低。肺容量减少，可见于肺实变、肺水肿、肺膨胀不全、大面积肺炎时。肺弹性阻力增加，可因肺组织弹性硬度增加和肺泡表面张力增大而引起。肺组织弹性硬度增加，可见于肺淤血。间质水肿、肺纤维化等情况时，由于需要施加更大的压力，才能使肺脏扩张，故顺应性降低。肺泡表面张力增大与肺泡表面活性物质减少有关。

肺泡表面有一层液体，与肺泡气体形成液－气界面。液－气界面具有表面张力，能使液层面积缩小，从而使肺泡缩小。根据物理学原理，一个由液膜组成的球，其回缩力与表面张力成正比，与液泡半径（r）成反比，即表面张力越大或半径越小，液泡回缩力就越大。据此，肺泡表面张力增大，可使肺泡缩小，而肺泡越缩小，回缩力越大，肺泡就越不容易扩张；另外，肺泡大小是不一样的，半径小的肺泡回缩为比半径大的肺泡回缩力大，这样半径小的肺泡内气体被压入较大半径的肺泡，则将造成小肺泡更趋萎陷，大肺泡更加扩张。但实际上并非如此，正常吸气时肺泡很容易扩张，呼气时肺泡并不萎陷，而且肺泡大小保持相对稳定。这是因为肺泡、肺泡管和呼吸性细支气管液层表面被覆有一单分子层表面活性物质（surfactant）。这种物质是由肺泡Ⅱ型上皮细胞产生的，主要化学成分是二软脂酰卵磷脂，它能使肺泡表面张力变小，肺泡容易扩张。肺泡扩张到一定程度，由于肺泡表面积增大、表面活性物质分子层变薄、分子分散，表面张力则升高，可阻止肺泡过度扩张。呼气时肺泡表面积缩小、表面活性物质分子层增厚，分子集中，表面张力降低，加上胸内负压的作用，可防止肺泡萎陷。

肺泡Ⅱ型上皮细胞合成和分泌表面活性物质是一个需能的代谢过程。在肺微循环障碍引起肺细胞严重缺氧、脂肪栓塞产生游离脂肪酸过多、长期吸入高浓度氧引起的氧中毒时，均能损害肺泡Ⅱ型上皮细胞，使其合成和分泌表面活性物质减少。此外，过度通气、肺水肿以及炎性渗出等，均能大量消耗或破坏表面活性物质。肺泡表面活性物质减少，肺泡表面张力增加，可使肺弹性阻力增加，肺泡不易扩张，肺的顺应性下降，严重时甚至发生局部肺萎陷。肺泡表面张力增加，肺泡回缩力加大，还能促使肺毛细血管内液体渗出，发生水肿。严重创伤、感染、休克等引起的呼吸困难、低氧血症和发绀，统称为呼吸窘迫综合征（respiratory distress syndrome，RDS），其与肺泡表面活性物质减少有密切关系。

2. 阻塞性通气不足（obstructive hypoventilation）

呼吸道狭窄或阻塞，使呼吸道阻力增加，而引起的通气不足，称为阻塞性通气不足。呼吸道阻力是气体进入呼吸道时，气体与呼吸道内壁之间发生摩擦而产生的。呼吸肌的收缩与舒张，使胸内压和肺内压发生周期性变化，产生气道两端（口鼻腔和肺泡）的压力差，以克服这种阻力和推动气体进入肺脏。在一定压差下，气道阻力增加，则单位时间内的气流量或气流速度减低，肺泡通气减少。

影响气道阻力的因素有：气道内径、长度、形状、气流速度、气体特性等。在平流（气体分子在管道内呈直线规则地向前流动）条件下，阻力与气道长度、气体黏度和流速成正比，而与气道半径的四次方成反比。气道不规则，使气流在气道内骤然改变方向或通过狭窄部，均可加大阻力。

病理情况下，影响气道阻力增加的最主要因素是呼吸道的阻塞或狭窄。呼吸道阻塞或狭窄时，由于气道内径变小，阻力变大。因而肺泡通气减少；同时由于用于克服气流阻力增大所需的气道两端的压差也增大，因而伴有呼吸运动加强，出现呼吸困难，根据阻塞或狭窄的发生部位不同，可分为上部呼吸道阻塞或狭窄和下部呼吸道阻塞或狭窄。

上部呼吸道阻塞或狭窄，多见于喉头水肿、鼻腔或气管的异物或炎性渗出物堵塞，呈现吸气性呼吸困难。下部呼吸道阻塞，主要见于阻塞性肺疾患，如肺炎、支气管炎、阻塞性肺气肿等。这类疾患时，由于炎性水肿液对肺泡和细支气管的填塞、管壁平滑肌紧张性升高、管壁因炎性水肿和组织增生而增厚、肺泡壁断裂对细支气管的牵张力减弱等，均可使气管的管腔变窄和表面变得不光滑，不仅平流阻力增加，而且涡流增加（管腔变窄、变形和气流加快，可使平流转为涡流），因而呼吸道阻力明显增加。

小气道（内径在2mm以下）由于口径小，管壁薄，没有软骨支持，以细支气管病变为主的阻塞性肺疾患，容易发生狭窄或阻塞，特别是呼气时。因为吸气时，胸廓和肺扩张，随肺泡扩张，细支气管受周围弹性组织牵引而相应扩张，空气较易通过狭窄部进入肺泡；而呼气时，肺泡回缩，细支气管因胸内压增加和周围弹性组织对管壁牵引力减弱而缩小，使原来狭窄部变得更狭窄因而产生呼吸困难。

无论是限制性，还是阻塞性通气不足，都会引起肺泡通气量减少，因而 $O_2$ 的吸入和 $CO_2$ 的排出均受阻，加上通气不足时呼吸运动加强，呼吸肌做功增加，耗 $O_2$ 及产生 $CO_2$ 均增多，故通气不足性呼吸不全或呼吸衰竭时，动脉血 $PO_2$ 降低（低氧血症），并伴有 $PCO_2$ 升高（高碳酸血症）。

（二）换气障碍

换气是指肺泡与肺毛细血管间的气体交换过程。由于流经肺泡毛细血管的静脉血氧分

压低于肺泡中的 $PO_2$ 而 $PCO_2$ 高于肺泡中的 $PCO_2$，故肺泡中的 $O_2$ 弥散入血，血液中的 $CO_2$ 弥散入肺泡。有效的换气主要取决于正常的气体弥散和肺泡的通气量与血液量相互协调。因此，当气体弥散发生障碍或肺泡的通气与血流比例失调时，则可引起换气功能障碍，导致肺功能不全或呼吸衰竭。

1. 弥散障碍

肺泡与肺毛细血管间气体的弥散速度和量取决于二者之间气体的分压差、气体在组织间液与血液中的溶解度、肺泡弥散膜的面积与厚度（弥散距离）。在肺发生病理变化时，由于常使肺泡弥散膜的面积减少和弥散膜增厚，引起弥散能力降低，从而可导致换气障碍。

（1）弥散膜的面积减少　可见于肺炎、肺水肿、肺气肿、肺膨胀不全等肺脏病变。肺炎和肺水肿时，由于炎性渗出物或水肿液填塞于肺泡内，致使进入肺泡的气体和弥散面积减少；肺气肿时由于肺泡过度膨胀致使肺泡间隔消失和相互融合；肺膨胀不全时，由于肺组织萎陷，肺泡有效弥散总面积减少；这些均可导致气体弥散减少。

（2）弥散膜增厚　弥散膜主要由肺泡上皮、肺毛细血管及其基底膜和少量间质构成。这几层组织的厚度仅 1 ~ 4μm，气体容易通过。弥散膜增厚时，由于气体弥散距离变长，因而弥散速度减慢，弥散气量减少。在肺炎、肺水肿时，炎性渗出物或水肿液在肺间质积聚；肺纤维化时，肺泡间质纤维组织增生，肺泡壁变厚，均可因弥散距离增大而导致弥散障碍。弥散障碍时，主要是 $O_2$ 由肺泡弥散入血的过程受阻，因此动脉血 $PO_2$ 降低，肺泡内 $PO_2$ 与动脉血 $PO_2$ 差增大。而另一方面，由于 $CO_2$ 的溶解度大，其弥散速度比 $O_2$ 快 20 倍，故弥散障碍时对血液中 $CO_2$ 的排出影响不大，其浓度仍能保持正常。由此可见，单纯因弥散障碍引起的肺功能不全，只有低氧血症而不伴有高碳酸血症。

2. 肺泡的通气与血液比例失调

肺泡与血液之间的有效换气，不仅要求肺泡有足够的通气量和充分的血流量，而且要求二者必须保持一定的比例。正常静息状态下，每分钟肺泡通气量与肺循环血流量的正常比值是比较恒定的（约为 0.85），简称通气与血液比值（V/Q）。此时，气体交换充分，血氧含量高，$PCO_2$ 正常。当部分肺泡的通气量与血流量任何一方增多或减少时，均导致二者的比值明显偏离正常范围，因而不能保证有效的气体交换，发生换气功能障碍，这是肺疾病时发生低氧血症的最常见的机制。

肺泡的通气与血流比值的改变可因肺泡通气不均或血流分布不均而引起。肺泡通气不均可见于某些肺脏疾患，如慢性支气管炎、闭塞性肺气肿、支气管哮喘、肺炎、肺水肿、肺膨胀不全时，由于小支气管发生阻塞、狭窄或肺泡暂时失去通气功能，致使病变部位的肺泡通气不足，而非病变或病变轻微部位的肺泡代偿性通气增多。血流分布不均可见于某些肺病变，如肺循环栓塞（血栓性栓塞或空气、脂肪栓塞）、肺小血管收缩、闭塞性动脉炎时，由于部分血管阻塞或变窄，致使部分肺泡有通气而无血液灌流或灌流不足，而另一部分肺泡则血流量增多，通气相对不足。

肺泡通气与血流比例失调引起换气障碍的发生机制主要与肺动－静脉功能性或解剖学分流增加和死腔样通气有关。

解剖学分流增加：静脉血未经氧合而由动－静脉短路直接流入动脉血中，称为解剖学分流。正常时，仅有一小部分静脉血经由支气管静脉和心内最小静脉分别流入肺静脉与左

心房，其分流量约占心脏输出量的2%～3%。在肺循环阻力增加或肺外性疾病如休克、严重创伤、烧伤时，可发生肺动－静脉短路开放，解剖学分流增多，使未经肺泡进行气体交换的真性静脉血掺杂（静脉血未经氧合或氧合不全就进入动脉血中称静脉血掺杂或右－左分流）显著增多（图16－1），从而导致低氧血症，但由于代偿性过度通气，一般不出现高碳酸血症。

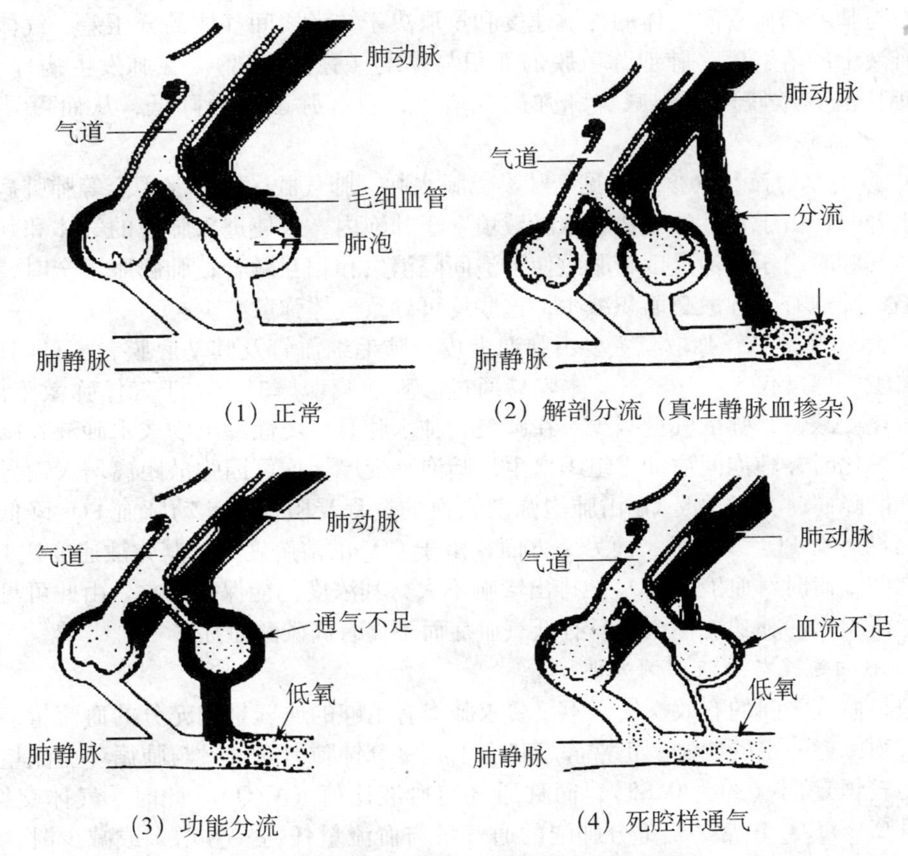


**图16－1 肺泡通气与血液比例失调模式图**

功能性分流增加：当病变部位肺泡通气不足而血流并未相应减少时，其通气与血流比值显著低于正常，流经该处的静脉血不能充分氧合便掺杂到动脉血中，这种现象称为功能性分流增加。当肺泡通气不足引起功能性分流增加时，流经该处的血液 $PO_2$ 降低，而 $PCO_2$ 增高。此时其余的肺泡则发生代偿性过度通气，流经该处的血液 $PO_2$ 可增高，而 $PCO_2$ 降低。如代偿不全，则上述两部分血液混合后，往往只出现低氧血症，而不出现 $CO_2$ 增多（高碳酸血症）。

死腔样通气：当部分肺泡通气良好而无血流或血流减少时，气体在这些肺泡内没有或很少参与气体交换，因而其成分和气道内的气体相似，也即增加了肺泡死腔，故称死腔样通气。在死腔样通气部分，肺泡通气与血流比值大于正常，流经此处的血液虽可完全氧合，但由于血流量过少，故无代偿作用；同时，其他部分肺泡血流量增多，而通气相对不足，其通气与血流比值小于正常，加之血流量多时流速快，流经此处的静脉血不能充分氧合，因而动脉血 $PO_2$ 降低，$PCO_2$ 基本正常。

肺泡通气与血流比例失调引起的肺功能不全或呼吸衰竭，一般只有低氧血症，而不伴有 $PCO_2$ 增多（高碳酸血症），其原因如下：

（1）静脉血与肺泡和动脉血 $PCO_2$ 差小（约 0.8kPa），因而血液与肺泡 $PCO_2$ 容易取得平衡；由于静脉与动脉 $PCO_2$ 差小，即使有较多静脉血掺杂到动脉血中，一般不引起动脉血 $PCO_2$ 明显升高；由于静脉与动脉氧分压差大，如有较多的静脉血掺杂到动脉血中，会引起动脉血 $PO_2$ 明显降低。

（2）$CO_2$ 解离曲线基本上是一条较陡的直线（图 16－2），表明血液 $CO_2$ 含量随血液 $PCO_2$ 改变而改变，因此，尽管病变较重部位通气不足和动静脉血分流，流经此部位的血液 $PCO_2$ 高，但其病变轻或没有病变的部位，因缺 $O_2$ 和 $CO_2$ 增多而引起代偿性通气增加，血流增多，流经这些部位的血液 $PCO_2$ 随肺泡 $PCO_2$ 降低而降低，可以抵消流经病变部血液的 $CO_2$ 的增高，从而不引起动脉 $PCO_2$ 升高。但当病变广泛而严重和代偿功能不全时，也可产生高碳酸血症。血氧主要由血红蛋白携带，物理性溶解的很少，氧离曲线呈 S 形，当氧分压为 13.3kPa，血红蛋白氧饱和度已达 95%～98%，虽然病变较轻或无病变部位的通气代偿性升高，使肺泡 $PO_2$ 明显提高，但血氧含量的增加是极微小的（因血红蛋白氧饱和度不会超过100%），因此，不能补偿通气不足的肺泡所造成的缺氧症。

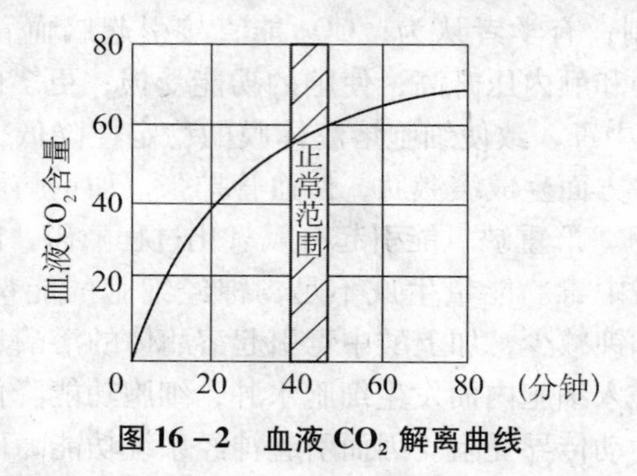


**图 16－2 血液 $CO_2$ 解离曲线**

综上所述，肺功能不全或呼吸衰竭的基本发病环节是通气不足和换气障碍。但应指出，在肺功能不全或呼吸衰竭的发生发展过程中，单纯通气不足、单纯的弥散障碍、单纯的肺泡通气与血流比例失调是很少见的，而经常是多种因素同时或相继发生作用。

## 四、肺功能不全时机体功能和代谢变化

肺功能不全时，机体各系统的功能和代谢均可发生改变。其产生原因主要是缺氧、高碳酸血症以及由此而引起的酸碱平衡障碍。肺功能不全时机体的功能变化取决于缺氧、高碳酸血症以及酸碱平衡障碍发生的速度、程度、持续时间和机体状态。一般在病程的初期或逐渐发展的慢性病例，常引起机体一系列的代偿适应性反应。随着疾病的不断发展，当体内出现严重缺氧和 $CO_2$ 增多时，则引起各系统器官的功能代谢障碍。

### （一）酸碱平衡变化

肺功能不全时酸碱平衡的变化比较复杂。通气障碍时，$CO_2$ 潴留，可引起呼吸性酸中毒。严重缺氧，有氧氧化过程障碍，酵解过程增强，酸性代谢产物增多，可引起代谢性酸

中毒或代谢性酸中毒合并呼吸性酸中毒。有时通气过度，$CO_2$ 排出过多，又可发生呼吸性碱中毒。由此可见，肺功能不全时，酸碱平衡的变化是多种多样的，而其中最常见和最重要的是呼吸性酸中毒。

呼吸性酸中毒对机体影响较大，尤其是对心脏和中枢神经系统的影响最大。由于脑脊液缓冲能力较弱，$CO_2$ 容易通过血脑屏障，故当动脉血 $PCO_2$ 急剧增高时，能很快便脑脊液的从 $PCO_2$ 升高和 pH 值降低，从而成为肺功能不全时引起中枢神经系统功能障碍的一个重要原因。

### （二）中枢神经系统变化

肺功能不全引起的缺 $O_2$ 和 $CO_2$ 蓄积，轻度时可使中枢神经系统兴奋性升高，由于心血管中枢和呼吸中枢兴奋，便心跳加快，心肌收缩力加强，血压升高，呼吸加深加快，通气增加；严重时可使中枢神经系统功能抑制，出现神经症状，如动物呈现昏迷、反射消失等。其发生机制主要与缺 $O_2$、$CO_2$ 蓄积和酸中毒的综合作用有关：

（1）高碳酸血症与 pH 值下降的作用　高浓度的 $CO_2$ 对中枢神经系统有抑制作用，当动脉血 $PCO_2$ 超过 10. 64kPa 时，可出现反射活动障碍，甚至昏迷。

关于 $CO_2$ 的作用机制，有学者认为，$CO_2$ 能直接引起脑血管扩张，从而影响血液循环，引起充血、间质水肿和颅内压升高，使脑的功能受损；更多的学者认为，$CO_2$ 增多使脑脊液 pH 值降低引起酸中毒，致使细胞溶酶体膜的稳定性降低，溶酶大量逸出，一方面促使细胞溶解坏死；另一方面生成缓激肽，使血管扩张，加重脑循环障碍。

（2）低氧血症的作用　严重缺氧能引起有氧氧化过程障碍，能量生成减少，酸性代谢产物增多，加重脑组织酸中毒。能量生成不足，神经细胞的能量供应减少，钠泵功能降低，以致细胞内钠增多和钾减少，加上酸中毒引起溶酶体的溶酶逸出，使细胞内蛋白质分解，渗透压升高，$H_2O$ 进入细胞内而发生细胞水肿，细胞功能降低。钠泵功能降低，细胞膜电位不能维持，神经冲动传导受阻。因而引起神经系统功能障碍。

（3）微循环障碍　缺 $O_2$ 和 $CO_2$ 浓度增高都能引起脑血管扩张，血流量增加。这是脑血管的一种“自身”调节功能。但严重缺 $O_2$ 和 $CO_2$ 浓度过高，可使脑血管麻痹，失去“自身”调节功能，结果引起脑血管扩张淤血，压力升高，同时因缺 $O_2$ 和酸中毒，毛细血管壁通透性增高，引起间质水肿；神经细胞和脑间质水肿，使颅内压升高。静脉淤血加重，加之缺氧和酸中毒使毛细血管内皮受损，血液凝固性升高，可发生血管内凝血，从而导致或加重中枢神经系统的功能障碍。

由于呼吸衰竭而引起的以中枢神经系统功能障碍为主要表现的综合征称为肺性脑病（pulmonary encephalopathy）。

### （三）循环系统功能变化

急性肺功能不全时，轻度缺氧和 $CO_2$ 浓度增高，可引起代偿性心跳加快，心肌收缩力加强；严重缺氧和 $CO_2$ 浓度增高，可使心肌收缩力减弱和心律失常，引起血液循环障碍。

慢性肺功能不全时，由于慢性肺疾患或肺血管病变，肺循环阻力增加，肺动脉压升高，使右心长期负荷过重，以致发生右心室肥大，最后可因缺氧、高碳酸血症、酸中毒等使心肌受损，导致心肌收缩力减弱，发生右心衰竭，称此为慢性“肺源性心脏病”。慢性

缺氧时，血液红细胞增多，血液黏稠度增大，也可加重心脏负担，促进右心衰竭的发生。

（四）肾脏功能不全

肺功能不全时，肾脏的排酸保碱作用加强，对呼吸性酸中毒具有一定的缓解作用。但严重的缺氧及 $CO_2$ 蓄积和酸中毒，又可引起肾功能障碍。这是因为，缺氧与 $CO_2$ 增多能反射性地引起肾血管收缩，肾血流量减少，使肾小球的滤过率显著减少；此外，严重缺氧也可直接损伤肾脏功能。肾功能障碍可引起少尿、氮质血症和代谢性酸中毒等严重的功能代谢变化。

（五）消化功能不全

肺功能不全时，因缺氧可使消化道血管收缩，其黏膜的屏障功能减低。$CO_2$ 潴留可增强胃壁细胞碳酸酐酶活性，使胃酸分泌增多，有时可出现胃黏膜溃疡、出血等病变，呈现食欲不振和消化不良。

（六）呼吸运动变化

动脉血氧分压降低，刺激颈动脉体和主动脉体的化学感受器，反射性地兴奋呼吸中枢，而 $CO_2$ 与 $H^+$ 对呼吸中枢的作用则以直接兴奋为主。肺功能不全时，轻度的缺氧、高碳酸血症及酸中毒，可使呼吸中枢兴奋，呼吸运动增强，通气量增多，具有一定的代偿意义。但严重的缺氧、高碳酸血症及酸中毒，则可引起相反的变化。例如，吸入气体中含1% ~10% $CO_2$ 时，呼吸运动加强，可使通气量约增加 1 ~ 10 倍。但当动脉血 $CO_2$ 高于11.97 ~13.3kPa 时，呼吸中枢发生抑制，呼吸运动减弱或障碍，致使通气量显著减少。

肺功能不全时，呼吸运动的幅度、频率及节律，可发生明显的改变，从而出现异常的呼吸形式。由于肺功能不全，呼吸中枢的变化和呼吸器官的病变情况不同，异常呼吸的表现形式可能多种多样，比较常见的呼吸型式主要有：

1. 呼吸频率和深度改变

（1）深而快的呼吸　呼吸运动呈现加深加快。可见于轻度缺氧、$CO_2$ 增多、精神兴奋、机体活动增强或受到各种体内外因素的强烈刺激时，由于呼吸中枢兴奋引起呼吸加深加快。深而频的呼吸，可使肺泡通气量增多，有利于氧的摄入和 $CO_2$ 的排出，具有代偿适应意义。但持续性的深而频呼吸可因 $CO_2$ 排出过多，引起低碳酸血症，后者可导致呼吸性碱中毒及呼吸中枢的抑制。

（2）浅而快的呼吸　呼吸运动呈现浅表加快。主要见于限制性通气不足的各种病理情况，如肺炎、肺水肿、肺气肿、胸膜炎、胸腔积液或积气、肋间肌的病变，由于吸气过早发生抑制，呼气提前兴奋所致。肺炎和肺水肿时，由于肺泡内填充有炎性渗出物或水肿液，呼吸面积减少，吸入少量空气即可使肺泡充满而压迫肺泡壁，引起牵张感受器兴奋，或者由于炎性渗出物的作用，使迷走神经末梢兴奋性增高，牵张感受器兴奋，吸气活动被抑制，呼气活动提前出现。胸腔积液或积气时，胸内压升高使肺泡扩张受到限制。胸膜炎或肋间肌病变时，迷走神经末梢因受刺激而兴奋性增高，均可反射性地引起吸气活动提前抑制，发生浅而频的呼吸。明显的浅而频呼吸，由于潮气量减少，每次吸入的气体主要用于填充气道的无效区，进入肺泡的气量很少，故严重影响肺泡内气体交换；同时过频的呼

吸运动消耗大量的能量，所以对机体是不利的。

（3）深而稀的呼吸（狭窄性呼吸） 呼吸运动加深，但频率减少。主要见于呼吸道狭窄（阻塞性通气不足）时，由于气道阻力增大，空气进入肺泡缓慢，肺泡不能很快地扩张和兴奋牵张感受器，使吸气的反射性抑制发生延迟，因而吸气时间延长；同时，由于气道阻力增加，肺脏回缩缓慢，因而呼气时间也延长。上部气道狭窄时，吸气延长的时间更明显，下部气道狭窄时，呼气延长更显著。深而稀的呼吸可使肺泡通气量增多，或不至于过分减少，故具有一定的代偿意义。

2. 呼吸困难

呼吸困难是指呼吸次数增加并伴有呼吸节律的改变。呼吸困难时，呼吸运动增强，耗能明显增多，动物呈现痛苦费力，并需要呼吸辅助肌群参与活动。呼吸困难可因呼吸道阻塞或狭窄、胸壁和肺脏弹性阻力增强、肺泡呼吸面积减少以及体内外感受器遭受强烈刺激而发生。呼吸困难可分为以下三种：

（1）吸气性呼吸困难 主要是气体的吸入发生困难，表现为吸气运动明显加强，吸气时间延长。多见于各种原因引起的上部呼吸道阻塞或狭窄、窒息初期等。动物呈现吸气辅助肌强烈收缩、鼻孔开张、头颈伸展及前肢开张等姿势。

（2）呼气性呼吸困难 主要是气体的呼出发生困难，表现为呼气运动明显加强，呼气时间延长。多见于各种原因引起的下部呼吸道阻塞或狭窄、肺弹性阻力增大、窒息的后期等，动物呈现呼气性呼吸困难时，辅助肌主要是腹肌强烈收缩，因而常沿肋弓处出现一道沟。

（3）混合性呼吸困难 气体的吸入与呼出都发生困难。主要是换气量明显增加所致，可见于高山缺氧、心脏输出量减少、严重贫血、酸中毒、剧烈肌肉活动以及肺疾患等。

3. 周期性呼吸

当呼吸中枢发生严重功能障碍时，呼吸节律可发生明显改变，表现为短时间的呼吸加强与减弱、以及加快与减慢或呼吸暂停交替出现，称为周期性呼吸（periodic respiration）。

（1）陈施（Cheyne-stockes）二氏呼吸 特点为：呼吸逐渐加深加快，而后又逐渐减弱减慢，以至呼吸暂停，如此反复交替，呈现周期性变化，又称潮式呼吸。见于大脑严重缺氧、脑炎、中毒、尿毒症等。由于大脑皮层及皮层下中枢发生超限抑制，致使呼吸中枢对来自化学感受器及 $CO_2$ 的正常刺激兴奋性降低，仅当血 $PO_2$ 降低或 $PCO_2$ 升高达到一定程度时，才能引起呼吸中枢兴奋，出现呼吸加深加快；随着呼吸加深加快使血液 $PO_2$ 升高和 $PCO_2$ 降低，呼吸中枢的兴奋性又逐渐降低，因而又出现呼吸减弱减慢，甚至呼吸暂停；由于呼吸减弱或暂停，又使 $O_2$ 的摄入和 $CO_2$ 排出减少，当达到一定程度时，则又刺激呼吸中枢兴奋，再次引起呼吸运动并逐渐加深加快，从而导致呼吸运动的周期性变化，陈施二氏呼吸的出现常常意味着呼吸中枢功能发生严重障碍，多为濒死的征兆。

（2）毕欧（Biot）氏呼吸 特点为：突然出现呼吸加深加快，经一段时间后呼吸又突然停止，如此反复交替。可见于脑膜炎、脑炎、热射病、中毒等重症疾病。由于呼吸中枢的抑制较陈施二氏呼吸更为严重，呼吸中枢对 $CO_2$ 的刺激几乎丧失了敏感性，仅能对缺 $O_2$ 发生间接反应，即血 $PO_2$ 明显降低刺激化学感受器，可引起呼吸中枢兴奋，出现呼吸运动；而当血 $PO_2$ 稍有升高时，呼吸中枢立刻转为抑制，重新出现呼吸暂停。

（3）库斯摩尔（Kussmul）氏呼吸 特点是：呼吸慢而深，呼气短促，并在每个深长

的单个呼吸之后常常出现呼吸暂停，呼吸频率明显减少，每分钟可少到3～4次。库斯摩尔氏呼吸的出现，标志着呼吸中枢功能的高度障碍。

（4）临终呼吸　动物死亡前，出现不规则的稀少的极度困难的呼吸。呼气及吸气均加强，辅助肌也参与活动，吸气时口大张，样似吞咽空气，有时伴有全身痉挛，而后呼吸渐弱，以至完全停止。临终呼吸的出现标志着呼吸中枢已经处于深度抑制状态。

### 五、肺功能不全防治原则

#### （一）防止和消除原发病因

引起肺功能不全的原因，积极性治疗原发疾病。

#### （二）通畅气道、改善通气

清除气道的分泌物和异物，使用药物减少气道的分泌物及解除支气管痉挛，或使用气管插管。

#### （三）改善缺氧增加通气量

增加通气量，给以氧气吸入。

#### （四）改善内环境和保护重要器官功能

注意纠正水、盐及酸碱平衡障碍，保护和维持心、脑和肾脏等重要器官的功能，防止并发症的发生。

## 第二节　肺炎

肺炎（pneumonia）是指细支气管、肺泡和肺间质的炎症，是肺脏最常见的病理过程之一。呼吸系统的疾病比其他器官系统更为常见，主要是呼吸道和肺脏直接与外界环境相通，容易发生感染，肺脏通过血管又和身体的内环境相联系。因此病原微生物常常侵犯肺脏而引起炎症。

引起肺炎的病因很多，主要是各种生物性因素，如细菌、支原体、病毒、霉菌和寄生虫等；某些化学性因素，如粉尘、药物和有害气体等，也能引起肺炎。这些致病因素多通过呼吸道，有些则经循环血流进入肺脏，导致肺炎的发生。此外，穿透性的胸壁创伤，也可以引起肺炎。

由于病因性质和机体反应性的不同，肺炎的病理变化性质和波及的范围往往也不相同。根据炎症范围的大小，肺炎可分为为肺泡性肺炎（侵害肺泡和肺泡群）、小叶性肺炎（侵害肺小叶和肺小叶群）、融合性肺炎和大叶性肺炎（侵犯一个或几个大叶）；根据肺泡内炎性渗出物的性质可分为浆液性肺炎、卡他性肺炎、纤维素性肺炎、出血性肺炎、化脓性肺炎和坏疽性肺炎；根据病理特点的不同，肺炎可分为支气管肺炎、纤维素性肺炎、间

质性肺炎、肉芽肿性肺炎和栓塞性肺炎，其中较常见的是支气管肺炎、纤维素性肺炎、间质性肺炎。

## 一、支气管性肺炎

支气管性肺炎（bronchopneumonia）是动物肺炎最常见的一种形式，多发于幼龄和老龄犬猫。病变常从支气管炎或细支气管炎开始，然后蔓延到邻近的肺泡引起肺炎，每个病灶大致在一个肺小叶范围内，所以称为支气管性肺炎或小叶性肺炎（lobular pneumonia）。这种肺炎的病变在肺内呈散在的灶状分布。随着病变的发展，小叶性病灶可以相互融合和扩大，即成为融合性支气管肺炎。发生支气管肺炎时，肺泡内渗出物主要为浆液，所以通常也称为卡他性肺炎（catarrhal pneumonia）。

### （一）原因和发生机理

引起支气管肺炎的病原微生物的种类很多，其中最主要的是细菌，常见的有葡萄球菌、链球菌、大肠杆菌、克雷白氏杆菌、衣原体及支原体等。这些细菌多数是原来就寄居在呼吸道黏膜上的条件性致病菌，当机体由于某些应激因素，如寒冷、感冒、空气污浊、通风不良、过劳、维生素缺乏等，使呼吸道和全身抵抗力降低时，原来以非致病性状态寄生于呼吸道内或体外的微生物就会乘机发育繁殖，毒力增强，转变为致病微生物而感染和诱发支气管肺炎。所以，支气管性肺炎常常是一种自体感染疾病。多种病毒也可引起支气管肺炎，如犬瘟热病毒、犬腺病毒Ⅰ和Ⅱ、犬副流感病毒、疱疹病毒、猫瘟热病毒、杯状病毒等。某些真菌（曲霉菌）和寄生虫（弓形虫、蛔虫等）也可引起支气管肺炎。除此之外，异物、外伤、呕吐物、药物、刺激性物质吸入或某些过敏反应等，也会引起支气管肺炎。

支气管肺炎的发生主要是支气管源性的，病原微生物由呼吸道侵入，首先作用于支气管或细支气管引起炎症，继而炎症沿着管腔蔓延，直到肺泡，引起肺组织的炎症；或者炎症经由支气管周围的淋巴管扩散到肺间质，先引起支气管周围炎，而后再扩散到邻近的肺泡。各个肺叶往往同时有多数细小的支气管受到侵害。支气管肺炎也可能是血源性发生的，病原菌经过血流到达肺组织，例如当身体某处感染时，病原菌可由该处侵入血管，随着血流到达支气管周围的血管、间质和肺泡，从而引起支气管肺炎，如子宫炎、乳房炎时，其病原菌经血液进入肺，可以引发支气管肺炎。支气管性肺炎上述的两种蔓延途径，经常是混合发生的。

### （二）病理变化

支气管肺炎多发生于尖叶、心叶和膈叶的前下缘，病变为一侧性或两侧性。眼观可见发炎部分的肺组织肿胀，质地变实，呈灰红色，病灶呈岛屿状，形状不规则散布在肺的各处，稍后，病灶转变为灰黄色，周围有红色炎症区和暗红色的膨胀不全区，还有呈苍白色的代偿性气肿区。病灶中心常可见到一个小支气管。肺的切面上可见散布的肺炎病灶区呈灰红色或灰黄色，粗糙，稍稍突出于切面，质地较硬似胰脏（胰样变）。用力挤压时，即从小气管中流出炎性渗出物。支气管黏膜充血、水肿，管腔中含有黏液性渗出物。如果病

灶是多发性的而没有互相融合时，则在肺的切面上见有多色性的病灶。支气管肺炎病灶有时很快互相融合成一片，可以波及整个大叶，通常见尖叶、心叶的大部分或全部，以及膈叶的前下部都可发生炎症。所以，一般在尸体剖检时可见到的支气管肺炎大都是范围较大的融合性肺炎。如果在支气管肺炎的基础上继发化脓或坏死，则在炎症区内可见到化脓灶或坏死灶。

镜检，可见支气管腔中有浆液性渗出物，并混有较多的中性粒细胞和脱落的上皮细胞，支气管壁因充血、水肿和白细胞浸润而增厚。周围的肺泡腔中充满浆液，其中混有少量中性粒细胞、红细胞和脱落的肺泡上皮细胞，肺泡隔毛细血管充血，此后，支气管和肺泡腔内的中性粒细胞和脱落的上皮细胞显著增多。肺泡隔毛细血管充血随着中性粒细胞渗出增多而逐渐减弱，病灶周围的肺组织可见有代偿性肺气肿。如果支气管肺炎病灶继发化脓性分解时，局部形成脓肿，称为化脓性支气管肺炎，此时可见支气管肺炎灶内散在大小不等的脓肿，支气管腔内也多充满脓液。

支气管性肺炎之所以好发于尖叶、心叶和中间叶以及膈叶的前下缘，是因为这些区域通气道短、呼吸浅，以及地心吸引力对渗出物和水肿液的影响，使病变集中在这些部位。

### （三）结局和对机体的影响

支气管性肺炎的结局与动物的全身状况及治疗是否及时有关。根据炎性渗出物的性质和严重程度而有不同的结局。一般有以下三种结局。

（1）消散　炎性渗出液发生液化后被机体吸收，肺泡上皮再生，肺组织恢复原状。

（2）机化　如果渗出物吸收不完全，则可发生机化，引起肺组织“肉变”（carnification）。

（3）化脓、坏疽或转为慢性　炎症进一步发展，如果继发化脓或腐败菌感染，则发生化脓、坏死或坏疽。当病因持续作用或机体抵抗力降低时，炎症可转变成慢性支气管性肺炎。

支气管性肺炎发生后，由于细支气管和肺泡充满炎性渗出物，使呼吸面积减少，从而导致呼吸机能障碍。当发生肺坏疽时，除呼吸面积减少外，腐败分解产物的吸收还可引起自体中毒。

## 二、纤维素性肺炎

纤维素性肺炎（fibrinous pneumonia）是以肺泡内渗出大量纤维素为特征的一种急性肺炎。炎症侵犯一个大叶，甚至一侧肺叶或全肺，所以通常又称为大叶性肺炎（lobar pneumonia）。

典型的纤维素性肺炎是发病急骤，炎症迅速波及大叶或更大范围，而且病理变化有明显的阶段交替，如人的肺炎链球菌引起的纤维素性肺炎。动物的纤维素性肺炎并不具有上述特征，通常只是在小叶或小叶群发生纤维素性炎，以后炎灶可以互相融合而扩大，侵及一个大叶或更大范围，这实际上是一种融合性纤维素性肺炎。临床上以高热稽留、肺部广泛浊音区和病理定型经过为特征。

（一）病因和发生机理

本病的发生是由感染或变态反应等原因引起。感染主要由肺炎链球菌、链球菌和葡萄球菌感染所致。有些传染病可继发大叶性肺炎。变态反应大叶性肺炎是一种变态反应性疾病，同时具有过敏性炎症。有些病原菌既可引起纤维素性肺炎，又可引起支气管肺炎，这主要取决于病原菌的毒力和宿主的反应性。在该病的发生中，一些应激因素如受寒、感冒、环境卫生不良、吸刺激性气体等均是本病的诱因。

纤维素性肺炎病原微生物侵入机体的途径有三种：气源性的、血源性的和淋巴源性的。主要的侵入途径是气源性的。病原微生物随着尘埃的吸入，沿着支气管树扩散。炎症通常开始于支气管树的最细部分，即呼吸性细支气管，进而波及肺泡。一般认为，呼吸性细支气管是支气管树中最细的部分，其黏膜较远端支气管的黏膜脆弱，对病原微生物的抵抗力也小；近端支气管黏膜靠纤毛活动和黏膜分泌（黏液、溶菌酶、干扰素、IgA 等）来消除病原因素的作用，具有较强的抵抗力；呼吸性细支气管和肺泡壁则只靠巨噬细胞的吞噬作用，由于巨噬细胞的功能有限和活动缓慢，特别是对那些宿主缺乏免疫力的病原微生物，巨噬细胞不仅不能有效的吞噬、消化，而且还可以被毒力强的微生物所破坏，因而造成感染。

病原微生物和炎症在肺实质中蔓延是经过肺泡孔，从一个肺泡到另一个肺泡。病原体在肺内繁殖后，还可以通过淋巴管扩散，主要是支气管、血管周围的淋巴管和小叶间质内的淋巴管。沿支气管周围的结缔组织和淋巴管扩散时，可以引起支气管周围和小叶间质的炎症，间质因炎性水肿而增宽，其中的淋巴管扩张、发炎和淋巴拴形成。少数的纤维素性肺炎可能是由血源性感染而发生的，如偶见于败血性沙门氏菌病。

纤维素性肺炎发病急剧，扩散迅速，血管壁通透性显著增高，渗出物的纤维素和出血性质，类似于过敏性炎症反应的形态表现，所以其发生机理可能与变态反应有关。

（二）病理变化

纤维素性肺炎的病灶为大叶性，尖叶、心叶和膈叶均可能受侵，多为两侧性，但常常是不对称的，按照纤维素性肺炎的病变发展过程，大体可以分为四个期，即充血水肿期、红色肝变期、灰色肝变期和消散期。

（1）充血水肿期　特征是肺泡壁毛细血管充血与肺泡内浆液性渗出。

眼观，肺组织充血水肿，呈暗红色，质地稍硬实，重量增加，切面平滑，有较多血样泡沫液体流出。此种组织块投入水中，半沉于水。

镜检，肺泡壁毛细血管扩张充血，肺泡腔中有大量浆液性渗出物，呈淡粉色，其中混有少数红细胞、中性白细胞和脱落的肺泡上皮。

（2）红色肝变期　特征是肺泡壁毛细血管显著充血，肺泡腔内有大量纤维素、白细胞和红细胞。

眼观，病变肺叶肿大，重量增加，呈暗红色，质地硬实如肝脏，故称肝变（hepatization）。肝变部切面干燥而粗糙，呈小颗粒状突起（肺泡腔内的纤维素和红、白细胞等）。小叶间质扩张增宽，呈黄色胶冻状，切面可见呈串珠状扩张的淋巴管。相应的胸膜面上也有灰白色纤维素性渗出物形成的假膜覆盖。肝变的肺组织块投入水中，能完全下沉。

镜检，肺泡壁毛细血管仍严重充血，肺泡内有大量的呈网状结构的纤维素，网孔中含

有红细胞，中性粒细胞、淋巴细胞及脱落的肺泡上皮细胞。小叶间质和胸膜下组织发生炎性水肿，明显增宽，其中充满了大量纤维素性渗出物及中性粒细胞。间质中淋巴管扩张，充满炎性渗出物。

（3）灰色肝变期 特征是肺泡壁毛细血管充血现象减轻或消失，肺泡内的红细胞多已溶解，肺泡内充满大量纤维素和中性粒细胞。

眼观，病变部呈灰黄色或灰白色，质地硬实如肝，所以称灰色肝变期。切面干燥，呈细小的颗粒状突起，此组织块投入水中完全下沉。间质和胸膜的病变同红色肝变期。

镜检，肺泡壁毛细血管因受渗出物压迫，使血管腔闭锁，因而充血现象消退。肺泡腔中含有大量纤维素凝块和中性粒细胞，红细胞逐渐溶解。肺泡腔中的纤维素可穿过肺泡孔而与相邻肺泡内的纤维素相连接。有些小叶的肺泡腔内可能充满多量中性粒细胞及脱落的肺泡上皮细胞，而纤维素则较少。

（4）消散期 特征是渗出物的自溶与组织再生（中性粒细胞坏死崩解，纤维素溶解炎症消散和肺泡上皮细胞再生）。

眼观，病变肺组织较肝变期体积缩小，质地较柔软，略呈灰黄色，切面湿润，颗粒状外观消失。

镜检，肺泡腔内的中性粒细胞多已坏死崩解，纤维素被中性粒细胞释放出的蛋白溶解酶逐渐溶解液化，嗜伊红染色很不均匀，坏死细胞的碎片由巨噬细胞清除，液化的渗出物由淋巴管吸收。随着渗出物的吸收消散，肺泡壁的毛细血管重新扩张，血流重新畅通，肺泡壁上皮再生，空气又重新进入肺泡腔，肺组织可完全恢复其结构和机能。

需要注意的是，纤维素性肺炎时，各期的病变是以小叶为单位连续发展的过程，并不能机械地分割开来，有的病例四个时期不是在每个病例都可以看到的。在一些急性经过的病例，通常病变发展到红色肝变期或灰色肝变期时，动物即因窒息而死亡。此外，纤维素性肺炎时，在同一个肺大叶的范围内，各部分的炎症发展也是不一致的，有的部分处于红色肝变期，而有些部分已进入灰色肝变期，有的部分处于两者的过渡阶段。因此，眼观上往往见有多色不一，具有一种多色性大理石样的外观。

纤维素性肺炎通常多侵犯胸膜，引起纤维素性胸膜炎或浆液－纤维素性胸膜炎，后期多形成胸膜粘连或结缔组织的增生。

### （三）结局和对机体的影响

纤维素性肺炎在动物中很少能完全消散，死亡率很高。即使存活，常见的结局为：

（1）机化 少数病例由于肺组织损伤严重，或细胞反应微弱，积存于细胞内的炎性渗出物往往不能被充分溶解吸收，则常由间质、肺泡壁、血管和支气管周围增生的结缔组织来取代（机化），变得致密而坚硬，其色泽如肉样，故称此为肉样变，病变肺组织完全失去呼吸机能。

（2）化脓和坏疽 治疗不利或机体抵抗力降低时，肺炎病灶易继发感染各种化脓菌或腐败菌，使纤维素性肺炎转化为化脓性肺炎或坏疽性肺炎。

（3）胸膜炎及脓胸 在纤维素性肺炎时，常并发胸膜炎。早期为胸膜表面覆盖一层纤维素性渗出物，严重时可发生化脓性胸膜炎。如脓液积聚在胸腔内，即成为脓胸。

纤维素性肺炎发展迅速，肺组织损害的范围广泛，因此患肺呼吸面积高度减少，肺泡

壁弹性减小，处于膨胀状态，产生吸气不足和呼气过早，呼气时肺泡壁因弹性不足又不能全部呼出。同时，血液经过肺时，病变部位的血流也得不到氧化，因此发生明显的呼吸困难和血液循环障碍。炎性渗出物和病原微生物产生的毒素，被机体吸收后影响全身状态，威胁生命，通常由于呼吸困难、缺氧而致死。

## 三、间质性肺炎

间质性肺炎（interstitial pneumonia）是指发生于肺间质的炎症过程。病变常始发于肺泡壁和肺泡间质，随后可波及小叶间、支气管与血管周围结缔组织。

### （一）病因和发病机理

引起间质性肺炎的原因很多。在生物性因素中，以病毒最为常见，如犬瘟热病毒、犬腺病毒Ⅰ和Ⅱ、犬副流感病毒、疱疹病毒、猫瘟热病毒、杯状病毒等；衣原体、支原体、链球菌、葡萄球菌、克雷白氏杆菌和曲霉菌等也可引起间质性肺炎。某些寄生虫，如类丝虫、蛔虫和钩虫的幼虫、弓形虫等感染可以引起间质性肺炎。某些化学性物质，如碳末、硅末、铁末吸入肺，亦可引起间质性肺炎。过敏反应也可以引起间质性肺炎。除此之外，当继发于其他炎症过程时，如支气管性肺炎、纤维素性肺炎、慢性支气管炎、肺慢性郁血和胸膜炎等都可引起间质性肺炎。

间质性肺炎的发病机理十分复杂，由于致病因子经气源途径使肺泡上皮（Ⅰ型和Ⅱ型肺细胞）受到损害，也可经血源途径对肺泡隔毛细血管发生损害作用。有毒气体、烟尘与粉尘的吸入，局部产生对克莱拉细胞（clara cell）有毒性的代谢产物，自由基的释放及嗜肺病毒的感染等，都是肺泡上皮受损的因素。血管内皮细胞的受损见于许多败血症和各种原因所致的弥漫性血管内凝血时，这些原因如微血栓的形成、循环幼虫的移行、消化道毒物的吸收、肺部有毒代谢物的产生及嗜内皮病毒的感染等。肺泡壁的受损也发生于抗原吸入时，如吸入的真菌孢子可与循环抗体结合，在肺泡内形成抗原－抗体复合物，从而引起一系列炎症反应和损伤（变应性肺泡炎）。

### （二）病理变化

间质性肺炎的眼观变化因病因的不同而异。病变常呈全肺弥漫性分布。尤其膈叶背部，这和细菌性大叶肺性及支气管性肺炎的病变部位（肺前下部）明显不同。病变也可呈局灶性分布，急性时肺呈淡灰红色，慢性时呈黄白色或灰白色。胸腔剖开时肺不塌陷，其表面可见肋骨压痕，常无明显渗出物。肺质地柔韧，有弹性或似橡胶。肺切面似“肉”，较干燥。肺重量增加。但发生急性间质性肺炎时常有肺水肿和间质气肿，因水肿沉积于肺前下部，故眼观变化和支气管肺炎相似。慢性过程时，病变已纤维化，用刀不易切割，切面有纤维束的走向。继发化脓时，切面可见有脓肿，并经常在其周围形成包囊。胸膜上见有结缔组织增生和粘连。间质性肺炎眼观上不易作出判断。

镜检，急性间质性肺炎的早期，主要表现为肺泡腔内充满炎性渗出物（浆液、纤维素、白细胞及红细胞），因此称为非典型性间质性肺炎或弥漫性肺泡炎。在有些严重间质性肺炎病例，肺泡与肺泡管内表面可见均质红染的蛋白性物质形成的透明膜。这是肺泡壁

毛细血管内皮细胞严重受损致血浆蛋白大量渗出，并在气流冲击下使纤维蛋白黏附于肺泡与肺泡管表面的结果。如病情进一步发展，可见到肺泡壁、小叶间及细支气管与血管周围水肿，导致间质增宽，淋巴样细胞浸润，Ⅱ型细胞增生。慢性间质性肺炎时，仍可见Ⅱ型肺细胞的增生。

增生的肺泡上皮细胞呈立方状，排列成腺样，或上皮增生后脱落于肺泡腔内，使肺泡腔含有许多单核巨噬细胞，甚至多核巨细胞。同时，肥胖间隔也见淋巴细胞和单核细胞浸润。后期结缔组织增生较明显，因而肺的结构受到破坏，肺泡腔与支气管腔闭塞，在一片结缔组织中仅见有残存的平滑肌束。增生的结缔组织纤维化，并进一步发生玻璃样变。

（三）结局和对机体的影响

由于病因广泛，所以对机体的影响也不一致。一般地说，急性过程的间质性肺炎能完全消散，只要病情好转，结局是好的。但急性肺水肿动物可因窒息而死亡；慢性间质性肺炎多导致肺纤维化。局灶性间质肺炎因周围肺组织的功能代偿而不出现呼吸功能障碍；广泛的肺纤维化或肺泡渗出物积聚，可使呼吸表面积减少和弥散膜增厚，因此动物可出现明显的外呼吸障碍，并可引起持久的呼吸障碍。

## 四、肉芽肿性肺炎

肉芽肿性肺炎（granulomatous pneumonia）的特征是肺中形成数量不等的由特异细胞成分组成的干酪性或非干酪性肉芽肿。触诊可感到肺有典型的结节，其界限明显，大小不等，质地硬实（尤其发生钙化时）。肺中的这种肉芽肿在剖检时应注意与肿瘤鉴别。

（一）病因和发生机理

动物患肉芽肿性肺炎最常见的原因包括系统性真菌病。如犬霉菌性肺炎（曲霉菌、隐球菌等）、隐球菌病（新生隐球菌）；细菌病，如结核病（分支杆菌）、鼻疽（鼻疽杆菌）、放线菌病等。由于这些病原常呈全身性感染，因此肉芽肿病变也见于其他器官。特别是淋巴结、肝和脾。迷路寄生虫（如蛔虫）和异物的吸入偶尔也可引起肉芽肿性肺炎。猫传染性腹膜炎是能引起肉芽肿性肺炎的少数几个病毒病之一。病变是由多种器官（包括肺）的血管沉积抗原-抗体复合物所致。

肉芽肿性肺炎的病原常由气源性或血源性途径入侵肺脏，其发病机理差异颇大。由于这种肺炎在病理发生的有些方面与间质性或栓塞性肺炎相似，因此有人将肉芽肿性肺炎与上述某种肺炎合在一起（如肉芽肿性间质性肺炎）。但这类肺炎的病变特异，故作为独立一类较宜。一般来说，引起肉芽肿性肺炎的致病因子能抵抗细胞吞噬作用和急性炎症反应，并可在受害组织中长期存在。

（二）病理变化

眼观，肺脏形成大小不等的肉芽肿结节，色灰白或灰黄，质地坚实或较软，如发生钙化则坚硬。结节中心常发生干酪样坏死，外围多有包囊，因此切面可见分层结构。镜检，各种疾病的肺肉芽肿有一定区别，但一般来说，其中心多为坏死组织或病原菌，其外是上皮样细胞和巨细胞，最外则被浸润淋巴细胞和浆细胞的结缔组织所包裹。与其他类型的肺炎不同，肉芽肿性肺炎的病原在组织切片上常可用一定的方法加以证明，如真菌用PAS或银染色，结合分支杆菌用抗酸染色。

几种疾病的肉芽肿性肺炎特点：

(1) 结核病　犬的结核病主要是由人型和牛型结核菌所致。眼观，肺脏的病变为不钙化的肥肉状磁白色的坚韧结节，甚至将肺包膜突破，然后发生胸膜炎。扁桃体和上颌淋巴结也经常发生结核病变，甚至融化而突破皮肤，形成瘘管。结核病灶扩大蔓延时，还可发生多发性结核性支气管炎和支气管周围肺炎，支气管周围被结核性肉芽组织呈袖套状包围。镜检，肉芽肿中心为强嗜伊红的干酪样坏死物，坏死物边缘则为许多栅栏状排列的巨细胞及上皮样细胞，最外则有多种细胞成分和结缔组织围绕。

(2) 放线菌病　其特征是组织增生和慢性化脓性肉芽肿性病灶。肉芽肿也主要由上皮样细胞和巨细胞组成，但在中心部为放线菌块，菌块周围有大量的中性粒细胞浸润，随病变的发展，发生明显的化脓，脓液中混有大量放线菌块。

(3) 霉菌性肺炎　犬霉菌性肺炎有两种表现形式：结节性和弥漫性。结节性肺炎即肉芽肿性肺炎，病变为针尖至粟粒大的结节，散在于肺和胸膜上，色黄白，较坚实。镜检肉芽肿结节的中央为干酪样坏死区，其中含有略呈放射状的菌丝体，周围有崩解的核碎屑，外围是特异性肉芽组织即上皮样细胞和多核巨细胞，最外层是结缔组织，其中有异嗜性粒细胞、淋巴细胞和少量巨噬细胞。

(4) 隐球菌病　犬隐球菌病是由隐球菌感染引起的一种真菌病。呈亚急性或慢性经过，病变位于脑及脑膜、肺、皮肤、淋巴结和其他内脏器官。早期病变呈黏液瘤样，局部有胶样物质。镜检可见胶冻样黏液物质中有大量圆形新生隐球菌，其中混有少量淋巴细胞、浆细胞、巨噬细胞和成纤维细胞，但中性粒细胞极少。晚期病变为肉芽肿，主要为纤维结缔组织，其中有淋巴细胞、浆细胞、巨噬细胞、上皮样细胞和巨细胞，一般不发生坏死。肉芽肿中新生隐球菌很少且多位于巨噬细胞和巨细胞胞浆中。病灶最后形成疤痕组织，进而发生玻璃样变。肉芽肿性肺炎的变化基本同上。早期为胶冻样病灶，以后发展为肉芽肿结节。结节灰白色，大小不等，单发或多发，常位于胸膜下并稍隆起，形似结核结节，光镜下见隐球菌、上皮样细胞、巨细胞和单核细胞等。

### (三) 结局和对机体的影响

肉芽肿结节如果个体很小，有可能吸收消散，但最常见的结局是包裹形成或纤维化，进而变为疤痕组织。肉芽肿中心部的坏死组织可发生干涸或钙化。如继发细菌感染，则肉芽肿可发生化脓。肉芽肿性肺炎对机体的影响很不相同，这取决于肉芽肿的数量、机体状况和疾病的发展变化等。如犬结核性肉芽肿性肺炎发生广泛干酪样坏死并伴有全身化时，不仅给机体带来营养消耗，而且最终多导致动物死亡。

## 第三节　肺气肿

肺脏因含气量过多而致体积膨胀称为肺气肿（pulmonary emphysema）。肺泡内空气增多，称肺泡性肺气肿（alveolar emphysema）；由于肺泡破裂，气体进入间质，造成间质扩张，称间质性肺气肿（interstitial emphysema）。过度充气的肺组织，容积增大，弹性降低，肺功能减退。

### （一）病因和发生机理

#### 1. 肺泡性肺气肿

多见于吸气量急剧增加而使肺内压升高、肺泡过度扩张时，其常见发生原因是：

（1）剧烈的咳嗽　由于深吸气和肺内压升高，可使肺泡内含气量增多而体积膨大。

（2）濒死性或代偿性呼吸增强　由于深度吸气，使肺泡内充气量增多所致，可呈弥漫性或局限性。

（3）慢性支气管炎，支气管周围炎伴有支气管狭窄　由于支气管黏膜肿胀及炎性渗出物不全堵塞管腔，在吸气时，支气管扩张，空气尚能通过而进入肺泡；但在呼气时，则因支气管管腔狭窄，气体不易排出。加上长期剧烈的咳嗽，以致肺泡壁的弹性逐渐减退，肺泡间隔由于肺泡内压升高和不断扩张而消失，于是肺泡扩大成囊状，导致慢性肺泡性肺气肿。

（4）运动过度　由于呼吸机能增强，使肺泡长期处于扩张状态，此时肺泡壁血管贫血，弹性纤维断裂，导致肺泡壁弹性减弱，失去正常回缩能力。也会引起慢性肺泡性肺气肿。

#### 2. 间质性肺气肿

多伴发于肺泡性肺气肿，由于强烈地呼吸和咳嗽，造成肺泡和细支气管的破裂，致使气体进入肺间质。

### （二）病理变化

（1）肺泡性肺气肿（Vesicular emphysema）　眼观，肺脏体积膨大，充满整个胸腔，剖开胸腔时肺脏不塌陷。肺组织颜色苍白（贫血），边缘钝圆，重量减轻，似吹胀的囊泡，并有大小不等的空泡凸出于肺脏表面。由于肺组织弹性丧失，所以指压留痕。切开时发出特殊的爆裂声，切面干燥、平滑，呈海绵状或蜂窝状。局灶性的代偿性肺泡性气肿多位于肺炎灶或萎缩灶的外围。

镜检，可见肺泡腔极度扩大，肺泡壁毛细血管因空气压迫而贫血，间隔变薄，肺泡无明显的破损。原因除去后可完全恢复。

在寄生虫（肺内线虫）、慢性支气管炎和急性肺泡性肺气肿进一步发展所引起的慢性局限性肺泡性肺气肿时，病灶呈小叶性，多位于膈叶的边缘，色灰黄，稍微隆起，形成锥体状，锥体尖端指向中心，在尖端区的支气管内，常见有线虫阻塞。如是继发于支气管性肺炎的代偿性肺气肿，则肺气肿灶多见于小叶性肺炎病灶并和萎陷病变交错镶嵌存在。显微镜下，肺泡腔扩大，肺泡壁变薄，常见几个肺泡汇合成一个大空腔。

（2）间质性肺气肿　眼观，可见在肺小叶间隔与肺胸膜下有成串的气泡，手压气泡可移动，有时气泡见于全肺的间质。严重病例，肺间质中的小气泡可汇集成直径达 1～2 厘米的大气泡，并压迫周围肺组织引起肺萎陷。如果呼吸动作强烈，可使大气泡破裂，气体可循纵隔、胸腔入口处到达肩下或背部皮下，而造成皮下气肿。

（三）结局和对机体的影响

急性肺泡性肺气肿在病因消除后，肺组织能恢复其原有结构和功能。慢性肺泡性肺气肿由于肺泡结构破坏多不能完全恢复，部分肺组织可发生纤维化，引起呼吸功能障碍。肺气肿时，一方面因胸内压增高造成静脉血回流障碍，另一方面因肺泡壁毛细血管受压和破坏，使右心室负荷加重，可引起右心室肥大。

## 第四节　肺萎陷

肺萎陷（collapse of lung）是指肺泡内空气含量减少，致使肺泡呈塌陷状态。肺萎陷必须与先天性肺膨胀不全或肺不张（atelectasis）相区别。膨胀不全是指肺从未被空气所扩张，因而是先天性的。而萎陷是指曾经扩张而且进行过呼吸机能的肺组织发生的塌陷。

（一）病因和发生机理

根据发生的原因，可分为两种类型。

（1）压迫性萎陷　肺组织受到压迫，局部肺组织不能膨胀而陷于不张状态，主要是来自肺内和肺外的压力。肺外的压力如胸腔积水、气胸、胸腔肿瘤、腹腔的压力增高（如腹水、胃扩张）；来自肺内压力，肿瘤、寄生虫和炎性渗出物等。压迫性萎陷区与周围组织无明显的界限，由于血管也受压迫，色泽显苍白，体积缩小，凹陷，弛缓，没有弹性。

（2）阻塞性萎陷　发生于支气管腔阻塞时，空气进入肺泡受阻，同时肺泡内的残留气体逐渐被吸收，因而肺泡塌陷，主要见于各种原因引起的支气管性肺炎。

（二）病理变化

眼观，阻塞性肺萎陷的病灶呈小叶状，境界清楚。体积缩小，较周围正常组织稍凹陷，呈暗红色，质地较坚实，切面平整，投入水中下沉水底或因含少量气体而呈半沉半浮状态。镜检，肺泡壁因萎陷而呈平行排列，彼此互相密接，仅留一些肺泡腔的狭窄裂隙，肺泡壁毛细血管扩张充血，肺泡腔内有脱落的上皮细胞。此型肺萎陷在眼观上与肺炎的肝变期病灶有些相似，但不硬实。压迫性肺萎陷的外观不呈小叶状，而是与其压迫作用的部位相一致。压迫性萎陷的镜下变化与阻塞性萎陷的相似，但肺组织的血管不充血。

（三）结局和对机体的影响

短时间的萎陷，病因除去后，肺泡可重新通气恢复正常，如病程较长。可发生严重淤血、水肿，并引起间质结缔组织增生而纤维化。如继发感染，可发生支气管肺炎，称为萎陷性肺炎。

# 第十七章　消化系统病理

## 第一节　消化机能障碍

消化机能障碍是胃肠等主要消化器官的功能性疾病和动力障碍性疾病的总称。

### 一、病因和机理

引起本类疾病的发病因素包括来自消化道和消化道以外的因素。包括：（1）消化负荷增加（食物及药物刺激等）。（2）消化道炎症和感染的作用。（3）手术本身触发的炎症过程，通过巨噬细胞的激活和白细胞渗出引起胃肠道动力改变；肠麻痹则是手术创伤后的胃肠道反应，因而，避免术中过多创伤能有效地减轻肠麻痹。（4）各种引起代谢、缺氧、免疫等因素累及消化道神经或肌肉，均可导致胃肠动力异常，如糖尿病、结缔组织病、尿毒症等。所以，早期治疗这些原发病极为重要。（5）中枢神经因素，例如焦虑、抑郁等心理障碍影响植物性神经功能，从而影响胃肠道的运动和分泌功能，引起消化机能障碍。（6）先天性肠道疾病综合征。

同样的病因，但后果不一。疾病的发生不仅是攻击因子和防御因子综合消长的结果，并涉及更复杂的机制。

运动功能障碍可根据其发病机理分为：①肌源性病变：由缺血、缺氧、中毒等各种原因引起的消化道肌肉代谢障碍、变性坏死，导致运动障碍；②神经源性病变：支配胃肠道的神经损伤或机能障碍，包括肠内神经丛的病变，导致消化道运动功能障碍；③激素调控失调：由激素或体液因素的分泌、活性异常，导致运动障碍；④受体质量异常：由于受体的缺陷，受体量或质的改变导致运动功能障碍。

### 二、分类

一般对于本类疾病的分类多采取以解剖部位为主，结合病因发病学的方法，对消化道运动障碍进行分类如下：

### （一）食管运动障碍

（1）原发性　失弛缓症、弥漫性食管痉挛。

（2）继发性　硬皮病、糖尿病、神经肌肉疾病（重症肌无力，肌紧张性营养不良，延髓灰白质炎，多发性硬化症等）。

### （二）胃运动障碍

（1）胃排空加速　倾倒综合征、十二指肠溃疡、卓－艾综合征、呕吐。

（2）胃排空减慢　糖尿病性胃病变、迷走神经切断后的胃滞留、特发性胃窦麻痹、胃节律不齐、胃食管返流、萎缩性胃炎和恶性贫血、神经性呕吐、神经肌肉性疾病。

### （三）肠功能障碍

1. 常见疾病

（1）小肠运动障碍

①小肠排空加速：短肠综合症、激惹性肠病、甲状腺功能亢进、细菌毒素、神经紧张、胃切除、类癌综合症、胰霍乱。

②小肠排空减慢：特发性便秘、激惹性肠病、溃疡性结肠炎、乳糜泻、肠道疾病、自主神经疾病、甲状腺功能低下、假性肠梗阻。

（2）大肠运动障碍

①大肠运动亢进：单纯性腹泻、激惹性肠病。

②大肠运动减弱：单纯性便秘、结肠息室、巨结肠症。

2. 病因

肠功能障碍主要表现为肠黏膜屏障受损、肠微生态紊乱和肠道动力障碍。

（1）肠黏膜屏障损伤　肠黏膜屏障由四个部分构成：①正常肠道生理性菌群构成的生物屏障；②完整无损的黏膜上皮细胞和覆盖于上皮表面的稠厚黏液构成的机械屏障；③肠道淋巴组织产生分泌型 IgM，分布于黏膜表面而形成的免疫屏障；④肠－肝轴。内毒素由肠黏膜上皮细胞吸收后，进入门静脉血流，此时的门静脉内毒素血症是一种生理状态，肝脏单核巨噬细胞系统（主要是枯否细胞）对内毒素具有强大的消除能力，不至于造成循环内毒素血症。但也有人认为肠道的运动也是肠屏障的组成部分。

早期肠黏膜屏障损伤由以下因素所致：①肠道有效血循环量不足，处于缺血、缺氧状态，激活黄嘌呤氧化酶，产生过量氧自由基，损伤肠黏膜。②各种原始打击降低肠摄取和利用氧的能力，减少肠上皮细胞能量供给，影响肠黏膜修复。另外，谷氨酰胺（Gln）作为肠上皮细胞的主要能量来源，创伤后其摄取、利用及 Gln 主要水解酶活性均明显下降，也影响到肠黏膜修复。③肠腔细菌过度繁殖，黏附到肠壁的细菌增多，定植机会增加，产生大量代谢产物和毒素，破坏肠黏膜结构。④肠道抗原递呈细胞激活，释放血小板活化因子（PAF）、肿瘤坏死因子（TNF）等细胞因子，引起肠黏膜屏障功能损伤。肠黏膜上皮坏死，肠黏膜通透性增加、修复能力降低，肠黏膜屏障受损，为致病微生物的入侵敞开大门，进一步导致肠源性内毒素血症，加快了肠功能障碍的发展。肠源性内毒素血症是指来源于肠道的内毒素在人体循环系统堆积。这种内毒素即为脂多糖（LPS），是革兰阴性菌细胞壁脂多糖成分，包括脂质A、核心多糖和O抗原三个组成部分，由细菌死亡后自溶释出，也可在代谢过程中释出。内毒素具有多种生理病理作用，如引起发热反应、激活补体系统，作用于粒细胞系统、血小板、红细胞，引起局部和全身反应和弥散性血管内凝血（DIC）。其毒性作用机制除内毒素本身的直接作用外，还通过诱生TNF、白细胞介素（IL）类、氧自由基、干扰素（IFN）等内源性介质介导，导致病情加重甚至死亡。肠道是机体最大的内毒素池，肠源性内毒素主要经肝脏细胞解毒。正常情况下，肠道细菌产生的内毒素进入肝脏后由枯否细胞解毒清除。但肠功能障碍时，多种应激因素打击下，机体肠黏膜屏障易遭到破坏，由于内毒素分子明显小于细菌，即使肠黏膜通透性轻微增加，内毒素也可通过肠黏膜屏障经门静脉进入肝脏。若内毒素量过多，超过了肝细胞的解毒能力或肝病导致枯否细胞功能减退，便可形成肠源性内毒素血症，继而诱发肠功能障碍。

肠黏膜屏障损伤促进了肠功能障碍的发生，肠功能障碍伴随的全身和局部炎症介质的爆炸性增加又进一步加重了肠黏膜损伤。参与此过程的各种细胞因子和炎症因子构成网络，彼此促进相互叠加，炎症反应扩大，形成恶性循环。

（2）*肠微生态紊乱*　宠物体有口腔、皮肤、阴道、胃肠道四大微生态区，其中绝大部分是细菌。肠道微生态占其中的78%，数量大，品种多。这些正常菌参与宿主的代谢、免疫、生理、生化、生物颉颃等多方面的作用以维持机体健康，此即微生态平衡。肠道微生态系统的重要功能之一是阻止肠腔内细菌和内毒素移位到其他组织。胃肠微生态紊乱包括菌群失调及细菌移位。肠道正常固有菌群是由高密度的原籍菌群和部分低密度的外籍菌群及环境菌群构成，并按一定的数量和比例分布在胃肠道的不同节段和部位，从而发挥对宿主的营养作用并参与物质代谢和吸收，还发挥对宿主的免疫和生物颉颃等重要功能。肠道菌群的定植性和繁殖性等作用使外来细菌无法在肠道内定植，特别是正常菌群中的厌氧菌对机体定植抗力具有重要作用，可阻止肠道条件致病菌的定植和大量增殖。然而，一旦肠道中菌群数量和/或定位发生变化，例如葡萄球菌、大肠埃希菌、变形杆菌、白色念珠菌等大量繁殖，就可以抑制双歧杆菌、乳杆菌等厌氧菌的正常繁殖，从而引起菌群失调。

肠道菌群失调的诱因很多，如滥用抗生素、饮食中“有害菌”过量、肝炎、肝硬化等。如肠道微生态系统的生物屏障功能下降，肠黏膜通透性增加，就会导致肠腔大量细菌或内毒素向肠内外组织迁移，即移位。肠道菌群移位分横向移位和纵向移位两类。横向移位指肠道正常菌群由原定位向周围转移，例如大肠菌群向小肠转移。纵向移位指正常菌群由原定位向肠黏膜深处转移，即肠道正常菌群穿过肠黏膜上皮经淋巴管到肠系膜淋巴结，再进入脏器和血液循环；也可通过肠道血管直接进入全身组织器官或形成菌血症，或形成脓毒败血症，感染组织器官。细菌纵向移位是最常见、最危险的细菌移位，内毒素血症主要源于肠道内毒素的移位。诱发肠道细菌移位的主要因素是肠黏膜屏障功能受损，通透性增加；其次是某种细菌过度繁殖及免疫功能低下。

（3）*肠道动力障碍*　正常情况下，肠道的蠕动是肠道非免疫防御的重要机制，正常肠蠕动功能的意义不仅在于参与食物的消化、吸收和排泄，也是肠腔内环境的“清道夫”，尤其是消化间期的肠蠕动，可防止肠内有害物质（包括内毒素）的积聚，限制细菌生长。肠蠕动过慢、过弱或肠梗阻可引起肠内细菌过度生长而导致“小肠细菌污染综合征”。临床上易出现肠道内毒素移位的疾患，一般都存在肠运动功能障碍甚至肠麻痹。

（4）*其他免疫功能受损*　肠道是宠物最大的免疫器官之一，由三部分肠道淋巴组织

(GALT) 构成，即上皮内淋巴细胞、肠黏膜固有层及小肠黏膜与黏膜下淋巴组织集结，大多为T细胞，能分泌IL－3、IL－5、IL－6、IFN－γ 等细胞因子。黏膜固有层含有大量的浆细胞，主要分泌IgA，它们在维持肠道免疫监视、清除病菌及阻止病菌对黏膜的黏附等方面发挥重要作用。体液免疫功能受损主要表现为：创伤后肠道产生分泌性免疫球蛋白A (sIgA) 的功能明显受抑，主要表现为sIgA含量减少，合成sIgA的浆细胞数量减少以及被sIgA包被的革兰阴性菌减少，肠道定植抗力下降，促进肠内细菌移位，细胞免疫功能也受到损害。

## 第二节　胃肠炎

胃肠是动物的主要消化器官，犬、猫的胃由贲门部（食管端）、幽门部（十二指肠端）、胃底腺区三部分组成，肠道分为小肠和大肠两部分，小肠分为十二指肠、空肠和回肠三段，大肠分为盲肠、结肠和直肠三部分。禽类的胃包括腺胃和肌胃，肠道由十二指肠、空肠和回肠、两条盲肠、直肠和泄殖腔组成。肠的组织学结构均由黏膜、黏膜下层、肌层和外膜四层组成。其中黏膜层由黏膜上皮、固有层和黏膜肌层组成，固有层由结缔组织、大部分腺体和淋巴组织组成，黏膜下层由结缔组织、淋巴组织和腺体（食管和十二指肠等部位）组成。由于动物胃肠的体积膨大，功能重要，并通过口腔和肛门与外界相通；再加之动物的饲养环境卫生较差，饲料的质量不高，饲喂的方法又不很固定等原因，许多病原微生物、理化学因素等，均可作用于胃肠而引起以胃肠道为主的疾病。胃肠病变虽然较多，但主要常发生的是胃肠的炎症，而且胃肠的各种病变以炎症变化为基础。

胃肠炎是动物常见的一类疾病，是指胃、肠道浅层或深层组织的炎症。由于胃炎和肠炎往往相伴发生，故临床上常将其合称为胃肠炎。

### 一、胃炎

胃炎是指胃壁表层和深层组织的卡他性炎症。本病在临床上主要以胃的蠕动障碍和分泌异常为特征。按发病原因可分为原发性胃炎和继发性胃炎两种，按病程可将其分为急性胃炎和慢性胃炎两种。原发性的胃炎，主要是由于过食、胃内异物或采食污染、腐败性食物及投服有刺激性的药物或误食有毒物质等。此外，饲喂蛋、牛奶或马肉等可引起变态反应性胃炎。继发性的胃炎，可继发于犬瘟热、病毒性肝炎、钩端螺旋体病、急腹症及消化道寄生虫等疾病。现将几种常见的胃炎叙述如下。

#### （一）急性胃炎

急性胃炎是胃黏膜急性炎症，犬最为多见，幼犬易发。原发性急性胃炎是由于饲喂过饱、误食异物、采食腐败性食物、投服有刺激性的药物（阿司匹林、消炎痛）或误食有毒物质（砷、汞、铅、磷）。饲喂鸡蛋、牛乳、鱼肉等引起变态反应性胃卡他。继发性急性胃炎、继发性犬瘟热、犬细小病毒病、犬病毒性肝炎、钩端螺旋体病等急性传染病及急性膜腺炎、肾盂肾炎、慢性肾功能衰竭和胃肠道寄生虫病等。

持续性的呕吐和腹泻是急性胃炎的主要症状。呕吐时间一般在食后30分钟左右，开始吐出未充分消化的食糜，随后吐出泡沫样黏液和胃液。呕吐物中有时混有血液黄绿色胆汁和胃黏膜脱落物。依据病变的性质不同，可吐出混有血液、胆汁和黏膜碎片的呕吐物。呕吐后，因脱水可使饮欲增强，如大量饮水时，呕吐即很快发生而且更加增剧，由于持续呕吐可能出现脱水和电解质平衡失调。腹痛时，患犬常喜趴卧于阴暗处，两前肢向前伸展，体躯伏卧，腹部紧张，接近胃部时有痛感。腹部听诊时，胃蠕动音不整或废绝。幼犬可出现脱水和严重的电解质平衡失调。急性胃炎病程短，发病急，症状重，炎症变化剧烈，渗出现象明显；根据渗出物的性质和病变特点，急性胃炎又可分为急性卡他性胃炎、出血性胃炎和纤维素性－坏死性胃炎。

1. 急性卡他性胃炎

急性卡他性胃炎是常见的一种胃炎类型，以胃黏膜表面被覆多量黏液和脱落上皮为特征。

（1）病因和机理　包括生物性（细菌、病毒、寄生虫等）因素、机械性（粗硬饲料、尖锐异物刺激）因素、物理性（冷、热刺激）因素、化学性（酸、碱物质，霉败饲料、化学药物）因素以及剧烈的应激等。其中以生物性因素最为常见，损害最严重。原发性胃卡他由于过食、胃内有异物或采食污染、腐败性食物都可成为急性胃卡他的病因，投服有刺激性的药物（阿司匹林、酚类等）或误食有毒物质（汞、铅等）可刺激胃黏膜引起卡他性炎症。继发性胃卡他可继发于犬瘟热、犬细小病毒病、病毒性肝炎、钩端螺旋体病、急性胰腺炎和胃肠道寄生虫病等疾病过程中。

（2）病理变化　眼观：发炎部位胃黏膜特别是胃底腺部黏膜呈现弥漫性充血、潮红、肿胀，黏膜面被覆多量浆液性、浆液——黏性、脓性甚至血性分泌物，并常散发斑点状出血和糜烂。

镜检：可见胃黏膜上皮细胞变性、坏死、脱落，有时局部出现浅层糜烂；固有层、黏膜下层毛细血管扩张、充血，甚至出血；固有膜内淋巴小结肿胀，有时见其生发中心扩大或发生新生淋巴小结；组织间隙有大量浆液渗出及炎性细胞浸润，杯状细胞增多并脱落；黏膜下层有轻度充血和水肿。

2. 出血性胃炎

出血性胃炎以胃黏膜弥漫性或斑块状、点状出血为特征。

（1）病因和机理　包括各种原因造成的剧烈呕吐、强烈的机械性刺激、食物中毒及某些传染病。如灭鼠药、重金属（砷）、农药中毒，霉败饲料的刺激、犬瘟热、犬细小病毒性肠炎等均可引起胃黏膜出血。

（2）病理变化　可由眼观和镜检得知。

眼观：胃黏膜呈深红色的弥漫性、斑块状或点状出血，黏膜表面或胃内容物内含有游离的血液。时间稍久，血液渐呈棕黑色，与黏液混在一起成为一种淡棕色的黏稠物，附着在胃和黏膜表面。

镜检：可见黏膜固有层、黏膜下层毛细血管扩张、充血，红细胞局灶性或弥漫分布于整个黏膜内。

3. 纤维素性－坏死性胃炎

纤维素性－坏死性胃炎以胃黏膜糜烂甚至形成溃疡，并在黏膜表面覆盖大量纤维素性渗出物为特征。

(1) 病因和机理　由较强烈的致病刺激物、应激、病原微生物和寄生虫感染等因素引起，如误咽腐蚀性药物、应激性溃疡，某些传染病如沙门氏菌病、坏死杆菌及化脓性细菌感染等。

(2) 病理变化　可由眼观和镜检得知。

眼观：胃黏膜表面被覆一层灰白色、灰黄色纤维素性薄膜。浮膜性炎时，假膜易剥离，剥离后，黏膜表面充血、肿胀、出血、光滑无缺损；固有膜性炎时，纤维素膜与组织结合牢固，不易剥离，强行剥离则见糜烂和溃疡。

镜检：黏膜表面、黏膜固有层甚至黏膜下层有大量纤维素渗出，黏膜上皮坏死、脱落，黏膜固有层和黏膜下层充血、出血，有大量多形核中性粒细胞等浸润。若继发感染了化脓性细菌（如化脓棒状杆菌、化脓性链球菌、绿脓杆菌等），则转为化脓性胃炎，黏膜表面覆盖大量的脓性分泌物。

### (二) 慢性胃炎

慢性胃炎是以黏膜固有层和黏膜下层结缔组织显著增生为特征的炎症。慢性胃炎病情缓和、病程较长，常常是由急性胃炎转化而来。

(1) 病因和机理　多由急性胃炎发展转变而来，少数由寄生虫寄生所致。

(2) 病理变化　眼观：胃黏膜表面被覆大量灰白色，灰黄色黏稠的液体，胃黏膜皱褶显著增厚。由于增生性变化，使全胃或幽门部黏膜肥厚，称肥厚性胃炎。若黏膜固有层腺体与和膜下层的结缔组织呈不均匀增生，使黏膜表面呈高低不平的颗粒状，称颗粒性胃炎，它较多发生于胃底腺部。随着病变的发展，增生的结缔组织逐渐衰老而发生疤痕性收缩，腺体、肌层、黏膜萎缩变薄，胃壁由厚变薄，皱襞减少，称萎缩性胃炎。

镜检：黏膜固有层和黏膜下层腺体、结缔组织增生，并有多量炎性细胞浸润。以后固有层的部分腺体受增生的结缔组织压迫而萎缩，部分存活的腺体则呈代偿性增生。腺体的排泄管也因受增生的结缔组织压迫而变得狭长或形成闭塞的小囊泡。后期胃黏膜萎缩，肌层也发生萎缩。

## 二、胃溃疡

根据临床、病理、生理等方面的研究表明，可能与饲养管理不佳、环境突变和季节变化等应激的联合作用有关。炎症性溃疡，多继发于狂犬病、胃肠卡他、胃肠道寄生虫病、胃内异物等疾病的过程中。消化性溃疡，常发生在胃和十二指肠的起始部，当胃的局部血液循环障碍时，由于酸性胃液不能被碱性的肠液所中和，以致局部黏膜被胃酸和胃蛋白酶自体消化，从而形成慢性溃疡。炎症性和消化性溃疡所呈现的症状相同，均出现顽固性呕吐、吐血、便血和腹痛症状。病犬精神沉郁，体质虚弱，被毛粗乱、无光泽，逐渐消瘦。

### (一) 病因和机理

胃溃疡可由许多原因引起，各种不同的应激和饲养管理的不当，如饲喂间隔时间太长、饲料过干或过湿、过细或过粗等均是导致胃溃疡的因素。应激与饲养管理不当，一方面可使动物全身性代谢紊乱；另一方面又能使胃黏膜上皮营养代谢失调，黏膜保护性能降低，被胃液的蛋白水解酶自行消化、损害，形成溃疡。此外，某些病原微生物、寄生虫等也可以引起胃溃疡。

### （二）病理变化

多位于胃小弯，愈近幽门愈多见，胃窦部尤为多见，罕见于胃大弯，胃底，胃前壁或胃后壁。

眼观：溃疡通常只有一个，圆形或椭圆形，溃疡面大小不一。溃疡边缘整齐，状如刀切，周围黏膜可有轻度水肿，黏膜皱襞从溃疡向周围呈放射状。溃疡底部通常穿越黏膜下层，深达肌层甚至浆膜层，溃疡处的黏膜至肌层可完全被破坏，由肉芽组织或瘢痕组织取代。溃疡中心因坏死组织被胃液消化，显示软柔液化，并呈污秽褐色。

镜检：溃疡部组织呈溶解状态，溃疡底大致由四层组织构成；最表层由一薄层纤维素渗出物和坏死的细胞碎片覆盖（坏死层）；其下层是以N为主的炎症细胞浸润（炎症层）；再下是新鲜的肉芽组织（肉芽组织层）；最下层是由肉芽组织变成纤维瘢痕组织（疤痕层）。在疤痕组织中的小动脉血管因增殖性内膜增厚，管腔狭窄或有血栓形成，这种血管改变可防止血管溃破，出血，但不利于组织的再生和溃疡的修复。在溃疡边缘常见黏膜上皮轻度增生，黏膜肌层与固有肌层相粘连或愈着。

### （三）其他胃部疾病

（1）胃蛋白酶性溃疡　见于断乳的犬、猫等。系指胃黏膜的局部发生损伤或退变，被胃液蛋白酶消化，发生缺损所致，故又称为消化性溃疡。溃疡局限于皱胃，数目多个，直径2～4cm，多为圆形，也有形状不规则直径达15cm的病灶。溃疡灶底面附有纤维素。

（2）念珠菌病　念珠菌病是由念珠菌或假丝酵母引起的一种人兽共患真菌病；可感染犬、猫等动物，幼龄动物。本病引起胃的主要眼观病变为黏膜覆盖有黄白色干样坏死物质，黏膜充血、出血或形成糜烂和溃疡。

镜检：胃黏膜复层上皮呈过度角化、角化不全或者表层角化上皮呈层状坏死；深层复层上皮细胞出现气球样变和坏死并有多量组织细胞、淋巴细胞以及少量嗜中性粒细胞浸润。部分黏膜破坏脱落形成糜烂或溃疡。黏膜固有层和黏膜下层充血、出血以及组织细胞、淋巴细胞呈灶状浸润。表层的角蛋白碎屑及坏死灶中有大量酵母杆菌的假菌丝，黏膜下层以菌丝为主。

## 三、肠炎

肠炎是指某段肠道或整个肠道的炎症。临床上，很多肠炎与胃炎往往同时发生，故称胃肠炎。根据病程长短可将肠炎分为急性和慢性两种，急性肠炎有卡他性肠炎、出血性肠炎、化脓性肠炎和纤维素性肠炎。

### （一）急性肠炎

急性肠炎根据渗出物的性质和病变特点，常分为四种类型。

1. 急性卡他性肠炎

急性肠卡他是肠黏膜表层的急性卡他炎症，为临床上最常见的一种肠炎类型，多为各种肠炎的早期变化，以充血和渗出为主，主要以肠黏膜表面渗出多量浆液和黏液为特征。可分为原发性肠卡他和继发性肠卡他。根据病因、经过和并发病的有无，则表现为各种不同症状。腹泻和呕吐为本病的主要症状。粪便呈水样，有时混有黏液、血液和泡沫等，具有恶臭，呈酸性反应。腹部紧张，腰背弯曲，触压腰背部出现明显的疼痛。直肠黏膜充血、肿胀，频频努责，里急后重。一般呈微热或中等热。

(1) 病因和机理　卡他性肠炎病因很多，有营养性、中毒性、生物性因素等几大类。如食物粗糙、霉败、搭配不合理，饮水过冷、不洁，误食有毒食物，滥用抗生素导致肠道正常菌群失调及霉菌毒素中毒，病毒、细菌、寄生虫感染等。如犬细小病毒性肠炎等。

(2) 病理变化　可由眼观和镜检得知。

眼观：肠黏膜表面（或肠腔中）有大量半透明无色浆液或灰白色、灰黄色黏液，刮取覆盖物可见肠黏膜潮红、肿胀，肠壁孤立淋巴滤泡和淋巴集结肿胀，形成灰白色结节，呈半球状凸起。

镜检：黏膜上皮变性、脱落，杯状细胞显著增多，黏液分泌增多。黏膜固有层毛细血管扩张、充血，并有大量浆液渗出和大量中性粒细胞及数量不等的组织细胞、淋巴细胞浸润，有时可见出血性变化。

2. 出血性肠炎

出血性肠炎是以肠黏膜明显出血为特征的炎症。

(1) 病因和机理　主要有化学毒物（如误食夹竹桃叶子）引起的中毒，微生物感染（如犬细小病毒性肠炎）或寄生虫侵袭（如球虫病）。

(2) 病理变化　可由眼观和镜检得知。

眼观：肠黏膜肿胀，有点状、斑块状或弥漫性出血，黏膜表面覆盖多量红褐色黏液，有时有暗红色血凝块。肠内容物中混有血液，呈淡红色或暗红色。

镜检：黏膜上皮和腺上皮变性、坏死和脱落，黏膜固有层和黏膜下层血管明显扩张、充血、出血和炎性渗出。

3. 化脓性肠炎

化脓性肠炎是由化脓菌引起的以嗜中性粒细胞渗出和肠壁组织脓性溶解为特征的肠炎。

(1) 病因和机理　主要由各种化脓菌引起，如沙门氏菌、链球菌、志贺氏菌等，多经肠黏膜损伤部或溃疡面侵入。

(2) 病理变化　可由眼观和镜检得知。

眼观：肠黏膜表面被覆多量脓性渗出物，有时形成大片糜烂和溃疡。

镜检：肠黏膜固有层和肠腔内有大量嗜中性粒细胞，毛细血管充血、水肿，黏膜上皮细胞发生变性、坏死和大量脱落等变化。

4. 纤维素性肠炎

纤维素性肠炎是以肠黏膜表面被覆纤维素性渗出物为特征的炎症，临床上多为急性或亚急性经过。根据病变特点可分为浮膜性肠炎和固膜性肠炎。

(1) 病因和机理　多数与病原微生物感染有关，如沙门氏菌病。

（2）病理变化　可由眼观和镜检得知。

眼观：初期肠黏膜充血、出血和水肿，结膜表面有多量灰白色、灰黄色絮状、片状、糠麸样纤维素性渗出物，多量的渗出物形成薄膜被覆于肠膜或肠内容物表面。如果纤维素性薄膜在肠黏膜上易于剥离，肠黏膜仅有浅层坏死，则称为黏膜性肠炎，纤维素薄膜剥离后黏膜充血、水肿，表面光滑，有时可见轻度糜烂，肠内容物稀薄如水，常混有纤维素碎片；如果肠黏膜发生深层坏死，渗出的纤维蛋白与黏膜深部组织牢固结合，不易剥离，强行剥离后，可见黏膜出血和溃疡，则称为固膜性肠炎，也称为纤维素性坏死性肠炎。

镜检：病变部位肠黏膜上皮脱落，渗出物中有大量的纤维素和黏液、中性粒细胞，黏膜层、黏膜下层小血管充血、水肿和炎性细胞浸润。固膜性肠炎坏死严重，大量渗出的纤维蛋白和坏死组织融合在一起，黏膜及黏膜下层因凝固性坏死而失去固有结构，坏死组织周围有明显充血、出血和炎性细胞（中性粒细胞、浆细胞、淋巴细胞等）浸润。

### （二）慢性肠炎

慢性肠炎是以肠黏膜和黏膜下层结缔组织增生及炎性细胞（淋巴细胞为主，还有浆细胞、组织细胞）浸润为特征的炎症。

（1）病因和机理　慢性肠炎主要由急性肠炎发展而来，也可由长期饲喂不当，肠内有大量寄生虫或其他致病因子所引起。

（2）病理变化　眼观：肠管臌气（肠蠕动减弱、排气不畅）肠黏膜表面被覆多量黏液，肠黏膜增厚。有时结缔组织增生不均，使黏膜表面呈现高低不平的颗粒状或形成皱褶。此外，病程较长时，黏膜萎缩，增生的结缔组织收缩，肠壁变薄。

镜检：黏膜上皮细胞变性、脱落，肠腺间结缔组织增生，肠腺萎缩或完全消失或伸长，有时结缔组织侵及肌层及浆膜，伴有淋巴细胞、浆细胞、组织细胞浸润，有时有嗜酸性粒细胞浸润。

# 第三节　肝功能不全

肝脏的主要功能是参与物质代谢、生物转化（解毒与灭活）、凝血物质的生成和消除、胆汁的生成与排泄。肝脏有丰富的单核吞噬细胞，在特异和非特异免疫中具有重要的作用。当肝脏受到某些致病因素的损害，可以引起肝脏形态结构的破坏（变性、坏死、肝硬化）和肝功能的异常。但由于肝脏具有巨大的贮备能力和再生能力，比较轻度的损害，通过肝脏的代偿功能，一般不会发生明显的功能异常。如果损害比较严重而且广泛（一次或长期反复损害），引起明显的物质代谢障碍、解毒功能降低、胆汁的形成和排泄障碍及出血倾向等肝功能异常改变，称为肝功能不全。严重肝功能损害，不能消除血液中有毒的代谢产物，或物质代谢平衡失调，引起中枢神经系统功能紊乱（肝性脑病），称为肝功能衰竭。

## 一、病因

引起肝功能不全的原因很多，可概括为以下几类：

(1) 生物性因素　生物性因素是引起肝功能不全的一个主要方面，常见于细菌性、病毒性及原虫性疾病。在病原体的复制和繁殖的过程中及其毒素的直接作用下，肝细胞代谢紊乱，或者由于病原体作用导致肝脏的血液循环障碍，肝脏淤血、缺氧，从而引起肝细胞的变性和坏死。感染寄生虫（血吸虫、华枝睾吸虫、阿米巴）、钩端螺旋体、细菌、病毒均可造成肝脏损害；其中尤以病毒最常见（如病毒性肝炎）。

(2) 化学性因素　在某些病理过程（如糖原不足、血液循环障碍等）中，由于肝脏的解毒和屏障机能降低，极易受到毒物的损害，或者有毒物质过多超过了肝脏的处理能力，引起肝细胞变性和坏死。常见的化学物质有重金属（如铅、铜、汞、镉等）、氯仿、四氯化碳、棉酚、硫酸亚铁及代谢毒物等，往往可破坏肝细胞的酶系统，引起代谢障碍，或使氧化磷酸化过程受到抑制，ATP 生成减少，导致肝细胞变性坏死。某些药物如利福平、氯霉素等若长期大剂量的不合理使用也会成为毒物，这些物质对肝细胞内的细胞器具有很强的选择性，如，四氯化碳能直接破坏线粒体、内质网，使其中的酶释放，导致细胞坏死；有机汞和细胞膜上的磷脂结合，可使细胞膜的通透性改变，引起肝细胞变性和坏死；棉酚能抑制肝细胞所需的酶，影响肝细胞的代谢，引起细胞的变性和坏死。

(3) 营养性因素　饲料中缺乏某些营养物质，特别是矿物质和维生素，如微量元素硒、维生素 E、含硫氨基酸缺乏或不足时，可以引起肝脂肪性变，发生“营养性肝病”。这是因为肝内脂肪的运输须先转变为磷脂（主要为卵磷脂），而胆碱是卵磷脂的必需组成部分。甲硫氨酸供给合成胆碱的甲基。当这些物质缺乏时，脂肪从肝中移除受阻，造成肝的脂肪性变。此时，肝脏发生弥漫性变性和坏死，并伴发黄脂病以及骨骼肌和心肌的变性等。

(4) 免疫功能异常　肝病可以引起免疫反应异常，免疫反应异常又是引起肝脏损害的重要原因之一。例如乙型肝炎病毒引起的体液免疫和细胞免疫都能损害肝细胞；乙型肝炎病毒的表面抗原（HBsAg）、核心抗原（HBcAg）、e 抗原（HBeAg）等能结合到肝细胞表面，改变肝细胞膜的抗原性，引起自身免疫。又如原发性胆汁性肝硬化，病畜血内有多种抗体（抗小胆管抗体、抗线粒体抗体、抗平滑肌抗体、抗核抗体等），也可能是自身免疫性疾病。

(5) 胆道阻塞（如结石、肿瘤、蛔虫等）　炎症包块及肿瘤压迫等均可使胆道阻塞，引起胆汁淤积，甚至引起毛细胆管破裂，使肝细胞代谢发生障碍，引起肝细胞变性、坏死，严重时由于结缔组织增生导致肝硬变。

(6) 血液循环障碍　如心包炎、心肌炎、心瓣膜病、各种原因引起的心包积液、胸水、胸内压增高时引起的心功能不全，造成肝静脉血液回流发生障碍，以及各种原因造成的门静脉阻塞（肝癌、胰腺癌等）、肝静脉阻塞（肿瘤压迫、血栓形成等），均可导致肝脏淤血、肿大、窦状隙被动性扩张，肝细胞因缺氧和受到压迫而发生萎缩、变性和坏死，后期由于结缔组织弥漫性增生导致肝硬变。

(7) 肿瘤　如肝癌对肝组织的破坏。

(8) 遗传缺陷　有些肝病是由于遗传缺陷而引起的遗传性疾病。例如由于肝脏不能合成铜蓝蛋白，使铜代谢发生障碍，而引起肝豆状核变性；肝细胞内缺少 1 - 磷酸葡萄糖半乳糖尿苷酸转移酶，1 - 磷酸半乳糖不能转变为 1 - 磷酸葡萄糖而发生蓄积，损害肝细胞，引起肝硬化。

## 二、结局和对机体的影响

肝脏是机体重要的物质代谢器官，肝功能不全，可引起机体的多种物质代谢障碍，影响机体的机能活动。

### （一）对物质代谢的影响

（1）糖代谢的改变 肝脏是糖原合成、糖原分解及糖原异生的器官，它在血糖的调节中占有重要地位。肝功能不全时，肝脏利用葡萄糖合成糖原的能力降低，而且利用代谢产生的乳酸及蛋白质、脂类等的中间产物通过糖原异生的途径来合成糖原的过程也发生障碍，故糖原含量下降。同时，糖原分解也减少，ATP 生成不足，维生素 $B_1$ 的磷酸化障碍，血液中丙酮酸增高，结果血糖浓度降低，严重时因脑组织能量供应不足而出现低血糖性昏迷，给机体的生命活动造成严重的影响。

（2）脂肪代谢的改变 肝脏是脂类重要的代谢器官，对脂类的消化、吸收、分解、合成及运输起重要作用。肝功能不全时，由于糖代谢发生障碍，肝糖原减少，ATP 生成不足，难以维持机体生命活动的需要，于是在神经、体液因素的调节下，大量脂肪便从脂肪组织中分解、释出，运至肝脏。但由于缺乏肝糖原，进入三羧酸循环的关键性物质——草酰乙酸不足，所以，由脂肪分解以及由丙酮酸形成的乙酰辅酶 A，也难以进入三羧酸循环而彻底氧化，以致血液中脂类的含量增高，超过了肝脏的处理能力，大量的脂肪积聚在肝脏，严重时引起脂肪肝。脂类含量增高的同时，脂肪分解代谢相应加强，产生多量酮体，而酮体在肝外组织常不能完全氧化，于是又导致血液中酮体增多。这样血液中不仅乳酸和丙酮酸的含量增多，而且酮体的含量也升高，使机体发生酸中毒。

（3）蛋白质代谢的改变 肝脏是蛋白质代谢的场所，在蛋白质合成和分解代谢中起着重要的作用。正常情况下，氨基酸脱氨基后形成的氨，在肝内经鸟氨酸循环形成尿素而解毒。肝功能不全时，首先表现为氨基酸的脱氨基及尿素合成障碍，血及尿中尿素含量减少，血氨含量增多。同时，肝细胞蛋白分解产生的氨基酸，如亮氨酸、酶氨酸等也将出现在血及尿中。此外，肝功能不全时，肝脏合成蛋白质的能力降低，故血浆中白蛋白、纤维蛋白原、凝血酶原的含量减少。

（4）酶活性的改变 肝脏在代谢过程中所起的重要作用，与它含有许多种类的酶有关。它不但能排泄某些酶于胆道，而且还能释放一定数量的酶入血。因此，肝功能不全时，常伴有血浆中某些酶活性的升高或降低，如谷草转氨酶（GOT）可因肝细胞的损伤而释放至血液，血清中 GOT 浓度升高，胆碱酶酶活性降低，动物血清鸟氨酸氨甲酰转移酶（SOCT）增高，山梨醇脱氢酶（SD）增高等。

（5）维生素代谢的障碍 肝脏是多种维生素的贮存场所，脂溶性维生素的吸收依赖于肝脏分泌的胆汁，许多维生素在肝内参与某些辅酶的合成。肝功能不全时，胡萝卜素转变成维生素 A 的能力降低，肝内维生素 A 也不易释放，血液中维生素 A 的含量降低，出现维生素 A 缺乏症；脂溶性维生素（维生素 D、维生素 K）吸收障碍则可引起骨质软化和由凝血因子合成不足所致的出血性素质；维生素 $B_1$（硫胺素〉在肝内磷酸化过程的障碍使得丙酮酸氧化脱羧作用发生障碍，血液中丙酮酸含量增高，出现多发性神经炎等症状。

(6) 激素代谢的障碍　许多激素的代谢与肝脏有关，肝脏是体内多种激素降解的主要场所。肝功能不全时，肾上腺糖皮质激素降解灭活作用减弱，血中激素浓度升高，久而久之可因垂体促肾上腺皮质激素的分泌抑制导致肾上腺皮质机能低下；抗利尿激素和醛固酮的灭活作用减弱，使其在体内含量增多，常可引起水肿和腹水；雌激素在肝内的灭活作用减退，血及尿中雌激素含量增多；胰岛素灭活减弱，导致低血糖。

(7) 水和电解质代谢障碍　肝功能不全时，抗利尿激素和醛固酮的灭活作用减弱，肾小管对水和钠的重吸收增加，同时由于血浆蛋白减少，血浆胶体渗透压降低，促进水肿的形成，因此，常可引起水肿和腹水。

### (二) 对机体机能的影响

(1) 血液学改变　肝功能不全时，由于物质代谢障碍，缺乏造血所必需的原料，如蛋白质、维生素、酶类等，因此红细胞生成减少，常有贫血现象。另外，维生素 K 缺乏及凝血酶原等多种凝血因子生成减少，使机体伴有出血倾向。肝功能不全时，由于肝脏摄取、结合和排泄胆红素的功能发生障碍，因而血中胆红素含量增多，引起黄疸现象。

(2) 脾脏功能改变　肝细胞的变性、坏死引起肝功能不全时，常伴有脾脏的某些变化，如急性肝炎时常见脾脏巨噬细胞系统的增生，肝硬化时则常伴有脾窦扩张、脾素纤维结缔组织增生以及脾脏机能亢进等肝脾综合征表现，从而引起脾脏功能的相应改变。

(3) 胃肠道功能改变　门静脉循环障碍可造成胃肠道黏膜淤血、水肿以及胃肠道分泌、吸收、运动功能障碍，临床上常出现食欲不振、营养不良等症状。胆汁分泌、排泄障碍，影响脂类及维生素 A、维生素 D、维生素 K 等脂类相关物质的消化和吸收。

(4) 心脏血管系统功能改变　肝功能不全时若伴有体内胆汁潴留，由于胆汁盐对迷走神经和心脏传导系统的毒性作用以及水盐代谢紊乱，常出现心动缓慢、血压下降、血管扩张、心脏收缩力减弱等变化。

(5) 肝脏防御功能改变　肝脏是机体重要的防御器官，体内外的许多有毒物质可通过肝脏的氧化、还原、水解、结合等方式转化成原毒或毒性较低的物质。肝功能不全时，进入体内的大量毒性物质不能经肝脏有效地进行生物转化而直接进入大循环中。同时，由于肝脏合成尿素发生障碍，容易引起机体的中毒现象。另外，由于肝功能不全造成机体巨噬细胞系统免疫生物学反应性的降低，机体抵抗感染的能力下降。

(6) 神经系统功能的改变　严重的肝功能不全，常可引起中枢神经系统的功能紊乱，出现以昏迷为主的一系列神经症状，称为肝性昏迷，或称肝性脑病。动物出现行为异常、烦躁不安、抽搐、嗜睡甚至昏迷。

## 第四节　肝炎

肝脏是机体最大的代谢、解毒和屏障器官，担负着机体重要的生理功能。肝功能的复杂 性和多样性增加了肝脏与各种毒性因子的接触机会，因此肝脏最易受到各种致病因素的侵害 而发生炎症。肝炎是指肝脏在某些致病因素的作用下发生的以肝细胞变性、坏死或间质增生为主要特征的一种炎症过程。其发生原因有传染性的、中毒性的和寄生虫性的几类。按疾病进程分急、慢性两种。病理类型则有实质性与间质性之分。据病因、疾病进程和病理特点将肝炎分为传染性肝炎和中毒性肝炎。

## 一、传染性肝炎

传染性肝炎是指由生物性致病因素（细菌、病毒、霉菌、寄生虫等）引起的肝脏炎症。如传染性肝炎、钩端螺旋体病、沙门氏菌病、犬细小病毒感染等都会引起肝脏发生炎症。

1. 病毒性肝炎

病毒性肝炎是指某些对肝脏组织具有明显亲嗜性的病毒引起相应传染病的同时，可在毒血症的基础上促发特定的病毒性肝炎。

（1）病因和机理　侵害动物肝脏引起炎症的病毒都是一些所谓嗜肝性病，如犬传染性肝炎病毒。某些不是以肝脏为主要侵害靶器官的病毒也可引起肝炎。

（2）病理变化　眼观：肝脏呈不同程度肿大，边缘钝圆，被膜紧张，切面外翻。呈暗红色或红色与土黄色（或黄褐色）相间的斑驳色彩，其间往往有灰白色或灰黄色形状不一的坏死灶。胆囊胀大或缩小不定。

镜检：肝小叶中央静脉扩张，小叶内见出血和坏死病灶。肝细胞广泛水疱变性，淋巴细胞浸润，肝窦充血。小叶间组织和汇管区内小胆管和卵圆形细胞增殖。部分病毒所致肝炎还可见于肝细胞的胞核或胞浆内发现特异性包涵体；用免疫组织化学或特殊染色方法有时可发现病毒表面抗原。

（3）病毒性肝炎常见疾病　犬传染性肝炎：是犬属动物的一种传染病，主要发生于青年犬，病原是一种腺病毒。

眼观：皮下水肿，腹腔蓄积澄清或血样液体，胃、肠和胆囊浆膜下出血。肝脏肿大，质脆，呈黄色斑驳状，胆囊水肿。

镜检：肝实质严重变性和坏死，坏死灶多位于肝小叶中心，为许多嗜伊红染色的凝固性坏死灶，周围有淋巴细胞、单核细胞浸润，并有少量胆色素沉积。在坏死灶附近变性的肝细胞中可见到明显的核内包涵体，胞核极度肿大，染色质过集，包涵体的体积很大，几乎占据整个胞核，嗜伊红染色，轮廓清晰，枯否氏细胞肿大，也可见到相同的核内包涵体，这是本病在组织学上的病变特征。

2. 细菌性肝炎

细菌性肝炎是指细菌引起肝脏的炎症，主要以变质、坏死和形成肉芽肿为特征。

（1）病因和机理　引起此型肝炎的细菌种类很多，如巴氏杆菌、沙门氏菌、坏死杆菌、钩端螺旋体和各种化脓性细菌等。细菌性肝炎以组织变质、坏死、形成脓肿或肉芽肿为主要病理特征。

（2）病理变化　可分为下述三种。

①以变质为主要表现的细菌性肝炎：

眼观：肝脏肿大，肝内充血阶段可见肝脏呈暗红色；有黄疸者为土黄色或橙黄色。常见点状出血与斑状出血，以及灰白色或灰黄色的坏死病灶。

镜检：中央静脉扩张，肝窦充血。肝细胞广泛颗粒变性、脂肪变性或水疱变性和局灶性坏死，以及以中性粒细胞为主的炎症细胞浸润。

②化脓性感染：特别是化脓棒状杆菌引起的化脓性肝炎（肝脓肿）。

眼观：脓肿为单发或多发，多数发生在左肝叶。脓肿具有包膜，内含黏稠的黄绿色脓液。肝表面的脓肿常引起纤维素性肝周围炎，因而发生粘连。

③以肉芽肿形式出现的细菌性肝炎：常为肝内感染某些慢性传染病的病原体如结核杆菌、鼻疽杆菌、放线菌等所致。

眼观：肝内此类肉芽肿的组织结构大致相同，为大小不等的结节状病变。增生性结节中心为黄白色干酪样坏死物，如有钙化时质地比较硬固，刀切时闻磨砂声。

镜检：结节中心为均质性结构坏死灶，其间或有钙盐沉着；周围为多量上皮样细胞浸润，其间还见几个胞体很大的多核巨细胞，它们的胞核位于胞浆的一侧边缘，呈马蹄状排列；周围有多量淋巴细胞浸润，外围见数量不等的结缔组织环绕，结节与周围组织分界清楚。

3. 霉菌性肝炎

(1) 病因和机理　其病原体常见有烟曲霉菌、黄曲霉菌、灰绿曲霉和构巢曲霉等致病性真菌。

(2) 病理变化　可由眼观和镜检得知。

眼观：肝脏显著肿大，边缘钝圆，切面隆突，呈土黄色，质脆易碎，有明显黄疸。

镜检：肝细胞脂肪变性、坏死，肝组织出血和淋巴细胞增生，间质小胆管增生。慢性病例则形成肉芽肿结节，其组织结构与其他特异性肉芽肿相似，但可发现大量菌丝。

4. 寄生虫性肝炎

(1) 病因和机理　此型肝炎因肝内某些寄生虫在肝实质中或肝内胆管寄生繁殖，或某些寄生虫的幼虫移行于肝脏时而发生。

(2) 病理变化　由某些寄生虫（蛔虫和肾虫）的幼虫移行肝脏时发生的肝炎。

眼观：肝脏表面有大量形态不一的白斑散布，白斑质地致密和硬固，有时高出被膜位置。此俗称“乳斑肝”。

镜检：可见许多肝小叶内有局灶性坏死病灶，其周围有大量嗜酸性粒细胞以及少量中性粒细胞和淋巴细胞浸润，小叶间和汇管区结缔组织增生。寄生虫幼虫移行的肝脏坏死病灶，形成有上皮样细胞围绕和炎性细胞浸润以及结缔组织增生的肉芽肿。

## 二、中毒性肝炎

中毒性肝炎是指由病原微生物以外的其他毒性物质引起的肝炎。

由于环境污染的日益严重，以及各种化学性制剂（农药、药物、添加剂）的广泛使用和人工配合饲料的某些缺陷等原因，动物中的中毒性肝炎已日渐多见，在某些集约化和封闭式饲养场常有大规模发生的特点。

(1) 病因和机理　中毒性因素多因采食了霉败食物和腐烂的鱼肉类及其工业加工副产品等有毒分解产物，或由于长期服用某些抗生素与磺胺类药物。引起中毒的各种化学性物质大多是所谓的亲肝性毒物，例如有机氯化合物中的氯丹、毒杀芬、五氯酚钠、多氯联苯胺等，有机磷化合物中的双硫磷和有机汞化合物中的赛力散等。这类用作农药的物质在使用不当时可污染饲料而使动物受害。

引起中毒的药物种类也很多。药物与毒物之间并无严格的界限，当超量使用或用法不当时，可对机体（包括肝脏）起毒性作用；有不少药物对肝组织能产生直接毒害的影响，如汞剂、硫酸亚铁、氯仿、酒精，甲醛、磷、铜、砷、氟化物和煤酚等。近年来还发现某些临床上经常使用的解热镇痛药如羟基保泰松、消炎痛，某些抗生素和呋喃类化合物如先锋毒素Ⅰ、杆菌肽、麻醉药氟烷和免疫抑制药硫唑嘌呤以及种类繁多的环境消毒药等，在过量或持久使用的情况下对动物的肝脏均有一定的毒性，有的很快即引起转氨酶升高。在动物已有肝疾患时，其毒性更为明显。

因机体本身患有某些疾病引起物质代谢障碍，毒性代谢产物在体内蓄积过多，以及严重的胃肠炎、肠梗阻和肠穿孔招致的腹膜炎，也能发生这一类型的肝炎。

（2）病理变化　急性中毒性肝炎的主要病理变化是肝组织发生重度的营养之良性病变以至坏死，同时还伴有充血、水肿和出血。

眼观：肝脏呈不同程度肿大，潮红充血或时儿出血点与出血斑，水肿明显时肝湿润和重量增加，切面多汁。在重度肝细胞脂肪变性时，肝呈黄褐色。如淤血兼有脂肪变性时，肝脏在黄褐色或灰黄色的背景上，见暗红色的条纹，呈类似于槟榔切面的斑纹；同时常在肝的表面和切面发现有灰白色的坏死灶。急性中毒性肝炎，由于大量肝细胞坏死、崩解和伴有脂肪变性，肝脏的体积通常缩小，肝叶边缘变为锐薄，呈黄色。

镜检：肝小叶中央静脉扩大，肝窦淤血和出血，肝细胞重度脂肪变性和颗粒变性，小叶周边、中央静脉周围或散在的肝细胞坏死。严重病例坏死灶遍及整个小叶呈弥漫性坏死；未完全坏死溶解的肝细胞见胞核固缩或碎裂。肝小叶内或间质中炎性细胞渗出现象一般微弱，有时仅见少许淋巴细胞。

## 第五节　肝硬变

各种原因引起肝细胞严重变性和坏死后，出现肝细胞结节状再生和间质结缔组织广泛增生，使肝小叶正常结构受到严重破坏，肝脏变形、变硬的过程称为肝硬变。

### 一、病因和机理

（1）门脉性肝硬变　见于病毒性肝炎、黄曲霉毒素中毒、营养缺乏，如缺乏胆碱或蛋氨酸等，肝脏长期脂变、坏死，被结缔组织取代，肝小叶结构改变。其特征是汇管区和小叶间纤维结缔组织增生，但胆管增生不明显，假小叶形成。

眼观：可见肝脏表面颗粒状小结节，黄褐色或黄绿色，弥漫分布于全肝。

镜检：肝小叶正常结构破坏，肝小叶被结缔组织分割形成大小不一的“假小叶”团块，无中央静脉，细胞排列紊乱，细胞较大。

（2）坏死后肝硬变　此种肝硬变是在肝实质大片坏死的基础上形成的，黄曲霉毒素、四氯化碳中毒及猪营养性肝病等常是慢性中毒性肝炎，可引起此型肝硬变。病初因病变发展较快，大量肝细胞迅速坏死，使肝体积缩小，以后肝细胞结节状再生，形成大小不一的结节。与门脉型肝硬变不同之处在于假小叶间的纤维间隔较宽，炎性细胞浸润，小胆管增生显著。

(3) 淤血性肝硬变　此种肝硬变是因为长期心脏功能不全，肝脏淤血、缺氧，肝细胞变性、坏死，网状纤维胶原化，间质因缺氧及代谢产物的刺激而发生结缔组织增生。特点是肝体积稍缩小，红色褐，表面呈细颗粒状。

(4) 寄生虫性肝硬变　这是最常见的肝硬变。可以是寄生虫幼虫移行时破坏肝脏(如猪蛔虫病)，或是虫卵沉着在肝内（牛、羊血吸虫)，或由于成虫寄生于胆管内（牛、羊肝片形吸虫)，或由原虫寄生于肝细胞内，引起肝细胞坏死（兔肝球虫病)。此型肝硬变的特点是有嗜酸性粒细胞浸润。

(5) 胆汁性肝硬变　由于胆道阻塞，肝内胆汁淤滞而引起。肿瘤、结石、虫体可压迫或阻塞胆管，使胆汁淤滞。肝被胆汁染成绿色或绿褐色。肝体积增大，表面平滑或颗粒状，硬度中等。镜检可见肝细胞胞浆内胆色素沉积，肝细胞变性、坏死；毛细胆管淤积胆汁、胆栓形成。胆汁外溢，充满坏死区成为“胆汁湖”。汇管区小胆管和纤维组织增生。

## 二、病理变化

肝硬变由于发生原因不同，其形态结构变化也有所差异，但基本变化是一致的。

眼观：早、中期肝脏体积正常或略大，质地稍硬。后期肝体积缩小，重量减轻，边缘锐薄，质地坚硬，表面呈凹凸不平或颗粒状、结节状隆起，色彩斑驳，常染有胆汁；肝被膜变厚。切面上可见十分明显的淡灰色结缔组织条索围绕着淡黄色圆形的肝实质，肝内胆管明显，管壁增厚。

镜检：可见以下特征变化：

(1) 结缔组织广泛增生　结缔组织在肝小叶内及间质中增生，炎性细胞以淋巴细胞浸润为主。

(2) 假性肝小叶形成　增生的结缔组织包围或分割肝小叶，使肝小叶形成大小不等的圆形小岛，称假性肝小叶。假小叶内肝细胞索排列紊乱，肝细胞较大，核大，染色较深，常发现双核肝细胞。小叶中央静脉缺如，偏位或有两个以上。假小叶外周增生的纤维组织中也有多少不一的慢性炎细胞浸润，并常压迫，破坏细小胆管，引起小胆管内淤胆。

(3) 假胆管　在增生的结缔组织中有新生毛细血管和假胆管。假胆管是由两条立方形细胞形成的条索，但无腔，故称假胆管。

(4) 肝细胞结节　病程长时，残存肝细胞再生，由于没有网状纤维做支架，故再生肝细胞排列紊乱，聚集成团，且无中央静脉。再生的肝细胞体积较大，胞核可能有两个或两个以上，胞浆着染良好。

# 第六节　胰腺炎

胰腺炎是胰腺因胰蛋白酶的自身消化作用而发生的一种炎症性疾病。胰腺炎可分为急性胰腺炎与慢性胰腺炎。急性胰腺炎是因胰酶消化胰腺自身而引起的急性炎症，多发生于肥胖的犬、猫。临床症状轻重不一，轻者有胰腺水肿，表现为腹痛、恶心、呕吐等。重者胰腺发生坏死或出血，可出现休克和腹膜炎，病情凶险，死亡率高。慢性胰腺炎是指胰腺的反复发作或持续性炎症变化，使腺体发生广泛性纤维化、实质细胞减少及胰腺外分泌功能降低。

## 一、原因和发生机理

按胰腺炎的病程和病变特征，可分为急性胰腺炎和慢性胰腺炎两种。

### （一）急性胰腺炎

幼犬的水肿型胰腺炎症状不明显，仅出现食欲不振、呕吐、腹泻，易误诊。而急性出血性胰腺炎则出现剧烈腹痛、脂肪便、肉便、血便，甚至体温下降、痉挛、休克。

（1）饲养管理不善，长期单纯性或过量饲喂高脂食物，导致胰腺内酶含量改变而诱发。这是急性胰腺炎发生的重要病因。

（2）糖尿病、高血脂、甲状腺机能减退时易发生胰腺炎。

（3）胆管炎症、结石、寄生虫、水肿、痉挛等病变使壶腹部发生梗阻，加之胆囊收缩，胆管内压力升高，胆汁通过共同通道反流入胰管，激活胰酶原，导致胰腺自身消化而引起胰腺炎。此外胆石、胆道感染等疾病尚可造成括约肌功能障碍，引起十二指肠液反流入胰管，激活胰腺消化酶诱发急性胰腺炎。

（4）中毒性疾病、某些传染病的发病过程中，由病毒、细菌、毒物侵害胰腺。十二指肠肠液或胆汁返流进入胰管和胰间质。如犬传染性肝炎、犬钩端螺旋体、猫传染性腹膜炎、猫弓形体病等传染疾病可继发胰腺炎。

（5）药物中如肾上腺糖皮质激素、噻嗪类等可使胰液的分泌及黏稠度增加，引起或诱发胰腺炎。

（6）胃肠道术后、腹部创伤等均可引起或诱发急性胰腺炎。

### （二）慢性胰腺炎

最常见的是胆结石合并胆道感染导致的慢性胰腺炎，可反复急性发作。胆石症、慢性胆囊炎、胆总管结石、胆管口结石或慢性感染所致狭窄引起的胰液排出受阻、胰管内压升高、胰液滞留是慢性胰腺炎最重要的发病机制。此外，遗传、高血钙、高血脂、外伤和药物等因素也是慢性胰腺炎的发病原因。

本病主要由胰腺组织受胰蛋白酶的自身消化引起。正常生理条件下，胰液中的胰蛋白酶原并无活性。当胰导管阻塞和胰液回流时，胰蛋白酶原受到胆汁和肠激酶作用后转变为活性胰蛋白酶，引起胰腺组织坏死、溶解。同时，被激活的胰蛋白酶又可激活其他一系列酶的反应，促进了胰腺组织的坏死溶解。近年研究资料表明，胰腺腺泡的酶原颗粒中含有一种弹性 蛋白酶，而胰液中则含有无活性的该酶前体，后者可被胰蛋白酶激活而使弹力组织溶解。

## 二、病理变化

### （一）急性胰腺炎

急性胰腺炎是指以胰腺水肿、出血和坏死为特征的胰腺炎，又称急性出血性胰腺坏死。急性胰腺炎发病急，预后较好。依其病理变化又可分为水肿型及坏死型两种，但实际上是同一病变的不同阶段。

（1）急性水肿型　急性水肿型亦称间质型。此型较多见。病变可累及部分或整个胰腺，以尾部为多见。

眼观：胰腺肿大变硬，切面多汁。

镜检：间质充血、水肿显著，出血不明显，有少量中性粒细胞和单核细胞等炎性细胞浸润，有时可发生局限性脂肪坏死。

（2）急性坏死型（包括出血型）　此型少见。胰腺肿大变硬，腺泡及脂肪组织坏死以及血管坏死出血是本型的主要特点。

眼观：胰腺肿大，质地稍软，结构模糊，暗红褐色，切面湿润，血管坏死性出血，坏死可累及大网膜和肠系膜脂肪组织，腹腔内有血色或咖啡色渗出液。

镜检：可见局灶性凝固性坏死，伴发出血、微血栓形成，坏死灶外围可出现中性粒细胞和单核细胞浸润。随着病程进展，病灶可能纤维化或转为慢性胰腺炎。

### （二）慢性胰腺炎

慢性胰腺炎是指以胰腺呈现弥漫性纤维化、体积显著缩小为特征的胰腺炎，多由急性胰腺炎演变而来。

眼观：胰腺体积显著缩小，呈纤维性结节状外观，质地坚实。除胰腺实质坏死外，脂肪坏死尤为广泛，可扩展到大网膜和肠系膜脂肪组织。

镜检：大多数胰岛和腺泡组织呈现纤维化结构，间质内纤维性结缔组织广泛增生，坏死灶外围有淋巴细胞和浆细胞等炎性细胞浸润。

# 第十八章　神经系统病理

神经系统在高等动物体内居主导地位，机体的一切活动都受神经支配。动物体是一个复杂的统一整体，依靠神经系统的调节保持着机体内外环境的相对平衡。内外环境一旦发生改变，而机体又不能适应，正常机能被破坏则出现病理现象，体内的一切病理变化都与神经系统的活动有密切联系，即体内各器官的病理过程都能影响神经系统的机能，以致使神经系统在形态学方面发生改变。例如，肝脏疾患时可引起肝性脑病，营养不良也可能改变神经系统的机能和形态。相反，当神经系统的完整性和机能以至形态发生变化时，则引起相应器官系统的机能和形态发生变化。本章重点介绍神经系统的基本病理变化、脑脊髓炎及脑软化。

## 第一节　神经系统的基本病理变化

神经系统主要由神经细胞和神经胶质构成，此外还有间叶组织（包括血管、脑膜和结缔组织等）。在疾病过程中这些组织均有不同程度的物质代谢、机能状态或形态结构的改变。病变较轻时，往往不易被发现；病变重时，不仅表现为自身性的病理性损伤，而且往往引起其所支配的其他系统或器官的一系列功能改变。就神经系统本身而言，发病的顺序和轻重也常常具有一定的规律可循。一般而言，以代谢旺盛、功能活跃的神经细胞最先受到损害，其次是胶质细胞，而结缔组织中的血管反应常常伴随着神经细胞的变化或胶质细胞的增殖而发生。有时，血管反应虽然可先于这些变化，例如充血、淤血现象发生的往往较早，但这只是一种暂时的现象，而不是构成本身结构损伤的病理表现。另外，神经细胞的病变有的是可逆性的，有的则是不可逆性的。因此，在检查神经组织病变的过程中，应该十分注意对神经细胞的观察，因为它的病变对某些疾病的正确诊断具有重要的指导意义。

### 一、神经细胞的变化

神经细胞又叫神经元，其由胞体和突起两部分构成。在疾病过程中神经元的变化可不明显或非常明显；变化可相同或不同，这与致病因素的作用强弱、直接或间接的影响神经元、病变发生的速度和严重程度有关。不同类型的神经元对疾病的反应也不尽相同，有的敏感，有的则耐受性较强。神经元在许多疾病过程中特别是在一些急性病毒性传染病、败血症、中毒或缺氧性疾病时，其病理变化不仅出现的较早，而且表现尤为明显，对疾病的确诊十分重要。现将神经元的几种常见病理变化分述如下。

### （一）神经元胞体的变化

神经元的胞体部分最易发生病变，它的病变是导致神经纤维病变和其所支配的组织和器官发生机能和形态改变的主要原因。神经元胞体常见的病变有：

#### 1. 神经细胞的急性肿胀（acute swelling of neurons）

常见于中毒和严重感染性疾病，多发生于大脑皮质的锥体细胞。主要表现为：胞体和近胞体的突起肿大，胞浆清亮，着色较淡而树突和轴突却易于着色。胞核稍肿大，偏居一侧，核仁与神经元纤维无明显变化。在胞核肿大的的同时，其胞浆中的尼氏小体（Nissl bodies）就开始溶解并消失。据电镜观察证实，所谓的尼氏小体实为神经元胞体中排列致密的粗面内质网，由于其嗜碱性，故 H. E 染色时呈深蓝色的斑块状结构。尼氏小体多聚集于胞浆的边围部，形似虎斑，故又称虎斑样小体（tigroid bodise）。随着病程逐渐发展，尼氏小体的逐渐消失，致全部胞浆呈细颗粒状，胞浆着色不清（相当于其他实质器官细胞的颗粒变性），但细胞核的结构无改变。

神经元的急性肿胀是一种初期的、较轻微的可逆性病变，当除去致病因素后，即可恢复到正常神经细胞的形态和机能。

#### 2. 神经细胞凝固（coagulation of neurons）

又称神经细胞缺血性损伤（ischemic neuronal injury），多见于缺氧、贫血、低血糖症、维生素 $B_1$ 缺乏以及中毒、外伤和重度癫痫病的反复发作之后等。一般发生于大脑皮质中层、深层和海马的齿状核。病初，胞体肿大，在胞体周边可见到尼氏小体染色阳性颗粒或尘埃样物质。继之，胞体收缩呈三角形或多角形（锥体细胞），胞浆内尼氏小体消失，嗜酸性增强，H. E 染色呈均匀红色，胞体周围出现空隙。胞核体积缩小，形态不整，着色加深。核仁不明显，甚至完全消失，最后，细胞发生凝固。

这种变化的早期是一种可逆性变化，但若病因未除，供血情况无好转，则神经元可发生坏死。

#### 3. 神经细胞的液化（liquefactive vaculation）

神经细胞坏死后进一步溶解液化的过程，是严重中毒和全身性感染所致。初期表现为细胞体肿胀，尼氏小体大部分消失，残留的尼氏小体颗粒互相凝结成不规则的团块。胞核缩小、偏位和浓染，染色质呈细颗粒状或弥散性深染，核仁与染色质分不清，以后胞核崩解，失去嗜银性，进而核膜破裂，染色质碎块散在于细胞浆内，胞浆中出现空泡，神经原纤维早期消失。发生病变的神经细胞周围有卫星细胞和噬神经细胞现象，增多的卫星细胞（小胶质细胞）一部分能进入神经细胞体，神经细胞最后全部液化或被周围的小胶质细胞吞噬。

这种变化多见于皮质坏死性病变的边缘或正进行坏死的区域内，是一种不可逆性的变化。

#### 4. 神经细胞固缩（shrinkage of neurons）

神经细胞体及其突起都发生萎缩，染色比正常深。胞体外形不整或皱缩，树突和轴突过度变小和曲屈，细胞体积缩小。银染时，尼氏小体呈显著的嗜银性，神经原纤维显著增粗，突起很细，细胞核收缩呈三角形，核仁不明显，有时胞核与深染的胞浆不易区别开来，进一步发展时，细胞失去微细构造，胞浆和胞核凝结为蓝色质块，因此也叫做细胞“硬化”。

这种变化常见于慢性感染、慢性中毒、慢性缺血性疾病和长期低氧的状态等，多发生于大脑皮质，一般为慢性经过，受损的神经细胞只占少数。

5. 神经细胞的水泡变性（cytoplasmic vacuolation）

在神经细胞胞浆内，严重时在核内都能呈现有小空泡，空泡的数目不等，有时可融合为较大的空泡。这种变化常见于因脑循环障碍所引起的脑水肿时，为可逆性变化。

6. 神经细胞的染色质溶解（chromatolysis）

是指神经细胞胞浆尼氏小体的溶解，其表现形式有两种，中央染色质溶解（central chromatolysis）和周边染色质溶解（peripheral chromatolysis）。

（1）中央染色质溶解　指神经细胞胞核周围的尼氏小体溶解，多发生于脊髓腹角的运动细胞或脑干运动核中的大型运动细胞的轴突损伤之后，故又称为轴突反应（axonal reaction）。这种病变多见于中毒与某些病毒感染时。损伤部位越靠近胞体，染色质溶解越严重。表现为受损伤细胞体积肿大变圆，胞核也肿大并靠向一侧，胞核附近的尼氏小体变成粉末状最后消失，而细胞周边的尼氏小体依然存在，以后细胞液化坏死。如病情好转，细胞核周围的尼氏小体可重现，细胞体缩小，核归原位，恢复正常。

尼氏小体是一种核糖核酸蛋白，其代表粗面内质网，是蛋白质代谢场所。中央染色质溶解代表核蛋白的大量消耗，可视为神经细胞合成功能加速的表现，因为在神经纤维的修复和再生过程中需要大量的核蛋白，因此，它是一种抗损伤性反应。

（2）周边染色质溶解　是指神经细胞的边缘部和树突中尼氏小体溶解消失。此时，在细胞核附近仍聚集有较多的尼氏小体。神经细胞体较小、较圆，此种变化多见于肌麻痹病时脊髓前角运动细胞。一般受轻微损伤时呈周边染色质溶解的细胞，如长时间受刺激也能发展为中央染色质溶解，由此看来它可以是神经细胞从变性到死亡过程中的早期表现。但如果受损伤细胞恢复时，它又可能是恢复过程的早期表现，标志尼氏小体在核周围活跃的核蛋白再生。

7. 包涵体形成（intracytomic inclusion）

神经细胞中包涵体的形成可见于某些病毒性感染疾病。包涵体的大小、形态、染色特性及存在部位，对一些疾病具有示病意义。如狂犬病时，大脑皮质海马的锥体细胞及小脑浦金野细胞胞浆中出现嗜酸性包涵体，也称内格里（Negri）小体。

此外，神经细胞胞体的变化还包括细胞内出现脂肪空泡、脂褐素沉着及黑色素颗粒等。

### （二）神经纤维的变化

神经纤维主要是由神经元的轴突和雪旺氏细胞组成。其变化常受胞体的影响，即随胞体的变化而变化，但它的表现形式则与胞体的变化完全不同。神经纤维常见的病理变化有华氏变性和髓鞘脱失两种。

（1）华氏变性（wallerian degeneration）　是指脱离胞体的神经纤维脂解后被吞噬细胞

清除的过程。神经细胞为神经元的营养中心，当神经纤维损伤离断后，其与细胞体脱落的远心端纤维轴索因得不到营养而坏死崩解为颗粒状，在髓鞘内被溶解，继之髓鞘变性，逐渐变为类脂质，最后转变为中性脂肪。外围的神经膜细胞转变为吞噬细胞，吞噬并清除轴索和髓鞘的崩解产物，和神经细胞保持联系的向心端纤维轴索也发生有同样变化，但这些变化常发生在很短距离范围之内。同时神经膜细胞（雪旺氏细胞）增生，胞浆变得丰富，胞核进行有丝分裂，胞核数目增多，形成一个多核细胞索。当神经膜内容物被吞噬排空后，新生的轴索从与细胞体相连的一段再生，并沿着细胞索管腔内伸长，一直到达其所支配的组织，其次再形成髓鞘，依此其结构和功能得以恢复。中枢神经纤维也呈现相同的变化，因其缺乏神经膜而不能再生恢复，常以周围的神经胶质细胞或结缔组织增生，最后形成瘢痕组织。

(2) 髓鞘脱失（demyelination） 又称脱髓鞘，是指髓鞘变性、崩解、消失，而轴突依然存在的一种非特异性病变过程。它多发生于外伤（如脑挫伤、外周神经损伤等）、血液循环障碍（如淤血、贫血等）、缺氧、严重感染、营养不良或营养成分缺失等情况。初期，髓鞘有不均匀的肿胀、断裂、形成髓球（myeline globule）。髓鞘脱失的部分着色很淡，其内有大小不等的空泡存在。随着病情的发展，髓鞘中的类脂质逐渐分解为中性脂肪，其可被苏丹Ⅲ染成红色。

## 二、神经胶质的变化

神经胶质细胞（neuroglial cell）是脑组织中除神经细胞和神经纤维外的重要成分，对脑组织具有支持、营养和保护作用。用 H. E 染色时，只能看到胶质细胞的核，而其胞浆一般不宜看清。只有进行特殊染色后，方能显示出完整的胶质细胞。脑组织中的胶质细胞主要有四种细胞，即星状胶质细胞、少突胶质细胞、室管膜细胞和小胶质细胞。其中前三种胶质细胞来自神经外胚层的神经胶母细胞，而小胶质细胞则来自中胚层，是后来侵入脑组织的胶质细胞。兹将胶质细胞的常见病变分述如下。

### （一）星状胶质细胞（astrocyte）

它在中枢神经系统中不仅具有支持和修补作用，而且在神经细胞和血管间具有传送营养物质和代谢产物的作用。由于星状胶质细胞的主要功能与机体其他部位的结缔组织细胞相似，故可将其视为中枢神经组织中的成纤维细胞。根据它的形态和结构，可分为两种：一种是胞浆中无神经胶质纤维，称为原浆型星状胶质细胞（protoplasmic astrocyte），主要分布在灰质。其特点是胞体大，胞浆较多，有较多的放射状突起。突起反复分支，分支多为钝角，突起内含有原浆，无胶质纤维。另一种是胞浆中含有神经胶质纤维，称为纤维型星状胶质细胞（fibrous astrocyte），主要分布于白质。其特点是胞体较小，突起较少，突起分支也较少，分支处多为锐角。胞浆及突起内含有细小光滑均匀的胶质纤维。胶质纤维细小而直，在电镜下呈串珠状，星状胶质细胞常有一粗大的突起，其末端稍膨大，如吸盘样附着在血管壁上或软膜下，称为“足板”，它有固定组织的作用。在 H. E 染色的切片上，星状胶质细胞仅可见圆形或卵圆形胞核，其内含染色质较少，呈斑驳状，通常没有核仁。

一般来讲，星状胶质细胞对有害刺激的反应并不很敏感，轻度的损伤只能引起星状胶质细胞的变形和肥大，中等程度以上的损伤才能引起星状胶质细胞的变性和增殖。

(1) 变形和肥大　只是星状胶质细胞的一种轻度变性。大脑灰质的结构损伤可引起星状胶质细胞的变形、其核和纤维增多，但胞体不肿大，当脑组织血液供应不足而影响营养和内呼吸时则可引起星状胶质细胞的肥大。肥大的星状胶质细胞有时可达25μm以上。其胞浆丰富，外周常有极微细的空泡，突起增多。胞核增大，甚至有双核或多核。由于胞体肿大，虽有增多的突起，但从整体上来看，细胞变圆，类似结缔组织增生时的大圆形细胞，故又有大圆形细胞之称。

(2) 变性　是指星状胶质细胞体积肿大，核浓缩或碎裂，胞浆及突起崩解成许多空泡的一种病理过程，多见于缺血、创伤性损伤和急性炎症区等。病变初期，突起断离、破碎与消失。这可能是其胞体发生代谢紊乱后，不能供给维持突起不断更新所需要的基本物质所致。胞核偏在，并发生固缩与破裂，核周区一过性地出现嗜酸性红染带。这种肿大而不规则的细胞，称之为阿米巴样胶质细胞（aneboid gliacyte）。有时星状胶质细胞可变成一种淀粉样小体（aneboid corpora）。当星状胶质细胞死亡或消失时，淀粉样小体仍可残留在脑组织。继之，整个细胞可分解、液化、而被吞噬细胞所清除。

(3) 增生　是指星状胶质细胞分裂增殖，数量增多的变化。脑组织任何局灶性病变、全身性缺氧、营养障碍和中毒等，均可导致星状胶质细胞增生。增生是星状胶质细胞对受损神经组织予以修复的形态表现。增生开始后，可见到原浆型星状胶质细胞减少，纤维型星状胶质细胞增多。增生的胶质细胞体积增大，胞浆丰富，胞核增大而常偏在；之后，胞浆减少，胞体缩小，纤维成分增多，将受损区代之以神经胶质细胞而予以修复，称此为胶质性瘢痕（glial scar）。

此外，星状胶质细胞增生也是许多病毒性脑炎的主要特征。其增生通常是弥漫性和局灶性相混杂，有时，在增生的星状胶质细胞中还可见到包涵体。

### （二）小胶质细胞

是胶质细胞中形体最小的细胞，H. E染色只见其胞核。小胶质细胞是中枢神经系统中唯一具有活跃吞噬能力的细胞，属于单核吞噬系统细胞系。关于小胶质细胞来源问题尚无定论，目前一般认为其来源于中胚层，但最近有人用标记$H^3$胸腺嘧啶核苷自显影法和电镜观察，认为脑内吞噬细胞是来源于血液中的单核细胞。

病理状态下，小胶质细胞对各种损伤的耐受性比神经细胞和神经纤维均强，当神经细胞坏死时，小胶质细胞仍可生存。小胶质细胞最常见的病理性反应主要表现为肥大、增生和吞噬三个过程。

(1) 肥大　是病变初期的变化，发生的较快，其表现为突起回缩，胞核变长，胞浆聚集于细胞的两极，使细胞变成杆状，称此为杆状细胞（rod cell），以后胞浆逐渐增多，胞体肿胀变圆，染色质减少。有时，在常规染色的切片上可见其胞浆呈淡红色狭带或偏心环状。

(2) 增生　多继发于肥大，是胞体肿大和胞核变化的结果。小胶质细胞的增生有两种形式，即局灶性增生和弥漫性增生。前者主要表现为小胶质细胞所组成的胶质结节，其常由3～4个乃至20个以上的小胶质细胞构成，可见于灰、白质与椎旁神经节；后者在低倍镜下表现为细胞密度增大，数量增多，虽然也有由几个小胶质细胞聚集而构成的胶质结节，但在较大的范围内常有多量散在的小胶质细胞。

(3) 吞噬作用　小胶质细胞具有活跃的吞噬作用和运动能力。在神经细胞发生变性和坏死的部位，小胶质细胞分裂、增值，胞体变大，轮廓清晰，呈现出明显的阿米巴样运动形式，对病灶中渗出的红细胞和坏死的神经组织崩解所释放的类脂质，特别是崩解的髓鞘进行吞噬。在吞噬过程中，胞体变大变圆，胞核暗紫圆形，或杆状，胞浆呈泡沫状或格子状空泡，故称格子细胞或泡沫样细胞。增生的小胶质细胞围绕在变性的神经细胞周围，称为卫星现象（satellitosis），一般由3～5个细胞或更多的细胞组成。神经细胞坏死后，小胶质细胞也可进入细胞内，吞噬神经元残体，称为噬神经元现象（neuronophagia）。在软化灶处，小胶质细胞呈小灶状增生，并形成胶质小结。细胞数量由几个至十几个甚至几十个，不过其中常有来源于浸润的单核细胞。有时小胶质细胞形成棒状细胞（rod cell），这时小胶质细胞的核延长，往往是原来的3～4倍，核深染。

### （三）少突胶质细胞

比星状胶质体积细胞小，胞浆少，突起少而短，分枝也少，H. E染色时，只见胞核，看不出胞浆和突起，形似淋巴细胞，其主要存在于神经细胞周围、神经纤维间及血管周围。在病理情况下，其可表现以下几种变化。

(1) 急性肿胀　是指胞浆中因液体聚集而形成大小不等的空泡。其特点是胞体肿大，胞浆中出现空泡，核浓缩。多见于急性中毒、感染或病毒性疾病的初期，通常为一种可逆性受损性反应。病初，常因细胞内的物质代谢过程紊乱，吸水性增强，故细胞迅速肿大，H. E染色可见核周围形成一环状空隙，胞浆中可见多量空泡。用镀银法染色，可见突起数目减少或发生断裂。若细胞继续肿胀则可导致胞膜破裂，呈裸核状态。

(2) 增生　是指少突胶质细胞在单位面积上数量增多，多见于脑水肿、狂犬病、破伤风等疾病。少突胶质细胞虽可在疾病的初期，即急性期增生，但尤为显著的是在疾病的后期、即慢性期增生。在急性疾病过程中（如脑水肿），少突胶质细胞在急性肿胀的同时即伴发迅速增生现象。而在慢性疾病过程中，少突胶质细胞则在神经细胞周围增生最为明显，以致将神经细胞包围形成所谓的卫星增生现象。

(3) 黏液样变性　在脑水肿时，少突胶质细胞胞浆中出现黏液样物质，H. E染色呈蓝紫色，胞体肿胀，核偏于一侧。

### （四）室管膜细胞

在脑室或中央管的周围部有室管膜，是由室管膜细胞（上皮细胞）所构成。在病理状态下，如脑积水，脑室表面部分的室管膜细胞消失，则补以胶质纤维，而在脑室炎症时，室管膜细胞则增生。

## 三、血液循环障碍

脑组织的血液循环障碍可引起暂时性的机能障碍或不可复性的组织坏死，其常见病变如下。

### （一）充血

根据充血时所发生的血管类型不同可将其分为动脉性充血和淤血。

（1）动脉性充血　常见于感染性疾病、日射病和热射病。表现为脑组织色泽红润，有时可见小出血点。镜检可见小动脉和毛细血管扩张，腔内充满红细胞。

（2）淤血　多发生于全身性淤血，主要见于心脏和肺脏疾病。另外，颈静脉受压迫时也可引起脑组织淤血，如颈部肿瘤、炎症等引起的脑淤血。其变化表现为脑及脑膜静脉和毛细血管扩张，充满暗红色血液。

### （二）贫血

脑组织和脊髓若发生贫血，一般均是全身性贫血的局部表现。常见于大量失血或血液分布不均（虚脱、体腔内压的突然变化等）、寄生虫所致的寄生性贫血、进行性出血以及维生素缺乏等疾病。此外，动脉受压迫或被堵塞及痉挛性收缩也可引起脑组织贫血。眼观可见贫血的脑组织色泽变淡，血管内含血量减少。如果贫血发生的时间较久，则镜检可发现液化性坏死灶、胶质细胞增生和神经元胞体的变性变化。

### （三）血栓、栓塞和梗死

动物的脑血栓很少见，有时在颈动脉形成血栓引起脑组织缺血和梗死，一般见于猫。脑动脉栓塞多由细菌团块、寄生虫、血栓和肿瘤细胞等引起。脑动脉中的栓子多是由他处转移到栓塞的部位，其形态一方面取决于栓子形成处的形态，另一方面也决定于栓子在栓塞部位存留时间的长短。动脉性栓塞可使局部脑组织发生梗死，早期为梗死区肿胀、中心呈液化性坏死，形成软化灶，其周围的脑组织出现轻微的缺血性变化。由于神经细胞和少突胶质细胞对缺血的耐受性低，一般出现坏死崩解，而血管内皮细胞和外膜细胞增生，小胶质细胞增生，逐渐吞噬坏死的神经细胞，外围有增生的形状胶质细胞包围。

### （四）血管周围管套（perivascular cuffing）

在脑组织受到损伤时，血管周围间隙中出现围管性细胞浸润（炎性反应细胞），环绕血管如套袖，称此为管套形成。管套的厚薄与浸润细胞的数量有关，有的只有一层细胞组成，有的可达几层或十几层细胞。管套的细胞成分与病因有一定关系。在链球菌感染时，以中性粒细胞为主；在病毒感染时，以淋巴细胞和浆细胞为主；食盐中毒时，以嗜酸性粒细胞为主。一般情况，这些反应细胞是从血液中浸润到血管间隙的，但有时也可由血管外膜细胞增生形成。血管周围管套形成通常是机体在某种病原作用下脑组织损伤出现的一种抗损伤性应答反应。

关于血管管套形成的结局还不十分清楚，它们可能存在很长时间。如反应较轻微时，管套可完全消散，严重时可压迫血管使管腔狭窄或闭塞而引起局部缺血性病变。

## 四、脑脊液循环障碍

在生理情况下，脑室、脊髓中央管和蛛网膜腔内均含有一定量的透明澄清的脑脊液，此种液体不仅具有物质交换和润滑中枢神经系统的作用，而且还有保持颅内压的相对恒定和减少外力震荡的作用。在正常时它一方面可不断地生成，另一方面又不断地被重吸收，始终保持着动态平衡。这种作用对于维持脑、脊髓组织的物质代谢和保证其机能的正常是非常重要的。当脑组织发生感染或脑脊液发生循环障碍时，可导致脑水肿和脑积水等病理变化。

### （一）脑水肿

脑组织的水分增加而使脑体积肿大称为脑水肿（cerebral edema）。根据病因和发生机理可将脑水肿分为两种类型：

（1）血管源性脑水肿　是由血管壁的通透性升高所致。可见于细菌内毒素血症、弥漫性病毒性脑炎、金属毒物（铅、汞等）中毒以及内源性中毒（如肝病、妊娠中毒、尿毒症）等。另外，任何占位性病变（如脑内肿瘤、血肿、脓肿、脑包虫等）压迫静脉而使血液回流障碍，血浆渗出增多，蓄积于脑组织，都可造成脑水肿。

血管源性脑水肿即可以是全脑性的，也可以是局灶性的。一般更容易发生在白髓。这与白髓的结构有关，液体容易在神经纤维间积聚。在铅中毒时，灰质与白质同样会有水肿液出现。维生素 $B_1$ 缺乏时，水肿在灰质更明显。

全脑性水肿表现为硬脑膜紧张，脑回扁平，蛛网膜下腔变狭窄或阻塞，色泽苍白，表面湿润，质地较软。切面稍突起，白质变宽，灰质变窄，灰质和白质的界限不清楚。脑室变小或闭塞，小脑受压迫而变小并出现脑疝。局部性脑水肿可出现中线旁移，胼胝体和脑室受压变形，出现一侧或两侧性脑疝形成。若是静脉受压引起的局部水肿，灰质也有严重的水肿，或有出血，其色泽为粉红色或黄色。镜检可见血管外围间隙和细胞周围增宽充满液体，组织疏松。水肿区着色浅，有 PAS 阳性物质，髓鞘肿胀，轴突不规则增宽或呈串珠状变化，有时有血浆蛋白渗出或炎性细胞浸润。

（2）细胞毒性水肿　是指水肿液蓄积在细胞内。发生内外源性毒物中毒时，因细胞内的 ATP 生成发生障碍，对细胞膜的钠泵功能不足，钠离子在细胞内蓄积而细胞的渗透压升高所致。另外，发生低渗性水中毒时也可产生细胞毒性水肿。

眼观变化类似于血管源性水肿，但更多见于灰质。镜检可见星状细胞肿胀变形，突起断裂，糖原颗粒集聚。如肿胀持续存在，并逐渐加重时，则核崩解。晚期周边部的星形细胞肥大增生，并有纤维性胶质瘢痕形成。少突胶质细胞的胞体变大，核浓缩变形，胞浆呈颗粒状。神经细胞也可表现为胞体肿大，胞核大而淡染，染色质溶解，细胞均质化或液化，特别是大型的神经细胞更多见。

### （二）脑积水

脑积水（hydrocephalus）是指颅腔内水分的积聚。液体聚积于硬脑膜下或蛛网膜下腔时称为脑外性脑积水（external hydrocephalus）；聚积于脑室时称为脑内性脑积水（internal hydrocephalus）。

脑积水有先天性的，也有获得性的。先天性脑积水主要见于幼犬。获得性脑积水见于多种动物，在脑膜炎、脉络膜炎、室管膜炎、颅内肿瘤、寄生虫性囊肿（棘球蚴、多头蚴）和某些病毒性感染等都可使脑脊髓液发生回流障碍，或引起蛛网膜绒毛重吸收障碍而出现脑积水。大脑导水管、第四脑室的正中孔和外室孔、小脑幕最易被阻塞，引起相应部位出现积水。

轻度脑积水变化不明显，较严重的脑积水时，可见脑室扩张，常呈不对称性，透明隔穿孔或无透明隔。脑组织受压而逐渐萎缩，最终导致死亡。

## 第二节 脑脊髓炎

脑脊髓炎（encephalomyelitis）是指脑脊髓实质的炎症过程。一般在脑组织发生炎症的同时伴有脊髓的炎症，故将脑炎（encephalitis）和脊髓炎（myelitis）放在一起叙述。

### 一、化脓性脑脊髓炎

化脓性脑脊髓炎（suppurative encephalomyelitis）的特点是脑脊髓组织有大量嗜中性粒细胞渗出，并发生化脓性溶解，甚至形成脓肿，同时常伴有脑脊髓膜的化脓性炎症。

#### （一）病因和发生机理

引起化脓性脑脊髓炎的病原主要是细菌，如葡萄球菌、链球菌、巴氏杆菌、大肠杆菌等，主要通过血源性感染或组织源性感染而引起。

（1）血源性感染　常继发于其他部位的化脓性炎症及全身性脓毒血症，在脑内形成转移性化脓灶，如巴氏杆菌、葡萄球菌感染等所引起的化脓性脑脊髓炎。

有一些病原菌可直接引起原发性化脓性脑膜脑炎，如新型隐球菌等。血源性感染可在脑组织的任何部位形成化脓灶，但在丘脑和灰白质交界处的大脑皮质最易发生。

（2）组织源性感染　一般由于脑脊髓附近组织，如颅骨外伤合并感染，眼球炎症、中耳炎、鼻旁窦炎等感染进一步扩散到脑脊髓而引起的化脓性炎。

#### （二）病理变化

眼观：在脑脊髓组织有较多灰黄色或灰白色小化脓灶，大型化脓灶则少见。脓肿周围常有一薄层囊壁包围，内为脓汁。

镜检：血源性化脓性炎在小血管内常形成细菌性栓塞，呈蓝染的粉末状团块。在其周围有大量中性粒细胞渗出并崩解破碎，局部形成化脓性软化灶，在化脓灶周围有充血、水肿，且常伴有化脓性脑膜炎和化脓性室管膜炎。此外，在化脓性脑炎时也见有小胶质细胞和单核细胞的增生和浸润，血管周围中性粒细胞和淋巴细胞浸润形成管套。

#### （三）结局和对机体的影响

化脓性脑脊髓炎的结局，常与脓肿的数量及发生的部位有关。如果脑组织中有大量化脓灶时，动物在短时期内迅速死亡；而如果为孤立性脓肿灶时，动物可能存活较长时间。延脑发生脓肿时，其病程往往短暂，因为脓肿本身或脓肿所形成的水肿常可干扰重要的生命活动中枢，而导致动物死亡。下丘脑或大脑内的化脓灶可扩展至脑室，引起脑室积脓而使动物迅速死亡。脑内的脓肿可直接扩延至脑膜，进而引起化脓性脑膜炎。

## 二、非化脓性脑脊髓炎

非化脓性脑脊髓炎（nonsuppurative encephalomyelitis）是动物脑炎中最主要的一种，是指炎性渗出物中缺少嗜中性粒细胞或虽有少量嗜中性粒细胞，但却不引起脑组织的分解和破坏的病理过程。其病理特征是神经组织的变性坏死、血管反应以及胶质细胞增生等变化。

### （一）病因

非化脓性脑炎多见于病毒感染，如犬瘟热病毒、狂犬病病毒、猫传染性腹膜炎病毒等；除此之外，也可因某些寄生虫（弓形虫）的幼虫移行进入脑组织，引起寄生虫性脑炎；以及外界毒物的摄入（如铅等）或体内脏器产生的毒素（尿毒症、急性肝炎等）引起的中毒性脑炎。

### （二）病理变化

眼观：脑软膜充血，脑实质有轻微的水肿和小出血点。

镜检：本型脑髓炎的基本病变为神经细胞变性坏死，变性的神经细胞表现为肿胀和皱缩。肿胀的神经细胞体积增大，染色变淡，核肿大或消失。皱缩的神经细胞体积缩小，核固缩或核浆界线不清。变性细胞有时出现中央染色质或周边染色质溶解现象。如果损伤严重。变性的神经细胞可发生坏死，局部坏死的神经组织形成软化灶。血管反应的表现是中枢神经系统出现不同程度的充血和围管性细胞浸润。主要成分是淋巴细胞，同时也有数量不等的浆细胞和单核细胞等。浸润的细胞多见于小动脉和毛细血管周围，数量不等，可围成一层、几层或更多层，即管套形成。这些细胞主要来源于血液，也可由血管外膜细胞增生形成单核细胞或巨噬细胞。胶质细胞增生也是非化脓性脑炎的一种显著变化。增生的胶质细胞以小胶质细胞为主，可以呈现弥漫性和局灶性增生。增生的胶质细胞可形成卫星现象和胶质小结。在早期主要是小胶质细胞增生，以吞噬坏死的神经组；在后期主要是星形胶质细胞增生来修复损伤组织。

## 三、嗜酸性粒细胞性脑炎

嗜酸性粒细胞性脑炎（eosinophilic encephalitis）是由食盐中毒引起的以嗜酸性粒细胞渗出为主的脑炎。

### （一）病因和发生机理

犬的食盐中毒病例临床较为少见，中毒的主要原因是犬误食了含盐多的腌制食品或添加鱼粉所致。猫食盐中毒主要是由采食过咸的食物或偷食咸鱼、咸肉而引起的。食盐中毒的发生与否和动物饮水量有着密切关系，当动物摄入多量食盐制品时，如充分地供给饮水，能促进食盐排出，因而不易引起中毒；如果饮水不足或是剧烈运动、天气炎热等原因致使机体缺水，则容易诱发中毒。

食盐中毒性脑炎的发病机理目前还不完全清楚。一般认为，在食入过量的食盐时，可导致血钠升高，使脑组织内的钠离子浓度升高而逐渐蓄积，同时过多的水分进入脑组织使颅内压升高。钠离子升高可加快神经细胞内的 ATP 转换为 AMP 的过程，磷酸腺苷的磷酸化作用减弱，结果导致 AMP 的蓄积，从而抑制了糖的分解作用，造成神经细胞的物质代谢出现障碍而发生变性和坏死。钠离子浓度升高与嗜酸性粒细胞渗出的关系，目前还不清楚。

（二）病理变化

眼观：软脑膜充血，脑回变平，脑实质有小出血点，其他病变不明显。

镜检：脑组织、大脑软脑膜充血、水肿或出现小出血灶。在脑膜血管及其周围有不同程度的幼稚型嗜酸性粒细胞浸润，在脑沟深部更明显。大脑实质部分小静脉和毛细血管淤血，并形成透明血栓。血管内皮细胞增生，胞核肿大，胞浆增多，血管周围间隙常因积聚水肿液而增宽，其中有大量嗜酸性粒细胞浸润，形成嗜酸性粒细胞性管套，少则几层，多则十几层。同时脑膜充血，脑膜下及脑组织中有嗜酸性粒细胞浸润。小胶质细胞呈弥散性或局灶性增生，并可出现卫星现象和噬神经元现象，也可形成胶质小结。有时，在大脑灰质可见脑组织的板层状坏死和液化，形成泡沫状区带，这种变化在大脑灰质最明显，白质较轻微，延髓也可见到相似变化，而不见于间脑、中脑、小脑和脊髓。耐过本病的动物，浸润的嗜酸性粒细胞可逐渐减少，最后完全消失，坏死区由大量星形胶质细胞增生修复，有时可形成肉芽组织包裹。

### 四、变态反应性脑炎

变态反应性脑炎（allergic encephalitis）又称变应性脑炎或播散性脑炎（disseminated encephalitis）。研究证实，不同动物的神经组织具有共同抗原性，其刺激机体产生的抗体与被接种动物的神经组织结合，引起神经组织的变态反应性炎症，犬、猫临床上常见的是疫苗接种后脑炎（postvaccination encephalitis）。

疫苗接种后脑炎　常见于犬接种狂犬病疫苗后发生。一般在接种疫苗 14～24 天后一肢或多肢出现运动麻痹，并逐渐波及全身大部分组织，重症者通常在 4～10 内死亡。

眼观：脑脊髓出现不同水平的切面上均有软化灶，并可见到出血点。

镜检：脑组织的病变主要集中在白质，其特点是可见大量淋巴细胞、浆细胞和单核细胞浸润形成的管套，同时发生胶质细胞增生和髓鞘脱失现象。

## 第三节　脑软化

脑软化（encephalomalacia），是指脑组织坏死后分解液化的过程。由于脑组织蛋白质含量少，不易凝固，磷脂和水分较多，易分解液化，因此其坏死后形成软化病灶。

### （一）病因

一般而言，脑软化是非特异性的，凡是能引起神经细胞死亡的病因均可引起脑软化，如病毒、细菌的感染；脑动脉栓塞、脑血栓形成和动脉内膜炎等，致使动脉管腔狭窄或堵塞，局部缺血，发生液化性坏死。但有一些特殊的病因作用于组织后，待动物生长到一定年龄或致病因素的作用达到一定的时间后，便突然发病，如临床上犬猫的盐酸硫胺（维生素 $B_1$）缺乏症时脑组织呈现有大小不一的坏死灶。

维生素 $B_1$ 缺乏症　维生素 $B_1$ 是水溶性维生素，它广泛分布于青菜、大米外壳、谷粒、豆类等植物中，一般不容易发生缺乏。除非饲料不足、或失去平衡或吸收不好时才发生。猫对维生素 $B_1$ 需求量比犬高 5 倍，因此较犬更易发生维生素 $B_1$ 缺乏症。

### （二）病理变化

眼观：初期病变不易被肉眼所观察，仅见大脑回变宽、肿胀、湿润。较严重病例，可见大脑皮质变软，切面皮质带黄色，并有界限明显的坏死灶。经过较久时，则见脑组织萎缩，切面见皮质剥离，病变区可变成小囊肿。

镜检：脑血管扩张充血，血管周围空隙增宽，间隔破裂，其中偶有少量淋巴细胞和单核细胞，有时呈轻微的环状出血。尚未发生液化的坏死灶，该部的神经细胞呈皱缩状态，细胞收缩成多角形，胞浆嗜酸性着染，核也缩小。少部分神经细胞肿胀变圆，胞浆内有少数空泡是尼氏小体溶解，严重者整个胞浆内充满颗粒样物质，甚至细胞形态消失，仅留有痕迹，如坏死灶已发生液化时，病灶内充满多量液体，组织疏松，崩解为颗粒状物质，坏死灶周围缺少明显的炎性细胞反应。神经胶质细胞呈弥漫性增生，少数情况下有神经胶质结节。

### （三）结局和对机体的影响

犬维生素 $B_1$ 缺乏引起的脑软化时，表现出食欲不振、呕吐和神经紊乱，行动不稳，严重的可能因心脏衰竭而死亡。

# 第十九章　泌尿生殖系统病理

## 第一节　肾功能不全

当各种原因引起肾功能严重障碍时，会出现包括多种代谢产物、药物和毒物在体内蓄积，水，电解质和酸碱平衡紊乱，尿毒素蓄积，贫血，肾性骨病，肾性高血压等一系列的病理过程，称为肾功能不全。

肾功能不全分为急性肾功能不全和慢性肾功能不全两种。肾功能不全的临诊表现主要有：肾性水肿、少尿或多尿、血尿和尿蛋白。无论是急性肾功能不全还是慢性肾功能不全发展到严重阶段，均以尿毒症告终。因此，尿毒症可以看作是肾功能不全发展到肾功能衰竭的表现。

### 一、急性肾功能不全

急性肾功能不全是指各种致病因素在短时间内（几小时至几天）引起肾脏泌尿功能急剧障碍，以致不能维持机体内环境稳定，从而引起水肿、电解质和酸碱平衡紊乱以及代谢废物蓄积的病理过程。临诊主要表现为少尿、无尿、高血钾症、水肿和代谢性酸中毒。

（一）原因

引起急性肾功能不全的原因分为肾前性因素、肾后性因素和肾性因素。

1. 肾前性因素

主要见于各种原因引起的心输出量和有效循环血量急剧减少，如急性失血、严重脱水、急性心力衰竭等。其直接后果就是肾脏血液供应减少，引起肾小球滤过率急剧降低。同时，肾血流量不足和循环血量减少可促使抗利尿激素分泌增加，肾素——血管紧张素——使醛固酮系统活性增加，远曲小管和集合管对钠、水的重吸收增加，从而更促使尿量减少，尿钠含量降低。尿量减少使体内代谢终产物蓄积，常常引起氮质血症、高钾血症和代谢性酸中毒等病理过程。

2. 肾后性因素

主要是指肾盂以下尿路发生阻塞所引起的肾功能不全。尿路阻塞首先引发肾盂积水，原尿难以排出，从而使肾脏泌尿功能障碍，最终导致氮质血症和代谢性酸中毒。

3. 肾性因素

肾性急性肾功能不全的原因复杂多样，概括起来主要有两大类。

（1）肾小球、肾间质和肾血管疾病　在急性肾小球肾炎、急性间质性肾炎、急性肾盂肾炎或肾动脉栓塞时，由于炎症或免疫反应广泛累及肾小球、肾间质及肾血管，影响肾脏的血液循环和泌尿功能，导致急性肾功能不全的发生。

（2）急性肾小管坏死　急性肾小管坏死是引起肾功能不全的常见原因。临诊特征是动物尿中含有蛋白质、红细胞、白细胞及各种管型。引起急性肾小管坏死的因素主要有以下两类。

持续性肾缺血：多见于各种原因引起的循环血量急剧减少。特别是在休克Ⅰ期，严重和 持续的血压下降及肾动脉强烈收缩，使肾脏持续缺血，可引起急性肾小管坏死。

毒物作用：重金属（汞、砷、铅、锑），药物（磺胺类，氨基糖苷类抗生素如庆大霉素、卡那霉素），有机毒物（四氯化碳、氯仿、甲苯、酚等），杀虫剂，蛇毒，肌红蛋白等经肾脏排泄时，均可直接作用于肾小管上皮，引起急性肾小管坏死。

（二）机理

急性肾功能不全的发病机理至今尚不完全清楚。不同原因所导致的急性肾功能不全的发病机理不尽相同，但各种临床表现主要源于肾小球滤过率下降所导致的少尿或无尿。肾小球滤过率下降主要与肾血管、肾小球、肾小管因素有关。

1. 肾血管因素

急性肾功能不全初期就存在着肾血流量不足（肾缺血）和肾内血流分布异常现象。肾缺血和肾内血流异常分布的发生机制如下：

（1）肾血管收缩　循环血量减少和肾毒物中毒，可引起持续性的肾血管收缩，使肾血流量减少，以皮质外层血流量减少最为明显，即出现肾脏血流的异常分布，往往引起肾小球滤过率下降，导致急性肾功能不全。

（2）肾血管内皮细胞肿胀　肾缺血使肾血管内皮细胞营养障碍而发生变性肿胀，结果导致肾血管管腔变窄，血流阻力增加，肾血流量进一步减少。

（3）肾血管内凝血　肾脏缺血，肾血管内皮细胞损伤，暴露出胶原纤维，从而启动内源性凝血系统，同时血液中纤维蛋白原和血小板增多，二者共同作用导致肾血管内凝血，使肾脏缺血进一步加重。

2. 肾小球因素

（1）滤过膜通透性降低　缺血和肾中毒导致肾小球毛细血管内皮细胞和肾球囊上皮细胞肿胀，肾球囊脏层上皮细胞相互融合，使正常的滤过缝隙变小甚至消失，从而使滤过膜的通透性降低，原尿生成减少。

（2）肾滤过膜电荷屏障破坏　生理情况下，肾小球滤过膜富含带负电荷的糖胺多糖（黏多糖）。这种糖胺多糖依靠静电排斥作用，可以阻止许多带负电荷的血清蛋白（如白蛋白）随原尿滤过，这便是电荷屏障作用。当肾小球损伤时，滤过膜的糖胺多糖含量明显减少，从而使滤过膜负电荷量降低甚至消失，电荷屏障破坏，血清白蛋白和球蛋白等负电荷蛋白质即可随尿排出而形成肾小球性蛋白尿。

3. 肾小管因素

(1) 肾小管阻塞　肾小管上皮细胞对缺血、缺氧及肾毒性物质非常敏感。在这些因素作用下，肾小球上皮细胞变性肿胀，使管腔变窄。病程较久时，肿胀的上皮细胞坏死、脱落、破裂。脱落的细胞碎片可以和滤出的各种蛋白质结合凝固形成各种管型，阻塞肾小管管腔。结果，一方面使阻塞近侧管内压升高，阻碍原尿的生成；另一方面阻碍原尿的排出，动物呈现少尿。

(2) 肾小管内尿液反漏　肾小管上皮细胞变性、坏死、脱落，使肾小管壁的通透性升高，管腔内原尿可以通过损伤的肾小管壁向间质反漏。原尿反漏一方面可以直接使尿量减少，另一方面又可以形成肾间质水肿，使间质内压升高，压迫肾小管和肾小管周围的毛细血管。

### (三) 机能和代谢变化

急性肾功能不全主要表现为肾脏泌尿功能障碍。根据病程发展的经过，急性肾功能不全一般可分为少尿期、多尿期和恢复期。

1. 少尿期

急性肾功能不全常常一开始就表现尿量显著减少，并有代谢产物的蓄积，水、电解质和酸碱平衡紊乱，这也是病程中最危险的时期。

(1) 尿的变化　由于肾小管上皮细胞损伤，对水和钠的重吸收功能障碍，尿钠含量升高。又因肾小球滤过功能障碍和肾小管上皮坏死脱落，除尿量显著减少外，尿中还含有蛋白质、红细胞、白细胞、上皮细胞碎片及各种管型。

(2) 水中毒　由于肾脏排尿量严重减少，水的排出受阻。同时体内分解代谢加强，导致内生水增多。当水潴留超过钠潴留时，可引起稀释性低钠血症，水分可向细胞内转移而引起细胞水肿，严重者可出现典型的水中毒症状。

(3) 高钾血症　急性肾功能不全少尿期死亡大多是高血钾所致。造成高钾血症的原因，主要是尿钾排出减少，同时细胞分解代谢增强，细胞内钾释放过多，加之酸中毒时细胞内钾转移至细胞外，往往会迅速发生高钾血症。高钾血症可引起心脏兴奋性降低，诱发心率失常，甚至导致心室纤维性颤动或心跳骤停。

(4) 代谢性酸中毒　由于肾脏排酸保碱功能障碍，尿量减少，酸性产物在体内蓄积，引起代谢性酸中毒。

(5) 氮质血症　由于体内蛋白质代谢产物不能经肾脏排出，蛋白质分解代谢在肾功能不全时又往往增强，致使血中尿素、肌酐等非蛋白氮物质的含量显著增高。这种血液中非蛋白氮物质含量升高的现象，称为氮质血症。氮质血症一般发生在急性肾功能不全少尿期开始后几天，血中蛋白氮含量明显增高。

(6) 尿毒症　少尿期的氮质血症进行性加重，严重者可出现尿毒症。

少尿期一般持续时间较短，从数天至数周不等，如果动物能安全度过少尿期，肾脏缺血 得到缓解，且肾内已有肾小管上皮细胞再生时，病程即发展为多尿期。

2. 多尿期

进入多尿期，说明病情趋向好转。导致多尿的机制是：①肾血流量及肾小球滤过功能逐渐恢复。②再生修复的肾小管上皮细胞重吸收功能低下。③脱落的肾小管内管型被冲走，间质水肿消退。④少尿期滞留在血中的尿素等代谢产物开始经肾小球滤血，引起渗透性利尿。

在多尿期，因肾小管浓缩尿的功能尚未完全恢复，仍排出低比重尿。因此，在多尿期常因排出大量水分和电解质，而容易引起脱水、低钾血症和低钠血症。

3. 恢复期

多尿期与恢复期无明显界限，恢复期尿量及血液成分逐渐趋于正常，但肾功能的完全恢复往往需要较长时间，尤其是肾小管上皮细胞尿液浓缩功能的恢复更慢。如果肾小管和基底膜破坏严重，再生修复不全，可转变为慢性肾功能不全。

## 二、慢性肾功能不全

肾脏的各种慢性疾病均可引起肾皮质的进行性破坏，如果残存的肾单位不足以代偿肾脏的全部功能，就会引起肾脏泌尿功能障碍，致使机体内环境紊乱，表现为代谢产物、毒性物质在体内潴留以及水、电解质和酸碱平衡紊乱，并伴有贫血、骨质疏松等一系列临床症状的综合症，称为慢性肾功能不全。慢性肾功能不全以尿毒症为最后结局而导致动物死亡。

### （一）原因

凡能引起慢性肾实质进行性破坏的疾病都可引起慢性肾功能不全，如慢性肾小球肾炎、慢性间质性肾炎、慢性肾盂肾炎、多囊肾等。慢性肾功能不全也可继发于急性肾功能不全或慢性尿路阻塞。上述慢性肾脏疾病早期都有各自的临诊特征，但到了晚期，其表现大致相同，这说明它们有共同的发病机制。因此，慢性肾功能不全是各种慢性肾脏疾病最后的共同结局。

### （二）机理

1. 慢性肾功能不全的发展过程

由于肾脏具有强大的代偿贮备能力，慢性肾功能不全的病程经过呈现明显的进行性加重，可分为以下几个时期。

（1）代偿期（肾贮备功能降低期） 肾实质破坏尚不严重，通过代偿，肾脏能维持内环境稳定。血液生化指标在正常范围，无临诊症状。但肾脏贮备能力降低，在感染和水、钠负荷突然增加时，可出现内环境紊乱。

（2）肾功能不全期 肾实质受损加剧，肾脏浓缩尿液功能减退，不能维持内环境稳定，可出现酸中毒、多尿、夜尿、轻度氮质血症和贫血等，血液生化指标已出现明显异常。

（3）肾功能衰竭期 临诊症状已十分明显，出现较重的氮质血症、酸中毒、低钙血症、严重贫血，夜尿明显增多、多尿，并伴有部分尿毒症中毒症状。

（4）尿毒症期 此期是慢性肾功能不全的最后阶段，此期动物出现严重的氮质血症和水、电解质、酸碱平衡紊乱，并出现一系列尿毒症中毒症状而死亡。

2. 慢性肾功能不全的发病机理

慢性肾功能不全是肾单位广泛破坏，具有功能活动的肾单位逐渐减少，并且病情进行性加重的过程。对这种进行性加重的原因和机理尚不十分清楚。目前主要有以下四种学说给予解释。

（1）健存肾单位学说 该学说认为，虽然引起慢性肾损害的原因各不相同，但是最终都会造成病变肾单位的功能丧失，肾功能只能由未损害的健存肾单位来代替。肾单位功能丧失越多，健存的肾单位就越少，最后在幸存的肾单位少到不能维持正常的泌尿功能时，就会出现肾功能不全和尿毒症症状。健存肾单位的多少，是决定慢性肾功能不全发展的重要因素。

（2）矫枉失衡学说 可以认为该学说是对健存肾单位学说的补充。该学说提出当肾单位和肾小球滤过率进行性减少时，体内某些溶质增多，为了排出体内过多的溶质，机体可通过分泌某些体液调节因子（如激素）来抑制健存肾小管对该溶质的重吸收，增加其排泄，从而维持内环境的稳定。这种调节因子虽然能使体内溶质的滞留得到“矫正”，但这种调节因子的过量增多又使机体其他器官系统的功能受到影响，从而使内环境发生另外一些“失衡”，即矫枉失衡。

（3）肾小球过度滤过学说 部分肾单位丧失功能后，健存肾单位的肾小球毛细血管内压和血流量增加，导致单个肾单位的肾小球滤过率升高（过度滤过）。在长期负荷过度的情况下，肾小球发生纤维性硬化，使肾功能进行性减退，从而促进肾功能不全的发生。

（4）肾小管高代谢学说 该学说认为健存肾单位肾小管的高代谢状态是慢性肾功能不全的重要决定因素。部分肾单位功能丧失后，健存的肾小球发生过度滤过，由于原尿数量增加、流速加快，钠离子滤过负荷增加，致使肾小管上皮细胞酶活性升高而呈现高代谢状态。肾小管上皮长期高代谢状态导致肾小管明显肥大并伴发囊状扩张，到后期肥大扩张的肾小管又往往发生继发性萎缩，并有间质炎症和纤维化病变，即出现所谓肾小管间质损害，导致慢性肾功能不全。

### （三）机能和代谢变化

1. 尿的变化

（1）尿量变化 慢性肾功能不全早期常见多尿，晚期则发生少尿。其发生机制是：肾功能不全早期，大量肾单位破坏后，残存肾单位血流量增多，肾小球滤过率增大，原尿形成增多、流速较快，而肾小管对水分的重吸收减少，加上原尿中溶质含量升高可以引起渗透性利尿，从而导致多尿。到慢性肾功能不全后期，肾单位广泛破坏，残存的肾单位极度减少，尽管残存的每一个肾单位生成的尿液增多，但由于肾小球滤过面积明显减少而发生少尿。

（2）尿比重变化 慢性肾功能不全早期，由于肾浓缩功能降低，因而出现低比重尿或低渗尿。随着病情发展，肾脏浓缩与稀释功能均丧失，尿的溶质接近于血清浓度，则出现等渗尿。

（3）尿蛋白与尿沉渣 由于肾小球毛细血管壁的通透性升高，滤过膜电荷屏障破坏，滤过蛋白质增多，加上肾小管重吸收蛋白质的功能降低，所以慢性肾功能不全动物可有轻度至中度蛋白尿，严重病例可出现血尿，尿沉渣可出现细胞管型和蛋白管型。

2. 水、电解质及酸碱平衡紊乱

(1) 水代谢紊乱 慢性肾功能不全时，由于大量肾单位的破坏，肾脏对水负荷变化的适应调节能力降低。当水的摄入量增加，特别是静脉输液过多时，因肾脏不能增加水的排泄而发生水的潴留，导致水肿甚至充血性心力衰竭。

(2) 钠代谢紊乱 慢性肾功能不全时，机体维持钠平衡的功能大为降低。由于残存肾单位发生渗透性利尿，尿量增加，钠的排出也相应增加，加上慢性肾功能不全时体内蓄积的代谢产物（如甲基胍）可抑制肾小管对钠的重吸收，因此，钠的排出明显多于正常，容易引起低钠血症。

(3) 钾代谢紊乱 慢性肾功能不全时常常出现低钾血症，原因是无论摄钾与否，肾小球排钾均较正常增多，有人认为这可能与醛固酮的分泌增多有关。多尿本身也增加钾的排出。低钾血症可引起肌肉无力和心律失常。

(4) 镁代谢紊乱 慢性肾功能不全时一般不会发生镁代谢紊乱，只有当尿量减少，镁的排出障碍才发生高镁血症。高镁血症对神经肌肉兴奋性具有抑制作用。

(5) 酸碱平衡紊乱 代谢性酸中毒是慢性肾功能不全最常见的病理过程之一，其发生机理如下：①肾小管合成氨的能力下降，肾小管排 $NH_4^+$ 减少，使 $H^+$ 排出障碍，血浆 $H^+$ 浓度升高。②慢性肾功能不全常继发甲状旁腺素蓄积，甲状旁腺素可抑制近曲小管碳酸酐酶的活性，使近曲小管对 $HCO_3^-$ 的吸收减少。③肾小球滤过率降低，可造成酸性代谢产物排出受阻而在体内蓄积。

(6) 钙、磷代谢紊乱 慢性肾功能不全往往呈现高磷血症和低钙血症。由于肾小球滤过率降低，肾脏排磷减少，导致血磷升高。当血磷升高时，血钙浓度就会降低。

3. 氮质血症

慢性肾功能不全早期一般不会出现氮质血症，晚期肾单位大量破坏，肾小球滤过率极度下降，血液中含氮物质才开始大量蓄积，出现氮质血症。

4. 肾性贫血

慢性肾功能不全常伴有贫血，贫血程度与肾功能损害程度一致，其发生机制是：①促红细胞生成素生成减少，导致骨髓红细胞生成减少。②血液中潴留的有毒物质抑制红细胞生成。③毒性物质抑制血小板功能，导致出血。④毒性物质使红细胞破坏增加，引起溶血。

5. 出血倾向

慢性肾功能不全后期机体常有明显的出血倾向，表现为皮下和黏膜出血，其中以消化道黏膜最为明显。这主要是由于体内蓄积的毒性物质抑制血小板的功能所致。

6. 肾性骨营养不良

肾性骨营养不良是慢性肾功能不全的一个严重而常见的并发症。骨营养不良包括骨骼囊性纤维化、骨软化症和骨质疏松症。其发生机制如下：

(1) 高血磷、低血钙和继发性甲状旁腺机能亢进 在慢性肾功能不全时，由于肾小球滤过率降低，血磷升高，后者引起继发性甲状旁腺激素分泌增多，于是血中甲状旁腺激素浓度升高，促进肾脏排磷，使血磷降低至正常水平。如果肾脏机能进一步损害，由于残存肾单位太少，继发性甲状旁腺激素分泌增多已不能维持磷的充分排出，则血磷水平会显著升高，血钙浓度将进一步降低，后者促使甲状旁腺激素持续大量分泌，甲状旁腺激素增多，促使骨骼脱钙，使骨磷释放增多，从而形成恶性循环（矫枉失衡学说），促进骨髓的营养不良。

（2）维生素D代谢障碍　肾组织严重破坏和高磷血症抑制肾小管1，25－二羟维生素$D_3$合成，二者共同作用使血液中1，25－二羟维生素$D_3$减少，1，25－二羟维生素$D_3$具有促进骨盐沉着及肠对钙的吸收的作用，故它的合成减少，肠道吸收钙减少，使骨盐沉着障碍而引起骨软化症。

（3）代谢性酸中毒　慢性肾功能不全常伴有代谢性酸中毒，血液酸度升高可促进骨盐溶解，抑制肾脏1，25－二羟维生素$D_3$合成，干扰肠道对钙的吸收，从而促进肾性骨营养不良。

## 三、尿毒症

尿毒症是急性和慢性肾功能不全发展到最严重的阶段，代谢产物和毒性物质在体内潴留，水、电解质和酸碱平衡发生紊乱，以及某些内分泌功能失调所引起的全身性功能和代谢严重障碍并出现一系列自体中毒症状的综合病理过程。

### （一）尿毒症的发病机理

（1）毒性物质蓄积　一般认为尿毒症的发生与体内许多蛋白质的代谢产物和毒性物质蓄积有关。很多毒性物质（如尿素、肌酐、胺类和胍类化合物）升高可引起明显的尿毒症症状。

（2）水、电解质和酸碱平衡紊乱　由于肾机能不全，常导致酸性产物排出障碍而发生酸中毒，而酸中毒可引起呼吸、心脏活动改变及昏迷症状。此外水潴留、低钠、低钾、低钙等均可对神经系统、心血管系统产生作用。

### （二）尿毒症的主要表现

1. 神经系统功能障碍

（1）尿毒症性脑病　尿毒症时，血液中有毒物质蓄积过多，使中枢神经细胞能量代谢障碍，导致细胞膜$Na^+-K^+$泵失灵，引起神经细胞水肿，有些毒素可直接损害中枢神经细胞，动物出现狂躁不安、嗜睡甚至昏迷。

（2）外周神经病变　甲状旁腺激素和胍基琥珀酸可直接作用于外周神经，使外周神经髓鞘脱失和轴突变性，动物呈现肢体麻木和运动障碍。

2. 消化道变化

动物表现厌食、呕吐和腹泻症状，死后剖检可见胃肠道黏膜呈现不同程度的充血、水肿、溃疡、出血和组织坏死。

3. 心血管系统功能障碍

钠、水潴留，代谢性酸中毒，高钾血症和尿毒症毒素的蓄积，可导致心功功能不全和心律紊乱。晚期尿毒症可出现无菌性心包炎，这种心包炎可能是由于尿毒症毒素（如尿酸、草酸盐等）刺激心包引起的。

4. 呼吸系统功能障碍

机体酸中毒可使呼吸加深加快。呼出气体有氨味，这是由于尿素在消化道经尿素酶分解形成氨，氨又重新吸收入血，血氨浓度升高并经呼吸挥发所致。尿素刺激胸膜可引起纤维素性胸膜炎。

5. 内分泌系统功能障碍

由于各种毒素蓄积和肾组织的破坏，肾脏的内分泌功能障碍，肾素、促红细胞生成素、1，25－二羟维生素 $D_3$ 等分泌减少，甲状旁腺激素、生长激素分泌增加，同时肾脏因功能降低对各种内分泌激素的灭活能力降低，肾脏排泄减少，使各种激素在体内蓄积，从而导致严重的内分泌功能紊乱。

6. 皮肤变化

由于血液中含有高浓度的尿素，其可以经过汗液代偿性地排出。因此，患畜的皮肤表面常出现尿素的白色结晶，称为尿素霜。同时，在高浓度甲状旁腺激素等的作用下，动物往往表现有明显的皮肤瘙痒症状。

7. 免疫系统功能障碍

尿毒症患畜细胞免疫功能明显降低，而体液免疫功能正常或稍有减弱，尿毒症患畜中性粒细胞的吞噬和杀菌能力减弱，淋巴细胞数量减少，机体容易发生感染，感染后往往不易治愈而死亡。

8. 代谢紊乱

（1）蛋白质代谢紊乱　蛋白质代谢障碍主要表现为明显的负氮平衡、动物消瘦和低蛋白血症。低蛋白血症是引起肾性水肿的主要原因之一。引起负氮平衡的因素有：①消化道损伤使蛋白质摄入和吸收减少。②尿毒症时在毒物的作用下，组织蛋白分解加强。③尿液丢失和失血使蛋白质丢失增多。

（2）糖代谢紊乱　由于尿毒症动物血液中存在胰岛素颉颃物质，使胰岛素的作用减弱，导致组织利用葡萄糖的能力降低，肝糖原合成酶活性降低，导致肝糖原合成障碍，所以血糖浓度升高，出现糖尿。

（3）脂肪代谢紊乱　尿毒症时，肝脏合成甘油三酯增多，清除减少，使血液中甘油三酯浓度升高，产生甘油三酯血症，这种高脂血症可促进动脉粥样硬化的发生发展。

## 第二节　肾炎

肾炎是指以肾小球、肾小管和间质炎症的总称。根据发生部位和性质，通常把肾炎分为肾小球肾炎、间质性肾炎和化脓性肾炎。

### 一、肾小球肾炎

肾小球肾炎是因动物受病原感染后循环血液中的抗原抗体复合物紧附于肾小球引起的弥漫性肾小球损害性疾病，是以肾小球的炎症为主的肾炎。炎症过程常常始于肾小球，然后逐渐波及肾球囊、肾小管和间质。根据病变波及的范围，肾小球肾炎可分为弥漫性和局灶性两类。病变累及两侧肾脏几乎全部肾小球者，为弥漫性肾小球肾炎；仅有散在的部分肾小球受累者，为局灶性肾小球肾炎。按病程可分为急性肾小球肾炎和慢性肾小球肾炎。动物精神不振，食欲减退，消化不良，进行性消瘦，有的胸腹部水肿。急性期肾区表现疼痛，体温升高，个别病例呕吐，频频排尿，但尿量少，尿色暗浊。广泛性肾小球损害时出现无尿，慢性肾炎继发肾衰竭时表现烦渴、多尿。

### （一）病因和机理

引起肾小球肾炎的原因尚不完全明确，随着对肾脏结构和功能认识的提高和免疫学的进展，对肾小球肾炎的病因和发病机理的认识也有了进一步提高。近年来，应用免疫电镜和免疫荧光技术证实肾炎的发生主要通过两种方式；一种是血液循环内的免疫复合物沉着在肾小球基底膜上引起的，称为免疫复合物性肾小球肾炎；另一种是抗肾小球基底膜抗体与宿主肾小球基底膜发生免疫反应引起的，称为抗肾小球基底膜抗体型肾小球肾炎。

（1）免疫复合物性肾小球肾炎　其发生是由于机体在外源性抗原（如链球菌的胞浆膜抗原或异种蛋白等）或内源性抗原（如由于感染或其他原因引起的自身组织破坏而产生的变性物质等）刺激下产生相应的抗体，抗原和抗体在血液循环内形成抗原抗体复合物并在肾小球滤过膜的一定部位沉积而致。大分子抗原抗体复合物常被巨噬细胞吞噬和清除，小分子可溶性抗原抗体复合物容易通过肾小球滤过膜随尿排出，只有中等大小的可溶性抗原抗体复合物能在血液循环中保持较长时间，并在通过肾小球时沉积在肾小球毛细血管壁的基底膜上，引起炎症反应。此型肾炎属于Ⅲ型变态反应。

（2）抗肾小球基底膜抗体型肾小球肾炎　其发生是由于某些抗原物质的刺激致使机体产生抗自身肾小球基底膜抗体，并沿基底膜内侧沉积而致。引起此种肾炎的原因可以是：在感染或其他因素作用下，细菌或病毒的某种成分与肾小球基底膜结合，形成自身抗原，刺激机体产生抗体，或感染后机体内某些成分发生改变，或某些细菌成分与肾小球毛细血管基底膜有共同抗原性，这些抗原刺激机体产生的抗体，既可与该抗原性物质起反应，也可与肾小球基底膜起反应，即存在交叉免疫反应。属于Ⅱ型变态反应。

### （二）病理变化

根据肾小球肾炎的病程和病理变化特点，一般将肾小球肾炎分为急性、亚急性和慢性三大类。

（1）急性肾小球肾炎　急性肾小球肾炎起病急、病程短，病理变化主要在肾小球毛细血管网和肾球囊内，病变性质包括变质、渗出和增生三种变化，但不同病例，有时以增生为主，有时以渗出为主。

眼观：急性肾小球肾炎早期变化不明显，以后肾脏轻度或中度肿大、充血，包膜紧张，表面光滑，色较红，所以称“大红肾”。若肾小球毛细血管破裂出血，肾脏表面及切面可见散在的小出血点。肾切面可见皮质由于炎性水肿而变宽，纹理模糊，与髓质分界清楚。

镜检：主要病变是肾小球内细胞增生。早期，肾小球毛细血管扩张充血，上皮细胞和系膜细胞肿胀增生，毛细血管通透性增加，血浆蛋白滤入肾球囊内，肾小球内有少量白细胞浸润。随后肾小球内系膜细胞严重增生，这些增生细胞压迫毛细血管，使毛细血管管腔狭窄甚至阻塞，肾小球呈缺血状。此时，肾小球内往往有多量炎性细胞浸润，肾小球内细胞增多，肾小球体积增大，膨大的肾小球毛细血管网几乎占据整个肾球囊腔。囊腔内有渗出的白细胞、红细胞和浆液。病理变化较严重者，毛细血管腔内有血栓形成，导致毛细血管发生纤维素样坏死，坏死的毛细血管破裂出血，致使大量红细胞进入肾球囊腔。不同的病例，病变的表现形式不同，有的以渗出为主，称为急性渗出性肾小球肾炎；有些以系膜细胞的增生为主，称为急性增生性肾小球肾炎；伴有严重大量出血者称为急性出血性肾小球肾炎。肾小管上皮常有颗粒变性、玻璃样变性和脂肪变性，管腔内含有从肾小球滤过的蛋白、红细胞、白细胞和脱落的上皮细胞。这些物质在肾小管内凝集成各种管型。由蛋白凝固而成的称为透明管型，由许多细胞聚集而成的称为细胞管型。肾脏间质内常有不同程度的充血、水肿及少量淋巴细胞和中性粒细胞浸润。

（2）亚急性肾小球肾炎　亚急性肾小球肾炎可由急性肾小球肾炎转化而来，或由于病因作用较弱，病势一开始就呈亚急性经过。

眼观：肾脏体积增大，被膜紧张，质度柔软，颜色苍白或淡黄色，俗称“大白肾”。若皮质有无数斑点，表示曾有急性发作。切面隆起，皮质增宽，苍白色、混浊，与颜色正常的髓质分界明显。

镜检：突出的病变为大部分肾球囊内有新月体形成。新月体主要由壁层上皮细胞增生和渗出的单核细胞组成。扁平的上皮细胞肿大，呈梭形或立方形，堆积成层，在肾球囊内毛细血管丛周围形成新月体或环状体。新月体内的上皮细胞间可见红细胞、中性粒细胞和纤维素性渗出物。早期新月体主要由细胞构成，称为细胞性新月体。上皮细胞之间逐渐出现新生的纤维细胞，纤维组织逐渐增多形成纤维-细胞性新月体。最后新月体内的上皮细胞和渗出物完全由纤维组织替代，形成纤维性新月体。新月体形成一方面压迫毛细血管丛，另一方面使肾小囊闭塞，致使肾小球的结构和功能严重破坏，影响血浆从肾小球滤过，最后毛细血管丛萎缩、纤维化，整个肾小球呈纤维化玻璃样变。肾小管上皮细胞广泛颗粒变性，由于蛋白的吸收形成细胞内玻璃样变。病变肾单位所属肾小管上皮细胞萎缩甚至消失。间质水肿，炎性细胞浸润，后期发生纤维化。

（3）慢性肾小球肾炎　慢性肾小球肾炎可以由急性和亚急性肾小球肾炎演变而来，也可以一开始就呈慢性经过。慢性肾小球肾炎起病缓慢，病程长，常反复发作，是各型肾小球肾炎发展到晚期的一种综合性病理类型。

## 二、间质性肾炎

间质性肾炎是在肾脏间质发生的以淋巴细胞、单核细胞浸润和结缔组织增生为原发病变的肾炎。

1. 病因和机理

本病原因尚不完全清楚，一般认为与感染、中毒性因素有关。间质性肾炎常同时发生于两侧肾脏，表明毒性物质是经血源性途径侵入肾脏的。

2. 病理变化

（1）弥漫性间质性肾炎　由眼观和镜检可知。

眼观：急性弥漫性间质性肾炎的肾脏稍肿大，被膜紧张容易剥离，颜色苍白或灰白，切面间质明显增厚，灰白色，皮质纹理不清，髓质淤血暗红。亚急性和慢性弥漫性间质性肾炎的肾脏体积缩小，质度变硬，肾表面凹凸不平，呈淡灰色或黄褐色，被膜增厚，与皮质粘连，剥离困难，切面皮质变薄，皮质与髓质分界不清，这种肾炎眼观和显微镜下与慢性肾小球肾炎都不易区别。

镜检：急性弥漫性间质性肾炎的间质小血管扩张充血，结缔组织水肿，白细胞浸润，浸润的白细胞为单核细胞、淋巴细胞和浆细胞，浸润细胞波及整个肾间质。肾小管及肾小球变化多不明显。当转为慢性间质性肾炎时，间质发生纤维组织广泛增生，随着纤维组织逐渐成熟，炎性细胞数量逐渐减少。许多肾小管发生颗粒变性、萎缩消失，并被纤维组织所代替，残留的肾小管则发生扩张和肥大。肾小囊发生纤维性肥厚或者囊腔扩张，以后肾小球变形或皱缩。在与慢性肾小球肾炎鉴别诊断时，许多肾小球无变化或仅有轻度变化是其主要特点。

（2）局灶性间质性肾炎　眼观：在肾表面及切面皮质部散在多数点状、斑状或结节状病灶。病灶的外观依动物不同而略有差异。犬间质性炎病灶较小，为圆形或多形的灰色小结节。

## 三、化脓性肾炎

化脓性肾炎是指肾实质和肾盂的化脓性炎症，根据病原的感染途径不同可分为以下两种类型。

1. 肾盂肾炎

肾盂肾炎是肾盂和肾组织因化脓菌感染而发生的化脓性炎症。通常是从下端尿路上行的尿源性感染，常与输尿管、膀胱和尿道的炎症有关，母畜发病率较高。

（1）病因和机理　细菌感染是肾盂肾炎的主要原因，主要病原菌是棒状杆菌、葡萄球菌、链球菌、绿脓杆菌，大多是混合感染。细菌沿尿道逆行蔓延到肾盂，经集合管侵入肾髓质，甚至侵入肾皮质，导致肾盂肾炎。尿道狭窄与尿路堵塞都是引起肾盂肾炎的重要因素，尿路堵寒导致尿液蓄积、细菌大量繁殖，引起炎症。

（2）病理变化　由眼观和镜检可知。

眼观：初期，肾脏肿大、柔软，被膜容易剥离。肾表面常有略显隆起的灰黄或灰白色斑状化脓灶，病灶周围肾表面有出血。切面肾盂高度肿胀，黏膜充血水肿，肾盂内充满脓液；髓质部见有自肾乳头伸向皮质的呈放射状的灰白或灰黄色条纹，以后这些条纹融合成楔状的化脓灶，其底面转向肾表面，尖端位于肾乳头，病灶周围有充血、出血，与周围健康组织分界清楚。严重病例肾盂黏膜和肾乳头组织发生化脓、坏死，引起肾组织的进行性脓性溶解，肾盂黏膜形成溃疡。后期肾实质内楔形化脓灶被吸收或机化，形成瘢痕组织，在肾表面出现较大的凹陷，肾体积缩小，形成继发性皱缩肾。

镜检：初期，肾盂黏膜血管扩张、充血、水肿和细胞浸润。浸润的细胞以中性粒细胞为主。黏膜上皮细胞变性、坏死、脱落，形成溃疡。自肾乳头伸向皮质的肾小管（主要是集合管）内充满中性粒细胞，细菌染色可发现大量病原菌，肾小管上皮细胞坏死脱落。间质内常有中性粒细胞浸润、血管充血和水肿。后期转变为亚急性或慢性肾盂肾炎时，肾小管内及间质内的细胞浸润以淋巴细胞和浆细胞为主，形成明显的楔形坏死灶。病变区成纤维细胞广泛增生，形成大量结缔组织，结缔组织纤维化形成瘢痕组织。

2. 栓子性化脓性肾炎

栓子性化脓性肾炎是指发生在肾实质内的一种化脓性炎症，其特征性病理变化是在肾脏形成多发性脓肿。

（1）病因和机理　病原是各种化脓菌，多来源于机体其他组织器官的化脓性炎症。机体其他组织器官的化脓性炎症的化脓菌团块侵入血流，经血液循环转移到肾脏，进入肾脏的化脓菌栓子在肾小球毛细血管及间质的毛细血管内形成栓塞，引起化脓性肾炎。

（2）病理变化　由眼观和镜检可知。

眼观：病变常累及两侧肾脏，肾脏体积增大，被膜容易剥离。在肾表面见有多个稍隆起的灰黄色或乳白色圆形小脓肿，周边围以鲜红色或暗红色的炎性反应带。切面上的小脓肿较均匀地散布在皮质部，髓质内的脓肿灶较少。髓质内的病灶往往呈灰黄色条纹状，与髓放线的走向一致，周边也有鲜红色或暗红色的炎性反应带。

镜检：在血管球及间质毛细血管内有细菌团块形成的栓塞，其周围有大量中性粒细胞浸润。在肾小管间也可见到同样的细菌团块和中性粒细胞浸润，以后浸润部肾组织发生坏死和版性溶解，形成小脓肿，脓肿范围逐渐扩大和融合，形成较大的脓肿，其周围组织充血、出血、炎性水肿以及中性粒细胞浸润。

## 第三节　肾病

肾病是指以肾小管上皮细胞变性、坏死为主的一类病变，是由于各种内源性毒物和外源性毒物随血液流入肾脏而引起的。外源性毒物包括重金属（汞、铅、砷、铋和钴等）、有机溶剂（氯仿、四氯化碳〉、抗生素（新霉素、多黏菌素）、磺胺类以及栎树叶与栎树籽实等。内源性毒物是许多疾病过程中产生的并经肾排出的毒物。毒性物质随血流进入肾脏，可直接损害肾小管上皮细胞，使肾小管上皮细胞变性、坏死。

（1）坏死性肾病（急性肾病）　坏死性肾病多见于急性传染病和中毒病。

眼观：两侧肾脏轻度或中度肿大，质地柔软，颜色苍白。切面稍隆起，皮质部略有增厚，呈苍白色，髓质淤血，暗红色。

镜检：急性病例的特征是肾小管上皮细胞变性、坏死、脱落，管腔内出现颗粒管型和透明管型。早期由于肾小管上皮肿胀，肾小管管腔变窄，晚期肾小管中度扩张。经 1 周时间后，上皮细胞可以再生。肾小管基底膜由新生的扁平上皮细胞覆盖，以后肾小管完全修复不留痕迹，但动物多在大量肾小管上皮细胞变性、坏死时发生肾功能衰竭而死亡。

（2）淀粉样肾病（慢性肾病）　淀粉样肾病多见于一些慢性消耗性疾病。

眼观：肾脏肿大，质地坚硬，色泽灰白，切面呈灰黄色半透明的蜡样或油脂状。

镜检：见肾小球毛细血管、入球动脉和小叶间动脉及肾小管的基底膜上有大量淀粉样物质沉着。所属肾小管上皮细胞发生颗粒变性、透明变性、脂肪变性、水泡变性和坏死。病程久者，间质结缔组织广泛增生。

## 第四节　子宫内膜炎

子宫内膜炎是雌性动物常发疾病之一，是由于子宫黏膜发生感染而引起的子宫黏膜的炎症。动物在分娩、流产后或其他情况下，细菌侵入子宫腔内所引起的。按病程可分为急性和慢性两种。

### 一、病因和机理

引起子宫内膜炎的原因很多，常见的为理化因素和生物因素。前者如用过热或过浓的刺激性消毒药水冲洗子宫、产道，以及难产时使用器械或截胎后露出的胎儿骨端所造成的损伤而引起；后者主要是由细菌如化脓杆菌、葡萄球菌、链球菌、大肠杆菌、沙门氏菌和布鲁氏菌等引起。病原体可经上行性（阴道感染）或下行性（血源性或淋巴源性）感染。动物分娩时和产后期间，生殖器官的生理和形态结构变化，有利于细菌入侵和繁殖。此外产道黏膜的损伤，产后子宫蓄积恶露等，为细菌的侵入和繁殖提供了有利条件。自阴道流出的恶露玷污阴门附近及尾根部的皮毛上，同时产后阴门松弛，子宫黏膜外露遭污染及摇动尾巴时污物触及阴门等也是构成上行性感染的重要因素。此外，胎衣不下往往继发子宫内膜炎；全身性感染或局部炎症经血行感染子宫，也可引起子宫内膜炎。

### 二、病理变化

急性子宫内膜炎表现为急性卡他性炎，慢性子宫内膜炎又分非化脓性和化脓性。

（1）急性卡他性子宫内膜炎　急性子宫内膜炎最初的症状出现于分娩后 12 小时至 4 天内。病犬精神沉郁，厌食，体温升高达 39.5℃以上，有时呕吐，泌乳量下降或拒绝哺乳，有的伴发乳房炎。拱背、努责。阴道排出物稀薄、带有恶臭、呈红色或褐色。排出物中如有大量黏膜，则为中毒症状，往往出现抽搐、精神高度抑郁，并经常舔触阴唇。腹部触诊可感知松弛的子宫，继发腹膜炎时因疼痛而拒绝触诊。

眼观：可见子宫浆膜无明显异常。但切开后可见子宫腔内积有浑浊、黏稠而灰白色的渗出物，混有血液时呈褐红色（巧克力色）。子宫内膜充血和水肿，呈弥漫性或局灶性潮红肿胀，其中散在出血点或出血斑，子宫子叶及其周边出血尤为明显。有时由于内膜上皮细胞变性、坏死，与渗出的纤维素凝结在内膜表面形成假膜，假膜或呈半游离状态，或与内膜深部组织牢固结合不易剥离。炎症可以侵害一侧或两侧的子宫角及其他部分。

镜检：子宫内膜血管扩张充血，有时可见散在性出血和血栓形成。病变轻微时，内膜表层的子宫腺腺管周围有显著的水肿和炎性细胞浸润（中性粒细胞、巨噬细胞和淋巴细胞），腺管内亦有同样的细胞浸润。内膜上皮细胞（包括浅层子宫腺上皮）变性、坏死和剥脱，以致在内膜表面附有含坏死脱落上皮细胞及白细胞的黏液。炎症变化严重时，内膜组织显著坏死，并混有纤维素和红细胞，子宫肌层甚至浆膜层也有细胞浸润和水肿，肌纤维常发生变性和坏死。

（2）慢性卡他性子宫内膜炎　慢性卡他性子宫内膜炎性周期正常，但屡配不孕，常见从阴门中流出混浊絮状黏液，并常混有血液。阴道黏膜充血，子宫颈口开张。

此型子宫内膜炎的病理变化，依病程的长短和病原体的不同而有不同的表现。一般在发病初期呈轻微的急性卡他性子宫内膜炎变化，如内膜充血水肿和白细胞浸润，继之淋巴细胞、浆细胞浸润，并有成纤维细胞增生，内膜增厚。因腺管周围的细胞浸润和成纤维细胞增生显著，使内膜肥厚程度很不一致，显著肥厚部分呈息肉状隆起（慢性息肉性子宫内膜炎）。增生的结缔组织压迫子宫腺排泄管，其分泌物排出受阻而蓄积在腺管内，使腺管呈囊状扩张，眼观在内膜上出现大小不等的囊肿，呈半球状隆起，内含白色浑浊液，称之为慢性囊肿性子宫内膜炎。部分病例随着病变不断发展，黏液腺及增生的结缔组织萎缩，黏膜变薄，称为萎缩性子宫内膜炎。

（3）慢性化脓性子宫内膜炎　慢性化脓性子宫内膜炎性周期紊乱，从阴门中流出黏液脓性渗出物，并伴有血液。由于子宫腔内蓄积大量脓液（子宫积脓），使子宫腔扩张，触之有波动感。子宫腔内脓液的颜色，因感染的化脓菌种类不同而不同，可呈黄色、绿色或红褐色。脓液有时稀薄如水，有时浑浊浓稠，或呈干酪样。子宫内膜多覆盖坏死组织碎屑，形成糜烂或溃疡灶。镜检可见内膜有大量炎性细胞（嗜中性和细胞、淋巴细胞和浆细胞）浸润，继之浸润的细胞与内膜组织共同发生脓性溶解和坏死脱落，在坏死组织中可检出菌落。

## 第五节　卵巢囊肿

卵巢囊肿是指卵巢的卵泡或黄体内出现液性分泌物积聚，或由其他组织（如子宫内膜）异位性增生而在卵泡中形成的囊泡。根据发生部位和性质，卵巢囊肿分为以下三种类型。

### 一、卵泡囊肿

卵泡囊肿是成熟卵泡不破裂或闭锁卵泡持续生长，使卵泡腔内液体蓄积形成的。囊肿呈单发或多发，可见于一侧或两侧卵巢，囊肿大小不等，从核桃大到拳头大，囊肿壁薄而致密，内含透明液体，其中含有少量白蛋白。卵泡囊肿的组织学变化因囊肿的大小不同而有差异，小囊肿可见退变的粒层细胞和卵泡膜细胞，大囊肿因积液膨胀而囊壁变薄，细胞变为扁平甚至消失，只残留一层纤维组织膜。

### 二、黄体囊肿

正常黄体是囊状结构，若囊状黄体持续存在或生长，或黄体含血量较多，血液被吸收后，均可导致黄体囊肿。黄体囊肿多为单侧性，呈黄色，核桃大至拳头大，囊内容物为透明液体。镜检可见黄体囊肿的囊壁是由15～20层来自颗粒层的黄体细胞构成。黄体细胞大，呈圆形或多角形，内含大量脂质和黄色素。这些细胞构成一条宽的细胞带，外周围以结缔组织。当黄体囊肿为两侧性时，常表现为多发性小囊肿。

### 三、黄体样囊肿

黄体样囊肿实质上是一种卵泡囊肿，是卵泡不破裂，不排卵，直接演变出来的一种囊肿，是在发情周期黄体生成素释放延迟或不足的基础上发展起来的。囊腔为圆形，囊壁光滑，在临近黄体化的卵泡膜细胞区衬有一层纤维组织。

## 第六节 乳腺炎

乳腺炎又称乳房炎，指动物的一个或多个乳区的炎症过程，是雌性动物常见的疾病，其特征是乳腺发生炎症，同时乳汁发生理化性状的改变。本病可见于各种动物。能引起乳腺炎的细菌种类很多，主要有链球菌、葡萄球菌、化脓棒状杆菌、大肠杆菌、副伤寒杆菌、绿脓杆菌、产气杆菌及变形杆菌等。据报道结核杆菌、放线菌、布鲁氏菌及口蹄疫病毒也能引起乳腺炎。病原体可通过乳管性、淋巴源性、血源性三条途径侵入乳腺而引起乳腺炎。其中最主要的途径是乳管性感染。乳腺炎的分类较复杂，目前尚未完全统一。按发病过程、病变范围和病变性质分为急性弥漫性乳腺炎、慢性弥漫性乳腺炎、化脓性乳腺炎和特异性乳腺炎。现介绍其中较重要的两种。

### 一、急性弥漫性乳腺炎

急性弥漫性乳腺炎是泌乳初期最常发生的乳腺炎。病原菌为葡萄球菌、大肠杆菌或由链球菌、葡萄球菌、大肠杆菌的混合感染。此种炎症也称为非特异性弥漫性乳腺炎。

眼观：发炎的乳腺肿大、坚硬，易于切开。浆液性乳腺炎，切面湿润有光泽，乳腺小叶呈灰黄色，小叶间的间质及皮下结缔组织炎性水肿和血管扩张充血；卡他性乳腺炎，切面较湿润，因乳腺小叶肿大而呈淡黄色颗粒状，按压时，自切口流出浑浊版样渗出物；出血性乳腺炎，切面平坦，呈暗红色或黑红色，按压时，自切口流出淡红色或血样稀薄液体，其中常混有絮状血凝块，输乳管和乳池黏膜常见出血点；纤维素性乳腺炎，切面干燥，质硬，呈白色或灰黄色；如果在乳池和输乳管内有灰白色脓液，黏膜糜烂或溃疡，则为化脓性炎。

镜检：浆液性乳腺炎，可见在腺泡腔内有均质但带有空泡（脂肪滴）的渗出物，其中混有少数脱落上皮和中性粒细胞，腺泡上皮细胞呈颗粒变性、脂肪变性和脱落，间质（小叶间及腺泡间）有明显的炎性水肿、血管充血和中性粒细胞浸润；卡他性乳腺炎，腺泡腔及导管内有多量脱落上皮细胞和白细胞浸润（中性粒细胞、单核细胞和淋巴细胞），间质水肿并有细胞浸润；出血性乳腺炎，腺泡腔及导管内蓄积红细胞，上皮细胞变性和脱落，间质内亦有多数红细胞，血管充血，有时可见到血栓形成；纤维素性乳腺炎，腺泡腔内有纤维素网，同时上皮细胞变性脱落，以及少量的中性粒细胞和单核细胞浸润；化脓性乳腺炎，腺泡及导管系统的上皮细胞显著坏死脱落，并形成组织缺损，管腔内的渗出物中有大量坏死崩解组织、中性粒细胞，间质内亦有多数中性粒细胞浸润。

## 二、慢性弥漫性乳腺炎

通常是由无乳链球菌和乳腺炎链球菌引起的，常见于牛，一般取慢性经过。

眼观：病变常发生于后侧乳叶，通常只侵害一个乳叶。初期的病变主要是以在导管系统内发生卡他性或化脓性炎症为特征。病变乳叶肿大、硬实、易切开。乳池和输乳管扩张，管腔内充满黄褐色或黄绿色乳样液，常混有血液，或为带乳块的浆液黏液性分泌物，乳池和输乳管黏膜显著充血，黏膜呈颗粒状，但不肥厚，间质充血和水肿。乳腺小叶呈灰黄色或灰红色，肿大并突出于切面，按压时流出浑浊的脓样液。到后期则转变为增生性炎症，表现为间质结缔组织显著增生，乳腺组织逐渐萎缩甚至消失。最后由于结缔组织纤维化萎缩，导致病变部乳腺显著缩小硬化。

镜检：初期在腺泡、输乳管和乳池的渗出物中含脂肪溶解后的全泡，混有脱落上皮和嗜中性粒细胞。间质水肿及中性粒细胞和单核细胞浸润。以后，炎症细胞以淋巴细胞、浆细胞为主，并有成纤维细胞增生。输乳管及乳池黏膜因上述的细胞浸润及上皮细胞增生而肥厚，并形成皱襞或疣状突起。最后，增生的结缔组织纤维化和收缩，输乳管和乳池被牵引而显著扩张，上皮萎缩或转化为鳞状上皮。

# 第七节　睾丸炎

睾丸位于阴囊鞘膜内，其表面被覆厚而坚韧的白膜，可以阻止细菌和其他致病因素对睾丸的直接危害，因此睾丸炎的发生原因多是经血源扩散的细菌感染和病毒感染。尿生殖道有病原体感染时，亦可发生逆行感染，此时往往先引起附睾炎，然后波及睾丸。此外，各种外伤引起的阴囊鞘膜炎，也可继发睾丸炎。

睾丸炎是睾丸实质的炎症，常与附睾同时发病，根据睾丸炎的病程和病变，可将其分为急性睾丸炎、慢性睾丸炎和特异性睾丸炎三种类型。按病变分为非化脓性和化脓性。

## 一、急性睾丸炎

急性睾丸炎由外伤或经血源、感染引起，或由尿道经输精管感染发病。急性睾丸炎局部有热痛和肿胀，睾丸质地坚实，可能出现全身不适、发热和食欲减退。病原菌有坏死杆菌、布鲁氏菌等。急性睾丸炎往往引起睾丸充血，使睾丸变红肿胀，白膜紧张变硬。切面湿润隆突，常见有大小不等的坏死病灶。当炎症波及白膜时，可继发急性鞘膜炎，引起阴囊积液。急性睾丸炎的病原常是化脓性细菌，因此睾丸切面常分散有大小不等的灰黄色化脓灶。镜检可见细精管内及间质有炎性细胞浸润（嗜中性粒细胞、淋巴细胞及浆细胞等），血管充血和炎性水肿，并见睾丸组织坏死。

## 二、慢性睾丸炎

慢性睾丸炎多由急性炎症转化而来，以局灶性或弥漫性肉芽组织增生为特征。慢性睾丸炎睾丸肿大、坚实、无痛，一般无全身症状，睾丸与总鞘膜常发生粘连。慢性睾丸炎病程长，常表现为间质结缔组织增生和纤维化，睾丸体积变小，质地变硬，被膜增厚，切面干燥。伴有鞘膜炎时，因机化使鞘膜脏层和壁层粘连，以致睾丸被固定，不能移动。

## 三、特异性睾丸炎

特异性睾丸炎是由特定病原菌（如结核分枝杆菌、布氏杆菌）引起的睾丸炎，病原多源于血源散播，病程多取慢性经过。

# 第二十章　血液和造血系统病理

血液中有形成分主要指血液中的红细胞，其主要病变为贫血。造血免疫系统包括淋巴结、脾脏、胸腺、骨髓、扁桃体和黏膜相关淋巴组织，除制造血液细胞成分、过滤血液外，主要参与机体的免疫功能。因此，在疾病过程中免疫器官、组织，最容易受到损伤，病变最为明显，表现出各种各样的病理变化，其中最为重要的是炎症病变，如骨髓炎、脾炎和淋巴结炎。

## 第一节　贫血

单位容积血液中红细胞数量或血红蛋白含量低于正常，称为贫血（anemia）。贫血往往不是独立的疾病，而是许多疾病过程中的一种常见病症。

### 一、病理变化

#### （一）红细胞数量和血红蛋白含量减少

红细胞数量和血红蛋白含量一般同时减少，但二者平等减少的情况极少。通常多以血色指数来表示。血色指数是指血细胞内血红蛋白的饱和程度（含量），即血红蛋白百分数与红细胞百分数的比率，计算方法是：

血色指数 =（被检动物血红蛋白量/健康动物血红蛋白量）÷（被检动物红细胞数量/健康动物红细胞数量）

健康动物血色指数为 1。凡血色指数小于 1 的，称为低色素性贫血（hypochromic anemia）；凡血色指数大于 1 的，称为高色素性贫血（hyperchromic anemia）。当二者平行减少时，则血色指数等于 1，称为正色素性贫血（normochromic anemia）。

#### （二）外周血液中红细胞形态异常

（1）红细胞体积改变　大小不均，体积大于正常红细胞的，称为大红细胞，体积小于正常红细胞的，称为小红细胞。溶血性贫血时可见到各种破碎的红细胞。

（2）嗜染性异常　包括淡染性红细胞和多染性红细胞。淡染性红细胞是指红细胞由于胞浆中血红蛋白含量减少，细胞中央呈现无色透明状，仅细胞边缘着色而呈环形。多染性红细胞是指红细胞嗜染性改变，胞浆的一部分或全部变为嗜碱性，故呈淡蓝色着染。多染性红细胞属于一种未成熟的红细胞。

（3）红细胞形态改变　红细胞失去正常圆盘状形态而变为梨形、长形或桑椹形。有时在细胞浆中含有少量嗜碱性小颗粒或纤维网，这种红细胞称为网织红细胞，是一种幼稚型红细胞。网织红细胞的出现是骨髓造血机能增强的表现。有时红细胞胞浆内出现浓染的细胞核（禽类除外），细胞体积近于正常或稍大，这种红细胞称为正成红细胞或原巨红细胞，也属于未成熟的红细胞。血液中出现这种细胞表示造血功能返回到胚胎期的类型。

外周血液中红细胞形态变化可以帮助判断贫血的程度及机体造血机能状态。例如：血液中出现淡染性红细胞，红细胞大小不均，出现异型红细胞、原巨红细胞等，表示机体造血机能紊乱及病理性红细胞生成；而网织红细胞及多染性红细胞出现则表明骨髓造血机能亢进，这些变化具有临床诊断意义。

## 二、贫血的类型、原因和发病机理

根据贫血发生的原因和机理，可将其分为出血性贫血、溶血性贫血、营养缺乏性贫血及再生障碍性贫血四种。

### (一) 出血性贫血

由于红细胞丧失过多而发生的贫血，称为出血性贫血（hemorrhageic anema）。可分为急性、慢性两种。

（1）急性出血性贫血　急性出血性贫血（acute hemorrhagic anemia）见于各种急性大出血，如严重的创伤性出血，产后大出血，某些原因引起肝、脾破裂发生的出血。

急性大出血时，由于短时间机体丧失了大量红细胞，一定时间内红细胞得不到补充而呈现贫血。出血时，血液总量虽然减少，但是由于红细胞和血浆的损失比例相同，所以，单位容积血液内红细胞数量和血红蛋白含量仍是正常的，血色指数不发生变化，即此时为正色素性贫血。出血数小时至一两天内，通过加压反射，交感神经兴奋和肾上腺素分泌增加，促使脾脏、肝脏、皮下及肌肉的血管收缩，使蓄积其中的血液参与循环；同时，由于失血后血管内流体静压降低，导致组织间液不断渗入血管，从而使循环血量逐渐得到恢复，但是此时单位容积血液内红细胞数量及血红蛋白含量均减少。由于贫血和缺氧，肾脏产生促红细胞生成素增多，刺激骨髓造血机能增强，结果在外周血液中出现大量幼稚型红细胞，如网织红细胞、多染性红细胞及有核红细胞。体内需铁量增加，而出血导致铁的丧失，若此时铁供应相对不足，由于红细胞再生速度较血红蛋白合成速度快，常可继发低色素性贫血，外周血液中出现淡染红细胞。外周血液中白细胞数量增多，并出现杆状核等幼稚型白细胞及髓细胞，有时还可见血小板增多，这些均是骨髓机能增强的表现。

肉眼可见所有器官组织显著苍白，可视黏膜和皮下组织尤其明显。脾萎缩，体积缩小，切面红髓减少。管状骨体中可见红骨髓再生，甚至将原黄骨髓完全替代。

（2）慢性出血性贫血　慢性出血性贫血（chronic hemorrhagic anemia）多发生于慢性反复出血的各种疾病，如胃肠道寄生虫长期寄生或胃肠溃疡等长期、反复少量出血的情况下。

慢性出血的初期，因出血量不多，丧失的红细胞和血红蛋白易被骨髓造血机能增强代偿，贫血症状不明显。但长期持续、反复出血，由于骨髓造血功能增强，铁损耗过多，可引起慢性缺铁性贫血，此时血色指数小于1（可达0.4～0.6），呈现低色素性血症，红细胞总数显著减少。外周血液检查，红细胞大小不一，出现淡染性红细胞、多染性红细胞、异型红细胞及网织红细胞。此外，由于骨髓机能增强，初期中性粒细胞增多，并呈核左移现象。但随着贫血的加重，红细胞数量减少，说明骨髓造血机能衰竭。

肉眼可见，死于慢性出血性贫血动物的所有器官和组织苍白，浆膜、黏膜点状出血，血液稀薄，体腔积水，皮下组织水肿，管状骨骨体中红骨髓再生，脾脏、肝脏和淋巴结出现髓外造血（骨髓化生）。

### （二）溶血性贫血

因红细胞破坏过多而引起的贫血称为溶血性贫血（hemolytic anemia）。引起溶血的因素很多，有化学性因素，包括化学毒物和药物，常见的化学毒物有氯酸钾、苯肼、胆酸盐、铅、铜、砷和蛇毒等，化学药物有磺胺、头孢类抗生素等；物理性因素有烧伤、低渗溶液，电离辐射等；生物性因素，如溶血性链球菌、葡萄球菌、产气荚膜梭菌等产生的溶血；免疫性因素，如异型输血、新生幼畜溶血病等。化学性因素是引起溶血较多见的原因。上述这些因素引起贫血的机理主要有以下几个方面。

（1）血红蛋白变性引起溶血　如氯酸钾、苯肼等能使红细胞的还原型谷胱甘肽含量减少以及谷胱甘肽过氧化物酶的活性降低，导致血红蛋白变性。

（2）红细胞膜的变化　例如：电离辐射能使红细胞脆性增加，导致溶血；蛇毒中的磷酸酶导致红细胞膜中的卵磷脂水解而引起溶血；铅可以抑制红细胞膜上的ATP酶的活性，引起红细胞胞浆内的离子浓度失常，钠离子和水的含量增多而引起溶血。

（3）通过免疫机理导致红细胞破坏而引起溶血　如新生幼畜溶血病是由于新生幼畜的红细胞与母体的抗红细胞抗体发生免疫反应所致。父系公畜的血型与母畜不同，通过遗传传给子代，则胎儿血型与母畜不同。胎儿红细胞通过各种途径进入母体时，便使母体产生抗胎儿红细胞抗体，并可进入母畜初乳中。当新生仔畜吸食含抗红细胞抗体的母体初乳时，抗体由肠黏膜进入新生幼畜血液，与其红细胞发生免疫反应，致红细胞破坏发生溶血。

（4）血液寄生虫病　由于虫体在红细胞中分裂增殖而使红细胞破坏。

溶血性贫血的特点是血液内有多量胆红素蓄积，临床上表现为黄疸。由于血浆中胆红素含量增高，并在皮肤、黏膜等部位沉着，皮肤、黏膜呈现黄色。患病动物粪便及尿液中粪（尿）胆素均增高，这可作为大量红细胞破坏、溶血的一个指征。

溶血性贫血的病理变化：全身黏膜、皮肤贫血、黄染，呈黄白色，有点状出血。实质器官变性。脾脏肿大，由于大量含铁血黄素沉着而呈青褐色。若骨髓造血机能增强，则出现正红细胞、多染性红细胞及异型红细胞，脾脏的脾髓网状细胞和脾窦内皮细胞中有大量含铁血黄素沉着。肝脏和脾脏可见髓外化生灶。

### （三）营养缺乏性贫血

营养缺乏性贫血（deficiency anemia）是由于长期饲喂营养不全的食物，如缺乏蛋白质、维生素以及铁、铜、钴等微量元素的食物，或因动物长期胃肠机能障碍导致上述造血必需的营养物质吸收不足而引起。

缺铁性贫血是动物贫血中比较常见的一种。铁是合成血红蛋白中血红素的重要成分。当机体缺铁时，由于血红素合成障碍引起血红蛋白合成不足而导致贫血。此外，缺铁还会引起各种含铁酶类活性的降低，如细胞色素氧化酶、过氧化物酶、琥珀酸脱氢酶等，影响骨髓代谢而导致造血功能降低，同时影响红细胞的脂类、蛋白质及糖代谢，使红细胞生长期缩短，易于破坏，这也是缺铁引起贫血的原因之一。缺铁性贫血表现为外周血液中红细胞数量正常或稍减少，但每个红细胞的血红蛋白含量不足，红细胞体积变小，故称为低色素性贫血或小细胞性贫血。

维生素 $B_{12}$在机体内以辅酶形式出现，缺乏时，引起骨髓干细胞的分裂障碍。

叶酸是一种水溶性 B 族维生素（维生素 $B_{11}$），在体内也起辅酶作用。它与维生素 $B_{12}$一起参与嘧啶核苷酸的生物合成。因此，维生素 $B_{12}$和叶酸的缺乏主要使 DNA 合成减少，复制困难，使红细胞生成陷于抑制。胞浆 RNA 受影响较小，故细胞浆 RNA 含量较多，这种细胞核与胞浆发育不平衡导致巨幼红细胞的形成。

叶酸缺乏多由饲料中叶酸不足引起，而维生素 $B_{12}$不足一般不是由维生素 $B_{12}$食入不足引起，而是因内因子缺乏导致维生素 $B_{12}$吸收障碍引起。内因子是一种黏多糖蛋白，由动物的十二指肠黏膜分泌（人类由胃的壁细胞分泌）。

缺铁性贫血时，外周血液中红细胞的平均体积、平均血红蛋白含量均低于正常。血清中含铁量降低。红细胞大小不均，主要是小红细胞，故称为小红细胞性贫血。红细胞淡染或中心区淡染，有多染性或异型红细胞出现。

而维生素 $B_{12}$或叶酸缺乏引起的贫血，红细胞数量减少，但血红蛋白含量变化较小，血色指数大于1，红细胞平均体积增大，又称为高色素性贫血或大细胞性贫血。外周血液检查，可见大型红细胞数量增多，这是本病的特征性变化。细胞大小不均，常见异型红细胞、网织红细胞及巨幼红细胞。白细胞及血小板数量大为减少。

### （四）再生障碍性贫血

再生障碍性贫血（aplastic anemia）是因各种原因使骨髓造血机能障碍、红细胞生成不足而引起的一种贫血。病因包括：

（1）造血机能抑制　某些传染病如结核病、雏鸡传染性贫血病等，由于病原微生物的直接损伤，造成红细胞生成受到抑制。血液寄生虫（如梨形虫）及许多化学毒物和药物（如砷、苯、汞、磺胺类以及一些农药和蕨类植物等），均可抑制红细胞生成。如长期使用氯霉素，由于其分子结构与嘧啶核苷酸相似，可以竞争性抑制 DNA 合成，阻断信使 RNA（mRNA）与核糖体结合，从而抑制蛋白质的合成，导致造血机能障碍。

（2）骨髓组织损伤　在电离辐射中，一些放射性物质如镭、锶等一方面能抑制骨髓干细胞的分化增殖，另一方面损害骨髓基质细胞，引造血机能障碍。

（3）红细胞生成调节障碍　肾脏病变，促红细胞生成素减少，某些恶性肿瘤，如白血病等，也能抑制促红细胞生成素的产生，红细胞的生成得不到正常的调节而发生障碍。

再生障碍性贫血时造血组织萎缩、总量减少是本型贫血的基本特征。骨髓造血组织萎缩，呈灰白色胶冻状，也有的由增生的脂肪组织代替，镜下只能见到少量红骨髓呈岛状散在。血液学检查，一方面由于干细胞分化增殖受阻，红细胞及粒细胞数量显著减少，另一方面红细胞成熟障碍，出现异常的幼稚红细胞。脾脏中，脾小体萎缩，数量减少。肝脏一般不肿大，在肝内可见灶状坏死，汇管区及肝窦内有时可见髓外造血灶。

## 三、贫血时机体的代谢和机能变化

### （一）贫血时机体的主要代谢变化

（1）血液性缺氧　氧在血液中的溶解度有限，主要是以氧合血红蛋白的形式携带。贫血时血液中红细胞数及血红蛋白浓度降低，血液携氧能力降低，引起血液性缺氧。组织供氧不足，糖酵解加强和红细胞内2，3－二磷酸甘油酸（2，3－DPG）的增高使氧合血红蛋白解离曲线右移，血红蛋白氧的释放量增高，可提高对组织的供氧量。需氧量较高的组织，如心脏、中枢神经系统、骨骼肌等受贫血时缺氧的影响较明显。

（2）胆红素代谢　溶血性贫血时，单核巨噬细胞系统非脂型胆红素产量增多，如超过肝脏形成脂型胆红素的代偿能力时，则可出现以非脂型胆红素升高为主的溶血性黄疸。

### （二）贫血时机体的主要机能变化

贫血引起的全身各系统的机能变化，视贫血的原因、贫血程度、贫血持续时间的长短及机体的适应能力等因素而定。另外，贫血时所表现的各系统机能变化，常常是造成贫血的原因与后果混杂在一起，因此是比较复杂的。如营养缺乏引起的贫血，伴有营养缺乏的症状，不一定都由贫血引起。单纯因大失血引起的贫血所出现的机能变化，主要是由于缺氧所致。

（1）循环系统　贫血时由于红细胞和血红蛋白减少，导致机体缺氧与物质代谢障碍，在早期可以出现代偿性心跳加强加快，以增加心输出量。因血流加速，通过单位时间的供氧增多，就能代偿红细胞减少造成的缺氧。后期由于心脏负荷加重、心肌缺氧，心肌营养不良，可诱发心脏肌原性扩张和相对性瓣膜闭锁不全，导致血液循环障碍。

（2）呼吸系统　贫血时由于缺氧和氧化不全的酸性代谢产物蓄积，刺激呼吸中枢，使呼吸加快，患畜轻度运动后，便发生呼吸急促。同时组织呼吸酶活性增强，加之红细胞内的2，3－二磷酸甘油酸增高，促使氧合血红蛋白的解离加强，从而增加了组织对氧的摄取能力。

（3）消化系统　除缺氧外，消化道机能改变还与营养障碍有关。动物表现食欲减退，胃肠分泌与运动机能减弱，消化吸收障碍，故临诊上往往呈现消瘦、消化不良、便秘或腹泻等症状。消化过程障碍反过来又可加重贫血的发展。

（4）神经系统　贫血时，中枢神经系统的兴奋性降低，以减少脑组织对能量的消耗，提高其对缺氧的耐受力，因此具有保护性意义。严重贫血或贫血时间较长时，由于脑的能量供给减少，神经系统机能减弱，对各系统机能的调节降低，动物表现精神沉郁，容易疲劳，生产效率降低，抵抗力减弱。

（5）骨髓造血机能　贫血时，由于缺氧可促使肾脏产生促红细胞生成素，骨髓造血机能增强（再生障碍性贫血除外）。关于促红细胞生成素的作用机理，其最初效应是控制与合成血红蛋白所必需的蛋白质有关的 mRNA 的合成速度，并促进 δ-氨基 γ-酮戊酸、原血红素合成酶、原血红素的生成以及 DNA 的合成速度。此外，促红细胞生成素还能促进其反应细胞的增生，促进正在成熟的红细胞内的血红蛋白合成速度，缩短骨髓内各级未成熟红细胞的转化时间，引起网织红细胞早期释放。

## 第二节 脾炎

脾炎（splenitis）即脾脏的炎症，多伴发于各种传染病，也可见于血液原虫病，是脾脏最常见的一种病理过程。各种疾病引起的皮炎，其表现形式是不同的，这取决于病原的性质、强度、机体的状态，病程的长短等。

### 一、脾炎的基本病理变化

由于脾脏的结构和机能特点，脾炎时可出现以下几方面的基本病理变化。

#### （一）脾脏多血

即脾脏含血量增多，主要发生于脾炎的初期，在急性脾炎时最为突出。脾脏多血主要是由炎性充血所致，同时也伴有脾脏内血液的淤滞。

脾脏多血时，眼观脾脏肿大，被膜紧张，切面隆起，富含血液。镜检可见脾脏红髓内充盈红细胞，而红髓固有细胞成分则大为减少。

#### （二）渗出和浸润

即浆液-纤维素渗出和白细胞浸润，在急性脾炎时表现得特别明显，渗出的浆液为均匀一致的淡红染物质，浆液中有时可见析出的纤维素，它们常与脾脏中坏死、崩解的细胞或肿胀、崩解的网状纤维混在一起而不易分辨。白细胞浸润以嗜中性粒细胞最为常见，但其数量在不同的传染病和不同的个体有很大的差异。慢性脾炎时，一般不出现浆液或浆液-纤维素渗出，浸润的白细胞则主要是淋巴细胞和浆细胞，它们多由局部增生而来。

#### （三）增生与免疫反应

增生是指脾脏中的网状细胞、淋巴细胞和浆细胞的增生，后两种细胞的增生多属于免疫反应。一般在慢性脾炎时增生的程度比较明显，它是脾脏体积增大的主要原因之一。无论是在急性脾炎还是慢性脾炎均可见脾脏网状细胞的增生，但在急性经过时较为明显。增生的网状细胞椭圆形胞核常位于胞浆的一侧。在急性传染病，增生的网状细胞很快发生变性、坏死和分解；而在慢性传染病，增生的网状细胞在疾病过程中大部分存留，使脾脏体积进行性增大。增生的网状细胞可对病原体、变性的红细胞、淋巴细胞和组织分解产物进行吞噬。在增生过程中，有时可见髓外化生灶，多由网状细胞化生或干细胞分化而成，多见于结核、鼻疽等慢性传染病。

脾脏内淋巴细胞的增生在慢性经过的传染病表现得尤为突出。例如，在结核等，可见脾小体体积增大，生发中心扩大，淋巴细胞数量增多。在淋巴细胞增生的同时，网状细胞和浆细胞也有不同程度的增生。在许多传染病，脾脏中淋巴细胞和浆细胞增生都属于免疫反应。脾脏是机体实现体液免疫与细胞免疫的重要器官，其中T细胞35%～50%（位于脾小体生发中心周边和中央动脉的外围）；B细胞占50%～65%（位于脾小体生发中心与红髓）。在抗原作用下，如果在脾小体生发中心增大的同时，脾红髓中有大量浆细胞出现，则是体液免疫增强的表现；如果在脾小体生发中心增大的同时，其周边和中央动脉外围有多量淋巴细胞聚集，同时在脾红髓内有大量浆细胞出现，则表明体液免疫与细胞免疫均增强。

#### （四）脾脏支持组织张力的破坏

主要是指脾脏被膜和小梁内平滑肌纤维的机能障碍（松弛）和结构损伤引起的张力破坏。脾脏支持组织内平滑肌松弛的发生是植物神经机能障碍的结果，同时在疾病后期局部原因也起着重要作用。此时，由于引起脾炎的病原微生物及其毒素的作用，脾脏坏死，崩解的细胞和白细胞所释放的酶的作用，都可使脾脏支持组织中的平滑肌、肌原纤维、弹力纤维和网状纤维发生变性、坏死，从而导致其张力的破坏。镜检可见被膜和小梁中的胶原纤维、弹力纤维和平滑肌均肿胀，溶解，着染力减弱，排列疏松。严重时，它们失去固有的纤维结构而崩解成小颗粒状，细胞核淡染、肿胀甚至溶解消失。网状纤维肿胀，银染时着色不佳。脾脏支持组织的破坏是脾脏高度充血和质地松软的基础。

#### （五）变性和坏死

是指脾脏实质细胞的变性和坏死。在急性脾炎时。脾脏的淋巴细胞、网状细胞和内皮细胞可以弥漫性地发生坏死、崩解，致使脾脏固有的组织细胞成分明显减少。有时坏死以小灶形式出现，即在脾髓中出现散在的、大小不等的坏死灶。坏死区的细胞多发生崩解，并与渗出的浆液、纤维素以及肿胀的网状纤维混在一起，呈均质红染，其间偶有少数残留的细胞散在。除脾实质外，脾脏的血管也可发生变性和坏死。

### 二、脾炎的分类和病理变化

根据病变特征和病程缓急，脾炎可分为急性炎性脾肿、坏死性脾炎、化脓性脾炎和慢性脾炎。

#### （一）急性炎性脾肿

急性炎性脾肿（acute inflammatory splenomegaly）是指伴有脾脏明显肿大的急性脾炎，多见于炭疽、急性猪丹毒、急性副伤寒等急性败血症性传染病，称为传染性脾肿（infectious splenomegaly），又称败血脾（geptic spleen）。

（1）病理变化　眼观：脾脏体积增大，一般比正常大2～3倍，有时甚至可达5～10倍，被膜紧张，边缘钝圆；切开时流出血样液体，切面隆起并富有血液，明显肿大时犹如血肿，呈暗红色或黑红色，白髓和脾小梁形象不清，脾髓质软，用刀轻刮切面，可刮下大量因富含血液而软化的脾髓。

镜检：脾髓内充盈大量血液，脾实质细胞（淋巴细胞、网状细胞）因弥漫性坏死、崩解而明显减少；白髓体积缩小，甚至几乎完全消失，仅在中央动脉周围残留少量淋巴细胞；红髓中固有的细胞成分减少，有时在小梁或被膜附近可见一些被血液排挤的淋巴组织，脾脏含血量增多是急性炎性脾肿最突出的病变，也是脾体积增大的主要组织学基础。在充血的脾髓中还可见病原菌和散在的炎性坏死灶，后者由渗出的浆液、嗜中性粒细胞和坏死、崩解的实质细胞混杂在一起组成。炎性坏死灶的大小不一，形状不规则。此外，被膜和小梁中的平滑肌、胶原纤维和弹性纤维肿胀、溶解，排列疏松。

（2）急性炎性脾肿的结局　急性炎性脾肿的病因消除后，炎症过程逐渐消散，充血消失，局部血液循环可恢复正常，坏死的细胞崩解，随同渗出物被吸收。此时，脾脏实质成分减少，脾脏皱缩，其被膜上出现皱纹，质度松弛，切面干燥呈红褐色。这种脾脏通过淋巴组织再生和支持组织的修复一般都可以完全恢复正常的形态结构和功能。有些病例因再生能力弱（机体状况不良）和脾实质破坏严重可发生脾萎缩，此时脾体积缩小、质软，破膜和小梁因结缔组织增生而增厚、变粗。

### （二）坏死性脾炎

坏死性脾炎（necrotic splentis）是指脾脏实质坏死明显而体积肿大不明显的急性脾炎，多见于巴氏杆菌病、弓形虫病、猪瘟、鸡新城疫和传染性法氏囊病等急性传染病。

（1）病理变化　眼观：脾脏体积一般不肿大或轻度肿大，其外形、色彩、质度与正常脾脏无明显的差别，只是在表面或切面见针尖至粟粒大灰白色坏死灶。

镜检：脾脏实质细胞坏死明显，在白髓和红髓均可见散在的坏死灶，其中多数淋巴细胞和网状细胞已坏死。其胞核溶解或破碎，细胞肿胀、崩解，少数细胞尚具有淡染而肿胀的胞核。坏死灶内同时见浆液渗出和嗜中性粒细胞浸润，有些粒细胞也发生核破碎。此型脾炎脾脏含血量不见增多，故脾脏的体积不肿大。被膜和小梁均见变质性变化。有的坏死性脾炎，由于血管壁破坏，还可发生较明显的出血。

（2）坏死性脾炎的结局　坏死性脾炎的病因消除后，炎症过程可以消散，随着坏死液化物质和渗出物的吸收，淋巴细胞和网状细胞的再生，脾脏的结构和功能一般可以完全恢复。只有当脾实质和支持组织遭受严重损伤的病例，脾脏才不能完全恢复，其实质成分减少，出现纤维化，支持组织中结缔组织明显增生，导致脾小梁增粗和被膜增厚。

### （三）化脓性脾炎

许多细菌可引起化脓性脾炎（suppurateive spleenitis），化脓性脾炎主要由其他部位化脓灶内化脓菌经血源性感染而引起，属于特殊类型的坏死性脾炎，多以有大小不等的化脓灶为特征。

镜检：初期化脓灶内有大量嗜中性粒细胞聚集、浸润，以后嗜中性粒细胞变性、坏死、崩解，局部组织坏死而形成脓汁。后期，化脓灶周围常见结缔组织增生。

### （四）慢性脾炎

慢性脾炎（chronic splenitis）是指伴有脾脏肿大的慢性增生性脾炎，多见于亚急性或慢性结核和布氏杆菌病等病程较长的传染病，也见于梨形虫病和锥虫病。

（1）病理变化　眼观：脾脏轻度肿大或比正常大1～2倍，被膜增厚，边缘稍显钝圆，质度硬实；切面平整或稍隆突，在暗红色红髓的背景上可见灰白色增大的淋巴小结呈颗粒状向外突出，有时这种现象不明显，仅见整个脾脏切面色彩变淡，呈灰红色。

镜检：慢性脾炎的增生过程特别明显，此时淋巴细胞和巨噬细胞都分裂增殖，但在不同的传染病过程中有的以淋巴细胞增生为主，有的以巨噬细胞增生为主，有的淋巴细胞和巨噬细胞都明显增生。例如：在结核性脾炎时，脾脏的巨噬细胞明显增生，形成许多由上皮样细胞和多核巨细胞组成的肉芽肿，其周围也见淋巴细胞浸润和增生；在布氏杆菌病的慢性脾炎时，既可见淋巴细胞增生形成明显的淋巴小结，又有由巨噬细胞增生形成的上皮样细胞结节散在于脾髓中。慢性脾炎过程中，还可见支持组织内结缔组织增生，因而使被膜增厚和脾小梁变粗。与此同时，脾髓中也见有散在的细胞变性和坏死。

（2）慢性脾炎的结局　慢性脾炎通常以不同程度的纤维化为结局。随着慢性传染病过程的结束，脾脏中增生的淋巴细胞逐渐减少，局部网状纤维胶原化，上皮样细胞转变为成纤维细胞，结果使脾脏内结缔组织成分增多，发生纤维化；被膜、小梁也因结缔组织增生而增厚、变粗，从而导致脾脏体积缩小、质度变硬。

## 第三节　淋巴结炎

淋巴结炎（lymphadenitis）即淋巴结的炎症。淋巴结炎是很常见的炎症，其炎症性质和过程取决于感染因子和原发病灶的炎症性质。按炎症发展过程，淋巴结炎通常分为急性和慢性两种类型。

### 一、急性淋巴结炎

急性淋巴结炎可以是全身性的或局部性的。前者见于败血型传染性疾病，主要是急性热性传染病，后者见于其淋巴流区域急性炎症或局部感染。

#### （一）浆液性淋巴结炎

浆液性（或单纯性）淋巴结炎（serous lymphadenitis）是最常见的淋巴结炎症。

眼观：发炎淋巴结肿大，颜色鲜红或紫红；切面隆起，颜色潮红，湿润多汁。

镜检：被膜、小梁及实质中的毛细血管充血，淋巴窦明显扩张，内含浆液，窦壁细胞肿大、增生，有时在窦内大量堆积（称为窦卡他）。扩张的淋巴窦内，通常有不同数量的嗜中性粒细胞、淋巴细胞和浆细胞。因水肿淋巴小结的淋巴细胞显得相当疏松。炎症后期淋巴组织发生增生性变化，此时可见淋巴小结的生发中心扩大，并有较多的细胞分裂相，淋巴小结周围、副皮质区和髓索因细胞增生，细胞密集并扩大。急性浆液性淋巴结炎，在病因消除后，炎症逐渐减退直至完全恢复正常。

#### （二）出血性淋巴结炎

出血性淋巴结炎（hemorrhagic lymphadenitis）常见于伴有较严重出血的败血型传染病，

如炭疽、巴氏杆菌病等，也可见于某些急性原虫病。

眼观：淋巴结肿大，暗红或黑红色，切面隆突、湿润。出血轻时，淋巴结外层潮红，散在少许出血点；中等程度出血时，在被膜下和沿小梁出血时而呈黑红色条斑，使淋巴结切面呈大理石样外观（大理石样出血）；严重出血的淋巴结，因被血液充斥，酷似血肿。

镜检：出血部位的淋巴窦内聚集多量红细胞，淋巴小结内也有出血。此外有浆液和急性炎性细胞浸润。

淋巴窦内的血液，除来源于淋巴结的毛细血管渗出性出血外，大多数是由淋巴流从其淋巴流区域出血部位带进来的（称为吸收性出血），因此，淋巴结出血与其周围组织出血的程度是相应的。

### （三）坏死性淋巴结炎

坏死性淋巴结炎（necrotic lymphadenitis）是指伴有明显实质坏死的淋巴结炎，可见于坏死杆菌病、炭疽、牛泰勒焦虫病和猪弓形虫病等，多是在单纯性淋巴结炎或出血性淋巴结炎的基础上发展而成的。

眼观：淋巴结肿大，呈灰红色或暗红色，切面湿润、隆突，有大小不等的灰黄色坏死灶散在分布，淋巴结出血性坏死灶呈砖红色，坏死灶周围组织充血、出血。

镜检：淋巴组织坏死，其固有结构破坏，细胞崩解，形成大小不等、形状不一的坏死灶，有的坏死灶内有大量红细胞；坏死灶周围血管扩张、充血、出血，并可见嗜中性粒细胞和巨噬细胞浸润；淋巴窦扩张，其中有多量巨噬细胞，出血明显时有大量红细胞，也可见白细胞和组织坏死崩解产物。

在坏死性淋巴结炎过程中，常同时发生淋巴结周围炎，可见淋巴结的被膜和周围结缔组织呈胶冻样浸润，镜检见明显水肿和白细胞浸润。

坏死性淋巴结炎的结局主要取决于坏死性病变的程度。小坏死灶通常可被溶解、吸收，组织缺损经再生而修复。较大的坏死灶多被新生的肉芽组织机化或有包囊形成。如果淋巴组织广泛坏死，可被肉芽组织取代或包裹，常导致淋巴结的纤维化。

### （四）化脓性淋巴结炎

化脓性淋巴结炎（suppurateive lymphadenitis）由化脓菌感染所致，多见于链球菌病的颌下淋巴结，也发生于组织、器官化脓性炎症时的局部淋巴结。

眼观：淋巴结肿大，灰黄色，表而或切面有大小、形状不一的化脓灶，脓液多为灰黄色，链球菌感染时为灰绿色，无臭味。有时形成较大的脓肿，并有结缔组织膜包裹，后期脓液干涸。

镜检：炎症初期淋巴窦内浆液增多和大量嗜中性粒细胞浸润，窦壁细胞增生、肿大，进而嗜中性粒细胞大量聚集、变性、崩解，很快局部组织随之溶解形成脓液。时间久了，化脓灶周围有纤维组织增生形成包囊。

淋巴结化脓性炎症的早期病灶，渗出物可被吸收而恢复。小化脓灶可被机化，大化脓灶在被纤维组织包囊包裹后脓液逐渐干涸变成干酪样物质，进而发生钙化。这种陈旧的化脓灶，与结核病的干酪样坏死灶在外观上难以区分。体表淋巴结的脓肿，可形成窦道向体外排脓，排脓创口可以修复。化脓性淋巴结炎常经淋巴管蔓延至相邻的淋巴结，化脓菌可通过淋巴管和血管播散全身，引起多器官化脓性炎症，甚至引起脓毒败血症。

### 二、慢性淋巴结炎

慢性淋巴结炎（chronic lymphadenitis）是由于病原反复或持续作用所引起的以细胞显著增生为主要表现的淋巴结炎，故又称为增生性淋巴结炎，通常见于慢性经过的传染病（如布氏杆菌病、副结核病等）或组织器官发生慢性炎症时，也可以由急性淋巴结炎转变而来。

眼观：淋巴结肿大，灰白色，质度变硬；切面皮质、髓质结构不分，呈一致的灰白色，很像脊髓或脑组织的切面，有髓样肿胀之称，有时呈细颗粒状。特殊肉芽肿性淋巴结炎，切面可见灰白色结节状病灶，结节中心发生干酪样坏死或钙化。

镜检：淋巴结内以淋巴细胞增生为主的细胞成分增多，淋巴小结增大、增多，并具有明显的生发中心；皮质、髓质界限消失，淋巴窦被增生的淋巴组织挤压或占据，仅见淋巴细胞弥漫分布于整个淋巴结。在淋巴细胞之间可见巨噬细胞有不同程度的增生，有时还可见浆细胞散在分布或小灶状集结。充血和渗出现象不明显，偶见少量白细胞浸润和细胞的变性、坏死。

结核、布氏杆菌病和副结核病时的慢性淋巴结炎及霉菌性淋巴结炎，通常在淋巴细胞增生的同时还有上皮样细胞及朗罕氏巨细胞增生。后者初期以散在的，大小不一的细胞集团形式出现，多位于淋巴窦内，以后增生明显时上皮样细胞数量增多，可形成典型的特殊肉芽肿结节，其中心常形成干酪样坏死灶，甚至钙化。抗酸染色细胞内可见结核分枝杆菌或副结核分枝杆菌，霉菌性淋巴结炎时可见霉菌菌丝和孢子。

慢性淋巴结炎可以持续很长时间，以后随着病原因素的消失，增生过程停止，淋巴细胞数量逐渐减少，网状纤维胶原化，小梁和被膜的结缔组织增生，导致淋巴结内实质细胞不同程度地减少，支持组织相应增多。上皮样细胞明显增生的淋巴结炎，在病原菌清除后，上皮样细胞转变为成纤维细胞，从而使淋巴结内结缔组织成分增多，实质成分减少，发生纤维化。

## 第四节　骨髓炎

骨髓炎（osteomyelitis）即骨髓的炎症，多由感染或中毒引起。按骨髓炎的经过不同，可将其分为急性骨髓炎和慢性骨髓炎两种。

### 一、急性骨髓炎

急性骨髓炎（acute osteomyelitis）按其病变性质可分为急性化脓性骨髓炎和急性非化脓性骨髓炎。

### （一）急性化脓性骨髓炎

化脓性骨髓炎是由化脓性细菌感染所致。感染路径既可以是血源性的，如体内某处化脓性炎灶中的化脓菌经血液转移到骨髓，也可以是局部化脓性炎（如化脓性骨膜炎）的蔓延，或骨折损伤所招致的直接感染。

化脓性骨髓炎时，在骺端或骨干的骨髓中可见脓肿形成，局部骨髓固有组织坏死、溶解。随着脓肿的扩大，化脓过程不仅可波及整个骨髓，还可波及骨组织。骨髓的化脓性炎症可侵蚀骨干的骨密质到达骨膜下，引起骨膜下脓肿。由于骨膜与骨质分离，骨质失去来自骨膜的血液供给而发生坏死，被分离的骨膜因刺激发生成骨细胞增生，继而形成一层新骨，新骨逐渐增厚，形成骨壳或包壳包围部分或整个骨干，包壳通常有许多穿孔，称为骨瘘孔，并经常从孔内向外排脓。化脓性胃髓炎也可经骨骺端侵及关节，引起化脓性关节炎。如果大量化脓菌进入血液，则可导致脓毒败血症。

### （二）急性非化脓性骨髓炎

急性非化脓性骨髓炎是以骨髓各系血细胞变性坏死，发育障碍为主要表现的急性骨髓炎，常见病因为病毒感染，中毒（如苯、蕨类植物中毒）和辐射损伤。

眼观：病变不尽相同，一般表现为红骨髓色变淡，呈黄红色，或红骨髓岛屿状散在于黄骨髓中，有的可见长骨的红髓稀软，颜色污红。

镜检：骨髓各系血细胞因变性坏死明显减少，并有浆液、炎性细胞渗出，并经常伴有充血、出血性病变。

## 二、慢性骨髓炎

慢性骨髓炎（chronic osteomyelitis）通常是由急性骨髓炎转变而来的，可分为慢性化脓性骨髓炎与慢性非化脓性骨髓炎。

### （一）慢性化脓性骨髓炎

是由急性化脓性骨髓炎转变来的慢性炎症过程，其特征为脓肿形成，结缔组织和骨组织增生。此时脓肿周围肉芽组织增生形成包囊并发生纤维化，其周围骨质常硬化成壳状，形成封闭性脓肿。有的脓肿侵蚀骨质及其相邻组织，形成向外开口的脓性窦道，不断排出脓性渗出物，长期不愈，窦道周围肉芽组织明显增生并纤维化。

### （二）慢性非化脓性骨髓炎

是常见于马传染性贫血、侵害骨髓的网状内皮组织增殖病、J－亚型白血病、慢性中毒等病过程中。眼观病变的最大特征是红骨髓逐渐变成黄骨髓，甚至变成灰白色，质度变硬。镜下骨髓各系细胞不同程度坏死消失，淋巴细胞、单核细胞、成纤维细胞增生，实质细胞被脂肪组织取代，网状内皮组织增殖病见网状细胞灶状或弥漫性增生，J－亚型白血病时以髓细胞增生为主。当机体遭受细菌、病毒、真菌、寄生虫及过敏原的侵害时，则有嗜中性粒细胞或嗜酸性粒细胞系的骨髓组织增生。

# 第二十一章 运动系统病理

运动系统由骨、关节及肌肉三部分组成。引起运动系统疾病的因素很多，其分类形式也较多。本章介绍代谢性骨病（佝偻病、骨软症、纤维性骨营养不良和胫骨软骨发育不良）、关节炎和肌炎。

## 第一节 关节炎

关节炎（arthritis）是指关节各部位的炎症过程。常发部位有肩关节、膝关节、跗关节、肘关节、腕关节等，多发生于单个关节。引起关节炎的常见原因是创伤和感染，其次是变态反应和自身免疫。剧烈运动等机械性原因造成的关节囊，关节韧带、关节部软组织，甚至关节内软骨和骨的创伤，常引起浆液性关节炎，表现为关节肿胀和明显的渗出，关节囊内充满浆液性或浆液纤维素性渗出物，渗出液稀薄，无色或者淡黄色。关节囊滑膜层充血。如继发感染则转为感染性关节炎。

感染性关节炎主要指由各种微生物引起的关节部位的炎症过程。引起关节炎的最常见原因有支原体、衣原体、细菌、病毒等。感染性关节炎常伴发于全身性败血症或脓毒血症，即病原体通过血液侵入关节，引起关节炎。也可由于关节创伤、骨折、关节手术、关节囊内注射、抽液等直接感染。另外，相邻部位（骨髓、皮肤、肌肉）的炎症也可蔓延至关节，引起关节炎。

关节炎病变为关节肿胀，关节囊紧张，关节腔内积聚有浆液性、纤维素性或化脓性渗出物，滑膜充血、增厚。化脓性关节炎时，关节囊、关节韧带及关节周围软组织内常有大小不等的脓肿，进一步侵害关节软骨和骨骼则引起化脓性软骨炎和化脓性骨髓炎，关节软骨面粗糙、糜烂。在慢性关节炎时关节囊、韧带、关节骨膜、关节周围结缔组织呈慢性纤维性增生，进一步发展则关节骨膜、韧带及关节周围结缔组织发生骨化，关节明显粗大，活动性减小，最后两骨端被新生组织完全愈合在一起，导致关节变形和强硬。患关节炎的宠物临床表现为患部关节肿胀、发热、疼痛和跛行，通过治疗原发病，如消除感染等，关节功能一般可完全恢复正常，通常不遗留永久性病变。慢性关节炎则常导致关节变形、强硬。

## 第二节 关节痛风

由于各种原因引起血液尿酸含量增高，并以尿酸盐形式于关节、肌腱、肝脏、肌肉、肾脏等组织中沉积，引起炎症和形成痛风石（痛风结节），称为痛风（gout）。痛风分为内脏痛风和关节痛风。关节痛风的特征是尿酸盐沉积在关节内和关节周围，引起疼痛性炎症反应和形成痛风石。痛风石是典型的痛风肉芽肿。

关节痛风的病理变化表现为关节肿大、变形，特别是腿部和脚趾关节。剖开关节可见关节腔内半液体状的尿酸盐沉着，关节软骨面、关节滑膜、关节周围组织由于尿酸盐沉积而呈白色。镜下可见局部组织坏死、肉芽组织增生及异物巨细胞反应，尿酸盐呈针状结晶或球状团块。病禽表现运动迟缓、跛行、站立困难等症状，进一步发展，病变区逐渐增大，关节遭到广泛破坏而变形。通过减少饲料中蛋白质含量，补充维生素 A、维生素 D，防止磺胺类药物的过量使用，保证充足、清洁饮水等措施，关节痛风可治愈。

## 第三节 佝偻病和骨软症

在骨的发育过程中，成骨作用和溶骨作用处于动态平衡状态，当平衡状态紊乱时，就会引起代谢性骨病。

佝偻病（rickets）和骨软症（osteomalacia）是由于钙、磷代谢障碍或维生素 D 缺乏造成的以骨基质钙化不良为特征的一种代谢性骨病。幼龄动物骨基质钙化不良引起长骨软化、变形、弯曲、骨端膨大等症状，称为佝偻病。成年动物由于钙、磷代谢障碍，使已沉积在骨中的钙盐动员出来，以致钙盐被吸收，骨质变软，称为骨软症，又称成年佝偻病（adult rickets）。佝偻病、骨软症的本质是骨组织内钙盐（碳酸钙、磷酸钙）的含量减少。

### 一、原因和发病机理

#### （一）原因

主要由于饲料中钙、磷不足或比倒不当以及由维生素 D 缺乏或不足造成，其中常见原因是维生素 D 缺乏。因为钙的吸收和利用都需要维生素 D 的参与。另外，肝、肾病变，消化机能紊乱以及阳光照射不足也是本病的发病原因。

#### （二）发病机理

维生素 D 属于胆固醇类，是脂溶性物质，最常见的有维生素 $D_2$ 及维生素 $D_3$ 两种。维生素 $D_2$ 又称麦角钙化醇，维生素 $D_3$ 又称胆钙化醇。维生素 $D_3$ 主要存在于鱼肝油、哺乳动物肝脏、奶、蛋黄和鱼类中。人和动物体内能合成 7 - 脱氢胆固醇（维生素 $D_3$ 原），7 - 脱氢胆固醇分布于皮下、胆汁、血液及许多组织中，经紫外线照射可转变为维生素

$D_3$。在肝脏中，维生素 $D_3$ 在25－羟化酶的作用下转化为25－羟基维生素 $D_3$（25－OH－$D_3$），这一代谢产物是维生素 $D_3$ 活化过程的初步产物，是其他活性维生素 $D_3$ 形式的先驱。因此，肝脏疾病时维生素 $D_3$ 的转化受到影响。25－羟基维生素 $D_3$ 再运至肾脏，在1－羟化酶的作用下转化为1，25－二羟维生素 $D_3$，肾脏是1，25－二羟维生素 $D_3$ 形成的唯一场所。1，25－二羟维生素 $D_3$ 是维生素 $D_3$ 代谢的最后产物，是在体内发挥生理作用的活性最高的维生素 $D_3$，执行着维生素 $D_3$ 的全部功能，调节着正常的钙代谢和骨骼发育，因此，肾脏疾病时1，25－二羟维生素 $D_3$ 形成减少。维生素D在体内通过1，25－二羟维生素 $D_3$ 发挥作用，其作用的靶器官是肠和骨。1，25－二羟维生素 $D_3$ 作用于小肠，促进小肠对钙、磷的吸收，使血钙、血磷浓度增加。其机理是1，25－二羟维生素 $D_3$ 进入肠黏膜上皮细胞后和细胞核染色质结合，其结果是合成新的mRNA，此mRNA指导钙结合蛋白的合成，钙结合蛋白起主动吸收钙的作用。1，25－二羟维生素 $D_3$ 作用于骨可促进钙盐沉积，骨质钙化。骨组织中含有能抑制磷酸钙沉积的物质——焦磷酸盐，1，25－二羟维生素 $D_3$。可以激活焦磷酸酶，焦磷酸酶水解焦磷酸盐，使其浓度下降，磷酸钙得以沉积。另外，1，25－二羟维生素 $D_3$ 也可促进肾小管对钙、磷的重吸收。

如果饲料中维生素D缺乏，则肠道吸收钙、磷受阻，骨基质中钙盐沉积受到抑制，肾小管对钙、磷重吸收减弱，导致血钙水平降低。血浆中 $Ca^{2+}$ 浓度低于正常，则促进甲状旁腺分泌的甲状旁腺素增多，动员大量骨钙入血，导致骨组织中的钙盐过度溶解。未经钙化的骨组织称为骨样组织，骨样组织大量堆积则引起佝偻病和骨软症。当饲料中钙、磷含量不足或比例不合适时，同样引起钙、磷吸收不足，出现低血钙。低血钙促使甲状旁腺素分泌增加，于是发生溶骨作用，把骨中的钙动员出来维持血钙的正常恒定。动物在钙、磷缺乏时，其调节机能是宁可使骨的钙、磷含量不正常，也要维持血浆中钙、磷含量的恒定，因为这是生命攸关的问题，结果必然造成佝偻病或骨软症。

## 二、病理变化

由于骨基质内钙盐沉积不足，未钙化的骨样组织增多，导致骨的硬度和坚韧性降低，骨骼的支持力明显降低，加上体重和肌肉张力的作用，骨骼易发生弯曲或变形，以四肢骨、肋骨、脊柱、颅骨、骨盆等变形明显。

### （一）眼观病变

四肢长管状骨弯曲变形，骨端膨大，关节相应膨大，骨骼硬度下降，容易切开。将长骨纵行切开或锯开，可见骨骺软骨异常增多而使骨端膨大，骨骺明显增宽，这是软骨骨化障碍造成的。由于膜内成骨时钙化不全，骨样组织堆积，使骨干皮质增厚且变软，用刀可以切开，骨髓腔变狭窄。肋骨和肋软骨结合部呈结节状或半球状隆起，左右两侧成串排列，状如串珠，称为串珠胸。这种病灶长期存在而不消退，在临床上具有诊断意义。由于肋骨含钙少，在呼吸时长期受牵引可引起胸廓狭小，脊柱弯曲，或向上弓起或向下凹陷。由于膜内化骨过程中钙盐不足而产生过量骨样组织，颅骨显著增厚、变形、软化，外观明显肿大。患畜出牙不规则，牙齿磨损迅速，排列紊乱。

（二）镜下病变

主要表现为软骨细胞和骨样组织异常增多。骨骺软骨细胞大量堆积，使软骨细胞增生带加宽，软骨细胞肥大，排列紊乱，骨骺显著增宽且参差不齐，其中有增生的软骨细胞团块和增生的骨样组织，骨髓腔内骨内膜产生的骨样组织增多，使骨髓腔缩小，骨外膜产生的骨样组织增多，使骨切面增厚。骨小梁数量减少，中心部分多已钙化呈蓝色，而周围部分多是未钙化的骨样组织，呈淡红色。哈氏系统的哈氏管扩张，周围出现一圈骨样组织，同心圆状排列的骨板界限消失，变成均质的骨质。甲状旁腺往往肿大，弥漫性增生。

## 第四节 纤维性骨营养不良

纤维性骨营养不良（fibrous osteodystrophy）又称为骨髓纤维化（fibrosis of bonemarrow），是指骨组织弥散性或局灶性消失并由纤维组织取代的病理过程，是一种营养代谢性疾病。其特征是破骨过程增强，骨骼脱钙，同时纤维性结缔组织过度增生并取代原来骨组织，使骨骼体积变大，质地变软，骨骼弯曲、变形，易骨折，负重时产生疼痛感。

### 一、原因和发病机理

（一）原因

纤维性骨营养不良的直接原因是甲状旁腺功能亢进，甲状旁腺素（PTH）分泌增多。因此，凡引起甲状旁腺功能亢进的因素均能导致本病。甲状旁腺腺瘤引起原发性甲状旁腺功能亢进，甲状旁腺素分泌增多。饲料中缺钙或饲料中磷过量，维生素 D 缺乏等因素引起继发性甲状旁腺机能亢进，甲状旁腺增生，代偿性肥大，使甲状旁腺素分泌增多。另外，饲料中植酸、草酸、鞣酸、脂肪酸过多时可与钙结合成不溶性钙盐，镁、铁、锶、锰、铝离子等金属离子可与磷酸根结合形成不溶性磷酸盐复合物，两者均能影响钙、磷的吸收。钙、磷必须以可溶解状态在小肠吸收。纤维性骨营养不良也可继发于佝偻病或骨软症。

（二）发病机理

血清钙水平是非常恒定的，约为 10mg/dL。机体主要通过体液中的钙与骨中钙的交换调节钙离子浓度的恒定，甲状旁腺素、降钙素及 1，25－二羟维生素 $D_3$ 起着调节作用。血清钙轻度下降就会引起甲状旁腺素分泌增加。甲状旁腺素作用的靶器官是骨骼、肾小管和肠黏膜上皮细胞。作用于骨骼，使破骨细胞、骨细胞的溶骨作用增强，骨盐和骨样组织溶解，释放出钙、磷。骨细胞的溶骨作用迅速，在甲状旁腺素的作用下几分钟即发挥作用，破骨细胞的溶骨作用强烈而持久。这两种细胞均释放组织蛋白酶、胶质酶等水解酶，将骨基质中的胶原和黏多糖等水解。两种细胞的代谢改变，产生和释放柠檬酸和乳酸量增加，促进了骨盐的溶解。结果骨盐、骨基质都溶解消失。作用于肠，促进肠吸收钙的作用。作用于肾小管上皮细胞，增强钙的重吸收，抑制磷的重吸收。结果血钙升高，骨质溶解、脱钙，并伴有纤维组织增生，发生纤维性骨营养不良。

## 二、病理变化

### （一）眼观病变

骨骼出现不同程度的疏松、肿胀、变形，但以头部肿大最明显。头骨中以上、下颌骨肿胀尤其明显，开始是下颌骨肿大，然后波及上颌骨、泪骨、鼻骨、额骨，使头颅明显肿大。上颌骨肿胀严重时鼻道狭窄，呼吸困难；下颌骨肿胀严重时，下颌间隙变窄，齿根松动、齿冠变短等。脊椎骨骨体肿大，脊柱弯曲，横突和棘突增厚。肋骨增厚、变软，呈波状弯曲，与肋软骨结合处呈串珠状隆起。四肢长骨骨体肿大，骨膜增厚、粗糙，断面松质骨间隙扩大，密质骨疏松多孔，骨髓完全被增生的结缔组织所代替，呈灰白色或红褐色。骨骼还变得极柔软，可以用刀切断。软化的骨骼重量减轻，关节软骨面常有深浅不一的缺陷，凸凹不平，关节囊结缔组织增厚。

### （二）镜下病变

骨髓腔内的骨组织被破坏吸收，几乎完全被新生的结缔组织所代替。纤维组织增多，纤维细胞疏松或比较密集，呈束状或漩涡状排列，其间有残留的骨小梁片段。骨外膜和骨内膜均有大量结缔组织增生，在骨质吸收和纤维化的同时也有新骨形成。新形成的骨小梁不发生骨化或部分骨化，小梁之间充满结缔组织，因此，骨骼体积肿大，骨质松软。新生骨小梁呈放射状从骨外膜形成。哈氏管扩张，有的为结缔组织所填充，管内血管充血、出血，管腔周围骨板脱钙，骨基质破坏溶解，并出现大量破骨细胞，可见破骨细胞对骨组织进行陷窝性吸收。另外，患病动物的甲状旁腺常见肿大，镜下可见细胞增生。

# 第四篇

# 宠物病理解剖技术

# 第二十二章　宠物尸体剖检技术

## 第一节　尸体剖检概述

### 一、尸体剖检的意义

尸体剖检是运用解剖动物尸体的方法，检查体内各器官组织的病理变化，来诊断和研究疾病的一种方法。尸体剖检是诊断动物疾病的重要手段之一。尸体剖检之所以能达到对动物死后诊断的目的，就在于不同的疾病各有其程度不同的特殊性病理变化。一般来说，疾病的临床表现与其病理解剖学变化有着密切的联系，但有时可遇到症状不明显而难以确诊，若经剖检可见有病理变化所在，则可以确诊。因此，尸体剖检在诊断和扑灭疫病上有一定的重要意义。但必须强调有些疾病或许临床症状和病理变化都找不到可靠的诊断依据，此时尸体剖检同样不能得出确实的结论。因此，绝不应片面强调尸体剖检，而忽视其他的诊断方法。尸体剖检只是诊断疾病的方法之一，必须与流行病学、临床诊断、细菌学诊断、血清学诊断、病理组织学检查，以及必要时做化学检查等密切配合，最后作出综合性诊断。尸体剖检具体意义有以下几点：

#### （一）提高临床诊断和治疗质量

在临床实践中，通过尸体剖检，可以检验临床诊断和治疗的准确性，及时总结经验，提高诊疗质量。

#### （二）尸体剖检是最为客观、快速的畜禽疾病诊断方法之一

对于一些群发病，如传染病、寄生虫病、中毒性疾病和营养缺乏症等，或对一些群养动物，通过尸体剖检，观察器官特征病变，及早对死亡动物作出诊断，以便及时采取有效的防治措施。

#### （三）促进病理学教学和病理学研究

尸体剖检是动物病理学不可分割的、重要的实际操作技术，是研究疾病的必需手段，也是学生学习病理学理论与实践结合的一条途径。随着养殖业的迅速发展和一些新畜种、

新品种的引进，临床上常会出现一些新病，老病则可能发生新变化，给临床诊断造成一定的困难。对临床上出现的新问题，或新的病例进行尸体剖检，可以了解其发病情况，疾病的发生、发展规律以及应采取的防治措施。

尸体剖检，常按一定的目的进行。按剖检目的不同，尸体剖检分为诊断学剖检、科学研究剖检和法兽医学剖检三种。诊断学剖检的目的在于查明病畜发病和致死的原因、目前所处的阶段及应采取的措施。这就要求对待检动物全身每个脏器和组织都要做细致的检查，并汇总相关资料进行综合分析。只有这样，才能得出准确的结论、科学研究剖检以学术研究为目的，如人工造病以确定实验动物全身或某个组织器官的病理变化规律。多数情况下，目标集中在某个系统或某个组织，对其他的组织和器官只做一般检查。法兽医学剖检则以解决与兽医有关的法律问题为目的，是在法律的监控下所进行的剖检。三者各依其目的要求来考虑剖检方法和步骤。

## 二、常见的动物尸体变化

动物死亡之后，血液循环停止，机体的组织器官功能和代谢过程先后停止，由于体内酶和细菌的作用以及外界环境的影响，尸体逐渐发生一系列的变化，即尸体变化。正确地辨认尸体变化，可以避免把某些变化误认为生前的病理变化。尸体变化常见的有：尸冷、尸僵、尸斑、血液凝固、尸体自溶和尸体腐败。

### （一）尸冷

动物死后尸体温度逐渐降低到与外界温度相等的普通现象。其发生主要原因是动物死亡后，机体代谢停止，产热过程停止，而散热过程继续，尸体的温度逐渐下降，其下降的速度通常在死后最初几小时快，以后逐渐变慢，一般在室温条件下平均每小时下降1℃，因此动物的死亡时间大约等于动物的体温与尸体温度之差（如死亡时间过久则不能用此方法判断死亡时间）。尸体温度下降的速度受外界环境的影响，如受季节的影响，冬季加速尸冷的过程，而夏季将延缓尸冷的过程，尸冷的检查有助于确定动物死亡时间。

### （二）尸僵

动物死亡后，最初由于神经系统的麻痹，肌肉失去紧张力而首先出现暂时性的弛缓，肌肉变松弛柔软，但短时间后，肢体的肌肉即发生收缩，变为僵硬，四肢各关节不能伸屈，使尸体固定于一定的姿势，这种现象称为尸僵。尸僵开始的时间，因外界条件及机体状态不同而异。大、中动物一般在死后1～6小时开始出现尸僵，10～24小时最明显。尸僵发生的次序，先从头部开始，依次发展为颈部，前肢、躯干至后肢。尸僵的缓解，一般经24～48小时后，按尸僵发生顺序开始缓解。尸僵的特点是如果人为地破坏后，不能再出现。

除骨骼肌外，心肌和平滑肌同样可以发生尸僵。在动物死后0.5小时左右心肌即可发生尸僵，尸僵时由于心肌的收缩使心肌变硬，同时可将心脏的血液驱出，肌层较厚的左心室表现得最明显，而右心室往往残留少量血液。经24小时，心肌尸僵消失，心肌松弛。如果心肌变性或心力衰竭时，尸僵不出现或不完全，这时心肌质度柔软，心腔扩大，并充满血液。因此，发生败血症时，尸僵不完全。富有平滑肌的器官，如血管、胃、肠、子宫和脾脏等，平滑肌僵硬收缩，可使腔状器官的内腔缩小。

检查尸僵可以推断动物死亡时的姿势，另外对判断死亡时间以及死亡原因也有一定参考价值。了解尸僵有助于在诊断过程中加以鉴别。尸僵出现的早晚，发展程度，以及持续时间的长短，与外界因素和自身状态有关。如周围气温较高，尸僵出现较早，解僵则较迅速，寒冷时则尸僵出现较晚，解僵也较迟。肌肉发达的动物，要比消瘦动物尸僵明显。死于破伤风或番木鳖碱中毒的动物，死前肌肉运动较剧烈，尸僵发生的快而且明显。死于败血症的动物，尸僵不显著或不出现。另外，如尸僵提前，说明动物急性死亡并有剧烈的运动或高热疾病，如破伤风；如尸僵时间延缓、拖后，尸僵不全或不发生尸僵，应考虑到生前有恶病质或烈性传染病，如炭疽等。

除了注意时间以外，还要注意关节不弯曲。发生慢性关节炎时关节也不弯曲。但如果是尸僵的话，四个关节均不能弯曲，而如果是慢性关节炎的话，不能弯曲的关节只有一个或两个。

### （三）尸斑

动物死亡后，由于心脏和大动脉的临终收缩以及尸僵的发生，将血液排挤到静脉系统内，并由于重力的作用，血液流向尸体的低下部位，使该部血管内血液充盈，呈青紫色，这种现象称坠积性淤血，尸体倒卧侧组织器官则呈现暗红色，这种现象称为尸斑。尸斑一般在死后1～1.5小时即可出现。尸斑坠积部组织呈暗红色，初期指压褪色，并且尸斑可随尸体位置的变更而改变。但随着时间的延长，红细胞发生溶解，血红蛋白穿透血管壁向周围组织浸润，结果使心内膜、血管内膜及血管周围组织染成紫红色，这种现象称尸斑浸润，一般在死后24小时左右开始出现。尸斑浸润的变化在改变尸体位置时也不会消失。

### （四）血液凝固

动物死后不久，存在于心腔和大血管内的血液凝固成血凝块。在死后血凝速度快时，整个血凝块呈一致的暗红色；血凝速度缓慢时，血凝块分成明显的两层，上层是主要含血浆成分的淡黄色血凝块，下层是主要含红细胞的暗红色血凝块，主要原因是血液凝固前红细胞沉降所引起的。血凝块表面光滑，富有弹性，并游离在管腔内，据此可与生前血栓相区别。

血液凝固的程度和速度并不完全一致，有时可以完全不凝固和不完全凝固。例如：死于窒息的尸体，因血液中含有大量的二氧化碳，死后血液不凝固；死于败血症的动物血液凝固则不完全。

### （五）尸体自溶与尸体腐败

尸体自溶是指体内组织受溶酶体酶和消化酶的作用而引起自体消化的过程。表现最明显的是胃和胰腺。胃黏膜自溶表现为黏膜肿胀、变软、透明，极易剥离或自行脱落而暴露出黏膜下层，严重时自溶可波及肌层和浆膜层，甚至出现死后穿孔。

尸体腐败是指尸体组织蛋白由于细菌作用而发生腐败分解的现象。在腐败过程中，体内复杂化合物被分解为简单的化合物，并产生大量气体，如氨、二氧化碳、硫化氢等。尸体腐败表现有以下几个方面：

（1）*死后鼓气* 这是因胃肠道内细菌大量繁殖，胃肠内容物腐败发酵产生大量气体的作用而引起的。尸体的腹部高度膨胀，腹围增大，肛门突出并哆开，严重时腹壁肌层或膈肌都可以因受气体的高压而发生破裂。死后臌气应与生前臌气相区别，生前臌气压迫横膈使其前伸造成胸内压升高，引起静脉血回流障碍呈现淤血，尤其是头、颈部，浆膜面还可见出血，而死后臌气则无上述变化。死后破裂口的边缘没有生前破裂口的出血性浸润和肿胀。在肠道破裂口处有少量肠内容物流出，但没有血凝块和出血，只见破裂口处的组织撕裂。

（2）*尸绿* 动物死后尸体变为绿色，称为尸绿。也是腐败的明显标志，尸绿的出现，是由于组织分解产生的硫化氢与红细胞分解产生的血红蛋白和铁相结合，成为绿色的硫化铁所致，故腐败脏器呈污绿色，外部视诊时，腹部尸绿出现最明显。

（3）*尸臭* 是指尸体腐败过程中产生大量的恶臭气体，如硫化氢、氨等，致使腐败的尸体具有特殊难闻的恶臭气味。

（4）*尸体腐败* 尸体腐败现象的出现，对识别原有疾病的病理变化将有很大影响，对尸体剖检工作的进行带来一定的困难。由此可见，动物死亡以后应尽早进行剖检，才能提高尸体剖检工作质量。通过腐败现象的观察，对判定死亡过程的长短、死亡原因以及疾病的性质有一定的参考价值。

## 第二节　病理解剖的方法和步骤

### 一、尸体剖检准备及注意事项

尸体剖检是一项严肃细致、专业性很强的技术工作，是诊断和防治疾病的重要依据，剖检人员的业务水平，工作态度决定剖检工作的质量，特别是疾病流行初期死亡的第一批动物，如判断正确，即可把疾病控制在流行初期，可避免重大的经济损失，应当重视尸体剖检工作。

#### （一）人员的组成

进行尸体剖检工作时，应有主检 1 人，助检 2 人，记录 1 人。

#### （二）剖检时间

尸体剖检应在病畜死后尽早进行剖检为宜，除特殊情况外，应在白天进行，因灯光下有些病变的颜色如黄疸、变性等不易辨认，不能正确地反映脏器的固有色彩和细微变化。一般死亡时间超过 12～24 小时的尸体，体内发生自溶和腐败现象，会影响病变的辨认和剖检的效果，以致丧失剖检价值，失去剖检意义。

#### （三）剖检场地

尸体剖检应在病理剖检室进行，以便于消毒和防止病原扩散。特殊情况下，可在室外剖检，但要选择地势较高而平坦，环境较干燥，远离水源、道路、房舍和动物舍的地点进行。

### （四）尸体剖检常用器械和药品

尸体解剖器械，一般应有解剖刀、剥皮刀、手术刀、脑刀、外科剪、肠剪、骨剪、骨钳、镊子、骨锯、双刃锯、斧头、骨凿、探针、量尺、量杯、注射器、针头、天平、放大镜、磨刀棒或磨刀石等。如没有专用解剖器械，也可用其他适合的刀、剪代替。

药品主要有0.1%新洁尔灭、3%来苏儿、3%碘酊棉、70%酒精棉、1%甲醛溶液、95%酒精或10%福尔马林、脱脂棉、脱脂纱布、绷带等。

### （五）剖检人员防护

剖检人员在剖检过程中，时刻警惕感染人畜共患传染病以及尚未被证实，而可能对人类健康有害的微生物，因此剖检人员要尽可能的采取各种防护手段，保证剖检人员的健康，其关键是防止感染微生物和寄生虫。为做好自身防护，剖检人员应穿工作服，外罩胶皮或塑料围裙，戴胶皮手套、线手套、工作帽，穿胶靴，必要时戴上口罩和眼镜。当条件不具备时，可在手臂上抹凡士林，保护皮肤，以防感染。在剖检中如不慎切破皮肤应立即消毒和包扎，或换人继续剖检；如血液或其他渗出物喷入眼内时，应用2%硼酸水洗眼。剖检过程中，为保持清洁和消毒，常用清水和消毒液洗去剖检人员手上和刀等器械上的血液和各种排出物。部检完毕后，剖检人员的手应先用肥皂洗涤，再用消毒液冲洗。

### （六）病变的切取

未经检查的脏器切面，不可用水冲洗，以免改变其原来的颜色和性状。切脏器的刀、剪应锋利，切开脏器时，要由前向后，一刀切开，不要由上向下挤压或拉锯式的切开。切开未经固定的脑和脊髓时，应先使刀口浸湿，然后下刀，否则切面粗糙不平。

### （七）尸体的消毒和处理

剖检完毕后，据疾病的种类应妥善处理，基本原则是防止疾病扩散、蔓延和尸体成为疾病的传染源，最理想的是焚化。常用方法有焚化法：一般用焚尸炉，无此设备时可用木材或煤油、柴油焚烧尸体；掩埋法：剖检前备一深（1.5～3）m×4 m的窖，上有双层盖。剖检后将尸体投入窖内，盖的周围被污染时，应进行消毒，然后锁好。尸体在窖内腐败后产生生物热，使尸体内病原微生物死亡，变为无害。

## 二、尸体剖检的步骤

为全面系统地检查尸体所呈现的病理变化，尸体剖检必须按照一定的方法和顺序进行。各种动物具有各自的解剖结构特点，故剖检方法和顺序既有共性又有个性因此，剖检方法和顺序不是一成不变的，而是依具体条件和要求有一定的灵活性。不管采用哪种方法都是为了高效率地检查全身各个组织器官。通常采用的剖检顺序是：

### （一）外部检查

（1）尸体概况　畜别、品种、年龄、性别、毛色、特征等。

（2）营养状态　可根据肌肉发育情况及皮肤和被毛状况判断。

（3）皮肤　注意被毛的光泽度，皮肤的厚度、硬度及弹性，有无脱毛、褥疮、溃疡、脓肿、创伤、肿瘤、外寄生虫等，有无粪便和其他病理产物的污染。此外，还要注意检查有无皮下水肿和气肿。

（4）天然孔（眼、鼻、口、肛门、外生殖器等）　首先检查各天然孔的开闭状态，有无分泌物、排泄物及其性状、数量、颜色、气味和深度等；其次应注意可视黏膜的检查，着重检查黏膜的色泽变化。

（5）尸体变化　动物死亡后，舌尖伸出于卧侧口角外，由此可以确定死亡时的位置。尸体变化的检查，有助于判定死亡发生的时间、位置，并与病理变化相区别。

### （二）致死动物

由于发病系统不同，检验目的不同，如群发病时为了更好的检查病理变化，对于病重动物可直接致死进行检查，致死动物的方法主要有：

（1）放血致死　大、中、小动物均适用。即用刀切断或剪子剪断动物的颈动脉、颈静脉、前腔动、静脉等，使动物因失血过多而死亡。

（2）静脉注射药物致死　如静脉注射甲醛、来苏儿等。

（3）人造气栓致死　主要用于小动物。即从静脉注入空气，使动物在短时间内死于空气性栓塞。

（4）断颈致死　用于小动物或禽类。即将第一颈椎与寰椎脱臼，致使脊髓及颈部血管断裂而死，临床上常用于鸡的致死。这种方法方便、快捷，多数情况下不需要器具，但却可造成喉头和气管上部出血，故呼吸道疾病时要注意区别。

（5）断延髓　用于大动物如牛的致死，这种方法要求有确实的把握，否则比较危险。

### （三）内部检查

包括剥皮、皮下检查、体腔的剖开、内脏器官的采出及检查等。

（1）剥皮和皮下检查　为检查皮下病理变化并利用皮革的经济价值，在体腔剖开前应先剥皮。方法是将动物尸体仰卧，自下颌部起沿腹部正中线切开皮肤，至脐部后把切线分为两条，绕开生殖器或乳房，最后于尾根部会合。然后在四肢球节作一环形切线，再沿四肢内侧的正中线切开皮肤，最后剥下全身皮肤。传染病尸体，一般不剥皮。在剥皮过程中注意检查皮下有无充血、出血水肿、脱水、炎症和脓肿等病变，并观察皮下脂肪组织的多少、颜色、性状及病理变化的性质等。

（2）切开腹腔　先将雌性动物乳房或雄性动物外生殖器从腹壁切除，然后切开腹腔。采取侧卧位保定的动物从肷窝沿肋弓切开腹壁至剑状软骨，再从肷窝沿髂骨体切开腹壁至耻骨前缘。采取仰卧式保定的动物则沿腹白线切开腹壁。注意不要刺破肠管，造成粪水污染。切开腹腔后，立即检查腹腔液的量和性状；有无腹膜炎、腹水和腹腔积血；肠管有无变位、破裂；膈的紧张度及有无破裂；大网膜的脂肪含量、有无出血和炎症等。

（3）胸腔的打开 剖开胸腔之前，应先检查肋骨的高低及肋骨与肋软骨结合部的状态。然后剖开胸腔，应注意检查左侧胸腔液的量和性状，胸膜、肺脏、心脏等的色泽，有无充血、出血或粘连等。

（4）腹腔器官的采出 剖开腹腔后，应先将网膜切除，依次采出小肠、大肠、胃和其他器官。

（5）胸腔脏器的采出 为使咽、喉头、气管和肺联系起来，以观察其病变的互相联系，可把口腔、颈部器官和肺脏一同采出。

（6）口腔和颈部器官的采出 先检查颈部动、静脉、甲状腺、唾液腺、颌下及颈部淋巴结有无病变，然后切开咬肌，再在下颌骨的第一臼齿前，锯断左侧下颌支再切开下颌支内面的肌肉和后缘的腮腺、下颌关节的韧带及冠状突周围的肌肉，将左侧下颌支取下，然后用左手握住舌头，切断舌骨支及其周围组织，再将喉、气管和食管的周围组织切离，直至胸腔入口处，即可采出口腔及颈部器官。

（7）骨盆腔脏器的采出 先检查各器官的位置和概貌，然后锯断髂骨体、耻骨和坐骨的髋臼支。除去锯断的骨体，盆腔即暴露。用刀切离直肠与盆腔上壁的结缔组织，母畜还应切离子宫和卵巢，再由盆腔下壁切离膀胱颈、阴道及生殖腺等，最后切断附着于直肠的肌肉，将肛门、阴门做圆形切离，即可取出骨盆腔脏器。

（8）颅腔的打开与脑的采出 剖开颅腔后，先观察脑膜，再检查脑回和脑沟的状态（禽除外），最后采出脑，做脑的内部检查。

（9）鼻腔的锯开 沿鼻中线两侧各1cm纵行锯开鼻骨、额骨，暴露鼻腔、鼻中隔、鼻甲骨及鼻窦。

（10）脊髓的采出 剔去椎弓两侧的肌肉，凿（锯）断椎体，暴露椎管切断脊神经，即可取出脊髓。

### （四）器官的检查

对摘出的器官的检查，一般多在颈部、胸腔及腹腔器官摘出后一检查，亦可随器官的采出立即分别进行检查。各器官的检查顺序，除特殊情况外，一般先检查颈部和胸腔器官，然后检查腹腔器官，胃肠道大多放在最后进行检查。进行器官检查时，有时需要切开详细检查，切开时要由前向后一刀切开，不要采用由上向下挤压或做拉锯式切法。切新鲜脑组织时，应将刀面用清水或酒精加以湿润，然后下刀，防止脑汁玷污刀面，造成切面粗糙不平。切检脏器用的刀、剪要锋利，否则会将被检组织压碎而失去实际的外观。

#### 1. 器官的位置

各器官都有其一定的位置或移动范围。若发现位置异常，多数属于病理变化，所以对异常的位置及其与所在部的器官组织之间的关系应进行详细的检查。

#### 2. 器官的体积

各种器官的体积有一定大小，为了判断器官是肿胀还是萎缩，是不是正常，可根据器官边缘和切面的状态，正常时器官的边缘有一定的厚度，当肿胀时因边缘增厚而变钝圆，萎缩时则变薄而锐利；正常时器官的切面一般都是平坦的，肿胀时切面向被膜外膨隆，萎缩则向内凹陷。当器官有局灶性病变时，要确定病灶的位置、大小，可用米尺测量，亦可用规格较固定的日常用品来比拟（如粟粒、米粒、黄豆、豌豆、鸡蛋、拳头等）。检查病灶与周围组织的关系，如界限是否明显，有无包囊形成，以及病灶的性状、色泽、形状、硬度等。

3. 器官的色泽

新鲜而健康的器官都有其一定的色泽，当发生病理变化时，则往往呈现异常色泽，或表现为全面的或为局部的改变。

(1) 皮下检查　皮下检查在剥皮过程中进行。观察皮下脂肪含量和性状、有无出血、水肿、炎症、脓肿和寄生虫等，检查体表淋巴结性状，肌肉丰满程度、色彩和性状，露出的血管充盈程度、血液凝固状态等变化。

(2) 口腔、鼻腔及颈部器官的检查　观察牙齿变化；口腔、舌、咽喉及鼻黏膜等色泽、有无出血斑点、外伤、溃疡糜烂等病变；喉头有无出血；检查下颌及颈部淋巴结的大小、颜色、硬度、有无出血、化脓、与其周围组织的关系及横切面的变化等。

(3) 肺脏　检查肺脏的体积和外形，肺胸膜的颜色以及有无出血和炎性渗出物等。然后，用手触摸各肺叶中有无硬块、结节和气肿，并检查肺门淋巴结有无异常。之后，剪开气管和支气管，检查气管黏膜的性状，有无出血和渗出物等。最后，将左、右肺叶纵切，注意断面的色彩、含血量、湿润度，有无炎症病灶、鼻疽结节、寄生虫等。注意支气管断面的情况和间质的变化。

(4) 心脏　先检查心脏外形有无改变，有无心腔扩张，心肌的硬度，检查心脏的大小、色泽及心外膜的性状；然后检查纵沟、冠状沟的脂肪量和性状，有无出血；最后切开心脏检查心腔。切开心脏的方法是沿纵沟左侧与纵沟平行做切口，切开右心室及肺动脉，同样再切开左心室及主动脉，检查心腔内血液的性状，心内膜、心瓣膜及大动脉半月瓣是否光滑，有无变形、增厚，心肌的色泽、质度、心壁的厚薄等。

(5) 脾脏　先检查脾门部的血管和淋巴结，测量脾脏的长宽、厚度，称其重量，观察其形态和色泽、被膜的紧张度、有无肥厚与瘢痕形成及有无破裂现象等。用手触摸脾脏以判定其硬度。然后，从脾头至脾尾做一纵切，观察脾髓的色泽和滤泡及脾小梁的状态。用刀背刮切面，检查刮取物的数量和性状。

(6) 肝脏　先观察肝脏的形态、大小、质度等，称其重量，检查色泽、被膜的紧张程度及有无出血点、寄生虫结节和坏死灶等。其次检查肝门部，对动脉、静脉、胆管和淋巴结进行详细的观察。然后切开肝脏，观察切面的色彩、含血量，肝小叶间的结构是否清晰，血管、胆管、胆囊（马除外）有无病变，质度是否正常。

(7) 肾脏　先检查肾脏的形态、大小、色泽和质地，然后由肾的外侧面向肾门部将肾脏纵切为相等的两半（禽除外），检查包膜是否容易剥离，肾表面是否光滑，皮质和髓质的颜色、质地、比例、结构，肾盂黏膜及肾盂内有无结石等。肾上腺的检查要确定其形状、大小和重量，在切面上检查皮质的厚度及其与髓质的对比关系，皮质、髓质的色泽、质度等。

(8) 胃肠的检查　先检查胃的大小，浆膜面的色泽，有无粘连，胃壁有无破裂及穿孔（鸡除外）等变化。然后用肠剪由贲门沿胃大弯剪至幽门，剪开后观察胃内容物的数量、黏稠度、气味、色泽、成分和性状等。必要时，可用试纸检其酸碱度。最后倾去胃内容物，检查胃黏膜性状，是否肿胀、充血、淤血、出血、溃疡、肥厚，有无寄生虫和其他变化。

肠的检查，从十二指肠、空肠、回肠、大肠、直肠分段进行检查。先检查肠管浆膜的外部色泽，有无粘连、肿瘤、寄生虫结节等，同时应注意淋巴结有无异常；然后打开肠管，先由十二指肠开始，沿肠系膜附着部向后剪开；盲肠沿纵带由盲肠底剪至盲肠尖；大结肠由盲结口开始，沿大结肠纵带剪开；小结肠沿肠系膜附着部剪开。在剪开各段肠管的过程中，随即检查肠内容物的情况，特别是内容物的数量、硬度、干湿度及肠黏膜的变化，观察有无肿胀、肥厚或变薄、有无出血、溃疡等，并记录。

(9) 骨盆腔器官的检查　检查膀胱的大小、蓄尿量、颜色，浆膜有无出血点，黏膜有无出血、炎症、结石等病变。公畜生殖系统的检查，从腹侧剪开膀胱、输尿管、阴茎，检查输尿管开口及膀胱、尿道黏膜，尿道中有无结石，包皮、龟头有无异常分泌物；切开睾丸及副性腺检查有无异常。母畜生殖系统的检查，沿腹侧剪开膀胱，沿背侧剪开子宫及阴道，检查黏膜、内腔有无异常；检查卵巢形状，卵泡、黄体的发育情况，输卵管是否扩张等。

(10) 脑的检查　打开颅腔之后，先检查硬脑膜有无充血、出血和淤血及脑回和脑沟的状态，然后切开大脑，检查脉络丛的性状和脑室有无积水。最后横切脑组织，检查有无出血及溶解性坏死等变化。检查脑的过程中，注意检查脑实质状态，有无水肿，白质和灰质的色泽，各部的硬态，血管血液充满程度，有无出血等。如有血肿、囊泡、脓肿、寄生虫应观察其形状、大小及部位。

(11) 肌肉、关节、腱鞘和腱的检查　观察各主要肌群有无出血、变性、坏死、脓肿及寄生虫结节等病变。关节着重检查关节液的量和性状，弯曲关节检查关节囊和关节面的状态。腱鞘和腱主要检查其色泽、硬度、有无断裂或愈着等。

## 三、尸体剖检记录与剖检报告

尸体剖检记录可分文字记录和图像记录。前者为尸体剖检记录，是人们将视觉、听觉、触觉器官所获得的各种异常现象用文字全面如实的反映出来；后者是用录像机或照相机摄制病变的动或静的图像。二者均属于剖检文件的原始记录，是剖检报告的重要依据。尸体剖检报告见表22－1。原则与要求：记录的内容要如实地反映尸体病理变化，真实可靠、不得弄虚作假，内容力求完整详细，重点详写，次点简写，文字记录简练并应在剖检当时进行，不可在事后凭记忆追记，记录的顺序与剖检术势的顺序相同。

### （一）概况登记

包括畜主姓名、单位、剖检号、畜别、品种、营养特征、剖检时间、地点、剖检人员等。

### （二）临床摘要

记录发病史、发病地区的流行病学、饲养管理、免疫、临床诊断、治疗情况等。

### （三）剖检所见

对病变的描述，要客观地用通俗易懂的语言加以表达，如果病变用文字难以描述时可绘图补充说明。现据描述的范围加以简要介绍。

（1）大小、重量和体积　一般以厘米、克、毫升为单位，也可用常见实物比喻，如针尖大小、米粒大、黄豆大、蚕豆大、鸡蛋大等。

（2）形状　一般用实物比拟，如圆形、椭圆形、菜花形、结节状等。

（3）表面　指脏器表面及浆膜的异常表现，可用絮状、绒毛状、凹陷、突起、光滑或粗糙等来描述。

（4）颜色　单一的颜色可用鲜红、淡红、苍白等来表述，复杂的色彩可用紫红、灰白、黄绿等复合词来形容，前者表示次色，后者表示主色。为表示病变或颜色的分布情况常用弥漫性、块状、点状、条纹状等描述。

（5）切面　常用平滑或微突、结构不清、血样物流出等描述。

（6）质度和结构　常用坚硬、柔软、脆弱、胶样、水样、干酪样、髓样、肉样、砂粒样、颗粒样等词来描述。

（7）气味　常用恶臭、腥臭、酸败味等词描述。

（8）填写下列尸体剖检报告表。

| 单位 | | 畜主姓名 | | 畜种性别 | | 剖检号 | |
| --- | --- | --- | --- | --- | --- | --- | --- |
| 品种 | | 营养特征 | | | | | |
| 发病时间 | | 死亡时间 | | 剖检时间 | | 剖检地点 | |
| 主检人 | | 助检人 | | 记录人 | | | |
| 临床摘要： | | | | | | | |
| 剖检摘要：<br>病理学检验：<br>微生物、免疫学、理化学检查：<br>病理解剖学诊断：<br>结论：<br>主检人签字：<br>年　　月　　日 | | | | | | | |

## 四、实验室检查材料选取和寄送

尸体剖检的目的是对疾病作出正确的诊断，但有许多疾病往往剖检后，据剖检所见在诊断上有困难和疑问时，还需要做实验室进一步检查，如进行病理组织学、微生物学、毒物学等方面的检查，因此送检材料的正确选取、保存具有重要意义，取材的方法和注意事项如下：

### （一）病理组织学检验材料

采取病料的刀、剪等工具要锋锐，切割时应采取拉切法，避免组织受压造成人为的损伤，组织块固定前勿沾水，以免改变其固有的微细结构。采取的病理材料要取样全面，且有代表性，选取病变明显的部分，并包括病变周围的正常组织，如具被膜的器官至少有一块带有被膜，同时，每个组织块应该含有该器官的主要部分，例如：肾要有皮质部、髓质、肾盂，脾和淋巴结要有淋巴小结部分，肠管应含有从浆膜到黏膜各部，还应有淋巴滤泡，心脏应有房室、瓣膜各部，大的病变组织不同部位可分段采取多块。

切取材料要尽早固定。为防止组织块在固定中发生弯曲变形，对易变形的组织如胃肠壁、胆囊壁等，可在切取后先将其浆膜面向下平放在硬纸片或硬质泡沫板上，两端结扎，再将纸片与组织一同放于固定液中。肺组织块常漂浮于固定液面上，可盖上薄片，或用脱脂棉或纱布包好，内放标签，再放入装有固定液的容器中。固定液可用10%福尔马林溶液，其他固定液亦应备齐。固定液相当于组织体积的5～10倍量，组织固定时间约12～14小时左右，未固定的组织可用浸湿固定液的脱脂棉或纱布包裹，置于玻璃瓶内封闭，送检。

组织块大小，切取病变组织时，勿使组织受挤压和损伤，组织块厚度不应超过5 mm，面积在1.5～3$cm^2$左右。有时可采取稍大的病料块，待固定几小时后，再行修块。

编号，组织块固定时，应将尸检病例号用铅笔写在小纸片上，沾70%酒精固定后投入瓶内，也可将所用固定液、病料种类、器官名称、块数编号、采取时间写在瓶签上。

送检，派专人送检，送检病料固定好后，将组织块用脱脂纱布包裹好，放入塑料袋，再结扎备用。送检时应将整理过的尸体剖检记录及临床流行病学材料附上，包括送检目的要求，组织块名称、数量，固定液、固定时间等。此外，送检的病料，本单位应保存一套，以备必要时复查用。

（二）微生物学检验材料

采取病料的种类，可根据动物生前的临床症状及死后剖检变化而定。急性败血性疾病死亡的动物常采取心血、脾、肝、肾、淋巴结等材料；生前有神经症状的疾病，采取脑、脊髓或脑脊液；其他慢性疾病，采取有病变部分的材料，如坏死组织等；若送检肠内容物，可将肠管两端结扎，剪下一段肠管直接送检，胃内容物可置于灭菌的玻璃瓶内送检；小动物可以把整个尸体包在塑料袋中送检。

对血脏血液、心包液、脑脊液、脓汁、尿的采集，以无菌注射器吸取，然后立即注入灭菌试管内，紧塞管口并用蜡封闭。采集的同时应涂片3～5张，标明编号。血液涂片和组织涂片，自然干燥后，在玻片之间的两端用火柴杆隔开，两张涂面向内合并，再用线扎紧，用厚纸包好送检。对疑似病毒性疾病的病料，应放入灭菌的盛有50%甘油盐水试管中密封瓶口送检。

血清学检验材料采取，可无菌采血10～15ml，放室温，待血清释出后，移入灭菌试管内，并加入0.5%石碳酸溶液防腐，密封瓶口，放冰箱保存。做中和试验的血清不加防腐剂。

微生物学检验材料要防止被检材料的细菌污染和病原扩散，因此采集时应无菌操作。即采取病料时，首先用点燃的酒精棉球烧焦器官表面以消灭被采器官表面的杂菌，然后立即用灭菌的外科刀或剪，自烧灼部刺入脏器，切取深层组织，迅速放入无菌瓶皿中（放少许肉汤，以防组织干涸）；或用棉花试子插入经刀剪切开之深部组织采取，然后放入盛少许肉汤的灭菌试管内，密封瓶口。

（三）毒物学检验材料

剖检毒物中毒可疑的尸体时，因毒物的种类，投入途径不同，材料的采取亦各有不同，经消化道引起的中毒，可采取胃内容物或整个胃及胃内容物，并且连同食槽内剩余的饲料一起送检。剖检用的器材、手套，先用清水洗净晾干，不得被酚、酒精、甲醛等常用的化学物质污染，以免影响毒物定性、定量分析。通常做毒物检验的样品应采取下列材料：服毒后病程短以急性死亡的取胃内容物500～1 000ml，肠内容物200g，血液200g，尿液全部采取，肝脏500～1 000g（应有胆囊），肾脏取两侧肾送检；经皮肤、肌肉注射的中毒毒物，取注射部位皮肤肌肉以及血液、肝、肾、脾等送检。必要时尚可采取脑500g，骨200g，肺一个大叶。采取的每一种材料，应分别放入清洗的瓶皿内，外贴标签，记好材料名称和编号。

在送检材料时，应附上详细记录，包括：临床表现、尸体剖检记录、病料采取部位等，并提出检验目的，以供检验单位诊断参考。如采取邮送方法时，将已固定和封好的病料放入大小适当的木盒内，然后交邮局寄送。

## 第三节　各种动物尸体剖检方法

### 一、犬尸体剖检技术

（一）外部检查与宰杀

对死亡的犬进行外部检查，主要注意尸体的营养状态，皮肤，眼、鼻、口、肛门、外生殖器等天然孔及其分泌物的性状及病理变化。对于病重尚未死亡的犬，致死方法可用1.5～2.0cm粗的绳索结一活套，套在犬的颈部不致滑脱，将犬在保定栏上吊起。采取四肢放血的方法宰杀，即切断前肢系部指内、外动脉和静脉，后肢系部趾内、外动脉和静脉，可在放血部位做环状切开。如果血未放尽即凝固致使血流停止时，需要再次切割，以保证放血充分。

（二）内部检查

（1）剥皮和皮下检查　将动物尸体仰卧，自下颌部起沿腹部正中线切开皮肤，至脐部后把切线分为两条，绕开生殖器或乳房，最后于尾根部会合。然后在四肢球节做一环形切线，再沿四肢内侧的正中线切开皮肤，最后剥下全身皮肤。在剥皮过程中注意检查皮下有无充血、出血水肿、脱水、炎症和脓肿等病变，并观察皮下脂肪组织的多少、颜色、性状及病理变化的性质等。

（2）切开腹腔　先将雌性动物乳房或雄性动物外生殖器从腹壁切除，然后沿腹白线切开腹壁，注意不要刺破肠管，造成粪水污染。切开腹腔后，立即检查腹腔液的量和性状；有无腹膜炎、腹水和腹腔积血；肠管有无变位、破裂；膈的紧张度及有无破裂；大网膜的脂肪含量、有无出血和炎症等。

（3）胸腔的打开　剖开胸腔之前，应先检查肋骨的高低及肋骨与肋软骨结合部的状态。然后剖开胸腔，应注意检查左侧胸腔液的量和性状，胸膜、肺脏、心脏等的色泽，有无充血、出血或粘连等。

（4）腹腔器官的采出　剖开腹腔后，应先将网膜切除，依次采出小肠、大肠、胃和其他器官。

（5）胸腔脏器的采出　为使咽、喉头、气管和肺联系起来，以观察其病变的互相联系，可把口腔、颈部器官和肺脏一同采出。

（6）口腔和颈部器官的采出　先检查颈部动、静脉、甲状腺、唾液腺、颌下及颈部淋巴结有无病变，然后切开咬肌，再在下颌骨的第一臼齿前，锯断左侧下颌支再切开下颌支内面的肌肉和后缘的腮腺、下颌关节的韧带及冠状突周围的肌肉，将左侧下颌支取下，然后用左手握住舌头，切断舌骨支及其周围组织，再将喉、气管和食管的周围组织切离，直至胸腔入口处，即可采出口腔及颈部器官。

（7）骨盆腔脏器的采出　先检查各器官的位置和概貌，然后锯断髂骨体、耻骨和坐骨的髋臼支。除去锯断的骨体，盆腔即暴露。用刀切离直肠与盆腔上壁的结缔组织，母畜还应切离子宫和卵巢，再由盆腔下壁切离膀胱颈、阴道及生殖腺等，最后切断附着于直肠的肌肉，将肛门、阴门做圆形切离，即可取出骨盆腔脏器。

（8）颅腔的打开与脑的采出　剖开颅腔后，先观察脑膜，再检查脑回和脑沟的状态（禽除外），最后采出脑，做脑的内部检查。

（9）鼻腔的锯开　沿鼻中线两侧各1cm纵行锯开鼻骨、额骨，暴露鼻腔、鼻中隔、鼻甲骨及鼻窦。

（10）脊髓的采出　剔去椎弓两侧的肌肉，凿（锯）断椎体，暴露椎管切断脊神经，即可取出脊髓。

## 二、禽的尸体剖检术式

### （一）外部检查

可用手触摸胸骨两侧的肌肉，根据肌肉的丰满程度及龙骨的显突情况判断病禽的营养状况。注意口、鼻、眼、泄殖腔等天然孔有无分泌物及其数量和性状。检查鼻窦时可用剪刀在鼻孔前将口喙的上颌横向剪断，以手稍压鼻部，注意有无分泌物流出。皮肤主要检查头冠、肉髯，注意有无痘疮或皮疹。观察腹壁及嗉囊表面皮肤的色泽，有无尸体腐败现象。检查鸡足时注意鳞足病、足底趾瘤及有无出血等。最后检查各关节有无肿胀、弯曲等现象。

### （二）内部检查

剖检之前，用水或消毒水将羽毛浸湿，防止羽毛飞扬和扩大传染。将尸体放入方盘内，尸体取背卧位。

首先切开大腿与腹侧连接的皮肤，用力掰开两腿，直至髋关节脱臼，即可使尸体背卧位固定于方盘上。然后将上述两条切线向上延长至胸部前段，再在泄殖腔前1cm处的皮肤做一横切线并与切开的腹壁两侧切线相交。然后将皮肤向前撕拉使胸腹部的皮肤整片分离，同时可检查皮下组织和素囊的状态。

体腔剖开，先在生殖腔前的切线处用剪刀剪开两侧腹壁肌肉，并沿胸骨两侧在肋软骨连接处，由后向前将肋骨，乌喙骨和锁骨切断，然后左手握住胸骨向上翻拉，则暴露出内脏器官，可进行视检，肝脏、心脏有韧带与胸骨连接，应注意剪断，特别应注意检查气囊及体腔内容物的异常变化，因在器官摘出后气囊的结构即破坏。

器官的摘出，先将心脏连心包一起摘出，再剪断胆管，采出肝脏。然后用刀尖从嘴角开始剪开口腔、食管、嗉囊，然后再剪开喉和气管，并同时进行检查，再于腺胃前剪断食道，左手提起肌胃，右手用剪刀剪断与其相连的肠系膜，此时可将腺胃、肌胃、小肠、大肠一并提拉到体腔外，最后在泄殖腔及法氏囊周围的软组织做一圆形切线切开皮肤，连同直肠一并剪离，即可将消化道全部摘出，卵巢与输卵管亦可一并摘出。

肺与肾的摘出，禽类的肺与肾分别紧贴在胸壁和腹壁的肋骨间隙和腰荐骨的凹陷处，摘出时可用外科刀柄轻轻剥离取出。同时可摘出睾丸。

脑的摘出，先切除颅部肌肉，用骨剪和外科剪刀剪开颅盖，切线为前经眼角，后经枕骨大孔做环状切开，取下颅骨盖后露出小脑和大脑，再用小刀轻轻拨离，并将嗅脑，脑下垂体及视神经交叉等逐一剪断后，即可将大脑和小脑摘出。

## 三、兔的尸体剖检术式

### （一）外部检查

主要检查天然孔、被毛、皮肤和营养状况等有无病理变化。检查之前应了解病情和兔的有关情况。

### （二）内部检查

（1）剥皮　用水或消毒液将尸体浸湿，尸僵时用力将四肢搬开，置于小动物尸体剖检台上或搪瓷盘内。剥皮时，从下颌角开始，沿颌间中线经过颈部腹面沿胸腹部正中线做一纵切口至肛门。用镊子提起皮肤，用剪子或手术刀剥离皮肤。四肢在系部做一环形切口，于四肢内侧垂直于纵切口切开皮肤，将尸体皮肤全部剥离。剥皮过程中注意检查皮下有无充血、淤血、出血、水肿、脱水、创伤、炎症等病理变化。

（2）腹腔的剖开及腹腔脏器的采出　兔尸体采取背卧式保定，将两前肢与腹壁附着处少许切割，使两前肢充分向两侧伸展，对两后肢往下施加压力，使耻骨联合稍有断裂，骨盆腔充分暴露。在腹壁正中松弛部位，用镊子提起腹壁，剪一小孔。用手指插入腹腔内保护内脏器官，剪开腹壁。前方止于胸骨的剑状软骨，后方止于肛门。在剑状软骨处，垂直于第一切口，紧靠着最后肋骨后缘，剪开左右侧腹壁到腰肌为止，使整个腹腔充分暴露出来。观察腹腔渗出液的有无、多少及性状，仔细检查腹膜有无炎症、增厚及粘连，腹腔器官的位置有无异常。

腹腔器官的摘除，可先摘出脾和网膜，然后用镊子提起胃贲门部，切断贲门部和食道，向后一边拉一边分离，将胃肠从腹腔内一起摘出。用镊子夹住静脉根部，小心将肝脏摘出。用镊子剥离肾脏周围脂肪，将肾脏和肾上腺一同摘出。最后摘出膀胱和生殖器官。逐一进行检查。

（3）胸腔的剖开及胸腔脏器的采出　在肋骨上端，肋骨与胸骨交接处由后向前剪断两侧肋骨，提起胸壁，胸腔器官即暴露。要注意检查胸腔和心包液的数量及性状；胸膜和心包有无炎症、增厚及粘连。

胸腔脏器的摘出时，先摘出胸腺，然后将心、肺、气管及喉头一同摘出。

（4）口腔及颅腔的剖开　如有必要，要打开口腔、鼻腔及颅腔进行检查。通常在检查完内脏器官之后进行。

（5）颅腔的剖开　从颊部做纵行切口，然后将一侧的下颌支剪断，将头从尸体分离。把头放在解剖盘内，以两侧内眼角连一条线，在此直线两端向枕骨大孔各连一条线，用外科刀沿这三条直线破坏骨组织。去掉头盖骨后，用镊子提起脑膜，用剪子剪开，即可检查颅腔液体数量、颜色、透明度以及脑膜等情况。最后用镊子钝性剥离大脑与周围联结，将大脑从颅腔内撬出进行检查。

# 第二十三章　病理标本的制作

## 第一节　病理标本的固定和保存

在病理实验室内，制作和陈列具有典型病理变化的大体标本，对于教学、科研和生产的病理检验工作均具有重要作用。病理学工作者应有计划、有目的、不失时机的通过各种途径，如从尸体剖检、屠宰场检验、外科手术和有关部门送检的病料中收集有价值的病变器官和组织，按一定的程序和方法制成眼观标本，长期保存，以供随时使用。大体病理标本制作的基本程序，以及原色标本、非原色标本制作的基本方法简介如下。

### 一、标本的选择与处理

（1）标本选取越新鲜越好，以防病变组织发生自溶或腐败。组织一经离体，就能及时地固定，这是最好的。根据实验，如果要获得某些酶的染色，固定最好在组织离体后 30 秒至 1 分钟。

（2）病变组织或器官的摘取应力求完整，尽可能避免机械的挤压、牵拉、破损等人为的破坏作用。组织固定，组织块不宜过大。凡是需要固定的组织，都不应该太大太厚，因为所有的固定液穿透力不够强，浸透度不够快。如果较大较厚的组织，不经处理就进行固定，那么待固定液进入至中间时可能这些组织早就发生自溶了。因此，对于较大的组织，必须先进行处理，切成制片材料再行固定，这是最佳的处理方法，如遇到胃肠的器官，则应将其剪开，放平后，再行固定，若非特急病例，最好在固定后才取材，因这类组织、黏膜和肌层容易分开，没固定时，难以取得最佳制片材料，对于产酶类的器官如肝、肾、脾等，更要处理好，否则更容易出现自溶现象。

（3）病变组织摘取后，根据需要加以修整，选留的标本要突出地显示主要病变，并在病变部位附近尽可能带一点较正常的组织以作对照，然后切除结缔组织和多余的部分，标本的切面要平整，一次切开，尽可能不留刀痕。

（4）选取的病变组织忌用水洗，如有血液、污物沾染或液体过多时，可用纱布或脱棉拭去，必要时可用生理盐水蘸洗。

## 二、非原色标本制作

### (一) 固定

1. 固定液

(1) 通常用的固定液　为10%福尔马林液，配方是用福尔马林（38%～40%甲醛）10ml加自来水90ml。甲醛极易与蛋白质中的氨基结合，使蛋白凝固而组织固定，其渗透性很强，收缩率不大，对标本形态维持较好，是一种应用广泛的优良防腐固定剂。甲醛的缺点是所固定的组织发硬变脆，而且有强烈的刺激性气味。此时，甲醛溶液（福尔马林）易发生聚合作用，久放可生成白色沉淀，即多聚甲醛，经加热则解聚，再分解为甲醛，可继续使用。

(2) 减少甲醛强烈刺激气味的配方

| | |
|---|---|
| 福尔马林 | 10ml |
| 自来水 | 55ml |
| 氨水 | 5ml |
| 酒精 | 30ml |
| 麝香苯酚 | 少量 |

依配方序次配制，加氨水后有放热反应，溶液温度升高，待冷却后，再加入酒精和麝香草酚。福尔马林与氨水混合，经浓缩而生成环六亚甲基四胺（即乌洛托品）。后者在酸性情况下又可分解出甲醛，故仍有防腐固定作用，其渗透效力比单用福尔马林弱，而刺激味则大大减少。

2. 固定方法

选择大小适当的容器，放入是标本体积5～10倍的固定液，容器底部放一层脱脂棉，以免标本与容器直接接触，影响固定效果和标本形状。然后把上述清理好的标本放入，摆正位置，加盖，密封固定。

在选取病理标本时，由于组织、脏器的结构特点不同，固定时应做不同的处置：

心脏：心肌固定后往往固缩变硬，在固定前应修整定型。如主要显示心包和心外膜的病变，可只剪开心包，适当暴露病变部位，将整个心脏固定；如主要显示心肌或瓣膜的病变，应在固定前纵切心肌或切开心腔，充分露位病变部位。

肾脏：视其病变部位、动物种类和肾脏的大小不同，可整肾固定或平行纵切后固定，根据需要固定、保留一侧或两侧。

肝脏：质度致密，是较难固定完全的器官，根据需要，小动物和家禽可全肝或部分固定；大中动物应切开固定，厚度以2～5cm为宜，必要时也可全肝固定，但应在适当部位做数个切面，以显示病变和保证固定效果。

脾脏：含血量多，也是较难固定的器官，处理方法与肝相似。

脑：实质较厚，固定液不易完全浸透，而且在动物死亡后自溶发生较快，应迅速固定。小动物可全脑固定；大动物应按需要切开固定；若需要保存整个大脑时，如脑膜淤血的标本，可延长固定时间或增加换液次数。

肺脏：组织疏松，固定液容易渗透，按需要可做全肺或局部固定。肺脏固定时容易漂浮，液外部分易干涸变黑，所以应设法使其下沉（如系以非金属性重物或系缚在容器上，固定架上）或用脱脂棉覆盖在标本上，将其压浸在固定液中。

胃、肠、子宫、膀胱等空腔器官，如主要显示黏膜表面的病变，应在固定前剪开、修理、清除污物，暴露病变，为防止其卷曲变形，可将标本平展于盛有固定液的磁盘中或系缚在适当大小的玻璃架或玻璃板上，然后放入固定液。

肌肉、皮肤、皮下组织、舌、淋巴结，以及肿瘤或其他增生物等标本，依上述一般原则和范例，根据需要和条件做适当处置后固定。

固定的时间依标本的大小和质度可灵活掌握，一般需 1 至数日或更长，以组织被浸透、质度变硬、手压不再流出血样液体为原则，必要时在固定期间可换固定液 1～2 次。

### （二）保存

1. 保存液

最常用的非原色标本保存液为 5%～10% 福尔马林。

2. 保存方法

保存标本通常采用普通玻璃和有机玻璃制成的容器。

（1）普通玻璃容器　市售普通玻璃容器有大小不同规格的正方形、长方形、扁方形标本缸和圆筒状的标本瓶，可根据标本的形态、大小性状等不同的要求来选用。使用前首先将选用的玻璃容器、瓶盖及瓶内所需用的玻璃支架、玻璃板彻底清洗，容器无论新旧，均应保证玻璃清洁透明。然后将固定好的标本（连其支架）在流水中冲洗，再做必要的修整，即可装入容器（缸、瓶）内保存，缸口要擦干净，用封瓶胶封口、加盖适用于方形标本缸、而圆形磨口标本瓶可直接盖紧或在封口处涂少许凡士林即可，压紧，放在暗处 2～3 天，待干后除去多余的封瓶胶，贴上标签，写明标本编号、名称、涂以清漆，长期保存。

封瓶胶的制备方法：桐油 100g，松香 5g，氧化锌 300g。先将桐油加热煮熔松香，然后取氧化锌放在石板上，再注入上述松香桐油（冷却后），随加随搅，反复搓匀，用时制成面条状，沿瓶口放好加盖封口。制备好的多余的封瓶胶可置入密封瓶中，用水浸存，长久备用。

（2）有机玻璃容器　平板有机玻璃是甲基丙烯甲酯苯体聚合的典型产品，有一系列优异的理化特性，很适应于制作标本容器，其透光率超过 92%，比普遍玻璃高 10% 以上，抗碎能力强，并有耐酸碱腐蚀的性能。用于保存标本时，可根据标本的大小、重量选择不同厚度的有机玻璃，按需要进行裁切、磨削、贴接（常用氯仿）等操作工艺，制成一定大小，一定形状的有机玻璃盒，注意裁切要平直，磨削要光滑，贴接要紧密。当盒的四壁和上盖贴接完备后，在盒的底盖的一端打一个直径 2～3cm 的小孔备用。洗涤容器晾干后，底口向上放入已固定好保存的标本，黏接好底盖，再从小孔徐徐注入保存液，然后用有机玻璃小塞堵住小孔，仍用氯仿贴接密封，干涸后放正标本盒即可。此标本，便于观察和携带，且能长期保存。

## 三、原色标本制作

原色标本制作时，标本的选择、清理和不同脏器的处置，以及容器的选用和处理等有关事项同上，仅将几种最常用的原色标本固定液、保存方法介绍如下：

### （一）Kaiserling 氏法

1. 配方

按以下配方次序配好 3 种液体，分别装瓶备用：

第一液（标本固定）：福尔马林 200ml
硝酸钾 30g
醋酸钾 30g
蒸馏水加至 1 000ml

第二液（标本回色）：95%酒精 用量以浸过标本为度

第三液（标本浸存）：甘油 200ml
醋酸钾 100g
麝香草酚 25g
蒸馏水加至 1 000ml

2. 操作程序

（1）先将选择与处理好的病变组织放入第一液，固定时间视标本大小与质度而定，一般为一至数日即可，以标本变硬，挤压无淡红色血水流出为度。

（2）标本固定后放入流水中冲洗 12 小时左右（数小时至 24 小时），依标本大小与质度的量增减。

（3）然后将标本放入第二液，并勤加观察，使标本色彩还原接近该组织的自然颜色为准，一般约 2 小时或再长一些。

（4）标本经酒精回色后，用流水和蒸馏水冲洗，再移入装有第三液的容器内，以液体浸过标本为度，然后封存，贴标签等操作同前。

### （二）硫酸镁混合液浸存法

按配方次序配好 3 种溶液，过滤，分别装备用。

第一液：福尔马林 100ml
醋酸钠 50ml
蒸馏水或冷开水 1 000ml

第二液：85%～95%酒精 用量以浸过标本为度

第三液：硫酸镁 100g
醋酸钠 50～80g
蒸馏水 1 000ml
麝香草酚或樟脑 少量（约 2.5g）

操作程序与方法同上。

### （三）砒霜甘油保存法

第一液：福尔马林 100ml
硫酸钠 20ml

蒸馏水　　　　900ml

第二液：85%～95%酒精　用量以浸过标本为度

第三液：2%三氧化砷（砒霜）水溶液　　400ml

甘油　　　　　　　　　　　600ml

操作程序与方法同上。该法保存效果好，因有砒霜，注意密封，以免中毒。

## 第二节　常规病理切片的制备与染色

### 一、石蜡切片制作程序

石蜡切片是切片法最古老的一种方法，但也是目前常用的方法之一，其基本制作过程如下：

（一）取材及固定

取自动物体上的小块组织，称为组织块。组织块的大小，以不超过5mm为宜。切取组织块时，动作要轻，切忌用力牵引或挟持，以免组织内部结构发生变化。组织块取下后，要经过温生理盐水（哺乳动物为0.85%、禽类为1.025%氯化钠溶液）漂洗，以除去血液及其他污物。胃肠等管状器官必须用生理盐水将管腔内的内容物冲洗干净。取下的组织块要求愈新鲜愈好，胃、肠、肾等器官尤应特别注意，要在死后立即采取。

材料取下后，应迅速投入固定液中固定。固定的目的是尽快使固定液渗入组织内部，将组织固定，以保持其原有结构。不同的组织要选用适当的固定剂。固定液的用量与组织块体积之比例，一般不应少于20∶1。不应使组织块贴于容器壁上。应记录固定液的名称、材料的种类、动物品种以及开始固定的时间。

固定液的种类繁多，现介绍几种常用的固定液：

（1）甲醛固定液　取福尔马林100ml、纯化水900ml、磷酸二氢钾或磷酸二氢钠4g、磷酸氢二钠6.5g混合而成，pH值7.0，又称中性甲醛固定液。

甲醛固定液固定的时间，在组织块不大时3～5小时即可，也可以长达24小时或永久保存于固定液中，但应密封瓶口，并在封前更换新固定液，以免产生沉淀。甲醛固定的组织收缩性较小，一般染色均可适用，特别是对于脂肪、类脂、神经组织为优良的固定剂。

（2）包恩（Bouin's）氏固定液　取苦味酸饱和水溶液75ml、福尔马林25ml、冰醋酸5ml混合而成。

此种混合固定液应在临用时现配。固定时间，早期胚胎以12小时为宜，一般组织为24小时左右。苦味酸有软化皮肤及溶化肌腱黏蛋白之作用，如肌腱、皮肤用这种固定液，固定后再以苦味酸氯化钠（苦味酸饱和水溶液100ml，加氯化钠2～3g）处理2～3天，则可制作薄切片。包恩氏固定液固定的组织着黄色，但不影响染色，可在进行下一步处理前，用饱和碳酸锂水溶液洗数次，黄色即可褪掉。

（3）酒精、甲醛、醋酸固定液（A. F. A）　取70%酒精90ml、福尔马林10ml、冰醋酸2ml混合而成。

这种固定液穿透力较强，固定早期鸡胚较好。固定的时间，早期胚胎为4～5小时，晚期胚胎为24小时左右。固定后欲长期保存，可用70%酒精置换之。

优良的固定剂一般具有下述优点：迅速地将组织细胞固定，即将其蛋白质，部分类脂凝固，使细胞组织内部结构保存下来，并使组织能进一步接受染色。

### （二）水洗

固定后的组织块在进行下一步骤（脱水）前，必须用流水洗去固定液。组织块要用纱布包好，注上名字，放在金属水洗网中，用流水冲洗。甲醛固定液固定的组织一般水洗24小时。包恩氏固定剂水洗24小时，但有人不主张水洗。A. F. A 固定剂则不需水洗。

### （三）脱水

经过固定的组织，在水洗后要进行脱水。脱水的目的在于将组织内的水分，用酒精或其他溶剂置换出来，使组织逐渐变硬，便于油类或其他透明剂浸入，为熔化的石蜡浸渗到组织中创造条件。

常用的脱水剂是不同浓度的酒精，酒精和水有很大的亲和力，酒精浓度可逐级升高。脱水必须充分，因为脱不净水分，会影响透明和浸蜡。脱水过程要逐级上升，不能操之过急，跳级脱水会引起组织块强烈收缩变形。

组织块由水洗网中取出后，先放在35%酒精中保持一定时间，然后依次上升，经过50%、70%、85%、95%和无水酒精各处理一定时间（每种浓度的酒精各放在中等大的广口瓶中）。组织块在各级酒精中脱水的时间，视组织块的大小和厚薄而定，不超过5mm×3mm者，一般在6～12小时即可。无水酒精要分装两瓶，组织块在无水酒精中需经两次处理，以保证脱净水分。在无水酒精瓶中，可放入一两个装有无水硫酸铜的细玻璃管（两端用脱脂棉塞好），以便将无水酒精中的微量水分吸去，增强脱水效果。但是，无水酒精有使组织变脆的缺点，故在无水酒精中的时间不宜过长。可在50%～70%酒精中过夜。在转移组织块时，应当轻轻地将组织块夹出，放到干净吸水纸上，吸掉表面之酒精，再放到下一种浓度的酒精中。这样可以使各种浓度酒精的使用时间延长，脱水也较为完全。在脱水瓶中各级酒精的量与组织块体积之比约为50：1。

### （四）透明

透明是石蜡切片法切片前一个必经的步骤。其目的在于用矿物油或植物油等透明剂置换出来无水酒精，以便于熔化之石蜡浸渗到组织间隙中去，故透明剂必须是能分别与石蜡和酒精相溶的。经过透明剂处理的组织块，用肉眼对光观察呈透明现象，所以这个过程称为透明。

常用的有机透明剂有二甲苯、苯、甲苯等，这些都是穿透力较强、易使组织变脆的透明剂，因此透明的时间宜短，一般在20分钟左右即可。例如：用二甲苯或苯做透明剂时，组织块由无水酒精取出后，应先放于二甲苯与无水酒精等量混合液中一小时左右，再用纯二甲苯透明20分钟即可。

用植物油作透明剂，可免除使组织变脆的缺点，但透明速度较慢，并且在透明完了以后，还得用二甲苯浸洗一下，否则影响石蜡浸入。常用的植物油透明剂有香柏油和篦麻子油，前者需透明4～6小时，后者需24小时以上，组织块在这两种油中放置一两年，也无害处。组织在放入纯植物油前，亦应先用无水酒精和植物油等量混合液处理数小时。香柏油宜用粗制品，显微镜用的香柏油反而会使组织收缩。

（五）浸蜡和包埋

以熔化的石蜡浸渗到组织间隙中去，将透明用的油类置换出来，这个过程称为浸蜡。待到整个组织都被熔化的蜡浸渗后，使蜡骤冷，凝固后，材料即被包于石蜡中。

切片用石蜡是石蜡和蜂蜡不同比例的混合物，具有不同的熔点。一般常用者为52～54℃的石蜡，软蜡的熔点在45～50℃之间，硬蜡在56～58℃之间。室温高时可用硬蜡，室温低时则用52～54℃的石蜡，或更低熔点的蜡。将蜡在电炉上熔化，到产生白烟时取下，放于恒温的小型熔蜡箱（可用木制小箱，以电灯加热）或烘箱中，箱内温度要高出蜡的熔点2℃。浸蜡过程最好先自软蜡开始，后浸高熔点蜡，当然这就要准备两个烘箱，但也可以只浸一种蜡。蜡箱中备有三个小蜡杯，上面标以石蜡Ⅰ、石蜡Ⅱ、石蜡Ⅲ字样，并分别倒入已熔好的蜡。以二甲苯等矿物油透明的组织，浸蜡前先放于二甲苯、石蜡等量混合液中，在45℃左右的温箱内处理30分钟后进行浸蜡；用植物油透明的组织，在浸蜡前应先用二甲苯浸洗10分钟，然后依二甲苯透明法处理。组织块在各蜡杯中浸渗的时间为：石蜡Ⅰ30分钟，石蜡Ⅱ30分钟，石蜡Ⅲ60分钟或稍短。但这个时间不是固定的，可以根据组织块的种类及大小，延长或缩短浸蜡时间。

浸蜡终了，用光滑硬纸叠成小方盒放于桌上，将与蜡杯Ⅲ同熔点的蜡倒入纸盒中。速将石蜡Ⅲ自熔蜡箱中取出，放到电炉或酒精灯上微热，再用在酒精灯上烧热的小镊子，自石蜡Ⅲ杯中取出组织块放于纸盒中，切面向下，摆好位置，标记组织的种类，避免错乱。在纸盒边待纸盒中蜡的表面产生一层硬皮后，将纸盒轻轻端起浸于预先备好的冷水中，使其急速冷却，于数小时后，自水中取出，让纸盒自然干燥，在纸盒上记上组织名称、固定方法等以备将来切片。除纸盒包埋法外，亦可用金属框架法，但不如纸盒法方便。还可在一个纸盒中包埋多种易于区别的组织块，但组织块相隔应有一定的距离，不宜过密，以免分离困难。

（六）塑型和切片

取已包埋好的蜡块，将纸盒拆下，用加热的组织铲或旧解剖刀将其分为若干块（每块组织占一块），用解剖刀将组织块周围多余之石蜡切去，每次不可切得太厚，否则易将石蜡切碎，伤及组织，不利切片。把有组织之蜡块塑成正方形或梯形。在进行塑型时，一定要记住组织块之切面、方向。蜡块塑好后，取台木一块，将组织铲用酒精灯加热，左手持组织蜡块，右手持组织铲放在台木上方，把组织蜡块放到组织铲上微烫一下，则有一层蜡熔化，迅速撤去组织铲把组织蜡块粘到台木上，并用热的组织铲将蜡块四周再略烫一下则黏的更为牢固。在台木侧面用铅笔记上组织块编号。

石蜡切片用的是手摇连续切片机，这种切片机手轮每转一圈，切下一张薄片。

切片开始前先把附有组织蜡块的台木，按照需要的方向固定在切片机的台木固定铗上，然后将专供石蜡切开用的切片刀，固定在刀架上，使蜡块的被切面与刀刃平行，而刀本身应有一定的倾斜度。调好切片厚度，摇动摇杆即可切下成带的切片。这种石蜡切片机可以切 3～25μm 厚的切片。

如果切大块的组织，有时也常用滑走切片机，这是专门为火棉胶切片法用的切片机，所以又叫做火棉胶切片机。这种切片机是刀在平行滑道上前后滑行，组织块固定在固定器上，在倾斜的滑道上逐渐上升，每推上一层，即可切下一片。

切片时应当特别注意的是，当蜡块还未碰到刀刃上时要小心，开始试切时也不应过厚，以免碰碎蜡块损伤组织，这在初学制片者尤为重要。切下之薄切片，不要用手去取，应当用干毛笔或小型牛角针移动蜡片。

（七）展片和沾片

切下之组织蜡片，往往带有皱裙，所以在染色前必须进行展片，并把它沾到载玻片上。取已切好的石蜡切片，小心地用蘸水牛角针沾起单个或成条的蜡片带，放到温水的水面上，56～58℃的石蜡，则用40℃左右的温水；48～52℃的石蜡则用35℃左右的温水展开。蜡片在水面上，很快地伸展变平。水温过高时，蜡很快熔化使组织内部结构受到影响。等到蜡片充分展平以后，取清洁载片，用手指涂上薄层蛋白甘油，自水中捞取蜡片，并用牛角针将蜡片拨到载片中央，摆正，放到格盘内，置38℃温箱中烤干，以便进行染色。在温箱烤片的时间以一昼夜为宜，过早地取出染色，易使蜡片脱落。

（八）染色和封固

为了观察组织内部的微细结构，必须应用某些与固定后的原生质有亲和性的染料，对组织切片进行染色，否则有碍观察。最常用的染色方法是苏木素、曙红双色染色法（简写为 H. E）。染色结果是胞核着蓝紫色，胞质粉红色。一般说来，胞核多呈酸性反应，苏木素与钾矾共同配成染液氧化后成为碱性染料，易与胞核物质结合。曙红属酸性染料，即阴离子染料，易与呈碱性反应的胞质结合而着色。

石蜡切片法的整个染色过程为：取已烤干的切片，放于盛有二甲苯或苯的染色缸内脱蜡 10 分钟左右，这个过程称为脱蜡。因为染色液是用水配制的，附有石蜡的组织，无法进行染色，因此必须将蜡溶去。切片脱蜡后，即可进行染色，染色过程在染色缸内进行，现以 H. E 染色为例，介绍如下：

（1）切片从二甲苯中取出，放入二甲苯、无水酒精等量液中 2～5 分钟。

（2）无水酒精 2～5 分钟。

（3）95% 酒精 2～5 分钟。

（4）80% 酒精 2～5 分钟。

（5）70% 酒精 2～5 分钟。

（6）50% 酒精 2～5 分钟。

（7）纯化水 2～5 分钟。

（8）苏木素染色液染胞核 20 分钟左右。

（9）自来水冲洗 1 分钟。

（10）盐酸酒精（70% 酒精 100ml 加盐酸 1ml）染色数秒到数分钟。

（11）自来水冲洗数小时至 12 小时，进行“蓝化”处理。蓝化后镜检，胞核呈清朗的蓝色，非常明显。如急需染完，可用碳酸锂水处理（碳酸锂饱和水溶液数滴，滴于普通水中)，可呈新鲜的蓝色，处理后仍应水洗。如处理不当易使核过深，看不出结构。

(12) 纯化水洗1分钟。

(13) 50%酒精2分钟。

(14) 70%酒精2分钟。

(15) 80%酒精数分钟。

(16) 曙红酒精溶液（曙红0.5～1g、95%酒精100ml）对比染色2～5分钟。

(17) 95%酒精2分钟。

(18) 无水酒精Ⅰ：3分钟。

(19) 无水酒精Ⅱ：3分钟。

(20) 无水酒精加等量二甲苯2分钟。

(21) 二甲苯数分钟到透明为止，但放较长一点时间也无妨碍。

必须注意，操作12～21这些步骤时，切片由一个染色缸移到另一个染色缸时，应当用滤纸或吸水纸吸一下。以免冲洗上行溶液的浓度影响染色质量。

(22) 自二甲苯中取出切片，平放于格盘内，滴适量光学树脂于组织片的上面，用盖片挟子夹一盖片，在酒精灯上稍烘一下，轻轻地以一边与载片及树胶相接触，然后把盖片平放在光学树脂上，树脂即迅速扩展到盖片与载片之间，校正好盖片之方向。将制好的切片平放于温箱中干燥或阴干。将干燥好的切片上浮色擦净，于切片之左端贴上标签，注上组织切片名称、畜种、染色方法、日期。

（九）几种常用的苏木素染色液：

(1) Bohmer氏苏木素染色液　取苏木素2.5g溶于95%酒精25ml中得甲液，取钾明矾50g溶于500ml纯化水得乙液。二液相混后，倒入广口瓶中，瓶口用纱布包好暴露于弱日光下或大气中，约经两周即可氧化成熟。成熟后在液体表面浮有一层紫色发金光的物质。此时，可用滤纸将液体滤于细口瓶中保存，此类苏木素染液，染色清朗，但因无防腐剂，故不能久贮。

(2) Delafield氏苏木素染液　取苏木素4g溶于95%酒精25ml中得甲液，取铵明矾40g溶于400ml纯化水得乙液。将乙液滤于广口瓶中，加入甲液，用纱布包好瓶口在日光直射下经三四天后，转入一般光下，再经数周即可成熟，过滤加甘油100ml和甲醛100ml，即可长期保存于细口瓶中备用。

(3) Ehrlich氏酸性苏木素染色液　取苏木素2g溶于95%酒精100ml中得甲液，取钾明矾3g溶于100ml纯化水得乙液。二液混合，再加冰醋酸10ml，滤于广口瓶中，用纱布包好瓶口，置空气中氧化，两周后即成暗紫红色。冰醋酸有防止组织过染的作用，同时也使染液易于保存。

(4) Mayez氏酸性苏木素染色液　取苏木素1g、纯化水1 000ml、碘酸钠0.2g、钾明矾50g、柠檬酸1g、水合氯醛50g依次溶解，贮于瓶中，不必使成熟即可染色。

## 二、冰冻切片制作程序

冰冻切片法是将固定或新鲜的组织块不经脱水先进行冰冻，然后在切片机上进行切片的一种方法。这种切片法常用于临床上病理组织和组织细胞化学的制片。此法有两个优点：一是制片速度快。在临床上，手术的摘出物需要急速诊断时，用此法从采取标本至切片制成，可以在15分钟内完成；二是保存组织内某些易被有机溶剂所溶解的物质，例如脂肪和酶。采用此法后就可以避免，而且还可防止组织块的收缩而保持原形。此法的缺点是所切的片子较厚，又不能作连续切片，还有容易破碎的毛病。为了避免这些缺点，可在切片前，先行明胶包埋。

### （一）材料

冰冻切片机及其附件，贮备液体二氧化碳的钢筒等。

冰冻切片机：有专用冰冻切片机，其主要部分有：夹刀部，用来固定切片刀，并与操纵切片的把手连接；载物台，在机身的中部，为一个圆形盘，在盘的中央有个圆柱形的孔，冰冻附着器可插在里面；调节器，在机身的下部，为有刻度的微动装置，用于调节切片的厚度；固着部，为固定机身用的螺旋装置。

冰冻附着器：由标本台（或称冰冻盘）、输气管及二氧化碳气开关三部分组成。标本台是一个直径约3～4cm的圆台，上面有纵横的沟，是专供安置组织块用的。台的内部是空的，它与输气管相连。输气管的一端与二氧化碳钢筒相连接，另一端与标本台相连接。与标本台连接处由开关控制。当开关打开时，液体二氧化碳放出，由于压力减少而气化，并吸收周围大量的热，使温度立即降低，因而使标本台上的组织块冰冻。

液体二氧化碳钢筒：为圆柱形的钢筒，内贮液体二氧化碳，它的一端开口与输气管连接通向切片机上的标本台。钢筒上亦装有开关，不用时应将它关紧以免气体逸出。

### （二）方法步骤

在冰冻切片机上进行切片的组织块，一般都先经过下列各种不同的处理：新鲜的组织块，不加任何处理就进行冰冻切片；固定的组织块，经水洗后再进行冰冻切片。最常用的固定液为福尔马林，也可用布安氏液及津克尔氏液固定，但必须经过水洗或去汞后才能切片；如果是容易破碎的组织块，则在固定水洗后，须再经明胶包埋，才能进行切片。

1. 切片

（1）将切片机安装好，并将冰冻附着器连接在切片机与二氧化碳钢筒之间，并将标本台后的开关旋开。这时即可将钢筒口上的开关打开，随即不时地开、闭标本台后的开关，借以检查气体喷出的程度。当气体喷出时，能听到嘘嘘声，同时看到标本台上有白霜状附着物时，即证明钢筒中所贮存的确系液态二氧化碳，这时可将钢筒开关紧闭待用。若喷出气体时，只能听到很高的金属性噪声而又无白霜状物出现，这就表示贮存的液态气体已用尽，应重新贮入后再用。

（2）将标本台用水湿润到适宜的程度，随即将组织块（新鲜的或固定的）放在上面。关闭标本台后的开关，并将二氧化碳钢筒上的开关稍微打开，随后再有节奏地来回开、闭台后的开关，使气化的二氧化碳不时从标本台喷出来，使组织块冻结。

（3）在冻结组织的同时，标本台侧面的小孔，应对着切片刀，使刀片的温度亦随着下降，并调节好切片的厚度（约15～20μm）和转动标本台的升降把手，使冰冻的组织块上端与切片刀相接时为止。

（4）当组织块表面呈现轻微的溶化时即可开始切片。组织块冻结的硬度与切片的成败有密切的关系，故在开始切削的几片须特别当心。如切削后在刀片上出现白色而脆的飞散的碎片，即表示冻结的组织块太硬；若为软弱的粥状则又太软。在这两种情况下切的片子放入水中后即破碎不能用。为了避免这种缺点，可将组织块冻结得稍过硬，然后用手指按在块上，待表面轻微融化即可连续的切下几片，就可取得适用的切片。

（5）切下的切片附着在刀片上，可用湿润的毛笔将它扫在盛有水的培养皿中。切片应平摊在水面或沉于水底。如切片卷起，应用毛笔将它摊平。

冰冻切片法中常用液体二氧化碳作为冷冻剂，由于液体二氧化碳需要耐压力的钢筒贮存，加上冷冻材料时致冷温度不易掌握，结冰过硬或不足，都会引起切片的失败。目前，国内已经试制成功一种半导体切片制冷器，把制冷器装配于切片机上，即成一架半导体冰冻切片机。由于半导体制冷器可以自由控制制冷温度和调节结冰硬度，因而可以快速切出质量较好的切片，具有设备简单，操作方便等特点。

2. 贴片

（1）将贮存切片的培养皿放在黑纸上，以便选择较好的切片贴在载玻片上。

（2）将已涂蛋白甘油的载玻片一端浸在培养皿内水中。用毛笔将切片带到载玻片上摊平，然后将载玻片移出水面，用吸水纸将水分吸干（用手指在切片上稍压）并立即滴几滴纯酒精于切片上。

（3）30 秒钟后，将原来的纯酒精吸干，再滴上另外的纯酒精。数秒钟后，继续将它吸干。

（4）待酒精尚未干涸时，在切片上立即滴上 1% 的火棉胶溶液（火棉胶 1g、纯酒精 50ml、乙醚 50ml），并随手将载玻片倾斜，使多余的火棉胶溶液流掉，随即将载玻片经过 70% 到 80% 酒精处理。

（5）此时，在切片上已形成一薄层火棉胶，切片保存在里面不易脱落。

3. 明胶包埋

有些组织块在切片时容易破碎，所以在切片之前须用明胶包埋。其法如下：

（1）固定、冲洗。

（2）将材料浸入 10% 的明胶溶液（明胶 2g 加入 1% 的苯酚水溶液 20ml），在 37℃ 温箱中 24 小时。使明胶能充分透入。

（3）移入 20% 的明胶溶液（明胶 4g 加入 1% 的苯酚水溶液 20ml）中，37℃ 温箱中 12 小时。

（4）用 20% 的明胶包埋。其方法与石蜡包埋相同。

（5）将冷凝的明胶块用刀片修整，把组织块四周的明胶修去，愈接近组织愈好。

（6）修整好的组织块在冰冻切片之前应经水洗 10～20 分钟，需再浸入 10% 的福尔马林中 24 小时，以便使组织硬化。

（7）在冰冻切片机上切片。其法同前。

（8）将切下的片子漂浮在冷水面上，随后移到涂有蛋白的载玻片上，将水淌去并微微加热使蛋白凝固。

（9）将载玻片放在温水中溶去明胶后即可进行染色。

4. 染色与封藏

（1）将涂有火棉胶的冰冻切片从酒精移回到水中，然后选适合于制片目的不同的染色方法进行染色。

（2）脱水、透明和封藏。

（3）用明胶包埋的切片遇 90% 以上的酒精将引起收缩。因此，在染色和封藏时，宜采用水溶性的染料和封藏剂。

# 实 验 指 导

## 实验一　局部血液循环障碍

【实验目的】

（1）掌握肝、肺淤血的病变特点，了解其发生的机制。

（2）掌握混合血栓的形态特点，熟悉血栓的类型及可能引起的后果。

（3）掌握梗死的类型及形态特点，了解其原因和后果。

（4）熟悉栓塞的类型和对机体的影响，了解体循环静脉栓子运行的途径。

【实验材料】

大体标本、切片标本、显微镜、实验家兔、注射器、手术刀、手术剪、家兔保定台。

【实验学时】

3 学时

【实验内容】

### 一、大体标本观察

1. 肺褐色硬化（brown induration of lung）

（1）肺重量增加，被膜增厚、紧张；（2）切面部分区域实变（无正常肺的孔隙状结构）；（3）肺内散在许多棕褐色小斑点（为什么?）；（4）肺间质内可见灰白色纤维条索；（5）肺质地变硬，故称肺褐色硬化（发生的机制?）。

2. 槟榔肝（nutmeg liver）

（1）肝脏体积增大，被膜紧张，暗红色；（2）切面可见红黄相间的网络状图纹，似中药槟榔。

3. 动脉血栓（thrombus of artery）

（1）动脉管腔内充满一实性物，即血栓；（2）血栓表面干燥、粗糙，无光泽，灰白中夹杂少数暗红色区；（3）血栓与动脉壁粘连紧密。

4. 静脉血栓（thrombus of vein）

（1）静脉腔内见一长血栓，充满整个管腔，大部分与静脉壁粘连紧密；（2）血栓干燥易碎；（3）血栓一端为稍长的灰白色区（头），中间呈红白相间的结构（体），另一端为较长的暗红色区（尾）。

5. 心室附壁血栓（mural thrombus of ventrium）

（1）心室腔面可见部分肉柱间填满了实性物，即血栓；（2）血栓表面粗糙、干燥，灰白与暗红色夹杂；（3）与内膜附着紧密。

6. 心肌梗死（myocardial infarct）

（1）左心室前壁可见灰白、灰黄色病灶，质较硬、干燥、无光泽；（2）梗死灶不规则，呈地图状。

7. 肺出血性梗死（hemorrhagic infarct of lung）

（1）肺组织肿胀，肺被膜紧张，切面呈灰褐色；（2）近肺被膜处见梗死灶呈锥体形，尖指向肺门，底靠近肺被膜，质实，暗红色；（3）梗死灶分界欠清。

8. 小肠出血性梗死（hemorrhagic infarct of small intestine）

（1）已剖开的小肠一段，灰白、壁较薄，黏膜皱襞清晰的为正常肠段；（2）梗死的肠段呈黑褐色，无光泽，肠壁肿胀增厚，黏膜皱襞增粗或消失；（3）梗死段与正常肠壁分界较清楚。

9. 脑出血（cerebral hemorrhage）

（1）大脑冠状切面近内囊区可见暗红色（固定后呈灰黑色）出血区，质软、脆；（2）可破入侧脑室。

## 二、切片标本观察

1. 肺褐色硬化（brown induration of lung）

（1）肺泡壁增厚，肺泡壁毛细血管扩张充血；（2）部分肺泡腔内含心衰细胞或含铁血黄素（褐色），部分肺泡内有淡红色水肿液；（3）部分肺泡壁内可见红染的胶原纤维束（硬化）。

2. 槟榔肝（nutmeg liver）

（1）肝小叶中央静脉及其周围肝窦高度扩张、淤血，此区部分肝细胞萎缩消失；（2）淤血周边区肝细胞脂肪变性；（3）严重时相邻肝小叶的淤血区相互连接。

3. 混合血栓（mixed thrombus）

（1）血栓中可见许多淡红色、粗细不等的珊瑚状血小板梁（血小板梁由许多细颗粒状的血小板构成），边缘附有一些嗜中性粒细胞；（2）血小板梁之间为丝网状、浅（或深）红色的纤维蛋白及较多的红细胞。

4. 血栓机化与再通（organization and recanalization of thrombus）

（1）血管腔内可见血栓与管壁紧密相连；（2）血栓与血管壁相连处可见较多毛细血管、成纤维细胞、纤维细胞（机化）；（3）血栓内散在大小不等的不规则腔隙，其中大的腔隙内被覆内皮细胞，内含红细胞（再通）。

5. 肾梗死（infarct of kidney）

（1）正常肾组织与梗死灶间有染色较红的充血出血带；（2）梗死灶内依稀可见模糊的组织轮廓（如肾小球、肾小管），但细胞有明显的坏死特征（核浓缩、核碎裂、核溶解）。

6. 肺梗死（infarct of lung）

（1）梗死区肺泡轮廓可见，但肺泡壁组织结构不清，具坏死特征；（2）梗死区肺泡腔内有大量红细胞（出血）；（3）梗死区与正常组织交界处有时可见充血出血带及肉芽组织。

7. 慢性肺淤血

肺泡壁毛细血管扩张，充血，致使肺泡壁略增厚。部分肺泡腔内可出现少量粉红色的水肿液，有些肺泡腔内可见有心衰细胞。心衰细胞为圆形，胞浆丰富，内含许多褐色小颗粒，为含铁血黄素。

## 三、家兔空气栓塞实验

（1）实验对象：家兔。

（2）实验目的：认识空气栓塞的后果及其产生的机制。

（3）实验方法：①向家兔耳缘静脉内迅速注入10～20ml空气。②观察注气前后家兔的呼吸、唇色、瞳孔、四肢肌张力、精神状态等指标。③待家兔呼吸停止后立即开胸，见心脏仍在搏动，通过扩张的右心耳壁，可见右心耳内有空气泡，切开右心房及右心室可见许多血气泡沫流出。

（4）分析：①右心房内血气泡沫是如何形成的？②空气栓子的运行途径？栓塞部位？③解释家兔临死前的表现及死因。

【作业与思考】

1. 慢性肝淤血时，肝切面为什么会出现槟榔样花纹？
2. 动脉瘤内形成的血栓属哪类血栓，它可能会有哪些结局？
3. 静脉淤血、血栓形成、栓塞及梗死之间有何联系？

# 实验二　组织的损伤与修复

【实验目的】

使学生掌握细胞和组织损伤与修复的病理变化。

【实验材料】

大体标本、切片标本、显微镜、挂图。

【实验学时】

3学时

【实验内容】

## 一、萎缩

（一）大体标本

1. 脂肪的浆液性萎缩

机体营养不足时可发生全身性萎缩，脂肪组织的萎缩最早发生，脂肪组织消耗殆尽，为大量的浆液浸润，呈灰白色半透明胶冻样，故又称脂肪组织的胶样萎缩。大体标本有网膜和黄骨髓。

2. 脾萎缩

脾脏体积缩小，重量减轻，质地变硬，边缘锐薄；被膜皱缩增厚，呈灰白色。切面见脾小梁明显，脾髓显著减少呈红褐色。

3. 压迫性萎缩

（1）肝　肝表面突起鸡蛋大小充满透明液体的白色囊泡，此即细颈囊尾蚴，是大泡带状绦虫的幼虫。囊泡周围的肝实质因受压萎缩。

（2）肾　肾体积增大，表面高低不平。切面见皮质和髓质界限不清，肾盏扩张，肾实质萎缩，厚薄不均。此标本为肾盂积水。

### （二）切片标本

（1）肝压迫性萎缩　肝脏的转移平滑肌肉瘤压迫肝脏引起肝细胞萎缩。镜下见平滑肌肉瘤细胞周围肝细胞索受压变窄，肝细胞缩小，胞浆深染。

（2）横纹肌萎缩　镜检见肌纤维变细，肌浆减少，横纹不明显，细胞核密集。间质增宽，结缔组织增生。

（3）肾压迫性萎缩　镜检见肾皮质变薄，肾小管上皮细胞变薄。肾小球萎缩及玻璃样变，少数肾小球代偿性肥大。

## 二、变性

### （一）大体标本

（1）猪肾肿胀　体积增大，被膜紧张，边缘钝圆，颜色苍白浑浊呈现煮肉样外观。切面，皮髓质界限不清，质脆易碎。

（2）猪皮肤水疱　猪蹄部皮肤上见有黄豆至蚕豆大的浅红色溃疡灶，此为皮肤上水泡破裂后所形成。此为猪水疱病的标本，通过此标本可了解细胞肿胀的发展。

（3）猪肝脂肪变性　肝体积增大，质软易碎，呈黄褐色、灰褐色或土黄色。肝脂变可发生在小叶中心或小叶周边。若小叶周边脂肪化，小叶中心区淤血，则形成红黄相间的外观，称“槟榔肝”。

（4）鸡脂肝症　鸡肝体积肿大，呈土黄色，质地松软易脆，组织中见有血凝块。鸡脂肝症由嗜脂因子缺乏引起，导致肝弥漫脂化，患鸡常因肝破裂出血死亡。

（5）猪肺脂肪浸润　肺小叶间质中大量脂肪浸润，肺表面呈黄白网状花纹。

（6）鸡心脂肪浸润　心外膜见大量淡黄色的脂肪组织围绕，故称“脂肪心”。

### （二）切片标本

（1）羊肝颗粒变性　低倍镜下病灶区，胞浆嗜伊红着红色加深，肝细胞索之间的窦状隙缩小甚至闭锁。高倍镜下见肝细胞肿胀，胞浆内充满均匀的粉红色颗粒，局部区域肝细胞肿大更明显，胞浆内颗粒粗大稀疏。细胞核无明显变化。

（2）猪肝水疱变性及颗粒变性　低倍镜下则肝细胞索排列紊乱，红色着染不均，肝窦贫血，狭窄闭锁。高倍镜下见某些肝细胞内充满大量微细颗粒，一些肝细胞体积显著增大，胞浆淡染，清亮，其间有残留的胞浆基质。细胞核肿大淡染。

（3）肾小管脂肪变性　在肾皮质部肾曲小管上皮细胞中可见大小不等的近圆形空泡。

（4）肾小球透明变性　此切片组织取自肾盂积水。低倍镜下见肾皮质萎缩，肾小管减少导致肾小球相对集中。高倍镜下见肾小球的正常组织结构完全丧失，整个肾小球着染伊红呈淡红色均质无结构状态，少量未消失的细胞核浓缩。

## 三、坏死

### （一）大体标本

（1）马肾贫血性梗死　梗死区干燥、坚实、呈灰白色或灰黄色，略向表面突起，切面形成三角锥形，锥尖向肾门，锥底朝表面，梗死区结构模糊，周围出现充血、出血的炎症反应带。

（2）肌肉蜡样坏死　此标本取自羔羊和牛的硒缺乏症，坏死肌肉浑浊肿胀，干燥坚实，呈灰黄色或灰白色，形似石蜡。

（3）结核干酪样坏死　此标本为牛淋巴结结核。眼观淋巴结体积增大，表面有大小不等的圆形或类圆形结节，切面见皮质和髓质中有白色或灰白色的干酪样式豆腐渣样的坏死物质，质地松软易碎。

（4）腹腔脂肪坏死　在黄色有光泽的脂肪组织中出现多上白色不透明、硬固、无光泽的斑块和结节，此为脂肪组织坏死后皂化而形成。

（5）脑液化性坏死　在两则脑的矢状切面上见有黄白色乳汁状的液化坏死灶，坏死组织开始被吸收故显有不规则空隙。

（6）牛耳、尾干性坏疽　牛耳、尾的皮肤组织坏死后，由于水分被蒸发，被毛脱落变成干涸皱缩棕黑色，坏死组织与周围组织分界明显，以后可因腐离脱落。

（7）肺湿性坏疽　肺坏死处湿润，呈污灰、灰绿或暗褐色，坏死组织有腐败臭味。

### （二）切片标本

1．坏死组织细胞核变化

先用低倍镜找到肝脏的坏死灶，再用高倍镜仔细观察坏死细胞胞核的如下三种变化：

（1）核溶解　多发生于细胞肿胀的情况下，细胞核首先肿大，核染色质溶解，染色变淡，进而仅见核的轮廓，最后完全消失。通过此切片可体会核溶解的全过程。

（2）核溶解　细胞核体积缩小，染色质浓缩，染色加深呈深蓝色。

（3）核碎裂　染色质聚集变为小的着色深的不均匀的颗粒状物，散布于核内或靠近核膜，随核膜破裂而分散在胞浆中，呈现大小不等的碎块状。

2．肌肉蜡样坏死

坏死的肌肉纤维肿胀、断裂、横纹消失，胞浆均质红染或崩解成颗粒状，细胞核消失。间质水肿增宽，可见成纤维细胞增生和单核细胞、浆细胞等浸润。

3. 结核结节干酪样坏死

病灶处原有的组织结构崩解消失，成为均质、红染、颗粒状的无结构物质，有的病灶中心已发生钙化，外周有结缔组织包裹。

## 四、组织的代偿与修复

### （一）大体标本

（1）牛心脏肥大　此标本为牛创伤性心包炎。心包内有大量纤维素性渗出液，压迫心脏，影响其正常的生理舒缩，引起心肌代谢增强，收缩机能增强，长期代偿的结果导致心脏出现结构性代偿，表面为体积增大，心壁增厚。

（2）睾丸代偿性肥大　绵羊一侧睾丸由于疾病发生萎缩，功能降低，另一侧睾丸因代偿患侧的功能则体积逐渐增大，发生代偿性肥大。

（3）肝假性肥大　此为猪的肝硬变标本。因肝片吸虫在胆道内寄生，引起慢性炎症，使肝间质内结缔组织大量增生并深入肝实质内，压迫肝实质使之发生萎缩。由于间质大量增生，使肝体积增大，变硬。

### （二）切片标本

（1）皮肤创伤第二期愈合　先用低倍镜找到缺乏表皮，聚集有大量红染的炎性渗出液的区域，其间散在有大量蓝染的细胞核碎片，此处即为创伤的表面。高倍镜下，可见损伤表皮的断端基底层细胞增生，先形成单层上皮细胞，再分化为复层鳞状上皮，逐渐向损伤部中心伸延，覆盖缺损。创伤表面为大量淡红色的蛋白液和游走细胞，部分已崩解坏死、渗出物下即为幼稚的肉芽组织，由成纤维细胞及新生的毛细血管构成。成纤维细胞的特点是：细胞胞体大，呈椭圆形或星形，其胞浆丰富，略嗜碱性，细胞核呈椭圆形，淡染，染色质呈颗粒状，均匀散布于核内（泡状，泡沫状）。在成纤维细胞之间有大量增生的毛细血管，血管垂直于创面生长，由肿胀的内皮细胞构成，血管内充满粉红色的血浆、大量的中性粒细胞和少量红细胞。血管和成纤维细胞之间有单核细胞、中性粒细胞及淋巴细胞浸润。视野越向创伤底部推移，血管和细胞成分越少，成纤维细胞逐渐变成核细长深染的纤维细胞，胶原纤维增多与创面平行，紧密排列，血管数量明显减少，部分形成小动脉和小静脉。

（2）横纹肌再生　镜下见横纹肌纤维坏死、断裂，一些肌纤维的断端膨大，有数个淡染的肌细胞核增生聚集，呈花蕾状或球拍状，若为横断面则形似多核巨细胞。

（3）肺泡上皮再生　纤维素性肺膜炎的肺膜下肺泡上皮再生，新生的上皮呈立方状或低柱状，围成管腔结构。

**【作业与思考】**

1. 画出动物肝脏、肾脏发生萎缩和颗粒变坏时的显微镜下病理变化图，分析其异同点。

2. 画图说明坏死组织细胞核的变化。

3. 画图说明肉芽组织的结构成分。

# 实验三　炎症

【实验目的】

（1）识别各类型炎症的眼观和组织学病理变化。

（2）识别各类炎性细胞的形态。

【实验材料】

组织切片、大体标本、挂图、光学显微镜、系统生物显微镜、幻灯片、幻灯机等。

【实习时间】

3 学时

【实习内容】

## 一、炎性细胞形态学观察

（1）嗜中性粒细胞；（2）嗜酸性粒细胞；（3）嗜碱性粒细胞；（4）单核－巨噬细胞；（5）淋巴细胞；（6）浆细胞；（7）上皮样细胞和多核巨细胞

通过示意图和示范性病理切片进行讲解、观察和比较，使学生能够掌握各类炎性细胞的形态特点。

## 二、病理大体标本观察

（1）变质性肝炎；（2）浆液性肺炎；（3）纤维素性肺炎；（4）化脓性炎；（5）出血性肠炎；（6）卡他性肠炎；（7）非化脓性心肌炎；（8）结核性肉芽肿等。

选择不同类型炎症的典型标本以及相关标本，通过指导讲解、分组观察、自主观察和讨论总结等形式进行学习。

## 三、病理组织切片观察

（1）变质性肝炎；（2）浆液性肺炎；（3）纤维素性肺炎；（4）化脓性炎；（5）出血性肠炎；（6）卡他性肠炎；（7）非化脓性心肌炎；（8）结核性肉芽肿等。

选择不同类型炎症的典型切片以及相关切片，通过系统生物显微镜指导讲解、分组观察、自主观察和讨论总结等形式进行学习。

【作业与思考】

1. 绘出各种炎性细胞示意图，并文字描述其不同特点。
2. 掌握各型炎症的眼观及显微病理变化特征。

# 实验四　肿瘤

【实验目的】

掌握犬、猫常见肿瘤的病理学变化。

【实验材料】

组织切片、大体标本、挂图、光学显微镜、系统生物显微镜、幻灯片、幻灯机等。

【实习时间】

3 学时

【实习内容】

## 一、乳头状瘤（papilloma）

是由皮肤或黏膜的被覆上皮构成的良性肿瘤，瘤的表面呈乳头状或疣状，其根部呈蒂状与基底相连；好发于老龄犬、猫。一旦瘤体长大易受损伤而破溃出血。常发生于犬猫的口腔、头部、眼睑、指（趾）部和生殖道等部位。有些瘤在1～2个月后会自行消退，不治而愈。

由于乳头状瘤发生的部位不同，其被覆上皮可为鳞状上皮、移行上皮，如复层鳞状细胞乳头状瘤和移行上皮乳头状瘤，除此之外，犬猫还有一种从表皮基底细胞发生的肿瘤，称为基底细胞瘤。

呈乳头状的乳头状瘤，当其由许多细小的手指样突起构成时，可称为绒毛样乳头状瘤。每个绒毛状突起都有一个由结缔组织间质构成的轴心，通常称为纤维脉管束，内含血管、淋巴管和神经。这是肿瘤不可分割的部分，随着上皮增生而生长。肿瘤表层是排列整齐的大量肿瘤细胞，体积比正常上皮细胞大，胞浆略嗜碱性，核染色质较丰富，分裂象很少，基膜完整，但在组织切片里常可见到手指样突起，给人以入侵的假象；如同时有炎症，基膜会破裂，易被误认为具有恶性。

## 二、鳞状细胞癌（squamous carcinoma）

简称鳞癌，也称表皮样癌（epidermoid carcinoma）。多发于6～9岁老龄犬。常单个发生，基底部宽，表面呈菜花状或火山口状，多发于头部，尤其耳、唇、鼻、眼睑部常见。有些部位（如膀胱、支气管、胆囊）被覆上皮虽不是鳞状上皮，但它可通过鳞状上皮化生而形成鳞癌。常侵害骨骼，转移到局部淋巴结。

上皮组织恶变时，其棘细胞便会出现进行性不典型增生。细胞异型性和病理核分裂象非常明显，当这些细胞尚未穿破基底膜时，称为原位癌（carcinoma in situ）或上皮内癌（intraepithelial carcinoma）。癌的侵袭性表现在恶性肿瘤细胞团块穿破基底膜，向深层的结缔组织和肌肉里浸润性生长，癌细胞组成圆形、椭圆形、梭形或长条状癌巢。鳞状细胞癌所表现的分化程度差异很大。凡是分化好多的，癌巢中心发生角化，形成层状的角化物，称为“角化珠”（keratin pearl）或癌珠。围绕着癌珠的是棘细胞，最外层相当于基底细胞层；分化差的鳞状细胞癌没有癌珠，癌细胞异型性大，可见较多的分裂象。

## 三、腺癌（adenocarcinoma）

是来源于黏膜上皮和腺上皮的恶性肿瘤，较多见于胃、肠、支气管、胆管、胸腺、甲状腺、卵巢、乳腺和肝脏等许多先天器官。犬、猫乳腺肿瘤中少数是原发性乳腺癌。

腺癌根据其结构和分化程度以及黏液分泌的有无而分为以下几种：

（1）分化较好的腺癌，癌细胞排列成腺泡样结构，同正常的腺体比较近似，但癌细胞排列不整齐，异型性较大，有较多的分裂象。

（2）分化不好的腺癌（实性癌，solid carcinoma；单纯癌，carcinoma simplex），癌细胞聚集成实心体，其中没有腔隙，癌细胞异型性大，分裂象多。癌巢小而少，间质多，质地硬者称为硬性单纯癌或硬癌（scirrhous carcinoma），癌巢多，排列紧密，间质少，质软如脑髓者称为软性单纯癌或髓样癌（medullary carcinoma）。

（3）黏液样癌（mucoid cancer）或胶样癌（colloid cancer），初时癌细胞中有黏液积聚，之后细胞崩解，癌组织几乎成为黏液，质地如胶冻，切面湿润有黏性，色灰白，半透明。

## 四、纤维瘤（fibroma）

是来源于结缔组织的良性肿瘤，由成纤维细胞和胶原纤维组成。它们的形态和染色性同正常组织中的成纤维细胞和胶原纤维相似，但在数量相排列方面却不相同。纤维瘤的细胞和纤维常以束状朝某一方向伸展，或呈漩涡状分布，纤维束互相交错，排列散乱。根据质地，可把纤维瘤分为：

（1）硬纤维瘤，质硬，其中纤维多，细胞少。

（2）软纤维瘤，质软，细胞多而纤维少。瘤组织中可能见到黏液样变性，而老的纤维瘤会发生玻璃样变和钙化，犬猫的纤维瘤临床常见，常发生于皮下富有疏松结缔组织的部位，多呈球形、半球形，黏膜的纤维瘤称息肉，有根蒂，切面呈白色或淡粉红色，常发生于鼻腔、食管、乳管、直肠和阴道内，位于皮下者，可能因摩擦而出血发炎。

## 五、纤维肉瘤（fibrosarcoma）

是来源于纤维结缔组织的恶性肿瘤。瘤细胞不规则，具有多形性，经常见到有丝分裂象。恶性程度大的，其细胞多形性更为显著，核具有高染性，有丝分裂活性高，瘤巨细胞很常见，胶原纤维少。异型性最大者无胶原，细胞呈梭形或比较短胖，此时很难同间变癌区别。大多数纤维肉瘤的基质很细致，血管较多。猫纤维肉瘤较犬多发。

## 六、脂肪瘤

是来源于脂肪组织的良性肿瘤。常见于纯种成年母犬。脂肪瘤生长慢，多位于胸侧壁或腹部皮下，呈结节状，光滑，可移动，质地软，有包膜，切面见分叶，颜色同正常脂肪。位于黏膜或浆膜面者常呈息肉状，以蒂与原发组织相连。光镜下，脂肪瘤与正常脂肪组织十分相似。但可见结缔组织条索将其分隔成不规则的小叶。

## 七、平滑肌瘤（leiomyoma）

是来源于平滑肌的良性肿瘤，由呈螺环状排列的平滑肌细胞构成。细胞间有多少不等的纤维组织。有时，其肌肉成分几乎被纤维组织所取代而转变为纤维平滑肌瘤。有时发生囊肿或钙化。平滑肌瘤常见于犬猫的消化道和子宫壁和阴道。其外观和纤维瘤比较相似，也呈结节状，质较硬，有包膜，切面淡灰红色。镜检，可见瘤组织的实质为平滑肌细胞，细胞呈长梭形。胞浆明显，核呈棒状，染色质细小而分布均匀。

## 八、平滑肌肉瘤（leiomyosarcoma）

是来源于平滑肌的恶性肿瘤。常见于消化道、子宫壁和膀胱。平滑肌肉瘤切面呈鱼肉状，大的肿块常有严重的出血坏死。发生在膀胱的平滑肌肉瘤多呈花椰菜状、结节状，成堆的肿块有时充填整个膀胱腔，几乎所有的平滑肌肉瘤都可见到瘤组织向周围组织广泛浸润，并常常可见淋巴结转移或血道转移。镜下，可见瘤组织由大量梭形细胞以及少部分椭圆形、不规则形细胞构成。细胞有成束或漩涡状排列趋势。细胞浆丰富，嗜伊红。胞核圆形或棒形，有不同程度的间变。有的肿瘤组织内散在多量巨细胞，核分裂象较常见。

## 九、血管瘤（haemangioma）

是来源于内皮细胞的良性肿瘤，犬、猫多见。血管瘤呈红褐色、鲜红色或粉红色，质地较软，一般无包膜，可呈浸润性生长。肿瘤大小不一，从粟粒大至拇指大，单发或多发。毛细血管瘤（capillary haemangioma）：可见血管内皮细胞增生，构成毛细血管；血管内皮细胞扁平或梭形，胞浆较少；核卵圆或梭形，无明显间变。有时细胞排列成条索状或团块状，但有构成血管的倾向，已形成的管腔内有多少不定的红细胞。

## 十、黑色素瘤（malignant melanoma）

由存在于真皮与上皮结合处的基底细胞之间的黑色素细胞过度增生而引起的皮肤最常见的肿瘤之一。犬黑色素瘤发生率约占所用肿瘤的 4%～7%，多见于 7～14 岁老龄公犬；猫为 2%。分良性和恶性两种类型：

（1）良性黑色素瘤　多发生于犬的眼圈周围，甚至是眼睛的虹膜、睫状体，也常发生于靠近唇部、趾间、阴囊、会阴部以及肛门周围，呈大小不等的结节状，瘤体单个或成串存在，呈紫黑色。切开瘤体会流出墨汁样液体。组织学检查可见有螺旋层状或小团状长方形的细胞。

（2）恶性黑色素瘤　多发生于浅毛色和老龄犬，常见部位为口腔唇部、齿龈以及足部。转移后可见区域性淋巴结肿大，转移至肺部者有不同程度的呼吸障碍。病理切片检查，瘤细胞的形状因黑色素颗粒数量不等而有很大差异：可见圆形、椭圆形、梭状或不规则形状，大小不等，而且细胞核常被色素颗粒掩盖，胞浆与胞核不能区分。恶性黑色素瘤生长迅速，体积较大，多为浸润性生长，不易与邻近组织分离。

【作业与思考】

1. 绘出乳头状瘤、鳞状细胞癌示意图，并文字描述其不同特点。

2. 掌握各种肿瘤的眼观及显微病理变化特征。

# 实验五　酸碱平衡紊乱

【实验目的】

复制代谢性酸中毒及代谢性碱中毒的动物模型。了解纠正酸中毒的方法及观察过量补碱性溶液引起的代谢性碱中毒是酸碱平衡指标的变化。

【实验材料】

实验动物：家兔。

器材与药品：兔固定台、剪毛剪、小手术器械一套、RM6240 系统、注射器及针头；速眠新。

【实习时间】

3 学时

【实习内容】

## 一、实验原理

机体在代谢性酸中毒时可发生代偿反应其表现为呼吸加深加快，在代谢性碱中毒时机体的代偿性反应为呼吸变浅变慢。

## 二、实验方法

（1）连接好张力感受器　开机进入 RM6240 系统，重要参数设定如下：通道模式—张力；采集频率—800Hz；扫描速度—500ms/div；灵敏度—5mV；时间常数—直流；滤波常数—30Hz；50Hz 陷波—开。

（2）实验准备操作　兔以速眠新静脉注射麻醉，仰卧固定于手术台上，剪去颈部与剑突腹面的被毛，切开颈部皮肤，分离出气管；切开气管，插入气管套管，用棉线结扎。记录一段正常呼吸曲线，并观察呼吸运动与曲线的关系。

（3）注射　按 6ml/kg 体重计量由耳静脉缓慢注入 5% 乳酸溶液，注射过后，即刻取血用血气分析仪检测血气指标并做血压、呼吸曲线的描记和尿液 pH 值的测定。

（4）测定　经 20 分钟后以同样的方法测定前述各项指标，而后由耳静脉注入 5% 碳酸氢钠（3.0ml/kg 体重），注射完毕，取血用血气分析仪检测血气指标并做血压、呼吸曲线的描记和尿液 pH 值的测定。20 分钟后以同样的方法测定前述各项指标。

（5）再注射　继续注入 5% 碳酸氢钠（3.0ml/kg 体重），注射完毕，仍取血用血气分析仪检测血气指标并做血压、呼吸曲线的描记和尿液 pH 值的测定。

（6）测定血气指标　上述各项完成后，由耳静脉注入 0.1% 肾上腺素（1ml/kg 体重），造成急性肺水肿，待动物出现呼吸困难，躁动不安，发绀或口鼻留出红色泡沫状液体时，在描记呼吸、血压曲线及取血测定血气指标。

（7）动物死亡后　进行尸检。若未死亡，可静注 10% 氯化钾致死，然后进行解剖。可见肺脏体积明显增大，有出血，水肿，切开肺脏时，切面有粉红色泡沫状液体流出。

**【作业与思考】**

当向静脉内注射乳酸和碳酸氢钠后，机体分别呈现什么变化，再次注射碳酸氢钠后又有什么变化，为什么？

## 实验六　失血性休克

**【实验目的】**

复制家兔失血性休克，观察失血性休克时动物的表现及微循环变化，探讨失血性休克的发病机理。

**【实验材料】**

实验动物：家兔。

器材与药品：小动物手术器械、输血输液装置、微循环观察装置、测中心静脉压装置、动脉套管和静脉导管、输尿管插管、注射器（1ml、10ml、50ml）、计算机 RM6240 生理系统，压力感受器，三通管；速眠新、生理盐水、肝素溶液（5mg/ml）。

**【实习时间】**

3 学时

**【实习内容】**

### 一、实验原理

在正常生理情况下，动物的血压相对稳定的维持在一定水平。这是由于神经和体液不断调节心脏的活动和血管平滑肌紧张度的结果，其中以颈动脉窦－主动脉弓减压反射尤为重要，对血压的改变有缓冲作用。但是当内外环境的某些因素发生改变时，动脉血压会发生相应的变化。急性失血的后果取决于失血量和出血的速度，一般认为，失血 20% 不会危及生命，如迅速丢失 1/3 血量，可能导致死亡。失血后机体可产生一系列代偿反应，包括交感－肾上腺髓质系统的兴奋，减少血管容量和促使组织液进入血管等。如失血不多，代偿有效，则血压维持，不发生休克。如代偿不能维持血压，则进入休克状态。通常单纯的出血性休克不易发生 DIC，但如伴发有创伤感染时，则可能发生 DIC。

## 二、实验方法

1. 连接好张力感受器

开机进入 RM6240 系统，重要参数设定如下：通道模式—血压；采集频率—800Hz；扫描速度—500ms/div；灵敏度—5mv；时间常数—直流；滤波常数—30Hz；50Hz 陷波—开。

2. 手术操作

（1）取成年家兔一只，称重后由耳静脉注射速眠新 0.2ml 麻醉后仰卧在手术台上，头部由兔头夹固定，然后剪去颈部术野的被毛，切开皮肤，找出右侧颈动脉并穿线备用。找到左侧颈动脉，穿一提线，并向前分离至分叉处，在分叉处稍显膨大，此即颈动脉窦。在分叉处穿一提线，然后将颈动脉剥离 2cm 左右，在远心端用线结扎，再于近心端用动脉夹夹住。结扎处与动脉夹之间最好不少于 1.5cm。

（2）将压力换能器插头连到相应通道的输入插座，压力腔内充满液体，排除气泡，经三通与动脉导管相连；将充满肝素溶液的动脉导管插入预先分离好的颈总动脉或股动脉（用锋利的小剪刀在这段动脉上靠近结扎处 1/4 的地方，斜向近心方向剪一小口，将灌有肝素溶液的动脉导管插入，用线扎好。），结扎固定后打开三通和动脉夹，压力信号传输入换能器。压力稳定后即可开始正常记录。放血前观察动物各项指标，包括一般情况，皮肤黏膜颜色，血压，呼吸心率，中心静脉压，尿量，肠系膜微循环。

（3）动脉插管与注射器相连的侧管，使血液从总动脉流入注射器内，直至兔动脉血压降到 40mmHg 时，调节注射器内放出的血量，使血压稳定在 40mmHg 左右。维持血压在 40mmHg 15～20min，观察注射器中血量的增减及失血期间动物各项生理指标的改变，以及肠系膜微循环的变化。

（4）停止放血，将注射器内的血液倒入输液瓶内，快速从静脉输回原血和与失血量等量的生理盐水（50 滴/min）进行抢救，输血输液后再复查动物一般情况以及各项生理指标和微循环是否恢复正常。也可根据休克的病理生理改变自行设计方案抢救，再观察抢救效果。

## 三、注意事项

（1）本实验手术多，应尽量减少手术性出血和休克。为减少手术创伤，在同一实验室不同组之间，可进行适当分工，有的小组重点观察失血性休克时血压与微循环的改变，有的重点观察血压与中心静脉压或尿量的改变，对非重点观察的项目，手术可少做，甚至不做，以保证实验的成功率。

（2）麻醉深浅要适度，麻醉过浅，动物疼痛，可致神经原性休克。

（3）牵拉肠襻要轻，以免引起创伤性休克。

（4）动脉套管和注射器中，事先应加一定量肝素，静脉导管一经插入，应立即缓慢滴入生理盐水。

【作业与思考】

失血性休克时动物有哪些表现？微循环有哪些变化？

# 参考文献


[1] 鲍恩东主编．动物病理学［M］．北京：中国农业科技出版社，2000

[2] 北京大学生命科学学院编写组．生命科学导论（公共课，面向21世纪课程教材）［M］．北京：高等教育出版社，2000

[3] 陈怀涛．兽医病理解剖学（第三版）［M］．北京：中国农业出版社，2005

[4] 陈万芳．家畜病理生理学［M］．北京：中国农业出版社，1999

[5] 崔中林主编．实用犬猫疾病防治与急救大全［M］．北京：中国农业出版社，2002

[6] 范国雄．牛羊疾病诊治彩色图说［M］．北京：中国农业出版社，1998

[7] 耿永鑫．兽医临床诊断学［M］．北京：中国农业出版社，1990

[8] 郭世宁，陈卫红主编．最新实用养猫大全［M］．北京：中国农业出版社，2002

[9] 韩正康．家畜生理学（第三版）［M］．北京：中国农业出版社，1996

[10] 赖斯（美），石林译．压力与健康［M］．北京：中国轻工业出版社，2000

[11] 李广生．心肌病理学［M］．上海：上海科学技术出版社，1993

[12] 李普霖．动物病理学［M］．长春：吉林科学技术出版社，1994

[13] 林曦．家畜病理学［M］．北京：中国农业出版社，2005

[14] 梁宏德等．动物病理学［M］．北京：中国科学技术出版社 2001

[15] 梁运霞，金璐娟．兽医基础［M］．哈尔滨：黑龙江人民出版社，2005

[16] 刘忠贵，郑世民主编．动物病理生理学［M］．哈尔滨：东北农业大学出版社，1999

[17] 陆桂平．动物病理［M］．北京：中国农业出版社，2001

[18] 陆桂平．动物病理［M］．北京：中国农业出版社，2004

[19] 罗贻逊．家畜病理学［M］．成都：四川科学技术出版社，1993

[20] 南京农业大学主编．兽医病理生理学［M］．北京：农业出版社，1984

[21] 钱淑凤等．细胞凋亡与疾病［J］．北京：中国畜牧兽医，2007. 34（9）：88－91

[22] 山西农业大学主编．兽医学［M］．北京：中国农业出版社，2004

[23] 宋继谒主编．病理学［M］．北京：科学出版社，1999

[24] 孙凡中，唐利军主编．狗场兽医［M］．北京：中国农业出版社，2005

[25] 王春璈．猪病诊断与防治原色图谱［M］．北京：金盾出版社，2004

[26] 王水琴，梁宏德，金成汉．家畜病理生理学［M］．长春：吉林科学技术出版社，1999

[27] 王祥生主编．爱犬驯养与疾病防治大全［M］．北京：中国农业出版社，2002

[28] 王小龙．兽医临床病理学 [M]．北京：中国农业出版社，1999
[29] 王修庚等．细胞凋亡与疾病 [J]．北京：中国畜牧兽医，2006. 33 (9)：64－69
[30] 魏文汉．病理生理学（下册）[M]．上海：上海科学技术出版社 1984
[31] 肖希龙主编．实用养猫大全 [M]．北京：中国农业出版社，2002
[32] 杨保栓．畜禽病理学 [M]．郑州：河南科技出版社，2007
[33] 杨光华主编．病理学（第五版）[M]．北京：人民卫生出版社，2001
[34] 张旭静．动物病理学检验彩色图谱 [M]．北京：中国农业出版社，2003
[35] 张立波主编．实用养犬大全 [M]．北京：中国农业出版社，2004
[36] 张荣臻．家畜病理学 [M]．北京：中国农业出版社，1982
[37] 赵德明主编．兽医病理学 [M]．北京：中国农业大学出版社，1998
[38] 赵德明．兽医病理学 [M]．北京：中国农业大学出版社，2001
[39] 赵德明．兽医病理学 [M]．北京：中国农业大学出版社，2002
[40] 赵德明．兽医病理学（第一版）[M]．北京：中国农业大学出版社，2004
[41] 郑世民．动物病理生理学 [M]．哈尔滨：黑龙江教育出版社，2007
[42] 周铁忠，陆桂平．动物病理 [M]．北京：中国农业出版社，2006
[43] 周铁忠，陆桂平．动物病理 [M]．北京：中国农业出版社，2007
[44] 邹尧坤主编．幼犬饲养与疾病防治 [M]．北京：中国农业出版社，2001
[45] 祝俊杰．犬猫疾病诊疗大全 [M]．北京：中国农业出版社，2005
[46] Miller M. J. Pathophysiology：principles of disease. Philadephia：W B Saunders company，1993

[47] Porth C. Pathophysiology：concepts of altered healty states. Philadephis：J B Lippicott company，1982